普通高等教育"十一五"国家级规划教材
新工科建设之路·计算机类专业系列教材

算法设计与分析
——C++语言描述
（第3版）

陈慧南　编著

電子工業出版社
Publishing House of Electronics Industry
北京·BEIJING

内 容 简 介

本书为普通高等教育"十一五"国家级规划教材。

本书内容分为 3 部分：算法和算法分析、算法设计策略、求解困难问题。第 1 部分介绍问题求解方法、算法复杂度和分析、递归算法和递推关系；第 2 部分讨论常用的算法设计策略：基本搜索和遍历方法、分治法、贪心法、动态规划法、回溯法和分枝限界法；第 3 部分介绍 NP 完全问题、随机算法、近似算法、遗传算法和密码算法，其中遗传算法是本次修订新增的内容。书中还介绍了两种新的数据结构：跳表和伸展树，以及它们特定的算法分析方法，并对现代密码学做了简要论述。

本书结构清晰、内容翔实、逻辑严谨、深入浅出。书中算法有完整的 C++程序，程序构思精巧，且有详细注释。所有程序都已在 VC++环境下编译通过并能正确运行，它们既是学习算法设计的示例，也能使复杂抽象的算法设计更易为学习者理解和掌握。书中包含大量实例和图示，并附有丰富的习题，便于自学。

本书可作为高等学校计算机及其他相关专业本科和研究生"算法设计与分析"课程的教材或参考书，是"算法与数据结构"或"数据结构"课程有益的教学参考书，也可供计算机相关从业者及其他希望了解和学习算法知识的人员参考。

未经许可，不得以任何方式复制或抄袭本书之部分或全部内容。
版权所有，侵权必究。

图书在版编目（CIP）数据

算法设计与分析：C++语言描述 / 陈慧南编著. —3 版. —北京：电子工业出版社，2018.1
ISBN 978-7-121-33054-4

Ⅰ. ①算… Ⅱ. ①陈… Ⅲ. ①C++语言－数据结构－算法分析－高等学校－教材 Ⅳ. ①TP312.8 ②TP311.12

中国版本图书馆 CIP 数据核字（2017）第 284089 号

责任编辑：冉 哲　　特约编辑：杨永毅
印　　刷：三河市良远印务有限公司
装　　订：三河市良远印务有限公司
出版发行：电子工业出版社
　　　　　北京市海淀区万寿路 173 信箱　邮编　100036
开　　本：787×1092　1/16　　印张：19.75　　字数：502.4 千字
版　　次：2006 年 5 月第 1 版
　　　　　2018 年 1 月第 3 版
印　　次：2023 年 12 月第 11 次印刷
定　　价：59.00 元

凡所购买电子工业出版社图书有缺损问题，请向购买书店调换。若书店售缺，请与本社发行部联系，联系及邮购电话：（010）88254888，88258888。

质量投诉请发邮件至 zlts@phei.com.cn，盗版侵权举报请发邮件至 dbqq@phei.com.cn。

本书咨询联系方式：ran@phei.com.cn。

再版前言

本书自 2006 年出版以来，深受读者欢迎，在此表示衷心感谢。本教材是为高等学校计算机及其他相关专业本科高年级和研究生的“算法设计与分析”课程编写的。此次再版，增加了“遗传算法”一章，而将原第 13 章密码算法改为第 14 章。

这是因为，遗传算法的应用领域越来越广泛，目前，遗传算法的应用范围已包括组合最优化、图像处理、模式识别、智能控制、神经网络、自动程序设计、机器学习、数据挖掘、人工生命和网络通信等许多领域。对于计算机专业的学生和计算机相关从业者而言，遗传算法应该成为必备知识，因而不一定要在学习人工智能相关课程时，才去了解此类算法。作为一种求解函数最优化和组合最优化的十分有用与有效算法，将其引入传统的“算法设计与分析”课程与其他算法知识一起讨论，非常自然且很有必要。

随着遗传算法的深入研究以及与其他学科的相互融合，遗传算法有望在智能领域占有更加重要的地位。作为进化计算的主要分支，作者希望新增的遗传算法知识能满足计算机专业学生和计算机相关从业者了解遗传算法，并进一步学习进化计算的需要。

作者对第 13 章的编写保持了本书一贯的风格，对遗传算法中涉及的方法，书中同样给出了 C++程序，程序代码都有详细注释，已在 VC++环境下编译通过并能正确运行。

作　者

前　言

本书为普通高等教育“十一五”国家级规划教材。

算法设计与分析不仅是计算机科学与技术专业学生的必备知识，也是计算机应用工作者必不可少的基础知识。掌握扎实的算法设计与分析理论和方法有助于理工科学生进一步学习计算机技术，适应更广泛的职业挑战。

计算机学科教学计划 2001（Computing Curricula 2001，简称 CC2001）将计算机学科分成 14 个领域，每个领域分成若干知识单元，每个知识单元又包括若干主题。CC2001 强调算法，重视算法设计与分析能力和程序设计能力。计算机算法的基本内容主要包含在**算法与复杂性**（Algorithm and Complexity，简称 AL）和**程序设计基础**（Programming Fundamental，简称 PF）等知识领域中。在 CC2001 建议的计算机科学与技术专业的 280 个核心学时中，程序设计与算法方面分配 90 个核心学时，约占总核心学时的 32.1%。

算法领域涉及的内容广泛，通常包括迄今为止，算法学家们所设计的许多基本和经典算法，如排序、搜索、图算法、组合问题算法、字符串算法和大量的数值算法，算法问题求解、算法分析技术和常用的算法设计策略，可计算性理论和问题复杂性的研究，如计算模型、NP 完全问题和问题复杂度下界理论。近年来，算法研究在随机算法、近似算法、密码算法、分布式算法和并行算法，以及其他算法方面也都有很多新成果。

作为“算法设计与分析”课程教材，根据我国在算法与数据结构方面课程开设的实际情况，本书不再重复属于我国传统“数据结构”课程中的基本数据结构和算法的内容，但选用快速排序等在“数据结构”课程中已学过的若干排序、搜索和图算法，它们被作为算法设计策略和算法分析的实例使用。这种做法不是内容的简单重复，而是必要的和有益的深化。以学生熟知的知识为基础，介绍新知识，可使学生更容易理解和接受新的算法知识。

算法知识理论性较强，涉及的范围又很广，给学习和理解造成困难。为了将本书写成条理清晰、内容翔实、逻辑严谨、深入浅出的“算法设计与分析”教材，作者做了以下努力。

首先，本书分 3 部分组织内容，力求做到结构清晰、内容取舍恰当。

其次，书中算法都有完整的 C++程序，程序结构清楚，构思精巧，对程序代码都做了详细注释，所有程序都已在 VC++环境下编译通过并能正确运行。它们既是学习算法设计的示例，也是很好的 C++程序设计示例。

此外，本书通过大量实例和图示介绍算法，并有丰富的习题，便于自学。

这样做的目的是在保持算法科学性的同时，加强其技术性和实用性，也降低算法学习的难度，使复杂抽象的算法设计更容易为学习者理解和掌握。这也体现了计算机学科的科学性和工程性、理论性和实践性并重的学科特点。

全书包括 3 部分：算法和算法分析、算法设计策略及求解困难问题。

第 1 部分介绍算法概念，算法问题分类和问题求解方法，算法复杂度、递归技术，还介绍了两种新的数据结构：跳表和伸展树，以及它们特定的算法分析方法。

第 2 部分讨论常用的算法设计策略：基本搜索和遍历方法、分治法、贪心法、动态规划法、回溯法和分枝限界法。对于每种算法设计策略，通常先介绍一般方法，然后使用该策略解决若干经典的算法问题。

第 3 部分介绍 NP 完全问题、随机算法、近似算法，并对现代密码学和数论算法也做了简要论述。

本书作者在南京邮电大学讲授“算法设计与分析”和“数据结构”课程多年。本书是在作者编写出版的多本关于算法与数据结构领域教材的基础上，参考了近年来国内外多种算法设计与分析的优秀教材编写而成的。本书的编写得到了电子工业出版社的大力支持，并得到了南京邮电大学和计算机学院领导的推荐和关心，在此表示衷心感谢。

书中若有不妥之处，敬请读者批评指正。

作　者

目　录

第 1 部分　算法和算法分析

第 2 部分　算法设计策略

第 3 部分 求解困难问题

第 1 部分　算法和算法分析

第 1 章　算法问题求解基础

算法是计算机学科的一个重要分支，它是计算机科学的基础，更是计算机程序的基石。算法是计算机求解问题的特殊方法。学习算法，一方面需要学习求解计算领域中典型问题的各种有效算法，还要学习设计新算法和分析算法性能的方法。本章给出算法的基本概念，介绍使用计算机求解问题的过程和方法，讨论递归算法及证明递归算法正确性的归纳法。

1.1　算法概述

1.1.1　什么是算法

在学习一门计算机程序设计语言，如 C/C++或 Pascal 之后，应该对算法一词不再陌生。编写一个程序，实际上是在实现使用计算机求解某个问题的方法。在计算机科学中，算法一词用于描述一个可用计算机实现的**问题求解**（problem-solving）方法。

什么是算法？笼统地说，**算法**（algorithm）是求解一类问题的任意一种特殊的方法。较严格的说法是，一个算法是对特定问题求解步骤的一种描述，它是指令的有限序列。此外，算法具有下列 5 个特征。

（1）**输入**（input）：算法有零个或多个输入量；

（2）**输出**（output）：算法至少产生一个输出量；

（3）**确定性**（definiteness）：算法的每一条指令都有确切的定义，没有二义性；

（4）**能行性**（effectiveness）：算法的每一条指令必须足够基本，它们可以通过已经实现的基本运算执行有限次来实现；

（5）**有穷性**（finiteness）：算法必须总能在执行有限步之后终止。

所有算法都必须具有以上 5 个特征。算法的输入是一个算法在开始前所需的最初的量，这些输入取自特定的值域。算法可以没有输入，但算法至少应产生一个输出，否则算法便失去了它存在的意义。算法是一个指令序列。一方面，每条指令的作用必须是明确、无歧义的。在算法中不允许出现诸如“计算 5+3 或计算 7−3”这样的指令。另一方面，算法的每条指令必须是能行的。对一个计算机算法而言，能行性要求一条算法指令应当最终能够由执行有限条计算机指令来实现。例如，一般的整数算术运算是能行的，但如果 1÷3 的值需由无穷的十进制展开的实数表示，就不是能行的。因此，概括地说，算法是由一系列明确定义的基本指令序列所描述的，求解特定问题的过程。它能够对合法的输入，在有限时间内产生所要求的输出。如果取消有穷性限制，则只能称为**计算过程**（computational procedure）。

描述一个算法有多种方法，可以用自然语言、流程图、伪代码和程序设计语言来描述。当一个算法使用计算机程序设计语言描述时，就是**程序**（program）。算法必须可终止。计算机程序并没有这一限制，例如，一个操作系统是一个程序，却不是一个算法，一旦运行，只要计算机不关机，操作系统程序就不会终止运行。所以，操作系统程序是使用计算机语言描述的一个计算过程。

算法概念并不是计算机诞生以后才有的新概念。计算两个整数的最大公约数的辗转相除法是由古希腊欧几里得（约公元前 330—275 年）在他的《几何原本》（Euclid's Elements）中提出的，它是算法研究最重要的早期成果。直到 1950 年左右，**算法**一词还经常与欧几里得算法（Euclid's algorithm）联系在一起。中国的珠算口诀可视为典型的算法，它将复杂的计算（如除法）描述为一系列的算珠拨动操作。

欧几里得算法又称辗转相除法，用于计算两个整数 m 和 n（$0 \leqslant m < n$ 的最大公约数，记为 $\gcd(m, n)$。其计算过程是重复应用下列等式，直到 $n \bmod m = 0$。

$$\gcd(m, n) = \gcd(n \bmod m, m)，对于 m > 0 \qquad (1\text{-}1)$$

式中，$n \bmod m$ 表示 n 除以 m 之后的余数。因为 $\gcd(0, n) = n$，n 的最后取值也就是 m 和 n 的最大公约数。例如，$\gcd(24, 60) = \gcd(12, 24) = \gcd(0, 12) = 12$。

欧几里得算法使用了递归，其 C/C++语言描述见程序 1-1。欧几里得算法的迭代形式描述见程序 1-2。请注意数学上的运算符 mod 与 C/C++语言的“%”运算符的区别[①]。

【程序 1-1】 欧几里得递归算法

```
void Swap(int&a,int&b)
{
    int c=a;a=b;b=c;
}
int RGcd(int m,int n)
{
    if(m= =0) return n;
    return RGcd(n%m,m);
}
int Gcd(int m,int n)
{
    if (m>n) Swap(m,n);
    return RGcd(m,n);
}
```

【程序 1-2】 欧几里得迭代算法

```
int Gcd(int m,int n)
{
    if (m= =0) return n; if (n= =0) return m;
    if (m>n) Swap(m,n);
    while(m>0){
        int c=n%m;n=m;m=c;
    }
    return n;
}
```

① 运算符 mod 是对模数求剩余。设 $M>0$，$x \bmod M$ 的值在 $[0, M-1]$ 中。使用 C/C++语言的“%”运算符实现 mod 运算的方法为：$x = x \% M$; if ($x<0$) $x = M+x$。

上述程序必定会结束，因为每循环一次，m 的新值就会变小，但绝对不会成为负数，当 $m = 0$ 时程序终止。

最大公约数问题还可以有其他算法。程序 1-3 的连续整数检测算法的依据直接来自最大公约数的定义：m 和 n 的最大公约数是能够同时整除它们的最大正整数。显然，一个公约数不会大于两数中的较小者，因此，可以先令 $t = \min\{m, n\}$，然后检查 t 能否分别整除 m 和 n，若能，则 t 就是最大公约数，否则令 t 减 1 后继续检测。程序 1-3 必定会终止。如果 m 和 n 的最大公约数是 1，则当 $t = 1$ 时，程序终止。

【程序 1-3】 Gcd 的连续整数检测算法

```
int Gcd(int m,int n)
{
    if (m= =0) return n;if (n= =0) return m;
    int t=m>n?n:m;
    while (m%t || n%t) t--;
    return t;
}
```

从上面的讨论可知，一个问题可以设计不同的算法来求解，针对同一个问题的算法也许基于完全不同的解题思路。求两个整数的最大公约数可以采用欧几里得算法，也可以采用连续整数检测算法，两种算法的解题速度会有显著差异。此外，同一个算法可采用不同的形式来表示。例如，欧几里得算法可以写成递归形式，也可以写成迭代形式。

1.1.2 为什么学习算法

算法是计算机科学的基础，更是程序的基石，只有具有良好的算法基础才能成为训练有素的软件人才。对于计算机专业的学生来说，学习算法的理由是非常充分的。因为你必须知道来自不同计算领域的重要算法，你也必须学会设计新的算法、确认其正确性并分析其效率。随着计算机应用的日益普及，各个应用领域的研究和技术人员都在使用计算机求解他们各自专业领域的问题，他们需要设计算法，编写程序，开发应用软件，所以学习算法对于越来越多的人来说变得十分必要。

著名的美国计算机科学家克努特（D. E. Knuth）说过："一个受过良好的计算机科学知识训练的人知道如何处理算法，即构造算法、操纵算法、理解算法和分析算法。算法知识远不只是为了编写好的计算程序，它是一种具有一般意义的智能工具，必定有助于对其他学科的理解，不论化学、语言学或者音乐等。"

哈雷尔（David Harel）在他的《算法学——计算的灵魂》一书中说："算法不仅是计算机学科的一个分支，它更是计算机科学的核心，而且可以毫不夸张地说，它和绝大多数科学、商业和技术都是相关的。"

1.2 问题求解方法

软件开发的过程是使用计算机求解问题的过程。使用计算机解题的核心任务是设计算法。算法并非就是问题的解，它是准确定义的，用来获得问题解的计算过程的描述。算法是问题的程序化解决方案。显然，算法能够求解的问题种类是有局限性的，它们不可能求解现实世界中的所有问题。本书讨论的问题都是指能用算法求解的问题。

1.2.1 问题和问题求解

什么是**问题**（problem）？只要目前的情况与人们所希望的目标不一致，就会产生问题。例如，排序问题是：任意给定一组记录，排序的目的是使得该组记录按关键字值非减（或非增）次序排列。

问题求解（problem solving）是寻找一种方法来实现目标。问题求解是一种艺术，没有一种通用的方法能够求解所有问题。有时，人们不得不一次又一次地尝试可能的求解方法，直到找到一种正确的求解途径。一般说来，问题求解中存在着猜测和碰运气的成分。然而，当我们积累了问题求解的经验，这种对问题解法的猜测就不再是完全盲目的，而是形成某些问题求解的技术和策略。**问题求解过程**（problem solving process）是人们通过使用问题领域知识来理解和定义问题，并凭借自身的经验和知识去选择和使用适当的问题求解策略、技术和工具，将一个问题描述转换成问题解的过程。

现在，很多问题可以用计算机求解，计算机的应用已渗透到人类活动的方方面面。有些问题，如四色问题，如果没有计算机，至今恐怕难以求解。计算机求解问题的过程就是一个计算机软件的开发过程，被称为**软件生命周期**（software life cycle）。

计算机求解问题的关键之一是寻找一种**问题求解策略**（problem solving strategy），得到求解问题的算法，从而得到问题的解。例如，求解前面提到的排序问题是指设计一种排序算法，能够把任意给定的一组记录排成有序的记录序列。

1.2.2 问题求解过程

匈牙利数学家乔治·波利亚（George Polya）在1957年出版的《How to Solve It》一书中概括了如何求解数学问题的技术。这种问题求解的四步法对于大多数其他科学也是适用的，同样也可用于求解计算机应用问题。

问题求解的四步法简述如下。

（1）**理解问题**（understand the problem）

毫无疑问，为了求解问题必须首先理解问题。如果不理解问题，当然就不可能求解它。此外，对问题的透彻理解有助于求解问题。这一步很重要，它看似简单，其实并不容易。在这一步，我们必须明确定义所要求解的问题，并用适当的方式表示问题。对于简单问题，不妨直接用自然语言描述问题，如排序问题。

（2）**设计方案**（devise a plan）

求解问题时，首先考虑从何处着手，考虑以前有没有遇到类似的问题，是否解决过规模较小的同类问题。此外，还应选择该问题的一些特殊例子进行分析。在此基础上，考虑选择何种问题求解策略和技术进行求解，以得到求解问题的算法。

（3）**实现方案**（carry out the plan）

实现求解问题的算法，并使用问题实例进行测试、验证。

（4）**回顾复查**（look back）

检查该求解方法是否确实求解了问题或达到了目的。评估算法，考虑该解法是否可简化、改进和推广。

对于上一小节讨论的求最大公约数问题，理解起来并不困难，但为了求解问题，则需要相关的数学知识。最简单的求解方案可以直接从最大公约数的定义出发得到，这就是程序1-3的连续整数检测算法。欧几里得算法建立在已经证明式（1-1）成立的基础上。对于这两种求解算法，

可以使用 m 和 n 的若干值进行测试，验证算法的正确性。通过比较，发现对于求最大公约数问题，连续整数检测算法和欧几里得算法的时间效率差别很大。递归的欧几里得算法又可改写成迭代形式，迭代算法的效率一般高于其对应的递归算法。

1.2.3 系统生命周期

一个计算机程序的开发过程就是使用计算机求解问题的过程。**软件工程**（software engineering）将软件开发和维护过程分成若干阶段，称为**系统生命周期**（system life cycle）或软件生命周期。系统生命周期法要求每个阶段完成相对独立的任务；各阶段都有相应的方法和技术；每个阶段都有明确的目标，要有完整的文档资料。这种做法便于各种软件人员分工协作，从而降低软件开发和维护的困难程度，保证软件质量，提高开发大型软件的成功率和生产率。

通常把软件生命周期划分为**分析**（analysis）、**设计**（design）、**编码**（coding 或 programming）、**测试**（testing）和**维护**（maintenance）等 5 个阶段。前 4 个阶段属于开发期，最后一个阶段处于运行期。

软件开发过程的前两个阶段“分析”和“设计”非常重要。“分析”是弄清楚需要“**做什么**（what）”，而“设计”是解决“**如何做**（how）”。

在问题求解的分析阶段，我们试图理解问题，弄清楚为了求解它必须做什么，而不是怎样做。在分析阶段，必须理解问题的需求。需求常常被分为功能需求和非功能需求两类。功能需求描述求解问题的程序必须具有的功能和特性，非功能需求是软件必须满足的约束等。例如，对一个整数序列进行排序的问题，其功能需求是将一个任意整数序列排列成非减有序序列，而非功能需求也许是代码和数据使用的内存空间不能超过 20MB，运行时间不超过 5min 等。这些需求应当被充分审查和讨论，并明确定义，形成**需求规范**（requirement specification）。问题定义必须明确，无二义性，且具有一致性。

设计阶段确定如何求解问题，包括选择何种问题求解策略和技术，如算法设计策略。在软件开发中，常采用逐步求精的方法，并用伪代码和流程图来设计和描述算法。

编码实现阶段的任务是编写程序，运行程序，并使用测试用例测试程序，验证程序的正确性。

1.3 算法设计与分析

1.3.1 算法问题求解过程

算法问题的求解过程在本质上与一般问题的求解过程是一致的。具体求解步骤如图 1-1 所示。求解一个算法问题，需要先理解问题。通过仔细阅读对问题的描述，充分理解所求解的问题。为了完全理解问题，可以列举该问题的一些小例子，考虑某些特殊情况。

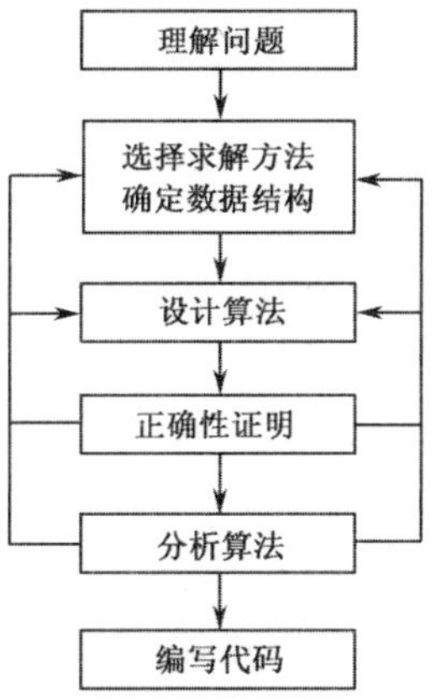

图 1-1 算法问题求解过程

算法一般分两类：精确算法和启发式算法。一个**精确算法**（exact algorithm）总能保证求得问题的解。而一个**启发式算法**（heuristic algorithm）通过使用某种规则、简化或智能猜测来减少问题求解时间。它们也许比精确算法更有效，但其求解问题所需的时间常常因实例而异。它们也不能保证求得的解必定是问题的最优解，甚至不一定是问题的**可行解**（feasible solution）。一般来讲，启发式算法往往缺少理论依据。对于最优化问题，一个算法如果致力于寻找近似解而不是最优解，被称为**近似算法**（approximation algorithm）。近似算法求得的应当是问题的可行解，但可能不是最优解。如果在算法中需做出某些随机选择，则称为**随机算法**（randomized algorithm）。随机算法执行的随机选择一般依赖于随机数发生器所产生的随机数。

在理解问题之后，算法设计者需要选择是否采取精确解法。有一些问题的确无法求得精确解，例如求平方根、求定积分和求解非线性方程。另一些问题虽然存在精确算法，但这些算法的求解时间慢得让人无法接受。例如，设计一个导致赢局的人机对弈程序并不困难，可以采用穷举算法。对于任何一种棋类，尽管其可能的棋局数目可谓天文数字，但总是有限的。我们总能设计一个算法对任意给定的一种棋局，判断这一棋局是否可能导致赢局，并由此决定下一步应走哪一着棋。采用这种以穷举方式逐一检查棋局的算法，每一步决策都将异常费时，即使在当代速度最快的计算机上运行也是不实际的。

启发式算法并不总能导致理想的解，但常常能在合理的时间内得到令人满意的结果。

此外，虽然有些算法并不要求精心组织输入数据，但另一些算法的确依赖于精心设计的数据结构。对问题实例的数据进行恰当组织和重构，有助于设计和实现高效的算法。数据结构对于算法的设计常常至关重要。对于具有一定“数据结构”知识的读者，应不难理解这一点。

1.3.2 如何设计算法

使用计算机的问题求解策略主要指**算法设计策略**（algorithm design strategy）。一般来说，算法的设计是一项创造性活动，不可能完全自动化，但学习一些基本的算法设计策略是非常有用的。对于所求解的问题，只要符合某种算法设计策略的前提，便可以利用它设计出精致而有效的算法。算法设计技术（也称“策略”）是使用算法解题的一般性方法，可用于解决不同计算领域的多种问题。如果所求问题符合某种算法设计策略处理的问题特性，就可使用该算法设计策略设计算法、求解问题。例如，读者熟知的排序问题符合分治策略求解的问题特征，可以用分治法求解。然而，由于在使用分治策略解题时的思路不同，会得到不同的排序算法。在第 4 章中将看到，合并排序和快速排序都可视为由分治法产生的排序算法，但两者是不同的算法。

1.3.3 如何表示算法

算法所表示的计算过程需要以某种方式描述出来。算法可以使用自然语言描述，但自然语言不够严谨。在计算机应用的早期，算法主要用流程图描述。实践证明，流程图通常只适于描述简单算法，对于复杂算法，流程图也会十分复杂，难以建图和理解。伪代码是自然语言和程序设计语言的混合结构。它所描述的算法通常比自然语言精确，又比实际程序设计语言简洁。但对于伪代码，并没有形成一致的语法规则，需要事先约定。使用一种实际的程序设计语言描述算法，虽然有时会多一些细节，但有助于算法的精确描述。此外，用 C++语言描述的算法本身就是很好的 C/C++程序范例，对学生掌握算法思想和进行程序设计都是有益的。

在本书中，我们使用 C/C++语言描述算法。C/C++语言类型丰富、语句精练，既能描述算法所处理的数据结构，又能描述算法过程。同时，用 C/C++语言描述算法可使算法结构简洁明了，可读性好。

1.3.4 如何确认算法

如果一个算法对于所有合法的输入，都能在有限时间内输出预期的结果，那么此算法是正确的。确认一个算法是否正确的活动称为**算法确认**（algorithm validation）。算法确认的目的在于确认一个算法能否正确无误地工作。使用数学方法证明算法的正确性，称为**算法证明**（algorithm proof）。对于有些算法，正确性证明十分简单，但对于另一些算法，却可能十分困难。

证明算法正确性常用的方法是数学归纳法。对于程序 1-1 的求最大公约数的递归算法 RGcd，可用数学归纳法证明如下：

设 m 和 n 是整数，$0 \leqslant m < n$。若 $m=0$，则因为 $\gcd(0, n)=n$，故程序 RGcd 在 $m=0$ 时返回 n 是正确的。归纳法假定，当 $0 \leqslant m < n < k$ 时，函数 RGcd(m, n)能在有限时间正确返回 m 和 n 的最大公约数，那么，当 $0 < m < n = k$ 时，考察函数 RGcd(m, n)，它将具有 RGcd(n%m, m)的值。这是因为 $0 \leqslant n\%m < m$ 且 $\gcd(m, n)=\gcd(n \bmod m, m)$（数论定理），故该值正是 m 和 n 的最大公约数。证毕。

若要表明算法是不正确的，只需给出能够导致算法不能正确处理的输入实例即可。

到目前为止，算法的正确性证明仍是一项很有挑战性的工作。在大多数情况下，人们通过程序测试和调试来排错。**程序测试**（program testing）是指对程序模块或程序总体，输入事先准备好的样本数据（称为**测试用例**，test case），检查该程序的输出，来发现程序存在的错误及判定程序是否满足其设计要求的一项积极活动。测试的目的是为了“发现错误”，而不是“证明程序正确”。程序经过测试暴露了错误，需要进一步诊断错误的准确位置，分析错误的原因，纠正错误。**调试**（debugging）是诊断和纠正错误的过程。

1.3.5　如何分析算法

算法的分析（algorithm analysis）活动是指对算法的执行时间和所需空间的估算。求解同一问题可以编写不同的算法，通过算法分析，可以比较两个算法效率的高低。对于算法所需的时间和空间的估算，一般不需要将算法写成程序在实际的计算机上运行。当然在算法写成程序后，便可使用样本数据，实际测量一个程序所消耗的时间和空间，这称为程序的**性能测量**（performance measurement）。

1.4　递归和归纳

递归是一个数学概念，也是一种有用的程序设计方法。在程序设计中，为了处理重复性计算，最常用的办法是组织迭代循环，除此之外还可以采用递归计算的办法。美国著名计算机科学家约翰·麦卡锡极力主张将递归引入 Algol 60 语言，该语言是后来的 Pascal、PL/1 和 C 语言的基础。他本人提出的表处理语言 Lisp 不仅允许函数递归，数据结构也是递归的。

递归和归纳关系紧密。归纳法证明是一种数学证明方法，可用于证明一个递归算法的正确性。在下一章中还将看到，归纳法在算法分析中也很有用。

1.4.1　递归

1. 递归定义

定义一个新事物、新概念或新方法，一般要求在定义中只包含已经明确定义或证明的事物、概念或方法。然而递归定义却不然，**递归**（recursive）定义是一种直接或间接引用自身的定义方法。一个合法的递归定义包括两部分：**基础情况**（base case）和**递归部分**。基础情况以直接形式明确列举新事物的若干简单对象，递归部分给出由简单（或较简单）对象定义新对象的条件和方法。所以，只要简单或相对简单的对象已知，用它们构造的新对象是明确的，无二义性的。

例 1-1　斐波那契数列

说明递归定义的一个典型例子是**斐波那契**（Fibonacci）数列，它的定义可递归表示成：

$$\begin{cases} F_0=0, \quad F_1=1 \\ F_n=F_{n-1}+F_{n-2} \qquad n>1 \end{cases} \tag{1-2}$$

根据这一定义，可以得到一个无穷数列 0, 1, 1, 2, 3, 5, 8, 13, 21, 34, 55, …，称为斐波那契数列。斐波那契数列产生于 12 世纪，但直到 18 世纪才由 A. De. Moivre 提出了它的非递归定义式。从 12 世纪到 18 世纪期间，人们只能采用斐波那契数列的递归定义来计算。斐波那契数列的直接计算公式为：

$$F_n = \frac{1}{\sqrt{5}}(\phi^n - \hat{\phi}^n) \qquad (1\text{-}3)$$

式中，$\phi = \frac{1}{2}(1+\sqrt{5}) = 1.618\,033\,98\cdots$，$\hat{\phi} = 1 - \phi = \frac{1}{2}(1-\sqrt{5}) = -0.618\,033\,98\cdots$。

2. 递归算法

当一个算法采用递归方式定义时便成为递归算法。一个递归算法是指直接或间接调用自身的算法。递归本质上也是一种循环的算法结构，它把“较复杂”的计算逐次归结为“较简单”情形的计算，直至归结到“最简单”情形的计算，并最终得到计算结果为止。

使用递归来解决问题，与使用一本大词典查询一个单词的情形是类似的。在词典中查一个单词时，首先得到对该单词的解释，如果在该单词的解释中包含不认识的单词，还需要继续查这些不认识的单词的词义，直到所有相关单词都已有明确解释为止。如果其中至少有一个单词在词典中没有解释或出现循环定义，那么这一过程是循环不确定和错误的。

许多问题可以采用递归方法来编写算法。一般来说，递归算法结构简洁而清晰，可以用归纳法证明其正确性，并易于算法分析。

根据斐波那契数列的递归定义，可以很自然地写出计算 F_n 的递归算法。为了便于在表达式中直接引用，可以把它设计成一个函数过程，见程序 1-4。

【程序 1-4】 求 F_n

```
long Fib( long n)
{
    if(n<=1) return n;
    else return Fib(n-2)+Fib(n-1);
}
```

函数 Fib(n)中又调用了函数 Fib(n−1)和 Fib(n−2)。这种在函数体内调用自己的做法称为**递归调用**，包含递归调用的函数称为**递归函数**（recursive function）。从实现方法上讲，递归调用与调用其他函数没有什么两样。设有一个函数 P，它调用函数 Q(T x)，P 被称为**调用函数**（calling function），而 Q 称为**被调函数**（called function）。在调用函数 P 中，使用 Q(a)来引起被调函数 Q 的执行，其中 a 称为**实在参数**（actual parameter），x 称为**形式参数**（formal parameter）。当被调函数是 P 本身时，P 是递归函数。有时，递归调用还可以是间接的。对于间接递归调用，在这里不做进一步讨论。编译程序利用系统栈实现函数的递归调用，系统栈是实现函数嵌套调用的基础。

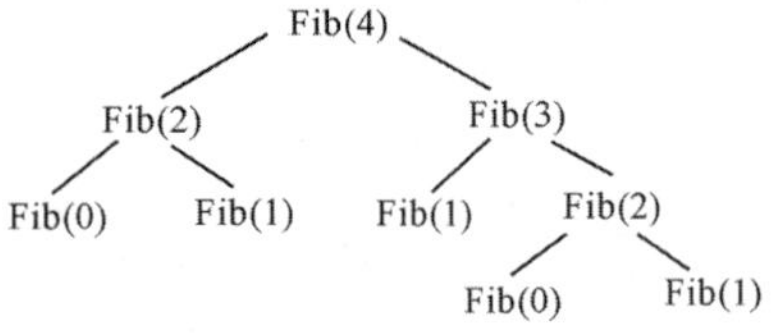

图 1-2 计算 Fib（4）的递归树

可以用所谓的**递归树**（recursive tree）来描述程序 1-4 的函数 Fib 执行时的调用关系。假定在主函数 main 中调用 Fib(4)，让我们来看 Fib(4)的执行过程。这一过程可以用图 1-2 所示的递归树描述。从图中可见，Fib(4)需要分别调用 Fib(2)和 Fib(3)，Fib(2)又分别调用 Fib(0)和 Fib(1)，……。其中，Fib(0)被调用了两次，Fib(1)被调用了三次，Fib(2)被调用了两次。可见，许多计算工作是重复的，当然这是费时的。

3．递归数据结构

在数据结构中，树、二叉树和列表常采用递归方式来定义。原则上，线性表、数组、字符串等也可以进行递归定义。但是习惯上，许多数据结构并不采用递归定义方式，而是直接定义。线性表、字符串和数组等数据结构的直接定义方式更自然、更直截了当。使用递归方式定义的数据结构称为**递归数据结构**（recursive data structure）。

1.4.2　递归算法示例

设计递归算法需要使用一种新的思维方式。递归概念较难掌握，本节的例子可以加深对递归算法的理解。

例 1-2　逆序输出正整数的各位数

设有正整数 $n = 12345$，现希望以各位数的逆序形式输出，即输出 54321。设 k 位正整数为 $d_1d_2\cdots d_k$，为了以逆序形式输出各位数 $d_kd_{k-1}\cdots d_1$，可以分成两步：

（1）首先输出末位数 d_k；

（2）然后输出由前 $k-1$ 位组成的正整数 $d_1d_2\cdots d_{k-1}$ 的逆序形式。

上面的步骤很容易写成程序 1-5 的递归算法。

【程序 1-5】　逆序输出正整数的各位数

```
#include<iostream.h>
void PrintDigit(unsigned int n)
{  //设 k 位正整数为 d1d2…dk, 按各位数的逆序 dkdk-1…d1 形式输出
    cout<<n%10;                                   //输出最后一位数 dk
    if(n>=10) PrintDigit(n/10);                   //以逆序输出前 k-1 位数
}
void main()
{
    unsigned int n;
    cin>>n;
    PrintDigit(n);
}
```

例 1-3　汉诺塔问题（tower of Hanoi）

假定有三个塔座：x，y，z，在塔座 x 上有 n 个直径大小各不相同的圆盘，它们按直径大小从小到大编号为 1，2，…，n。现要求将 x 塔座上 n 个圆盘移到塔座 y 上，并仍按同样顺序叠排，即初始状态如图 1-3（a）所示，最终状态如图 1-3（d）所示。圆盘移动时必须遵循下列规则：

（1）每次只能移动一个圆盘；

（2）圆盘可以加到塔座 x，y，z 中任意一个之上；

（3）任何时刻都不能将一个较大的圆盘放在较小的圆盘之上。

为了将圆盘全部从塔座 x 移到塔座 y，并且仍按原顺序叠排，一种朴素的想法是：如果能够将塔座 x 的上面 $n-1$ 个圆盘移至空闲的塔座 z 上，并且这 $n-1$ 个圆盘要求以原顺序叠排。这样，塔座 x 上就只剩下一个最大的圆盘，如图 1-3（b）所示。于是，便可以轻而易举地将最大圆盘放到塔座 y 上，如图 1-3（c）所示。余下的问题是如何将 $n-1$ 个圆盘从塔座 z 借助于空闲塔座 x 移到塔座 y 上。相对于原始问题而言，现在要解决的问题的性质与原问题相同，但被移动的圆盘数目

少了一个，是相对较小的问题。使用递归很容易写出求解此问题的算法。

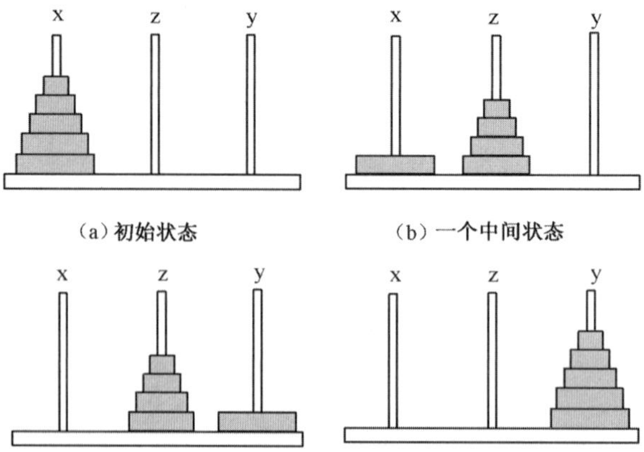

（a）初始状态　（b）一个中间状态　（c）图（b）之后的状态　（d）最终状态

图 1-3　汉诺塔问题

假定圆盘从小到大编号为 1～n，移动圆盘的算法可以粗略描述如下：

（1）以塔座 y 为中介，将前 $n-1$ 个圆盘从塔座 x 移到塔座 z 上；

（2）将第 n 个圆盘移到塔座 y 上；

（3）以塔座 x 为中介，将塔座 z 上的 $n-1$ 个圆盘移到塔座 y 上。

注意，（1）和（3）求解的是移动 $n-1$ 个圆盘的汉诺塔问题，在程序 1-6 求解汉诺塔问题的模拟程序中，它们分别表现为一次递归函数调用。

【程序 1-6】　汉诺塔问题

```
#include <iostream.h>
enum tower { A='X', B='Y', C='Z'};
void Move(int n,tower x,tower y)
{ //将第 n 个圆盘从塔座 x 移到塔座 y 的顶部
    cout << "The disk "<<n<<" is moved from "
    << char(x) << " to top of tower " << char(y) << endl;
}
void   Hanoi(int n, tower x, tower y, tower z)
{ // 将塔座 x 上部的 n 个圆盘移到塔座 y 上，顺序不变
    if (n) {
        Hanoi(n-1, x, z, y);          //将前 n-1 个圆盘从塔座 x 移到塔座 z 上，塔座 y 为中介
        Move(n,x,y);                  //将第 n 个圆盘从塔座 x 移到塔座 y 上
        Hanoi(n-1, z, y, x);          //将塔座 z 上的 n-1 个圆盘移到塔座 y 上，塔座 x 为中介
    }
}
void main()
{
    Hanoi(4,A,B,C);                   //假定 n＝4
}
```

例 1-4　产生各种可能的排列

给定 n 个自然数{0, 1, …, $n-1$}的集合，设计一个算法，输出该集合所有可能的**排列**（permutation）。例如，集合{0, 1, 2}有 6 种可能的排列：（0, 1, 2）, (0, 2, 1), (1, 0, 2), (1, 2, 0), (2, 0, 1), (2, 1, 0)。容易看到，n 个自然数的集合有 $n!$ 个不同的排列。下面以 4 个自然数的集合{0, 1, 2, 3}为例，介绍一种求解此问题的简单递归算法。

由 4 个自然数组成的排列通过下列方式构造：

（1）以 0 开头，紧随其后为{1, 2, 3}的各种排列；

（2）以 1 开头，紧随其后为{0, 2, 3}的各种排列；

（3）以 2 开头，紧随其后为{0, 1, 3}的各种排列；

（4）以 3 开始，紧随其后为{0, 1, 2}的各种排列。

语句（1）中"紧随其后为{1, 2, 3}的各种排列"实质上是求解比原始问题少一个数的排列生成问题。相对原问题而言，这是一个同类子问题，但规模小一些。这也意味着可用递归算法求解这一问题。程序 1-7 描述这一算法，可用 Perm(a, 0, n)调用之。

【程序 1-7】　排列产生算法

```
template <class T>
void Perm(T a[], int k, int n)
{
    if (k= =n-1){                                    //输出一种排列
        for (int i=0; i<n; i++)
            cout << a[i] << " "; cout << endl;
    }
    else                                             //产生{a[k],…,a[n-1]}各种排列
        for (int i=k; i<n; i++) {
            T t=a[k]; a[k]=a[i]; a[i]=t;
            Perm(a, k+1, n);                         //产生{a[k+1],…,a[n-1]}各种排列
            t=a[k]; a[k]=a[i]; a[i]=t;
        }
}
```

1.4.3　归纳证明

证明一个定理不成立的最好方法是举一个反例。那么，如何证明一个程序是正确的？程序的正确性证明是一个非常困难的问题，一个完整的程序正确性证明过程常常比编写程序费时得多。两种最常见的证明方法是归纳法和反证法。下面我们采用**非形式证明**（informal proof）方式讨论算法的正确性问题。

先来看归纳法。对于无限对象集上的命题，归纳法往往是唯一可行的证明方法。递归数据结构的特性和递归算法问题常使用归纳法证明。在多数情况下，归纳法在自然数或正整数集合上进行，当归纳法应用于递归定义的数据结构（如树和表）时，称为**结构归纳法**（structural induction）。下面将看到，递归函数和归纳证明二者在结构上非常类似，这对于运用归纳法证明复杂的递归数据结构和算法命题是很有帮助的。

程序 1-5 和程序 1-6 分别是逆序打印正整数和汉诺塔问题的递归函数。对于给定的一些测试用例，它们都能正确工作，但并不意味着它们一定是正确的程序。程序正确性证明是非常有用的，

只有证明是正确的程序才能确认该程序对所有输入都能得到正确的结果。

使用归纳法进行证明的过程由两部分组成。

（1）**基础情况**（base case）确认被证明的结论在某种（某些）基础情况下是正确的。

（2）**归纳步骤**（induction step）这一步又可分成两个子步：首先进行归纳假设，假定当问题实例的规模小于某个量 k 时，结论成立；然后使用这个假设证明对问题规模为 k 的实例，结论也成立。至此，结论得证。

定理 1-1 对于 $n\geqslant 0$，程序 1-5 是正确的。

证明：（归纳法证明）

首先，当 n 是 1 位数时，程序显然是正确的，因为它仅执行了语句“cout<<n%10;”。

假定函数 PrintDigit 对所有位数小于 k（$k>1$）的正整数都能正确运行，当 n 的位数为 k 位时，此时有 $n\geqslant 10$，算法必定先执行语句“cout<<n%10;”然后执行语句“if(n>=10) PrintDigit(n/10);”。由于$\lfloor n/10\rfloor$[①]是 n 的前 $k-1$ 位数字形成的数，归纳法假设函数调用 PrintDigit(n/10)能够将它正确地（并在有限步内）按数字的逆序输出，那么，现在先执行语句输出个位数字（n%10），然后由于按逆序输出前 $k-1$ 位数字的做法是能够正确按逆序输出全部 k 位数字的，所以程序 1-5 是正确的。本例中，归纳证明使用的量是十进制数的位数。

上述证明看起来非常类似于对一个递归算法的描述。这正是由于递归和归纳是密切相关的，它们有很多相似之处。二者都是由一个或多个基础情况来终止的。递归函数通过调用自身得到较小问题的解，并由较小问题的解来形成相对较大的问题的解。同样，归纳法证明依靠归纳法假设的事实来证明结论。因此，一个递归算法比较容易用归纳法证明其正确性。

同样地，不难运用归纳法证明程序 1-6 汉诺塔程序的正确性，我们将其留作练习。

在本书的算法证明和分析中，还常运用反证法。为了使用反证法证明一个结论，首先应假设这个结论是错误的，然后找出由这个假设导致的逻辑上的矛盾。如果引起矛盾的逻辑是正确的，则表明假设是错误的，所以原结论是正确的。下面举一个经典的例子说明反证法的运用。

定理 1-2 存在无穷多个素数。

证明：（反证法证明）

反面假设：假设定理不成立，则存在最大素数，记为 P。令 P_1，P_2，…，P_{k-1}，P 是从小到大依次排列的所有素数。设 $N=P_1P_2\cdots P_{k-1}P+1$，显然 $N>P$，根据假设 N 不是素数。但 P_1，P_2，…，P_{k-1}，P 都不能整除 N，都有余数为 1。这就产生矛盾，因为每一个整数，或者自己是素数，或者是素数的乘积。现在 N 不是任何素数的乘积，这也意味着不存在最大素数，定理得证。

本章小结

本章概述有关算法、问题、问题求解过程及算法问题求解方法等贯穿本书的一些重要概念和方法。算法可以看作求解问题的一类特殊的方法，它是精确定义的，能在有限时间内获得答案的一个求解过程。对算法的研究主要包括如何设计算法，如何表示算法，如何确认算法的正确性，如何分析一个算法的效率，以及如何测量程序的性能等方面。算法设计技术是问题求解的有效策略。算法的效率通过算法分析来确定。递归是强有力的算法结构。递归和归纳关联紧密。归纳法是证明递归算法正确性和进行算法分析的强有力工具。

---

① 符号$\lfloor x\rfloor$表示不大于 x 的最大整数，符号$\lceil x\rceil$表示不小于 x 的最小整数。

习题 1

1-1 什么是算法？它与计算过程和程序有什么区别？

1-2 程序证明和程序测试的目的各是什么？

1-3 用欧几里得算法求 31 415 和 14 142 的最大公约数。估算一下程序 1-2 的算法比程序 1-3 的算法快多少倍？

1-4 证明等式 $\gcd(m, n) = \gcd(n \bmod m, m)$，对每对正整数 m 和 n，$m>0$ 都成立。

1-5 解释名词：问题、问题求解、问题求解过程、软件生命周期。

1-6 简述匈牙利数学家乔治·波利亚在《如何求解》一书中提出的思想，如何体现在算法问题求解过程中。

1-7 算法研究主要有哪些方面？

1-8 请举出至少一个算法问题的例子，说明因为数据组织方式不同，导致解题效率有显著差异。

1-9 试给出 $n!$ 的递归定义式，并设计一个递归函数计算 $n!$。

1-10 使用归纳法，证明上题所设计的计算 $n!$ 的递归函数正确性。

1-11 请使用归纳法证明汉诺塔函数的正确性。

1-12 试用归纳法证明程序 1-7 的排列产生器算法的正确性。

1-13 写一个递归算法和一个迭代算法计算二项式系数：

$$C_n^{\,m} = C_{n-1}^{\,m} + C_{n-1}^{\,m-1} = n!\ /m!\ (n-m)!$$

1-14 给定一个字符串 s 和一个字符 x，编写递归算法实现下列功能：

（1）检查 x 是否在 s 中；

（2）计算 x 在 s 中出现的次数；

（3）删除 s 中所有 x。

1-15 写一个 C++函数求解下列问题：给定正整数 n，确定 n 是否是它所有因子之和。

1-16 S 是有 n 个元素的集合，S 的幂集是 S 所有可能的子集组成的集合。例如，S= {a, b, c}，则 S 的幂集= {(), (a), (b), (c), (a, b), (a, c), (b, c), (a, b, c)}。写一个 C++递归函数，以 S 为输入，输出 S 的幂集。

第 2 章　算法分析基础

一旦确信一个算法是正确的，下一个重要的步骤就是分析算法。算法分析是指对算法利用时间和空间这两种资源的效率进行研究。本章讨论衡量算法效率的时间复杂度和空间复杂度，算法的最好、平均和最坏情况时间复杂度，讨论用于算法分析的渐近表示法，介绍如何使用递推关系来分析递归算法的方法及分摊分析技术。

2.1　算法复杂度

同一个问题可以编写多个算法来求解，这些算法所消耗的计算机资源（计算时间和存储空间）多少不同。算法的复杂度是指运行一个算法所需的时间和空间资源的量。

2.1.1　什么是好的算法

人们总是希望算法具有许多良好的特性。一个好的算法应具有以下 4 个重要特性。

（1）**正确性**（correctness）：毫无疑问，算法的执行结果应当满足预先规定的功能和性能要求。

（2）**简明性**（simplicity）：算法应思路清晰、层次分明、容易理解、利于编码和调试。

（3）**效率**（efficiency）：算法应有效使用存储空间，并具有高的时间效率。

（4）**最优性**（optimality）：算法的执行时间已达到求解该类问题所需时间的下界。

算法的正确性是指在合法的输入下，算法应实现预先规定的功能和计算精度要求。与算法正确性直接相关的是程序的正确性。对于大型程序，人们无法奢望它“完全正确”，而且这一点也往往无法证实，这就引出对程序**健壮性**（robustness）的要求。程序健壮性是指当输入不合法数据时，程序应能做适当处理而不至于引起严重后果。一个程序也许不能做到完全正确，但可以要求它是健壮的。其含义是：当程序万一遇到意外时，能按某种预定方式做出适当处理。正确性和健壮性是相互补充的。正确的程序并不一定是健壮的，而健壮的程序并不一定绝对正确。一个可靠的程序应当能在正常情况下正确地工作，而在异常情况下，亦能做出适当处理，这就是程序的**可靠性**（reliability）。

注意，本书假定算法的输入都是合法输入，而不进行输入检测，但在算法的实际应用中，应当对输入数据实施必要的检测来保证程序的健壮性。

算法的简明性要求算法的逻辑清晰，简单明了，并且是结构化的，从而使算法易于阅读和理解，并易于编码和调试。算法的简明性没有严格定义的尺度可以度量，在很大程度上取决于审视者的眼光。但简明性并不是可有可无的特性，它是算法设计者需努力争取的一个重要特性，因为简单的算法往往更容易理解和实现，相应的程序也会因此而减少**错误**（bug）。此外，一个简单明了的算法就像一篇优美的说明文，令阅读者赏心悦目。但遗憾的是，简单的算法并不一定是高效的。

算法的效率是指执行一个算法所需的计算时间和存储空间。当程序规模较大时，算法的效率问题是算法设计必须面对的一个关键问题。必须重视算法的效率分析。然而为了换取一定的效率，牺牲算法的可读性，在现代程序设计中并不是明智之举。因此，算法设计者往往需要在算法的简明性和效率之间做出谨慎的选择。**折中和结论**（tradeoffs and consequences）是计算机学科的重要概念之一。

算法的最优性与所求解的问题自身的复杂程度有关。例如，对于在 n 个元素的集合中寻找一个最大元素的问题，分析表明，任何通过元素之间比较的方式来求解此问题的正确算法，至少需要进行 $n-1$ 次元素间的比较运算。如果某人编写一个算法，声称他的算法对任意一个有 n 个元素的集合，仅需执行 $n-2$ 次元素比较便可求得集合中的最大元素，那么，可以肯定，该算法不可能是正确的。如果一个实际的正确算法，在最坏情况下的确只需 $n-1$ 次元素比较便可求得最大元素，那么它可称为最优的。因为 $n-1$ 次元素比较是求最大元问题所需时间的下界。本书将讨论排序和查找问题的时间下界。然而遗憾的是，许多看似简单的问题，至今仍无法知晓求解该问题所需的时间下界是多少，如：矩阵乘法。

2.1.2　影响程序运行时间的因素

一个程序的运行时间是程序运行从开始到结束所需的时间。影响程序运行时间的因素主要有：

（1）程序所依赖的算法；

（2）问题规模和输入数据；

（3）计算机系统性能。

首先，很容易想到，对于同一程序和相同的输入数据，如果在不同的计算机上运行该程序，所需的运行时间几乎可以肯定是不同的。这是因为计算机的硬件性能可能不同，特别是处理器（CPU）速度可能相差很多。程序设计语言及其编译器不同，生成的目标代码的效率也会各异。操作系统也是影响计算机系统性能的因素之一。这就是说，算法运行所需的时间依赖于计算机软、硬件系统。

如果排除计算机的因素，假定在完全相同的计算机环境下运行程序，情况又如何呢？

很显然，求解同一个问题的不同算法，其程序运行时间一般不同。一个好的算法运行时间较少。算法自身的好坏对运行时间的影响是根本的和起决定作用的。例如，使用不同的排序算法对同一组元素进行排序，程序运行的时间通常是不相同的。

程序的一次运行是针对所求解问题的某一特定**实例**（instance）而言的。例如，执行一个排序算法，需要输入一组待排序的元素，对该组特定元素的排序是排序问题的一个实例。待排序的元素个数是一个排序问题实例的重要**特征**（characteristics），它直接影响排序算法的执行时间和所需的存储空间。因此，分析算法性能需要考虑的一个基本特征是问题实例的**规模**（size）。使用同一个排序算法对 100 个整数进行排序与对 10 000 个整数进行排序所需的时间很显然是不同的。

问题的规模一般是指输入数据的量，必要时也考虑输出数据的量。对于两个 $m \times n$ 矩阵加法问题的规模，通常考虑输入矩阵的元素个数，它正比于 $m \times n$；但对于一个由计算机随机生成并打印一个矩阵的算法来说，其运行时间与所生成的矩阵元素的个数有关，即与输出数据的量有关。还有一种情况，例如，现代密码算法需要进行超过 200 位长度的十进制数运算，显然算法的运行时间与输入（输出）数据的数值大小有关，此时，问题的规模必须考虑数据的数值大小。设 x 是这样的数，可以考虑以 x 的二进制形式表示的比特数 $b = \lfloor \log x \rfloor + 1$[①]来度量 x 的数据量。数据的总输入量可以用各个数的长度之和来计算。

如果在同一个计算机系统上运行同一个程序，问题实例的规模也相同，则运行时间是否就一定相同呢？一个熟悉的例子是使用冒泡排序算法分别对 100 个已从小到大有序的整数排序，以及对随机选择的 100 个整数进行排序，它们所需的排序时间通常是不同的。这就是说，问题的规模相同，输入数据的状态（如排列次序）不同，所需的时间开销也会不同。

---

① 本书使用 $\log n$ 表示以 2 为底的对数 $\log_2 n$。

2.1.3　算法的时间复杂度

1．抽象机模型

从上面讨论可以看到，一个程序运行的时间与计算机系统的性能有关。为了消除计算机因素对算法分析的影响，现假定算法（程序）运行在一台抽象的计算机模型上，它不依赖于实际的计算机软、硬件系统。设抽象机提供由 m 个基本运算（也可称为语句）组成的运算集 $O = \{O_1, O_2, \cdots, O_m\}$，每个运算都是基本的，它们的执行时间是有限常量。同时设执行第 i 个运算 O_i 所需的时间是 α_i，$1 \leqslant i \leqslant m$。因此，一个算法对于给定输入在抽象机上的一次执行过程，表现为执行一个基本运算的序列。

2．时间复杂度

一个算法的**时间复杂度**（time complexity）是指算法运行所需的时间。

设有一个在抽象机上运行的算法 A，I 是某次运行时的输入数据，其规模为 n，则算法 A 的运行时间 T 是 n 和 I 的函数，记为 $T(n, I)$。又设在该次运算中抽象机的第 i 个基本运算 O_i 的执行次数为 β_i，$1 \leqslant i \leqslant m$，$\beta_i$ 也是 n 和 I 的函数，记为 $\beta_i(n, I)$。那么，算法 A 在输入为 I 时的运行时间是：

$$T(n,I) = \sum_{i=1}^{m} \alpha_i \beta_i (n,I) \tag{2-1}$$

这就是算法的时间复杂度。式中，输入数据 I 代表问题的一个实例，n 是问题的规模。

3．最好、最坏和平均时间复杂度

前面提到，对于许多算法，即使问题的规模相同，如果输入数据 I 不同，算法所需的时间开销也会不同。

例如，在一个有 n 个元素的数组中查找一个指定元素，某个搜索算法从第一个元素开始，一次检查一个数组元素。如果待查元素恰好是第一个元素，则所需的查找时间最短，这就是算法的**最好情况**（best case）。如果待查元素是最后一个元素，所需的查找时间最长，则是算法执行时间的**最坏情况**（worst case）。如果需要多次在数组中查找元素，并且假定以某种概率查找每个元素，最典型的是以相等概率查找每个元素，在这种情况下，就会发现算法需平均检索约 $n/2$ 个元素，这是算法时间代价的**平均情况**（average case）。

本书使用 $B(n)$、$W(n)$和 $A(n)$分别表示算法的最好、最坏和平均情况时间复杂度。设 $I \in D_n$，D_n 是规模为 n 的所有合法输入的集合，并设 I'和 I^*分别是 D_n 中使得算法运行有最好和最坏情况的实例（输入数据），$P(I)$是实例 I（$I \in D_n$）在具体应用中被使用的概率，则算法的上述三种情况时间复杂度可分别定义如下：

$$B(n) = \min\{T(n,I) \mid I \in D_n\} = T(n,I') \tag{2-2}$$

$$W(n) = \max\{T(n,I) \mid I \in D_n\} = T(n,I^*) \tag{2-3}$$

$$A(n) = \sum_{I \in D_n} P(I)T(n,I) \tag{2-4}$$

这三种时间复杂度从不同角度反映算法的效率，各有用途，也各有局限性。其中，比较容易分析和计算，并且也最有实际价值的是最坏情况时间复杂度。在本书中，算法分析的重点也主要集中在对最坏情况时间复杂度的分析和计算上。

还有一种类型的时间效率称为分摊效率。它并不针对算法的单次运行，而是计算算法在同一

数据结构上执行一系列运算的平均时间。也许单次运算的时间代价较高，但 n 次运算的总运行时间除以 n 的平均时间效率并不差，这就是分摊效率。关于分摊效率将在稍后做深入讨论。

2.1.4　使用程序步分析算法

从上面讨论可知，程序运行时间不仅与算法的优劣和输入数据直接相关，还与运行程序的计算机软、硬件环境有关。为了分析算法的效率，总希望略去计算机系统因素，对算法自身的特性进行**事前分析**（priori analysis），即在算法实际运行前分析算法的效率。这种分析结果显然不可能是程序运行时间的具体值，而是运行时间的一种事前估计。算法的**事后测试**（posteriori testing）是通过运行程序，测试一个程序在所选择的输入数据下实际运行所需要的时间。

前面关于算法时间复杂度的概念是在抽象机模型上定义的。对于用程序设计语言书写的算法，应如何分析其时间复杂度呢？可以设想，如果我们将程序设计语言中的循环语句的执行过程，视为其循环体（其中不嵌套循环）的重复执行过程，并对每次函数调用单独计算它的时间。那么，就可将抽象机模型上定义的概念用于分析由具体程序设计语言描述的算法。对于用 C/C++语言描述的算法，可将每种可执行语句（除循环语句外）看成一种基本运算；对于循环语句，需计算其循环体的执行次数。这就可以通过一个算法在给定输入下所执行的总的语句条数来计算算法的时间复杂度。下面定义的程序步概念可进一步简化算法分析。它并不直接计算总的语句执行条数，而是将若干条语句合并成一个程序步来计算。

一个**程序步**（program step）是指在语法上或语义上有意义的程序段，该程序段的执行时间必须与问题实例的规模无关。

现以程序 2-1 求数组元素之和为例来说明如何计算一个算法的程序步数。设 n 个元素存放在一维数组 list 中，count 是全局变量，用来计算总的程序步数。在程序中，语句“count ++;”与数组求和的算法无关，只是为了计算程序步数而添加的。忽略所有“count ++;”语句，便是一个数组求和程序。可以看到，这里被计算的每一程序步的执行时间，均与问题实例的规模 n（数组元素的个数）无关。该程序的总程序步数为 $2n+3$。

【程序 2-1】　求数组元素累加之和的迭代程序

```
float Sum(float list[], const int n)
{
    float tempsum=0.0;
    count ++;                              //针对赋值语句
    for (int i=0; i<n; i++ ){
        count ++;                          //针对 for 循环语句
        tempsum+ =list[i];
        count ++;                          //针对赋值语句
    }
    count ++;                              //针对 for 的最后一次执行
    count ++;                              //针对 return 语句
    return tempsum;
}
```

程序 2-2 是求数组元素之和的递归程序。为了确定这一递归程序的程序步，首先考虑当 $n = 0$ 时的情况。很明显，当 $n = 0$ 时，程序只执行 if 条件判定和第二个 return 语句，所需的程序步数为 2。当 $n>0$ 时，程序在执行 if 条件判定后，将执行第一个 return 语句。此 return 语句不是简单返回，而是在调用函数 RSum(list, n−1)后，再执行一次加法运算后返回。读者同样可以移去程序 RSum 中所有“count ++;”语句，得到一般的数组求和递归程序。

设 RSum(list, n)的程序步为 $T(n)$，RSum(list, n−1)的程序步为 $T(n-1)$，那么，当 $n>0$ 时，$T(n) = T(n-1)+2$。于是有：

$$T(n)=\begin{cases}2 & n=0\\ T(n-1)+2 & n>0\end{cases} \tag{2-5}$$

这是一个递推关系式，它可以通过转换成如下和式来计算：

$$\begin{aligned}T(n) &= 2 + T(n-1) = 2+2+T(n-2)\\ &= 2\times 3 + T(n-3)\\ &\cdots\\ &= 2\times n + T(0)\\ &= 2\times n + 2\end{aligned}$$

虽然从表面看来，程序 RSum 所需的程序步为 $2n+2$，少于程序 Sum 的程序步 $2n+3$，但这并不意味着前者比后者快，这是因为两者使用的程序步是不同的。递归调用引起的循环计算和使用 for 语句的循环计算所需的开销是不同的，递归需要耗费更多的时间和空间资源。有关递归算法及其分析方法将在本章稍后及以后章节中做进一步讨论。

【程序 2-2】 求数组元素累加之和的递归程序

```
float RSum(float list[], const int n)
{
    count ++;                                   //针对 if 条件
    if (n){
        count++;                                //针对 RSum 调用和 return 语句
        return RSum(list, n-1)+list[n-1];
    }
    count++;                                    //针对 return 语句
    return 0;
}
```

2.1.5 算法的空间复杂度

一个算法的空间复杂度（space complexity）是指算法运行所需的存储空间。程序运行所需的存储空间包括以下两部分。

（1）**固定空间需求**（fixed space requirement）：这部分空间与所处理数据的大小和个数无关，也就是说，与问题实例的特征无关，主要包括程序代码、常量、简单变量、定长成分的结构变量所占的空间。

（2）**可变空间需求**（variable space requirement）：这部分空间大小与算法在某次执行中处理的特定数据的规模有关。例如，分别包含 100 个元素的两个数组相加，与分别包含 10 个元素的两个数组相加，所需的存储空间显然是不同的。这部分存储空间包括数据元素所占的空间，以及算法执行所需的额外空间，例如，运行递归算法所需的系统栈空间。

对算法空间复杂度的讨论类似于时间复杂度，并且一般来说，空间复杂度的计算比起时间复杂度的计算容易。此外，应当注意的是，空间复杂度一般按最坏情况来分析。

2.2 渐近表示法

引入程序步的目的在于简化算法的事前分析。正如前面已经讨论过的，不同的程序步在计算机上的实际执行时间通常是不同的，程序步数并不能确切反映程序运行的实际时间。而且事实上，一个程序在一次执行中的总程序步的精确计算往往也是困难的。那么，引入程序步的意义何在？本节中定义的渐近时间复杂度，使得有望使用程序步在数量级上估计一个算法的执行时间，从而实现算法的事前分析。

2.2.1 大 O 记号

定义 2-1 设有非负函数 $f(n)$ 和 $g(n)$，如果存在常数 $c>0$ 和 n_0，使得当 $n \geqslant n_0$ 时，有 $f(n) \leqslant cg(n)$，则记为 $f(n) = O(g(n))$，称为**大 O 记号**（big Oh notation）。

大 O 记号可以看成 n 的函数的集合。$O(g(n))$ 表示所有增长阶数不超过 $g(n)$ 的函数的集合，它用以表达一个算法运行时间的上界。称一个算法具有 $O(g(n))$ 的运行时间，是指当 n 足够大时，该算法在计算机上的实际运行时间不会超过 $g(n)$ 的某个常数倍，$g(n)$ 是它的一个上界。

例 2-1 $f(n) = 2n + 3 = O(n)$

当 $n \geqslant 3$ 时，$2n+3 \leqslant 3n$，所以，可选 $c = 3$，$n_0 = 3$。对于 $n \geqslant n_0$，$f(n) = 2n + 3 \leqslant 3n$，所以，$f(n) = O(n)$，即 $2n + 3 \in O(n)$。这意味着，当 $n \geqslant 3$ 时，程序 2-1 的程序步不会超过 $3n$，$2n + 3 = O(n)$。

例 2-2 $f(n) = 10n^2 + 4n + 2 = O(n^2)$

对于 $n \geqslant 2$ 时，有 $10n^2 + 4n + 2 \leqslant 10n^2 + 5n$，并且当 $n \geqslant 5$ 时，$5n \leqslant n^2$，因此，可选 $c = 11, n_0 = 5$；对于 $n \geqslant n_0$，$f(n) = 10n^2 + 4n + 2 \leqslant 11n^2$，所以 $f(n) = O(n^2)$。

例 2-3 $f(n) = n! = O(n^n)$

对于 $n \geqslant 1$，有 $n(n-1)(n-2) \cdots 1 \leqslant n^n$，因此，可选 $c = 1$，$n_0 = 1$。对于 $n \geqslant n_0$，$f(n) = n! \leqslant n^n$，所以，$f(n) = O(n^n)$。

例 2-4 $10n^2 + 9 \neq O(n)$

使用反证法，假定存在 c 和 n_0，使得对于 $n \geqslant n_0$，$10n^2 + 9 \leqslant cn$ 始终成立，那么有 $10n + 9/n \leqslant c$，即 $n \leqslant c/10 - 9/(10n)$ 总成立。但此不等式不可能总成立，取 $n = c/10 + 1$ 时，该不等式便不再成立。

上面的例子也表明这样的事实，即对于给定的 f，可有无数个 g 与之对应。例如，$f(n) = 2n + 3$，g 可以是：n，n^2，n^3，…。在算法分析中，应当选择最小的函数 g 作为 f 的上界。

定理 2-1 如果 $f(n) = a_m n^m + a_{m-1} n^{m-1} + \cdots + a_1 n + a_0$ 是 m 次多项式，且 $a_m > 0$，则 $f(n) = O(n^m)$。

证明：取 $n_0 = 1$，当 $n \geqslant n_0$ 时，有

$$\begin{aligned} f(n) &= a_m n^m + a_{m-1} n^{m-1} + \cdots + a_1 n + a_0 \\ &\leqslant |a_m| n^m + |a_{m-1}| n^{m-1} + \cdots + |a_1| n + |a_0| \\ &\leqslant (|a_m| + |a_{m-1}|/n + \cdots + |a_1|/n^{m-1} + |a_0|/n^m)\, n^m \\ &\leqslant (|a_m| + |a_{m-1}| + \cdots + |a_1| + |a_0|)\, n^m \end{aligned}$$

可取 $c = |a_m| + |a_{m-1}| + \cdots + |a_1| + |a_0|$，定理得证。

假定一个程序的实际执行时间 $T(n) = 3.6n^3 + 2.5n^2 + 2.8$，以上定理表明 $T(n) = O(n^3)$。这就是说，如果只能知道一个算法的时间是 $T(n) = O(n^3)$，虽然并不能得到 $T(n) = 3.6n^3 + 2.5n^2 + 2.8$ 这一精确计算公式，但从算法事前分析的角度，可以认为已经有了对算法时间复杂度上界的满意的估计值。

使用大 O 记号及下面定义的几种渐近表示法表示的算法时间复杂度，称为算法的**渐近时间**

复杂度（asymptotic complexity）。渐近时间复杂度也常简称为时间复杂度。记号 O(1)用于表示常数计算时间，它代表算法只需执行有限个程序步。

在很多情况下，可以通过考察一个程序中**关键操作**（key operation）的执行次数，来估算算法的渐近时间复杂度。有时也需要同时考虑几个关键操作，以反映算法的执行时间。例如，程序 2-1 中，语句“tempsum+ = list[i];”可被认为是关键操作，它的执行次数为 n，与总的程序步 $2n+3$ 有相同的渐近时间复杂度 $O(n)$。

只要适当选择关键操作，算法的渐近时间复杂度可以由关键操作的执行次数之和来计算。一般，关键操作的执行次数与问题的规模有关，是 n 的函数。在很多情况下，它是算法中执行次数最多的操作（程序步）。关键操作通常是位于算法最内层循环的程序步（或语句）。

程序 2-3 是实现两个 $n \times n$ 矩阵相乘的程序段，每行最右边注明该行语句执行的次数，即作为程序步看待。对于循环语句 for (i = 0; i<n; i++) {y;}，可以认为循环体 y 执行 n 次，而 for 自身执行 $n+1$ 次比较运算（$i<n$）。因此，程序中所有语句的执行次数为 $T(n) = 2n^3 + 3n^2 + 2n + 1$。由定理 2-1 可知，程序 2-3 的渐近时间复杂度为 $O(n^3)$。如果将语句 c[i][j]+=a[i][k]*b[k][j];看成关键操作，它的执行次数是 n^3，从它同样可以得到 $O(n^3)$。

【程序 2-3】 矩阵乘法

```
for（i=0; i<n; i++）                              //n+1
   for（j=0; j<n; j++）{                          //n(n+1)
      c[i][j]=0;                                  //n*n
      for（k=0; k<n; k++）                        // n*n(n+1)
          c[i][j]+=a[i][k]*b[k][j];               //n*n*n
   }
```

有时，算法的时间计算并非直截了当。例如，程序 1-2 求最大公约数递归算法的运行时间是多少？虽然看起来余数的值在减小，却并不是按常数因子递减的。定理 2-2 表明，两次迭代以后，余数最多是原始值的一半。这就证明了迭代次数最多为 $2\log m = O(\log m)$，所以欧几里得算法的时间复杂度为 $O(\log n+\log m)$。

定理 2-2 如果 $n>m$，则 $n \bmod m<n/2$。

证明：如果 $m\leqslant n/2$，则由于余数小于 m，故定理在这种情形下成立。当 $m>n/2$ 时，$n-m<n/2$，定理得证。

2.2.2 Ω记号

定义 2-2 设有非负函数 $f(n)$和 $g(n)$，如果存在常数 $c>0$ 和 n_0，使得当 $n\geqslant n_0$ 时，有 $f(n)\geqslant c\,g(n)$，则记为 $f(n) = \Omega(g(n))$，称为**Ω记号**（Omega notation）。

Ω记号可以看成 n 的函数的集合。$\Omega(g(n))$表示所有增长阶数不低于 $g(n)$的函数的集合，它用于表示一个算法运行时间的下界。称一个算法具有$\Omega(g(n))$的运行时间，是指当 n 足够大时，该算法在计算机上运行，至少需要 $g(n)$的某个常数倍大小的时间量。

例 2-5 $f(n) = 2n+3 = \Omega(n)$

对所有 n，$2n+3\geqslant 2n$，可选 c=2，n_0=1。对于 $n\geqslant n_0$，$f(n) = 2n+3\geqslant 2n$，所以，$f(n) = \Omega(n)$，即 $2n+3\in\Omega(n)$。

例 2-6 $f(n) = 10n^2 + 4n + 2 = \Omega(n^2)$

对所有 n，$10n^2 + 4n + 2\geqslant 10n^2$，可选 c=10，$n_0 = 1$。对于 $n\geqslant n_0$，$f(n) = 10n^2 + 4n + 2\geqslant 10n^2$，所以，$f(n) = \Omega(n^2)$。

与大 O 记号类似，对于给定f，可有无数个g与之对应。例如，$f = 10n^2 + 4n + 2$，g可以是n^2，n^1，$n^{1/2}$，…。应当选择最接近的函数g，即f的最大下界。

定理 2-3 如果$f(n) = a_m n^m + a_{m-1} n^{m-1} + \cdots + a_1 n + a_0$是$m$次多项式，且$a_m > 0$，则$f(n) = \Omega(n^m)$。

证明留作练习。

本章一开始提到了在n个元素的集合中求最大元素的问题。直观地考虑，我们可以设计一个算法，通过对集合中的元素进行比较，最终确定最大元素。元素间的比较运算显然是这一算法的关键操作。能够初步断定，对于求解这一问题的任意正确算法，至少需做$n-1$次比较，才能求得最大元素。因为假如比较次数不足$n-1$次，那么很显然，至少有一个元素未和其他元素做过比较，这样的算法不可能是正确的。因此，$f(n) \geqslant n-1 = \Omega(n)$。这里，十分有意义的是，$\Omega(n)$不仅是具体某一个求最大元素算法的时间下界，它也是求最大元素问题的时间下界。这就是算法的最优性问题。

2.2.3 Θ记号

定义 2-3 设有非负函数$f(n)$和$g(n)$，如果存在常数$c_1>0$，$c_2>0$和n_0，使得当$n \geqslant n_0$时，有$c_1 g(n) \leqslant f(n) \leqslant c_2 g(n)$，则记为$f(n) = \Theta(g(n))$，称为Θ记号（Theta notation）。

Θ记号可以看成n的函数的集合。$\Theta(g(n))$表示所有增长阶数与$g(n)$相同的函数的集合，它用于表示一个算法运行时间具有与$g(n)$相同的阶。称一个算法具有$\Theta(g(n))$的运行时间，是指当n足够大时，该算法在计算机上的实际运行时间大约为$g(n)$某个常数倍大小的时间量。从上两节讨论可知，下面例 2-7 和例 2-8 的结论成立。

例 2-7 $f(n) = 2n + 3 = \Theta(n)$，即$2n + 3 \in \Theta(n)$。

例 2-8 $f(n) = 10n^2 + 4n + 2 = \Theta(n^2)$。

定理 2-4 如果$f(n) = a_m n^m + a_{m-1} n^{m-1} + \cdots + a_1 n + a_0$是$m$次多项式，且$a_m > 0$，则$f(n) = \Theta(n^m)$。

证明留作练习。

2.2.4 小 o 记号

定义 2-4 $f(n) = o(g(n))$当且仅当$f(n) = O(g(n))$且$f(n) \neq \Omega(g(n))$。

小 o 记号（little Oh notation）可以看成n的函数的集合。$o(g(n))$表示所有增长阶数小于$g(n)$的所有函数的集合，它用于表示一个算法运行时间$f(n)$的阶比$g(n)$低。从上面的讨论可知，例 2-9 的结论成立。

例 2-9 $f(n)=2n+3=o(n^2)$，即$2n+3 \in o(n^2)$。

2.2.5 算法按时间复杂度分类

算法可以按计算时间分成两类：凡渐近时间复杂度为多项式时间限界的算法称为**多项式时间算法**（polynomial time algorithm），而渐近时间复杂度为指数函数限界的算法称为**指数时间算法**（exponential time algorithm）。

最常见的多项式时间算法的渐近时间复杂度之间的关系为：

$$O(1) < O(\log n) < O(n) < O(n\log n) < O(n^2) < O(n^3)$$

最常见的指数时间算法的渐近时间复杂度之间的关系为：

$$O(2^n) < O(n!) < O(n^n)$$

随着n的增大，指数时间算法和多项式时间算法在所需的时间上非常悬殊。表 2-1 和图 2-1 显示了几种典型的时间函数随问题规模增长的情况。

表 2-1　时间复杂度函数增长情况

规模 \ 复杂度	log n	n	n log n	n^2	n^3	2^n
1	0	1	0	1	1	2
2	1	2	2	4	8	4
4	2	4	8	16	64	16
8	3	8	24	64	512	256
16	4	16	64	256	4096	65 536
32	5	32	160	1024	32 768	4 294 967 296

从图 2-1 中可以看到，O(log *n*)、O(*n*)和 O(*n*log *n*)的增长比较平稳，指数函数 2^n 的曲线非常陡。实际情况是，对大的 *n* 值，在目前一般计算机上，运行一个复杂度高于 O(*n*log *n*)的算法已经很困难了。对于指数时间算法，只有当 *n* 很小时才有实用价值。

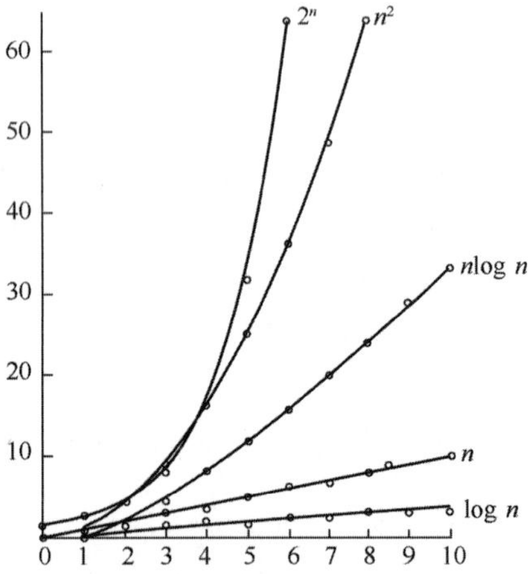

图 2-1　时间复杂度函数曲线

假定计算机执行每条语句的时间是相等的，都是 1 毫秒，那么 1 小时可以执行 3.6×10^6 条语句。如果要求算法的执行时间不超过 1 小时，那么，对于一个时间复杂度为 *n*log *n* 的算法，所能处理的问题的规模约可达 2.0×10^5；而对于时间复杂度为 2^n 的算法，情况就糟得多，在 1 小时内算法只能处理 *n* 不超过 21 的小问题。如果将计算机速度提高 1 万倍，那么，对于时间复杂度是 *n*log *n* 的算法，能处理的问题规模可以从 *n* 大约提高到 9000*n*；但对于有指数时间 2^n 的算法，所能处理的问题规模只能增加到 *n* + 13.3 左右。这就是说，提高计算机速度，可以较大幅度地增加具有线性或 *n*log *n* 时间算法所能处理的问题的能力，但对指数时间算法的收效甚微。

对算法进行时间分析，是为了尽可能降低算法时间复杂度的数量级。上述讨论表明，为了提高程序运行速度，选择一种更快的算法比换一台更快的机器奏效。

2.3　递推关系

2.3.1　递推方程

递推关系经常用来分析递归算法的时间和空间代价。分析一个递归算法的时间一般需要列出关于时间复杂度函数的递推关系式。

递推方程（recurrence equation）是自然数上一个函数 $T(n)$，它使用一个或多个小于 *n* 时的值的等式或不等式来描述。递推方程也称为递推关系或递推式。2.1.4 节中的式（2-5）就是对于程序 2-2 的时间分析的递推方程。

递推方程必须有一个初始条件（也称边界条件），式（2-5）中的 $T(0) = 2$ 就是该递推方程的初始条件。有时需要给定的初始条件不一定是当 $n = 0$ 时的值，也可以使用 $n = 1$ 或 $n = 2$ 等其他小的 *n* 值作为递推方程的初始值。

例 2-10　程序 1-5 的时间分析

设 $n = d_1d_2\cdots d_k$ 是 *k* 位数，当 $k = 1$ 时，只执行 cout 语句和 if 判定语句；当 *n* 至少是 2 位数（$k>1$）时，除了执行这两个操作外，还需执行递归函数调用 PrintDigit(*n*/10)，$\lfloor n/10 \rfloor$是 $k-1$

位数，于是得到式（2-6）的递推式：

$$T(k)=\begin{cases}2 & k=1\\ T(k-1)+2 & k>1\end{cases} \tag{2-6}$$

可以采用与式（2-5）相同的方法，将其转换成和式来计算。这种方法称为迭代方法。从式（2-5）可知式（2-6）的计算结果是：

$$T(k) = 2k + 2 = \Theta(k)$$

计算递推式通常有三种方法：**迭代方法**（iterating method）、**替换方法**（substitution method）和**主方法**（master method）。

迭代方法通过扩展递推，把递推式先转换成一个和式，然后使用求和技术进行计算。替换方法需要先猜测递推式的解（渐近复杂度的上、下界），然后使用归纳法证明该上、下界，还可能需要进一步做收缩，得到最接近的上、下界。主方法是对算法分析中一类典型的递推式 $T(n) = aT(n/b) + f(n)$，利用已经证明的主定理直接得到渐近复杂度的方法。

一般来说，问题的规模是非负整数，而且对足够小的问题，算法的运行时间可视为常量，所以，在以后讨论中，当描述递推式时，如果没有明确指明，则都假定 n 是非负整数，并假定对足够小的 n 值，$T(n)$是常量。

2.3.2 替换方法

替换方法要求首先猜测递推式的解，然后用归纳法证明。下面使用替换方法计算汉诺塔问题的递推式。

例 2-11 使用替换方法分析程序 1-6

分析汉诺塔问题，得到递推式：$T(1) = 1, T(n) = 2T(n-1) + 1$。可以先对以下这些小的示例进行计算：

$$T(3) = 7 = 2^3 - 1;\quad T(4) = 15 = 2^4 - 1;\quad T(5) = 31 = 2^5 - 1;\quad T(6) = 63 = 2^6 - 1$$

看起来，似乎 $T(n) = 2^n - 1$，$n \geqslant 1$，下面再用归纳法证明这一结论。

证明：（归纳法证明）

当 $n = 1$ 时，$T(1) = 1$，结论成立。归纳法假设：当 $k < n$ 时，有 $T(k) = 2^k - 1$，那么，当 $k = n$ 时，$T(n) = 2T(n-1) + 1 = 2(2^{n-1} - 1) + 1 = 2^n - 1$。因此，对所有 $n \geqslant 1$，$T(n) = 2^n - 1 = \Theta(2^n)$。

2.3.3 迭代方法

迭代方法的思想是扩展递推式，将递推式先转换成一个和式，然后计算该和式，得到渐近复杂度。它需要较多的数学运算。

例 2-12 使用迭代方法分析程序 1-6

函数 Hanoi 中两次调用自身，函数调用使用的实在参数均为 $n-1$，函数 Move 所需时间具有常数界$\Theta(1)$，可以将其视为一个程序步，于是有：

$$T(n)=\begin{cases}1 & n=1\\ 2T(n-1)+1 & n>1\end{cases} \tag{2-7}$$

扩展并计算此递推式：

$$\begin{aligned}T(n) &= 2T(n-1) + 1 = 2(2T(n-2) + 1) + 1 = 2^2T(n-2) + 2 + 1\\ &= 2^3T(n-3) + 2^2 + 2 + 1\\ &\cdots\\ &= 2^{n-1}T(1) + \cdots + 2^2 + 2 + 1 = 2^{n-1} + \cdots + 2^2 + 2 + 1 = 2^n - 1\end{aligned}$$

汉诺塔问题也称梵天塔问题（tower of Brahma）。相传印度教的天神梵天在创造地球时，建了一座神庙，神庙中有三根柱子，第一根柱子上从小到大套着 64 个金盘，形成所谓的梵天塔。天神让僧侣们按照前面介绍的规则，将 64 个金盘从第一根柱子，借助第二根柱子移到第三根柱子。天神断言，移完的那一天就是世界末日。从上面的计算可知，当 $n = 64$ 时，要完成梵天塔搬迁需要移动盘子的次数为：$2^{64} - 1 = 18\ 446\ 744\ 073\ 709\ 551\ 615$。如果每秒移一次，需要 500 亿年以上。这也使我们看到，指数时间算法仅对规模很小的问题是可用的。

使用**递归树**（recursion tree）可以形象地看到递推式的迭代过程。下面举例说明对给定的递推方程，通过构造递归树来求解的方法。

例 2-13 $T(n) = 2T(n/2) + n$ 的递归树

为方便起见，假定 n 是 2 的整数幂。图 2-2 显示该递推方程的递归树的导出过程。递归树上每个结点有两个域：递归式 $T(n)$和非递归的代价，n 是问题规模。本例中，根结点时的规模为 n，本例的非递归代价恰好也是 n。根结点扩展两棵子树，因此，第二层有两个结点，规模为 $n/2$，非递归代价各为 $n/2$。继续这一扩展过程，直到达到初始条件（边界条件）。图 2-2 的递归树高度（层数）为 $\log n + 1$，每一层的非递归代价之和均为 n。现将树中所有层的代价加起来便得到递推方程的解为$\Theta(n\log n)$。

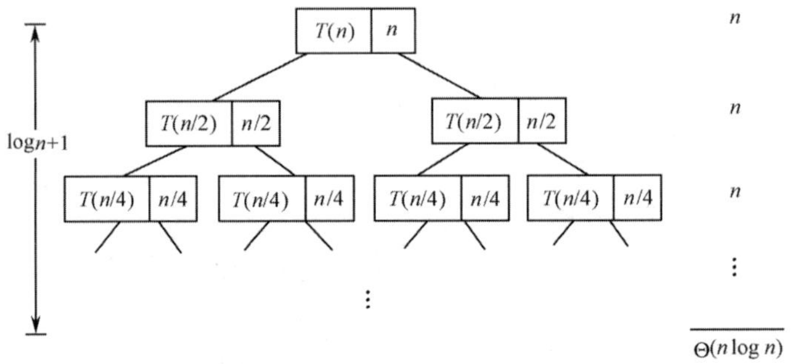

图 2-2 $T(n) = 2T(n/2) + n$ 的递归树

例 2-14 $T(n) = T(n/3) + T(2n/3) + n$ 的递归树

例 2-14 给出了另一个更复杂的例子，图 2-3 是其对应的递归树。从根到叶的最长的一条路径是 $n\rightarrow(2/3)n\rightarrow(2/3)^2n\rightarrow\cdots\rightarrow1$。因为$(2/3)^kn = 1$，$k = \log_{3/2}n$，该树的高度（层数）为 $\log_{3/2}n + 1$。因而，此递推方程的解至多是 $n(\log_{3/2}n + 1) = O(n\log n)$。

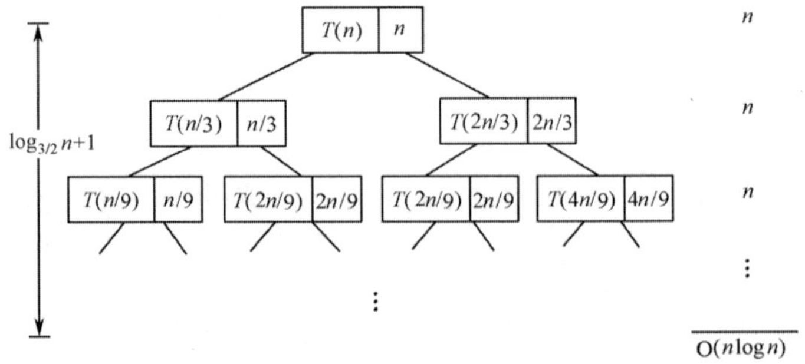

图 2-3 $T(n) = T(n/3) + T(2n/3) + n$ 的递归树

2.3.4 主方法

在递归算法分析中，常需要求解如下形式的递推式：

$$T(n) = aT(n/b) + f(n) \tag{2-8}$$

式中，$a \geqslant 1$ 和 $b > 1$ 是常数，$f(n)$是一个渐近正函数，n/b 指$\lfloor n/b \rfloor$ 或$\lceil n/b \rceil$。

求解这类递推式的方法称为主方法。主方法依赖于下面的主定理，使用主定理可直接得到递推式的解。关于主定理的证明见文献[2]。

定理 2-5 （主定理）设 $a \geqslant 1$ 和 $b > 1$ 为常数，$f(n)$是一个函数，$T(n)$由下面的递推式定义

$$T(n) = aT(n/b) + f(n)$$

式中，n/b 指$\lfloor n/b \rfloor$ 或$\lceil n/b \rceil$，则 $T(n)$有如下的渐近界：

（1）若对某常数$\epsilon > 0$，有 $f(n) = O(n^{\log_b a-\epsilon})$，则 $T(n) = \Theta(n^{\log_b a})$；

（2）若 $f(n) = \Theta(n^{\log_b a})$，则 $T(n) = \Theta(n^{\log_b a}\log n)$；

（3）若对某常数$\epsilon > 0$，有 $f(n) = \Omega(n^{\log_b a+\epsilon})$，且对某个常数 $c < 1$ 和所有足够大的 n，有 $af(n/b) \leqslant cf(n)$，则 $T(n) = \Theta(f(n))$。

需要注意的是，主定理的三种情况并没有覆盖所有的 $f(n)$，存在某些 $f(n)$不满足以上任何一种情况的条件，则此时就不能用主方法求解递推式。下面通过几个例子介绍主定理的应用。

例 2-15 $T(n) = 16T(n/4) + n$

因为 $a = 16, b = 4$, $n^{\log_b a} = n^2$, $f(n) = n = O(n^{\log_b a-\epsilon}) = O(n^{2-\epsilon})$，其中，$\epsilon = 1$ 与主定理的情况（1）相符合，$T(n) = \Theta(n^{\log_b a}) = \Theta(n^2)$。

例 2-16 $T(n) = T(3n/7) + 1$

因为 $a = 1, b = 7/3$, $n^{\log_b a} = n^{\log_{7/3} 1} = n^0 = 1$, $f(n) = 1 = \Theta(n^{\log_b a})$，所以，符合主定理情况（2），$T(n) = \Theta(n^{\log_b a}\log n) = \Theta(\log n)$。

例 2-17 $T(n) = 3T(n/4) + n\log n$

因为 $a = 3, b = 4$, $n^{\log_b a} = n^{\log_4 3} = O(n^{0.793})$, $f(n) = n\log n = \Omega(n^{\log_4 3+\epsilon})$，其中，$\epsilon \approx 0.2$。由于对足够大的 n，$3(n/4)\log(n/4) \leqslant (3/4)n\log n$，这里 $c = 3/4$，符合主定理情况（3）。$T(n) = \Theta(f(n)) = \Theta(n\log n)$。

并非所有递推式都可用主定理求解，主定理对例 2-18 的递推式并不适用。

例 2-18 $T(n) = 2T(n/2) + n\log n$

由于 $a = 2, b = 2, f(n) = n\log n$ 和 $n^{\log_b a} = n$。看起来似乎属于主定理情况（3），但事实上不是。因为 $f(n)$只是渐近大于 n，但并不是多项式大于 n。$f(n)$与 $n^{\log_b a}$ 的比值是 $\log n$，对于任何正数ϵ，$\log n$ 渐近小于 n^{ϵ}，所以，此例不能运用主定理。

2.4 分摊分析

在很多情况下，对一个数据结构的操作往往不是单独执行一次运算，而是重复多次执行多个运算，形成一个运算执行序列。如果执行 n 个运算的总时间为 $T(n)$，则每个运算的**平均代价**（average cost）为 $T(n)/n$，分摊分析的目的是求平均代价。

分摊分析（amortized analysis）是对一个长的运算序列所需的最坏情况时间求平均值。设在最坏情况下，对所有 n，执行一个长度为 n 的运算序列所需的最坏情况时间为 $T(n)$，那么，每个运算平均代价为 $T(n)/n$。

分摊分析和平均情况分析的不同之处在于它不需要假定每个运算的概率，因而不涉及概率。分摊分析保证在最坏情况下一个运算序列中每个运算的平均性能。

分摊分析一般有三种方法：聚集方法、会计方法和势能方法。

2.4.1 聚集方法

聚集方法（aggregate analysis）中需要对所有 n，计算由 n 个运算构成的运算序列在最坏情况下总的执行时间 $T(n)$，则每个运算的平均代价为 $T(n)/n$。请注意，序列中允许包含不同种类的运算，但每个运算的分摊代价是相同的。

例 2-19 设堆栈上定义了两个运算：void Push(T x)和 T Pop()，T 是元素类型，前者将对象 x 进栈，后者从栈中弹出并返回栈顶元素。已知这两种运算的时间都是 O(1)，不妨假定每个运算的程序步数（即代价）是 1。这样，执行一个包含 n 次运算的序列的总代价为 n，其运行时间为$\Theta(n)$，因此，每个运算的平均代价为 $T(n)/n = \Theta(n)/n = \Theta(1)$。计算中没有用到概率。

例 2-20 设在上例的栈数据结构上定义一个新运算 void MultiPop(int k)，该运算从栈中连续弹出 k 个元素。

现在来分析从空栈开始，执行一个包括 n 个 Push、Pop 和 MultiPop 构成的运算序列的最坏情况时间。很显然，MultiPop 运算的最坏情况时间是 $O(n)$，因为在执行 n 次栈运算中，栈的大小最多为 n。那么，能否因此认为一个包含 n 次栈运算的序列，在最坏情况下的总时间是 $O(n^2)$，从而得到每个栈运算在最坏情况下的平均时间为 $O(n)$呢？虽然这样分析是正确的，但不够精确。下面的聚集分析将获得一个更精确的上界。

事实上，从初始空栈开始，任意一个包含 n 个 Push、Pop 和 MultiPop 运算的执行序列总的程序步至多是 n 步。这是很显然的，因为每压入一个元素，至多可弹出一个元素。在一个非空栈上执行 Pop 和 MultiPop 时，被弹出的元素总数不超过 Push 的执行次数。因此，对任意 n，一个包含 n 个栈运算的序列的总执行时间为 $O(n)$，因而每个运算的平均代价为 $O(n)/n = O(1)$。

2.4.2 会计方法

对于给定的数据结构，**会计方法**（accounting method）对每个运算预先赋予不同的**费值**（charge）。其中，某些运算的费值可能超过它们的**实际代价**（actual cost），而另一些运算的费值会低于实际代价。对每个运算所记的费值称为**分摊代价**（amortized cost）。其超出部分如同**存款**（credit）一样保存起来，用于补偿以后代价不足的运算。与聚集分析不同的是，会计方法的分摊代价可以不同，而聚集分析中每个运算有相同的分摊代价。

使用会计方法，首先按预先分配给每个运算的分摊代价，计算一个运算序列的总的分摊代价。如果能够保证对所有 n，任意一个运算序列的总分摊代价不会低于该运算序列的实际代价 $T(n)$，即运算序列的总的分摊代价是总的实际代价的上界，设总分摊代价为 $O(g(n))$，则 $T(n) = O(g(n))$。

这就要求在一个运算序列执行的任何时刻，总分摊代价始终不低于该时刻的实际代价。如果在一个运算序列的执行中，随时记录下迄今为止的累计分摊代价减去实际代价的余额，则这一累计余额始终应当是非负的。如果在执行某个运算后，代价余额出现负值，则说明迄今为止的分摊代价低于当时消费的实际代价，这种情形表示这样计算的总分摊代价将不能作为总的实际代价的上界来计算每个运算的平均代价。请注意区分分摊代价和平均代价。

例 2-21 使用会计方法分析例 2-20 的栈运算

会计分析首先需要精心分配每个运算的分摊代价，代价用程序步度量。表 2-2 列出各个栈运算的实际代价和分摊代价，其中，$\mathrm{Min}(k, m)$中的 k 是运算 MultiPop 的参数，m 是执行此运算时，栈中元素的个数。

表 2-2 栈运算的实际代价和分摊代价

运 算 名	实 际 代 价	分 摊 代 价
Push	1	2
Pop	1	0
MultiPop	Min(k, m)	0

在表 2-2 中，对 Push 预分配的分摊代价为 2，显然超过了此运算的实际代价，而对 Pop 和 MultiPop 分配的分摊代价都为 0，低于实际代价，但事实上，MultiPop 的实际代价是随参数 k 变化的。通过仔细分析可知，表 2-2 的分摊代价分配方式是可行的，因为它可以保证在执行一个运算序列的任何时刻，其代价余额不会为负值。理由是：每执行一次 Push 有一个程序步的节余，可用于支付一次 Pop 运算或 MultiPop 运算的一步（弹出一个元素）。由于必须执行一次 Push，才有可能执行一次 Pop 或 MultiPop 的一步，因此，关于堆栈操作的总代价余额不会为负值。这样，总分摊代价 $O(n)$必定是总实际代价的上界，$T(n) = O(n)$，每个运算的平均代价为 $T(n)/n = O(1)$。

对于给定的初始数据结构，任意一个关于该数据结构的运算序列，会计方法记录运算序列中每个运算的分摊代价与实际代价之差的总和，这个量任何时刻都不能为负值。会计方法将分摊代价超过实际代价的余额用于填补分摊代价小于实际代价的运算，但总的累计余额始终不能为负值。

2.4.3 势能方法

给定一个初始数据结构，执行该数据结构上的一个运算将使该数据结构改变状态。**势能方法**（potential method）为数据结构的每个状态定义一个被称为**势能**的量。设数据结构的初始状态为 D_0。对 D_0 执行一个 n 次运算的序列，c_i 是第 i 个运算的实际代价，D_i 为在数据结构的状态 D_{i-1} 时执行第 i 个运算后得到的数据结构的新状态。势能函数 Φ 将数据结构的每个状态映射为一个实数 $\Phi(D_i)$，称为数据结构在该状态下的势能。第 i 个运算的分摊代价 $\hat{c}_i$ 定义为：

$$\hat{c}_i = c_i + \Phi(D_i) - \Phi(D_{i-1}) \tag{2-9}$$

从上式可知，每个运算的分摊代价是其实际代价 c_i 加上执行该运算引起的数据结构势能的增量 $\Phi(D_i) - \Phi(D_{i-1})$。那么，$n$ 个运算的总分摊代价是：

$$\sum_{i=1}^{n}\hat{c}_i = \sum_{i=1}^{n}(c_i + \Phi(D_i) - \Phi(D_{i-1})) = \sum_{i=1}^{n}c_i + \Phi(D_n) - \Phi(D_0) \tag{2-10}$$

如果能够定义一个势能函数 Φ，使得 $\Phi(D_n) \geqslant \Phi(D_0)$，则可知总的分摊代价 $\sum_{i=1}^{n}\hat{c}_i$ 是总实际代价 $\sum_{i=1}^{n}c_i$ 的上界。

式（2-10）定义的分摊代价依赖于势能函数，不同的势能函数可能会产生不同的分摊代价，并使得运算序列的总的分摊代价不同，但它们都是总实际代价的上界。

例 2-22 使用势能方法分析例 2-20 的栈运算

可将栈数据结构的势能定义为栈中元素个数。初始时，栈为空栈 D_0，且 $\Phi(D_0) = 0$。由于栈中元素个数始终是非负的，故在第 i 个运算执行后，D_i 总有非负的势能，即 $\Phi(D_i) \geqslant 0$。

现在来计算各栈运算的分摊代价。

（1）对于 Push 运算，栈中元素个数加 1，即数据结构的势能加 1，其分摊代价为：

$$\hat{c}_i = c_i + \Phi(D_i) - \Phi(D_{i-1}) = 1 + 1 = 2$$

（2）对于 MultiPop(s, k)运算，该运算将弹出 $k' = \min(k, m)$个元素，m 是当前栈中元素的个数，势能差 $\Phi(D_i) - \Phi(D_{i-1}) = -k'$。由于实际弹出 k'个元素，故该运算的实际代价也是 k'，于是，MultiPop 运算的分摊代价为：

$$\hat{c}_i = c_i + \Phi(D_i) - \Phi(D_{i-1}) = k' + (-k') = 0$$

（3）对于 Pop 运算，其势能差为−1，分摊代价为：

$$\hat{c}_i = c_i + \Phi(D_i) - \Phi(D_{i-1}) = 1 + (-1) = 0$$

由此可见，三个栈运算的分摊代价均为 $O(1)$，n 个运算的总分摊代价就是 $O(n)$。并且因为

$\Phi(D_n) \geqslant \Phi(D_0) = 0$，因此总的分摊代价是实际代价的上界，$n$ 个栈运算的最坏情况分摊代价为 $T(n) = O(n)$，每个栈运算的平均时间为 $T(n)/n = O(1)$。

本章小结

本章重点介绍算法分析的基本方法。算法的时间和空间效率是衡量一个算法性能的重要标准，对于算法的性能分析可以采用事前分析和事后测量形式进行。算法分析通常是指使用渐近表示法对一个算法的时间和空间需求做事前分析。算法复杂度的渐近表示法用于在数量级上估算一个算法的时空资源耗费。算法的运行时间可使用程序步来衡量。一个算法可以讨论其最好、平均和最坏情况时间复杂度，其中，最坏情况分析最有实际价值。算法的空间复杂度一般只做最坏情况分析。

递归算法是一类重要的算法结构，也是较难掌握的一种算法技术。在第 1 章基础上，本章讨论使用递推关系分析递归算法的方法及求解递推式的 3 种途径。最后讨论算法时间分析的分摊方法。

习题 2

2-1 简述衡量一个算法的主要性能标准。说明算法的正确性和健壮性的关系。

2-2 什么是算法的最优性？

2-3 简述影响一个程序运行时间的因素。

2-4 什么是算法的时间复杂度和空间复杂度？什么是最好、平均和最坏情况时间复杂度？

2-5 什么是算法的事前分析，什么是事后测试？

2-6 什么是程序步？引入程序步概念对算法的时间分析有何意义？

2-7 什么是多项式时间算法？什么是指数时间算法？

2-8 确定下列各程序段的程序步，确定画线语句的执行次数，计算它们的渐近时间复杂度。

（1）
```
i=1; x=0;
 do{
      x++; i=2*i;
 } while i<n;
```
（2）
```
for(int i=1; i<=n; i++)
    for(int j=1; j<=i; j++)
        for (int k=1; k<=j; k++)    x++;
```
（3）
```
x=n; y=0;
while(x>=(y+1)*(y+1)) y++;
```
（4）
```
m=0;
for（int i=0; i<n; i++）
   for(int j=2*i; j<=n; j++) m++;
```

2-9 矩阵转置

（1）设计一个 C/C++程序实现一个 $n \times m$ 的矩阵转置。原矩阵及其转置矩阵保存在二维数组中。

（2）使用全局变量 count（类似程序 2-1 的做法），改写矩阵转置程序，并运行修改后的程序以确定此程序所需的程序步。

（3）计算此程序的渐近时间复杂度。

2-10 试用定义证明下列等式的正确性。

（1）$5n^2 - 8n + 2 = O(n^2)$

（2）$5n^2 - 8n + 2 = \Omega(n^2)$

（3）$5n^2 - 8n + 2 = \Theta(n^2)$

2-11　设有 $f(n)$ 和 $g(n)$ 如下所示，分析 $f(n)$ 为 $O(g(n))$、$\Omega(g(n))$ 还是 $\Theta(g(n))$。

（1）$f(n) = 20n + \log n$，$g(n) = n + \log^3 n$

（2）$f(n) = n^2/\log n$，$g(n) = n\log^2 n$

（3）$f(n) = (\log n)^{\log n}$，$g(n) = n/\log n$

（4）$f(n) = \sqrt{n}$，$g(n) = \log^5 n$

（5）$f(n) = n2^n$，$g(n) = 3^n$

2-12　将下列时间函数按增长率的非递减次序排列：

$(3/2)^n$，$\sqrt{\log n}$，$\log^2 n$，$n\log n$，$n!$，$\log(\log n)$, 2^n，$n^{1/\log n}$，n^2

2-13　设 $f_1(n) = O(g_1(n))$，$f_2(n) = O(g_2(n))$，证明下列结论成立。

（1）$f_1(n) + f_2(n) = O(\max\{g_1(n),\ g_2(n)\})$

（2）$f_1(n) + f_2(n) = O(g_1(n) - g_2(n))$

2-14　证明：若 $f(n) = a_m n^m + a_{m-1}n^{m-1} + \cdots + a_1 n + a_0$ 是 m 次多项式，且 $a_m > 0$，则 $f(n) = \Omega(n^m)$。

2-15　证明：若 $p(n)$ 是 n 的多项式，则 $O(\log(p(n)) = O(\log n)$。

2-16　使用递推关系式计算求 $n!$ 的递归函数的时间，要求使用替换和迭代两种方法分别计算之。

2-17　设 $T(n)$ 由如下递推式定义，证明 $T(n) = O(n\log^2(n))$。

$$T(n)=\begin{cases}T(2)=4\\ T(n)=2T(\lfloor n/2\rfloor)+2n\log n\end{cases}$$

2-18　假定 n 是 2 的幂，$T(n)$ 由如下递推式定义，计算 $T(n)$ 的渐近上界。

$$T(n)=\begin{cases}T(2)=2\\ T(n)=T(n/2)+T(\sqrt{n})+n\end{cases}$$

2-19　利用递归树计算递推方程 $T(n) = 2T(n/2) + n^2$，$T(1) = 2$。

2-20　使用下列数据计算主定理的递推式：

（1）$a = 1, b = 2, f(n) = cn$

（2）$a = 5, b = 4, f(n) = cn^2$

（3）$a = 28, b = 3, f(n) = cn^3$

2-21　运用主定理计算 $T(n) = 2T(n/4) + \sqrt{n}$, $T(1) = 3$ 的渐近界。

2-22　设对某一数据结构执行包括 n 个运算的运算序列。若 i 是 2 的整数幂，则第 i 次运算的代价为 i，否则为 1。请使用聚集方法确定每次运算的代价。

2-23　利用会计方法重做上一题。

2-24　设有一个大小为 k 的栈，每执行 k 次运算后总要执行一次复制运算，将整个栈的内容复制保存。证明：对每种栈运算赋予适当的分摊代价后，n 个栈运算（含复制栈运算）的代价为 $O(n)$。

2-25　用势能方法重做习题 2-22。

2-26　假设一个栈在执行 n 次栈运算 Push、Pop 和 MultiPop 之前有 s_0 个元素，执行运算序列后有 s_n 个元素，则 n 个栈运算的总代价是多少？

2-27　说明如何用一个普通栈来实现一个队列，使得每个 Append（入队列）和 Serve（出队列）运算的分摊代价均为 $O(1)$。

第 3 章　伸展树与跳表

字典（dictionary）是词条的集合，词条包括**关键字**（key）和其他信息。字典作为一种数据结构，主要包括搜索、插入和删除等基本运算，所以字典是数据元素（词条）的动态集（dynamic set）。表示字典的数据结构很多，**线性表**（linear list）、**散列表**（hash table）和**搜索树**（search tree）都可用于表示字典。本章讨论两种用于表示字典的高级数据结构：伸展树和跳表。

伸展树具有较好的平均分摊代价（O(log$n$)），跳表利用随机性获得较好的平均时间复杂度（O(log n)）。对于这两种数据结构的性能分析，在数据结构的效率分析中具有很好的代表性。

3.1　伸展树

3.1.1　二叉搜索树

二叉搜索树（binary search tree）是一棵二叉树，它要求根的左子树上所有结点的值都小于根的值，右子树上所有结点的值都大于根的值，并且左右子树都是二叉搜索树。二叉搜索树用于表示动态集，实现动态集上定义的下列基本运算：

ResultCode Search(K key, T& x)const

后置条件：在集合中搜索关键字值为 key 元素。若存在该元素，则将其值赋给 x，函数返回 Success；否则，返回 NotPresent。

ResultCode Insert(T x)

后置条件：在集合中搜索关键字值为 x.key 元素。若存在该元素，函数返回 Duplicate。否则，若集合已满，则函数返回 Overflow；若未满，则插入 x，函数返回 Success。

ResultCode Remove(K key)

后置条件：在集合中搜索关键字值为 key 元素。若存在该元素，则从集合中删除之，函数返回 Success；否则，返回 NotPresent。

函数返回类型为：

enum ResultCode{ Underflow, Overflow, Success, Duplicate, NotPresent, …};

字典可用二叉搜索树①表示，但该结构容易出现退化树形，使得搜索和修改代价增大。**二叉平衡树**（binary balanced tree）是一种平衡搜索树，它需在每次插入或删除元素之后，按规则重新平衡树形，使之始终保持平衡，从而限制树形的高度，避免退化。平衡搜索树能保证好的性能，但也增加了实现难度。

伸展树由 Sleator 和 Tarjan 于 1985 年提出，它是一种自调节搜索树。当对伸展树执行一系列运算时，有良好的时间性能。在伸展树上，执行一个 m 次运算（搜索、插入和删除）序列，总的时间为 O($m$log$n$)，因而有良好的平均分摊代价。伸展树被认为是平衡搜索树很好的替代结构。

3.1.2　自调节树和伸展树

伸展树（splay tree）是一棵二叉搜索树，但要求每访问一个元素后，将最新访问的元素移至

① 二叉搜索树也称二叉排序树，有关二叉搜索树和二叉平衡树的更详细知识见文献[16～19]。

二叉搜索树的根部，从而保证经常被访问的元素靠近根结点，而较少访问的元素位于搜索树较低的层次上。所以这是一种**自调整搜索树**（self-adjusting search tree）。这种将一个元素移至根部的操作称为一次**伸展**（splay）。

事实上，对于伸展树，并不仅仅在成功搜索一个元素后需要执行一次伸展运算，在插入和删除之后同样需做一次伸展操作。伸展树的每一次单独的伸展不一定会产生一棵更平衡的树，但在执行一系列运算（搜索、插入和删除）后，通过每次运算后加一次伸展操作，可在总体上使得伸展树趋向于平衡。

稍后的分析表明，在伸展树中，虽然某次运算（搜索、插入或删除）可能很费时，需要 $O(n)$ 时间，但执行一个 m（$m \geqslant n$）次的长运算序列，花费的总时间为 $O(m\log n)$（n 是树中元素个数），每个运算的平均分摊代价为 $O(\log n)$。伸展操作的重要意义还在于前面所说的，它可使访问频率较高的元素接近根结点，较少访问的元素位于树的下层，它是一种自调整树。

3.1.3 伸展操作

一棵伸展树是一棵二叉搜索树。它的搜索、插入和删除运算的算法与普通的二叉搜索树完全相同，只是在每次运算执行后，需紧跟一次伸展操作。伸展操作的作用在于将树中某个结点 x 移至根结点，这个结点称为**伸展结点**（splay node）。伸展操作结束，伸展结点成为树的根结点。可以按下列方式来确定伸展树运算的伸展结点。

（1）搜索运算：搜索成功的结点 x 为伸展结点；

（2）插入运算：新插入的结点 x 为伸展结点；

（3）删除运算：被删除的结点 x 的双亲为伸展结点；

（4）若上述运算失败终止，则搜索过程中遇到的最后一个结点为伸展结点。

由于对伸展树的每次运算结束总是将最近访问结点移至根结点，这样使得频繁访问的结点紧靠根结点，很少访问的结点远离根结点。

一次伸展操作由一组**旋转**（rotation）动作组成，可分为**单一旋转**（single rotation）和**双重旋转**（double rotation）两类。伸展操作结束，伸展结点被移至树根处。

设 q 是本次伸展的伸展结点。下面分两种情况讨论如何实现伸展操作的旋转动作。

（1）单一旋转

若 q 是 p 的左孩子或 q 是 p 的右孩子，则执行单一旋转。前者称为 **zig 旋转**（右旋转），后者称为 **zag 旋转**（左旋转）。图 3-1 所示为 zig 旋转。经过一次单一旋转，树的高度并未减小，只是将伸展结点向上移了一层。

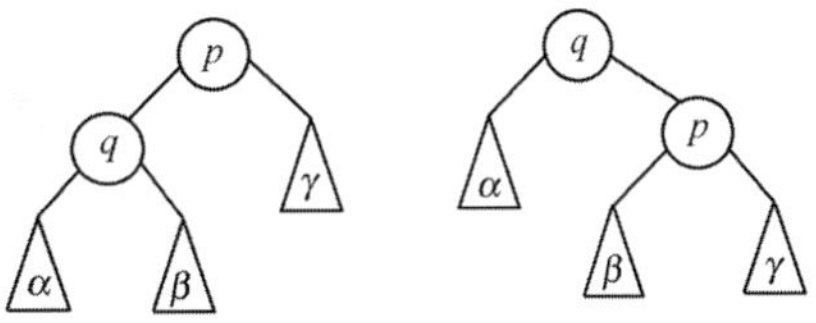

图 3-1 伸展树的 zig 旋转

（2）双重旋转

第一种双重旋转称为一字旋转。如果伸展结点 q 是祖父结点的左孩子的左孩子，或是其祖父结点的右孩子的右孩子时，则执行双重旋转的一字旋转。前者称为 **zigzig 旋转**，后者称为 **zagzag 旋转**。图 3-2 所示为 zigzig 旋转。经过两个旋转步后，伸展结点 q 的位置提升到达原来 g 的位置。经过一次一字旋转，树的高度并未减小，只是把伸展结点 q 的位置向上移了两层。

第二种双重旋转称为之字旋转。如果伸展结点 q 是祖父结点的左孩子的右孩子，或是其祖父结点的右孩子的左孩子时，则执行双重旋转的之字旋转。前者称为 **zigzag 旋转**，后者称为 **zagzig 旋转**。图 3-3 所示为 zigzag 旋转。经过两个旋转步后，伸展结点 q 的位置提升到达原来 g 的位置。经过一次之字旋转，树的高度减 1，且伸展结点 q 的位置向上移，离根的距离减少了两层。

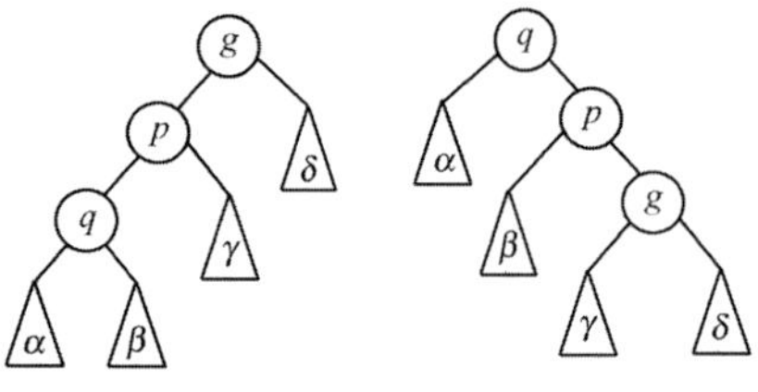

图 3-2　伸展树的 zigzig 旋转

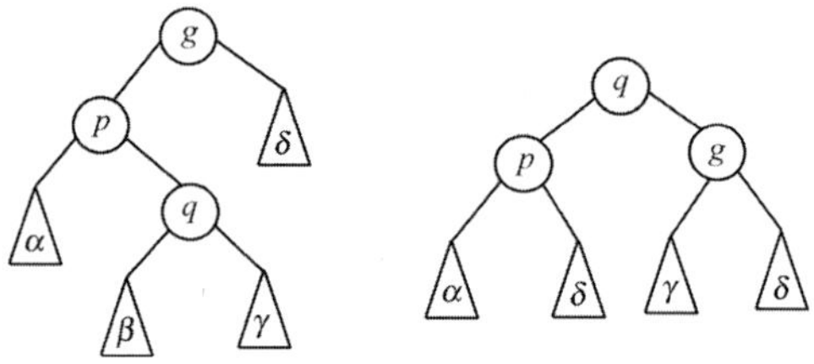

图 3-3　伸展树的 zigzag 旋转

从上面的讨论可知，一次双重旋转将伸展结点的层次向上提升两层，而一次单一旋转只将伸展结点提升一层。所以为了将伸展结点提升为根结点，可能需要进行多次旋转，直到最终将伸展结点提升为根结点为止。

设伸展操作开始时，伸展结点 q 位于伸展树的第 $k+1$ 层（根结点层次为 1），k 是从根到伸展结点的路径长度。那么，若 k 是偶数，则需执行 $k/2$ 次双重旋转；若 k 是奇数，则除了执行 $k/2$ 次双重旋转外，还需再执行一次单一旋转，才能最终将伸展结点 q 提升到根结点处。这也就是说，每个伸展操作可能需要若干次双重旋转，但至多一次单一旋转才能实现。单一旋转可安排在伸展过程开始时执行，也可安排在最后执行，其效果是相同的。伸展操作的结果总是将伸展结点移至根结点为止。

此外，伸展树的伸展操作可以**自底向上**（bottom-up）进行，也可以**自顶向下**（top-down）进行。下面讨论自底向上的伸展过程。

图 3-4 所示是在伸展树中搜索 89 的例子。搜索 89 的过程与普通二叉搜索树完全一样。图中，$q=89$ 是伸展结点，从根到 89 的路径长度为奇数 5。需执行两次双重旋转和一次单一旋转才能将 q 提升为根结点。图中采取将单一旋转最后执行的做法，即自底向上，先执行两次双重旋转，最后执行一次单一旋转。

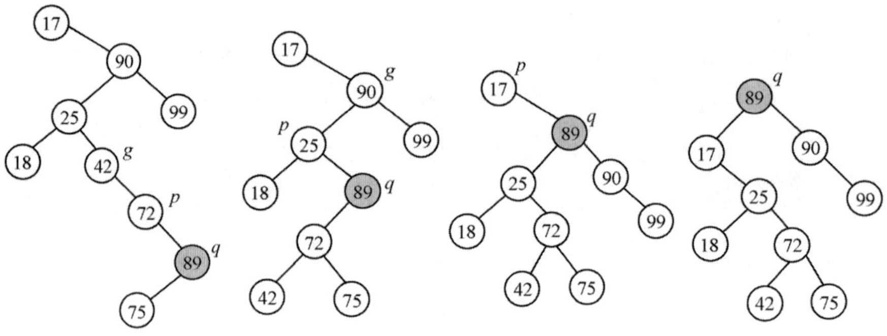

图 3-4　伸展树的伸展操作示例 1

图 3-5 所示也是自底向上进行伸展的，但它采取先执行一次单一旋转，再执行多次双重旋转的做法。请注意，在稍后的程序实现中，我们采用的是图 3-5 的做法。

3.1.4　伸展树类

伸展树采用一般二叉树的存储方式存储，每个结点有三个域：element、lChild 和 rChild。程序 3-1 定义了伸展树类，给出了它的数据成员和部分成员函数。类型 ResultCode 为函数返回类型。下面以插入运算为例阐明伸展树的伸展操作。插入运算的实现中包含搜索过程，因而不难实现伸展树的搜索和删除运算。

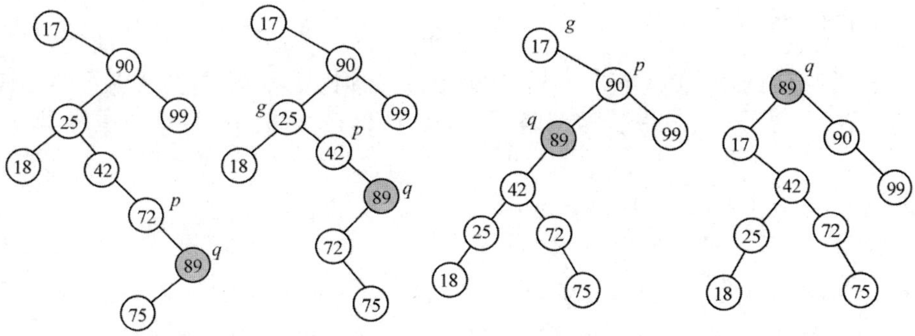

（a）搜索89　（b）单一旋转后　（c）一字旋转后　（d）之字旋转后

图 3-5　伸展树的伸展操作示例 2

【程序 3-1】　伸展树类

```
#include <iostream.h>
enum ResultCode{Underflow, Overflow, Success, Duplicate, Fail, NotPresent};
template<class T>
struct BTNode
{//二叉树结点类
    BTNode(const T& x)
    {
        element=x; lChild=rChild=NULL;
    }
    T element;
    BTNode* lChild,*rChild;
};
template<class T, class K>
class SPTree
{//伸展树类
public:
    SPTree(){root=NULL;}
    ResultCode Insert(T x);
        ⋮
protected:
    BTNode<T>* root;
private:
    ResultCode Insert(BTNode<T>* &p, T x);
    void  LRot(BTNode<T>* &p);
    void  RRot(BTNode<T>* &p);
        ⋮
};
```

3.1.5 旋转的实现

程序 3-2 的左旋转函数 LRot 和右旋转函数 RRot 分别实现一次向左或向右的旋转步。zig 向右旋转，zag 向左旋转。一次单一旋转调用一次旋转函数。双重旋转需要以下列方式两次调用旋转函数：

（1）zigzig 旋转，执行两次 RRot 函数；

（2）zagzag 旋转，执行两次 LRot 函数；

（3）zigzag 旋转，执行一次 LRot 函数，再执行一次 RRot 函数；

（4）zagzig 旋转，执行一次 RRot 函数，再执行一次 LRot 函数。

【程序 3-2】 旋转函数

```
template <class T>
void SPTree<T>::LRot(BTNode<T>*& p)
{ //前置条件：p 有右孩子，实现向左旋转
    BTNode<T>* r=p->rChild;
    p->rChild=r->lChild;
    r->lChild=p; p=r;                    //p 的右孩子成为子树根
}
template <class T>
void SPTree<T>::RRot(BTNode<T>*& p)
{ //前置条件：p 有左孩子，实现向右旋转
    BTNode<T>* r=p->lChild;
    p->lChild=r->rChild;
    r->rChild=p; p=r;                    //p 的左孩子成为子树根
}
```

3.1.6 插入运算的实现

程序 3-3 实现伸展树的插入运算。其中，递归函数 Insert 是私有的，它完成伸展树插入的基本工作。一旦搜索到重复结点，该重复结点便作为伸展操作的伸展结点；否则，插入的新结点作为伸展操作的伸展结点。伸展操作由至多一次单一旋转和若干次双重旋转组成。若从根到伸展结点的路径长度为奇数，则先执行一次单一旋转；否则，仅执行若干次双重旋转。

【程序 3-3】 伸展树插入

```
template <class T, class K>
ResultCode SPTree<T, K>::Insert(T x)
{
    return Insert(root, x);
}
template <class T, class K>
ResultCode SPTree<T, K>::Insert(BTNode<T>* &p, T x)
{//假定 T 类上已重载了关系运算符或类型转换运算符①
```

① 一个类上通过重载关系运算符或类型转换运算符，将结构间的比较视为关键字间的比较。见附录 B。

```
ResultCode result=Success;
BTNode<T>* r;
if (p==NULL) {                                            //插入新结点
    p=new BTNode<T>(x); return result;
}
if(x==p->element) {
    result=Duplicate; return result;
}
if (x<p->element) {
    r=p->lChild;
    if(r==NULL)    {                                      //zig 旋转
        r=new BTNode<T>(x); r->rChild=p; p=r;
        return result;
    }
    else if(x==r->element) {                              //zig 旋转
        RRot(p); result=Duplicate; return result;
    }
    if(x<r->element){                                     //zigzig 旋转
        result=Insert(r->lChild, x);
        RRot(p);
    }
    else{                                                 //zigzag 旋转
        result=Insert(r->rChild, x);
        LRot(r); p->lChild=r;
    }
    RRot(p);
}
else {
    r=p->rChild;
    if(r==NULL)    {
        r=new BTNode<T>(x); r->lChild=p; p=r;
        return result;
    }
    else if(x==r->element) {
        LRot(p);                                          //zag 旋转
        result=Duplicate; return result;
    }
    if(x>r->element){                                     //zagzag 旋转
        result=Insert(r->rChild, x);
        LRot(p);
    }
```

```
        else{                                                    //zagzig 旋转
            result=Insert(r->lChild, x);
            RRot(r); p->rChild=r;
        }
        LRot(p);
    }
    return result;
}
```

3.1.7 分摊分析

从上一章讨论可知，一般的算法分析是针对某个运算的一次执行而言的。最坏情况时间复杂度是指某个运算对某个输入有最长的执行时间。平均情况时间复杂度是指对各种可能的输入，执行某个运算所需时间的概率平均值。分摊分析是对一个长的运算序列在最坏情况下所需的总的时间求平均值。本节运用势能分析方法来分析伸展树运算的时间性能。

假定对一棵伸展树执行了 m 次运算（搜索、插入或删除），当然，每次运算都需要进行伸展。分摊分析将 m 次运算在最坏情况下的总时间除以 m，得到每次运算的平均时间。一个伸展操作所需的时间可以以旋转步数来度量，一次单一旋转记为一个旋转步，一次双重旋转记为两个旋转步。

定义 3-1 （秩）设 x 是伸展树 T 中一个结点，$s(x)$是以 x 为根的子树的结点数，结点 x 的**秩**（rank）$r(x)$定义为：

$$r(x) = \log s(x) \tag{3-1}$$

定义 3-2 （势能）设 x 是伸展树 T 中一个结点，伸展树 T 的**势能**（potential）Φ 定义为树中所有结点的秩之和：

$$\Phi = \sum_{x \in \mathrm{T}} r(x) \tag{3-2}$$

定义 3-3 （分摊代价）设对伸展树 T 执行 m 次运算，第 i 次运算的分摊代价 $\hat{c}_i$ 定义为：

$$\hat{c}_i = c_i + \Phi_i - \Phi_{i-1},$$

式中，c_i 为第 i 次运算的实际代价，Φ_{i-1} 是该次运算执行前伸展树的势能，Φ_i 是该次运算执行后伸展树的势能。$\Phi_i - \Phi_{i-1}$ 是该次运算执行后的势能增加值。

从定义 3-3 可以计算这 m 次运算总的分摊代价为：

$$\sum_{i=1}^{m} \hat{c}_i = \sum_{i=1}^{m} c_i + \Phi_m - \Phi_0 \tag{3-3}$$

式中，Φ_0 是 m 次运算执行前的伸展树的势能，Φ_m 是 m 次运算执行完后的势能。

m 次运算的总的实际代价可表示如下：

$$\sum_{i=1}^{m} c_i = \sum_{i=1}^{m} \hat{c}_i + \Phi_0 - \Phi_m \tag{3-4}$$

通过计算每次运算的分摊代价 $\hat{c}_i$，可以得到 m 次运算总实际代价的上界。

我们已经知道，伸展树的搜索、插入和删除运算结束时，都需做一次伸展操作。每个伸展操作由若干次双重旋转和至多一次单一旋转组成，设第 i 次运算的伸展操作包括 h 个旋转，设每个旋转的分摊代价为 b_j^i，$j = 1, 2, \cdots, h$，因此，可以将 $\hat{c}_i$ 进一步细分为：

$$\hat{c}_i = \sum_{j=1}^{h} b_j^i,\ b_j^i = c_j^i + \Phi_j^i - \Phi_{j-1}^i \tag{3-5}$$

式中，c_j^i 是在第 i 个运算的伸展过程的第 j 次旋转的实际代价，Φ_{j-1}^i 是该旋转前的势能，Φ_j^i 是旋转后的势能。一次双重旋转包含两个旋转步，单一旋转包含一个旋转步，即 c_j^i 等于 1 或 2。

为了计算每种旋转的分摊代价，先给出引理 3-1。

引理 3-1 如果 α、β 和 γ 是正实数，$\alpha+\beta\leqslant\gamma$，则 $\log\alpha+\log\beta\leqslant 2\log\gamma-2$。

证明：因为 $(\sqrt{\alpha}-\sqrt{\beta})^2\geqslant 0$，所以，$\sqrt{\alpha\beta}\leqslant\dfrac{\alpha+\beta}{2}\leqslant\gamma/2$，两边取对数，得证。

下面区分不同的旋转种类来计算 b_j^i 的值。引理 3-2 给出一字旋转的分摊代价，引理 3-3 给出之字旋转的分摊代价，引理 3-4 给出单一旋转的分摊代价。

引理 3-2 对于一字旋转，有

$$b_j^i < 3\,r_j^i(q) - 3\,r_{j-1}^i(q) \tag{3-6}$$

证明：从图 3-2，有

$$b_j^i = 2 + r_j^i(q) + r_j^i(p) + r_j^i(g) - r_{j-1}^i(q) - r_{j-1}^i(p) - r_{j-1}^i(g)$$

式中，$r_j^i(q) = r_{j-1}^i(g)$，因为旋转前以 g 为根的子树和旋转后以 q 为根的子树有相同的结点数目，即 $s_j^i(q) = s_{j-1}^i(g)$。所以，

$$b_j^i = 2 + r_j^i(p) + r_j^i(g) - r_{j-1}^i(q) - r_{j-1}^i(p)$$

从图 3-2 中可知，第 j 次旋转执行前，以 q 为根的子树上包含结点 q 及两棵子树 α 和 β，而旋转后，以 g 为根子树包含 g 及两棵子树 δ 和 γ。这两棵子树的结点合并起来，仅比旋转后以 q 为根的子树少一个结点 p。于是，

$$s_{j-1}^i(q) + s_j^i(g) < s_j^i(q)$$

根据引理 3-1，$r_{j-1}^i(q) + r_j^i(g) < 2\,r_j^i(q) - 2$，于是，

$$b_j^i < 2\,r_j^i(q) - 2\,r_{j-1}^i(q) + r_j^i(p) - r_{j-1}^i(p)$$

又因为 $s_{j-1}^i(p) > s_{j-1}^i(q)$ 和 $s_j^i(q) > s_j^i(p)$，所以，

$$b_j^i < 3\,r_j^i(q) - 3\,r_{j-1}^i(q)$$

引理 3-3 对之字旋转，有

$$b_j^i < 2r_j^i(q) - 2r_{j-1}^i(q) \leqslant 3r_j^i(q) - 3r_{j-1}^i(q) \tag{3-7}$$

证明略。

引理 3-4 对单一旋转，有

$$b_j^i < 1 + r_j^i(q) - r_{j-1}^i(q) \tag{3-8}$$

证明略。

定理 3-1 在一个有 n 个结点伸展树上，执行一次运算 i（搜索、插入或删除），其伸展结点为 q，所需的分摊代价为：

$$\hat{c}_i \leqslant 1 + 3\log n \tag{3-9}$$

证明：因为最多只有一次单一旋转，其余均为双重旋转，设最后一步是单一旋转，所以有

$$\hat{c}_i = \sum_{j=1}^{h} b_j^i = \sum_{j=1}^{h-1} b_j^i + b_h^i \leqslant \sum_{j=1}^{h-1}[(3r_j^i(q) - 3r_{j-1}^i(q))] + [(1 + 3r_h^i(q) - 3r_{h-1}^i(q))]$$

$$= 1 + 3r_h^i(q) - 3r_0^i(q) \leqslant 1 + 3r_h^i(q) = 1 + 3\log n$$

定理 3-2 对一棵结点数目不超过 n 的伸展树，执行 m 次运算（搜索、插入和删除）的实际总代价不超过：

$$m(1 + 3\log n) + n\log n \tag{3-10}$$

证明：因为 m 次运算的实际总代价为：

$$\sum_{i=1}^{m} c_i = \sum_{i=1}^{m} \hat{c}_i + \Phi_0 - \Phi_m \leqslant m(1+3\log n) + \Phi_0 - \Phi_m$$
$$\leqslant m(1+3\log n) + \Phi_0 \leqslant m(1+3\log n) + n\log n$$

最后一步是因为每个结点 x 的秩 $r(x) = \log s(x) \leqslant \log n$，所以 $\Phi_0 \leqslant n\log n$。证毕。

于是，当 m 很大时，伸展树的平均分摊代价为 $O(\log n)$。

3.2 跳表

跳表是 William Pugh 在 1989 年提出的，被认为是可以代替平衡搜索树的另外一种选择。平均来说，跳表具有很好的搜索、插入和删除的时间效率，并且它比平衡搜索树更容易实现，因此，它在实现的难度和性能之间做了很好的折中。

3.2.1 什么是跳表

1．跳表的结构

有序表（指已排序表）的二分搜索有很高的搜索效率，但是这种搜索方法不能在链表上进行，不宜表示动态集。这是因为对于链表结构，难以有效计算中间结点的地址。但如果将一个有序表组成如图 3-6（c）所示的结构形式，就可以提高链表的搜索效率，这种结构称为**跳表**（skip list）。用它可替代平衡搜索树，并获得良好的运算性能。

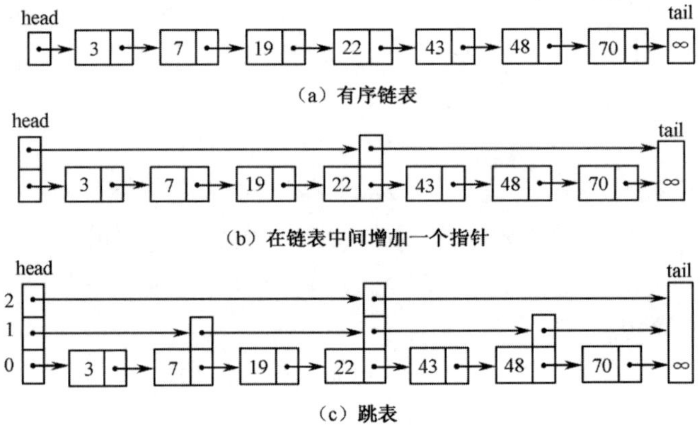

图 3-6 跳表结构

如图 3-6（a）所示是一个简单的链表，其结点按元素的关键字值的次序排列。搜索一个链表需要沿着链表一次一个结点地移动，在最坏情况下，要比较 $n = 7$ 次，搜索时间为 $O(n)$。如果采用如图 3-6（b）所示的方法，在最坏情况下的比较次数可减少近一半，为 4 次。搜索一个元素时，首先将它与中间元素进行比较，然后根据比较结果，或者在前半部分搜索或者在后半部分搜索。还可进一步用如图 3-6（c）所示的方法，分别在链表的前半部分和后半部分的中间结点再增加一个指针。这样，图 3-6（c）中有三条链，第 0 层链是图 3-6（a）的初始链，包括 n 个元素，第 1 层链包括 $n/2$ 个元素，第 2 层链包括 $n/4$ 个元素。

跳表是一个有序链表，每个结点包含可变数目的链（指针），结点中的第 i 层链，跳过那些只包含低于第 i 层链的结点，构成一个单链表。每隔 2^i 个元素有一个 i 级指针。第 0 层链是包含所有元素的有序链表，第 1 层链是第 0 层链的子集，……，第 i 层链包含的元素是第 $i-1$ 层链的子集。在理想情况下，跳表的层数为$\lceil \log n \rceil$。

2. 跳表的搜索

在跳表上的搜索从最高层表头结点开始，顺着指针向右搜索，遇到某一关键字值大于等于待查关键字值时，则下降到下一层，再沿较低层的指针向右搜索，逐步逼近待查元素，直到第 0 层指针所指的关键字值大于等于待查关键字值时，搜索终止。这时，如果指针所指元素的关键字值等于待查关键字值，则搜索成功终止，否则搜索失败终止。由此可见，跳表的搜索总是在最下层处结束的。

例如，要在图 3-6（c）的跳表中搜索关键字值 43。首先由第 2 层表头指针开始向右搜索，令 22 与 43 比较，因为 22＜43，向右搜索；令∞与 43 比较，现满足∞≥43，所以下降到 1 层；令 48 与 43 比较，这时有 48≥43，再次下降到第 0 层；最后令 43 与 43 比较，这时有 43≥43。在第 0 层的元素关键字值与待查关键字值比较后，还需最后进行一次比较，以确定两个关键字值是否相等；若二者相等，则搜索成功，否则搜索失败。所以，在搜索过程中，与待查关键字值 43 比较的跳表中的关键字值依次为 22，∞，48，43，43。

在图 3-6（c）的跳表中搜索关键字值 46，与 46 进行比较的跳表的关键字值依次为 22，∞，48，43，48，48。

3. 跳表的插入

在图 3-6（c）所示的跳表中，约有一半的结点只有 1 个指针，四分之一的结点有 2 个指针，八分之一的结点有 3 个指针，其余类推。也就是说，有 $n/2^i$ 个元素为 i 层链元素。这样的跳表称为理想的跳表或“完全平衡”的跳表。在插入和删除过程中，如果要始终保持跳表的这种理想状态，其代价是很大的。

实用的跳表按一定的概率分布为新结点指定层次。例如，可使新结点有 1 个指针的概率是 1/2，有 2 个指针的概率是 1/4，其余类推。这样构建的跳表称为**随机跳表**（randomized skip list）。

为了在图 3-6（c）的跳表中插入新元素 56，设随机分配的层次为 1，这意味着在将 56 插入 48 与 70 之间时，还需建立它在第 0 层和第 1 层的链接指针，如图 3-7 所示。

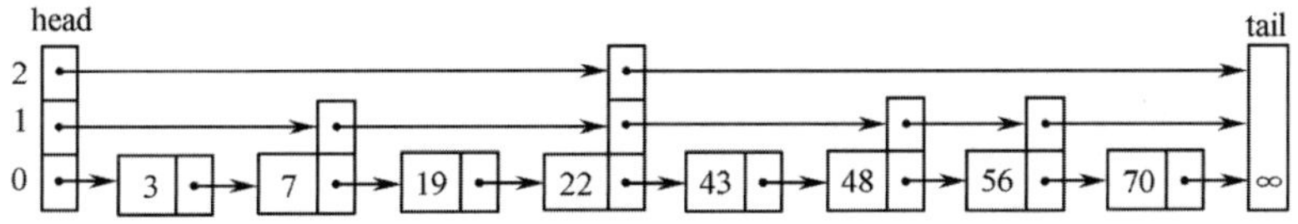

图 3-7　跳表的插入

4. 跳表的删除

对于删除操作，将无法控制删除后表的级链分布。例如，删除图 3-7 的元素 56 之后，跳表又成为图 3-6（c）的形式。删除一个第 i 层链的结点，删除后需要改变 0～i 层的链指针，使这些指针指向 56 后面的结点。

3.2.2　跳表类

程序 3-4 的跳表结点类 SNode<T>有两个数据成员：element 和 link。element 是元素域，link

是长度可变的动态一维指针数组，用于存储跳表的链指针。

从图 3-6 中可以看到，跳表由结点连接而成，其中，跳表的头结点需要有足够多的指针域，以满足构造最大级链数目的需要，但它并不需要元素（元素）域；而在尾结点中存放一个大值，作为搜索终止条件，但它并不需要指针域。每个存有元素的结点有一个元素域和层次加 1 个指针域。所需的指针域的个数比层次多 1。指针域由一维指针数组 link 表示，其中 link[i]表示第 i 层链指针。

【程序 3-4】 跳表结点类

```
template <class T>
struct SNode
{
      SNode(int mSize)
      {
            link=new SNode* [mSize];
      }
      ~SNode(){ delete[] link;}
      T element;
      SNode<T>**link;
};
```

程序 3-5 定义了跳表类，表中定义的公有函数的功能见 3.1.1 节中的描述。head 是头结点指针，tail 是尾结点指针。last 是指针数组，它保存在插入和删除操作之前进行搜索的过程中，每一条链上遇到的最后一个结点的地址。maxLevel 为最大层号，整数 levels 是当前已存在的最大层次，链指针数为 levels + 1。

程序 3-6 为跳表类的构造函数。构造函数同时为头结点、尾结点和 last 指针数组分配空间。头结点中有 maxLevel+1 个用于指向各层链的指针，它们被初始化为指向尾结点。尾结点中保存一个作为哨兵值的最大值。

【程序 3-5】 跳表类

```
template<class T>
class SkipList
{
public:
      SkipList(T large, int mLev);
      ~SkipList();
      ResultCode Insert(T x);              //函数定义见 3.1.1 节
         ⋮
private:
      int Level();
      SNode<T>* SaveSearch(T x);
      int maxLevel, levels;
      SNode<T> *head, *tail, **last;
};
```

【程序 3-6】 构造函数

```
template <class T>
SkipList<T>::SkipList(T large, int mLev)
{
    maxLevel=mLev; levels=0;
    head=new SNode<T>(maxLevel+1);          //指向包括元素域和 maxLevel+1 个指针的头结点
    tail=new SNode<T>(0);                   //指向只有元素域，不包含指针域的尾结点
    last=new SNode<T>*[maxLevel+1];         //maxLevel+1 个指针
    tail->element.key=large;                //尾结点中保存作为哨兵值的最大值 large
    for (int i=0; i<=maxLevel; i++)
            head->link[i]=tail;             //头结点的所有指针指向尾结点
}
```

3.2.3 级数分配

设 S_0 为第 0 层链上元素的集合，S_1 是第 1 层链上元素的集合，……，S_h 是第 h 层链上元素的集合，必有 $S_0 \supseteq S_1 \supseteq \cdots \supseteq S_h$。一个元素的级数为 i，是指该元素属于 $S_0, S_1, \cdots, S_i$，但不属于 S_{i+1}。可以采用连续抛掷硬币的方式为新元素分配级数，假定出现正面的概率为 p。具体试验方法是：抛掷一枚硬币，如果为正面，则继续抛掷，直到出现反面为止，将连续出现正面的抛掷次数作为新结点的级数。这种方式可由下列程序段实现：

```
int lev=0;
while (rand()<=CutOff) lev++;
```

式中，rand()伪随机数产生函数，它返回一个伪随机数。常数 RAND_MAX 是可由该函数返回的最大值。令 CutOff=p* RAND_MAX，则 rand()<= CutOff 的概率为 p。

新结点的级数由上述程序段生成。若第一个随机数小于等于 CutOff，则说明新元素属于 S_1。继续确定新元素是否属于 S_2。若下一个随机数仍小于等于 CutOff，则表明新元素也属于 S_2。因此，S_{i-1} 元素属于 S_i 的概率为 p。重复这一过程，直到得到一个随机数大于 CutOff。令 i = lev 作为新元素的级数意味着新元素属于 $S_0, S_1, \cdots, S_i$，但不属于 S_{i+1}。

采用上述方法分配级数，可能导致一些结点的级数过大。为避免这种情况，可对 lev 设定一个上限，例如，令 maxLevel=$\lceil \log n \rceil - 1$。具体做法是：

```
lev=(lev<=maxLevel)? lev:maxLevel;
```

程序 3-7 的 Level 函数产生一个随机级数 lev，如果它大于 maxLevel，则返回 maxLevel 作为准备分配给新结点的级数。

【程序 3-7】 级数分配

```
template <class T>
int SkipList<T>::Level()
{
    int lev=0;
    while (rand()<= RAND_MAX/2) lev++;
    return (lev<=maxLevel)? lev:maxLevel;
}
```

即使采取这一上限，但还可能出现下列情况。在插入一个新结点之前有 3 条链，即已存在层

次为 0～2 的链。假如现在分配给新结点的级数是 9，则插入新结点后便有了 10 条链。也就是说，在这之前尚未插入 3～8 层的结点，这些空链对当前的搜索没有好处，因此可将新结点的级数调整为 3。

设跳表当前的层次为 levels，为了避免出现上述空链，程序 3-8 中的具体实现是：

```
if (lev>levels) lev=++levels;
```

最终以这种方式修正的 lev 值作为新结点的级数。

3.2.4 插入运算的实现

函数 Insert 通过调用私有成员函数 Level 和 SaveSearch 实现插入运算。

私有成员函数 SaveSearch 定义如下：

```
SNode<T>* SaveSearch(T x);
```

前置条件：x 的关键字值小于最大值。

后置条件：函数返回大于或等于 x 的关键字值的结点的地址，并且每个指针 last[i]，0≤i≤levels 都指向该结点在相应层的链中前一个结点。

此函数的搜索从表头结点 head 开始，令指针 p 指向头结点，并从最高层出发，顺着指针向右搜索，遇到某一关键字值大于等于待查关键字值，则下降到下一层，沿较低层的指针向右搜索，逐步逼近待查元素，直到第 0 层指针所指的关键字值大于等于待查关键字值时，搜索终止。SaveSearch 函数使用语句“last[i]=p;”，在下降到下一层前，把该层（设为第 *i* 层）遇到的最后一个结点的地址存放在指针数组元素 last[i]中。

Insert 函数调用 SaveSearch 函数搜索待查元素 *x*，如果表中不存在与 *x* 的关键字值相同的元素，表示没有重复关键字值，则构造一个元素值为 *x* 的新结点。

Level 函数为新结点分配级数，设为 lev，新结点将被链接到从第 0～lev 层的各层链中。新结点在第 *i*（0≤*i*≤lev）层链中的位置位于指针 last[i]指示的结点后面。由于在搜索中使用 last 数组，使得插入新结点时，建立各层的链接很容易实现。

如果 *x* 的关键字值大于等于最大值，则 RangeError 出错；如果表中已存在与待查元素关键字值相同的元素，则输出 Duplicate 信息。

【程序 3-8】 插入运算

```
enum ResultCode{Underflow, Overflow, Success, Duplicate, RangeError, NotPresent};
template <class T, class K>
SNode<T>* SkipList<T, K>::SaveSearch(T x)
{                                          //假定 T 类已重载了关系运算符或类型转换运算符
    SNode<T>*p=head;
    for(int i=levels; i>=0; i--){
        while(p->link[i]->element <x) p=p->link[i];
        last[i]=p;                         //将最后搜索到的第 i 层结点的地址保存在 last[i]中
    }
    return (p->link[0]);
}
template <class T, class K>
ResultCode SkipList<T, K>::Insert(T x)
```

```
{
    if (x>=tail->element) return RangeError;
    SNode<T>* p=SaveSearch(x);
    if (p->element==x)   return Duplicate;            //表明有重复元素
    int lev=Level();                                  //计算级数
    if(lev>levels){
        lev=++levels;last[lev]=head;
    }
    SNode<T>* y=new SNode<T>(lev+1);                  //构造新结点
    y->element=x;
    for(int i=0; i<=lev; i++){                        //新结点插入各级链中
        y->link[i]=last[i]->link[i];
        last[i]->link[i]=y;
    }
    return Success;
}
```

3.2.5 性能分析

假定采用上述抛掷硬币的级数分配方案，并假定每次抛掷硬币时，出现正面的概率为 1/2。现在来分析跳表的时间和空间性能。对于一个有 n 个结点的跳表有如下结论。

引理 3-5 第 k 层至少有一个元素的概率至多为 $n/2^k$。

证明：采用上述抛掷硬币的级数分配方案，一个新元素属于第 k 层的概率为 $1/2^k$，所以第 k 层至少有一个元素的概率至多为 $n/2^k$，因为 n 个不同事件中的任意一个发生的概率至多是其中每一个发生的概率之和。

定理 3-3 跳表的高度（即最大级数）大于 k 的概率至多为 $n/2^k$。

证明：一个有 n 个结点的跳表的高度大于 k 的概率等于在第 k 层至少有一个元素的概率，所以跳表的高度（即最大级数）大于 k 的概率至多为 $n/2^k$。

令 $k=3\log n$，则跳表的高度大于 $3\log n$ 的概率至多为：

$$\frac{n}{2^k}=\frac{n}{2^{3\log n}}=\frac{n}{n^3}=\frac{1}{n^2} \tag{3-11}$$

更一般地，给定一个常数 $c>1$，跳表的高度大于 $c\log n$ 的概率至多为 $1/n^{c-1}$。这就是说，有 n 个元素的跳表的高度以高概率为 $O(\log n)$。

定理 3-4 n 个元素的跳表的平均空间复杂度为 $O(n)$。

证明：跳表的实际空间需考虑元素所占的空间和结点中包含的指针数。可以将一个跳表视为一组链表 $S_0, S_1, \cdots, S_h$ 的集合，$S=S_0\supseteq S_1\supseteq\cdots\supseteq S_h$。跳表的空间复杂度依赖于所有这些集合中的元素总数。在第 i 层上包含的元素个数的期望值为 $n/2^i$，则

$$\sum_{i=0}^{h}\frac{n}{2^i}=n\sum_{i=0}^{h}\frac{1}{2^i}<2n \tag{3-12}$$

因此，n 个元素的跳表平均空间复杂度为 $O(n)$。

本章小结

跳表和伸展树都可用于表示字典结构。跳表是建立在概率平衡基础上的具有随机性的数据结构，它有很好的平均时间性能。跳表运算实现简单，被认为可以替代平衡搜索树。跳表搜索时间的分析方法与传统的数据结构有区别，具有特殊性。

伸展树是另一种平衡搜索树的替代结构。伸展树有很好的分摊代价性能，即对于长的运算序列，伸展树有很好的平均时间性能。对伸展树性能所做的分摊代价分析也与传统数据结构的时间分析不同，很有代表性。

习题 3

3-1　指明图 3-4 和图 3-5 中每一步执行的是何种单一旋转或双重旋转。

3-2　在图 3-8 所示的二叉搜索树上完成下列运算及随后的伸展操作，画出每次运算加伸展操作后的结果伸展树。采用最先执行单一旋转和最后执行单一旋转两种方式实现之。

（1）搜索 80；

（2）插入 80；

（3）删除 30。

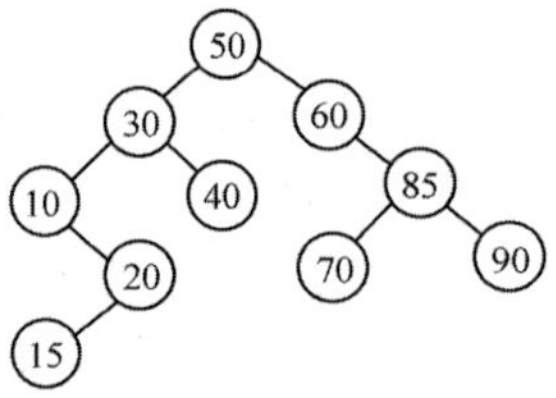

图 3-8　习题 3-2 的图

3-3　证明引理 3-3 和引理 3-4。

3-4　编写程序实现伸展树的 Search 和 Remove 运算。

3-5　设跳表采用抛掷硬币的级数分配方案。对任意 k，$0 \leqslant k \leqslant n-1$，$n$ 是跳表的元素个数，x 是跳表中某个元素，随机变量 $h(x)$ 是 x 的级数，求 $h(x)$ 的均值。

3-6　计算一个有 n 个结点的跳表第 k 层以上至少有一个元素的概率。

3-7　计算跳表中每一层链表 S_i 中的平均元素个数。

3-8　求从空表开始，向表中插入 n 个元素的平均空间复杂度。

3-9　实现在跳表中搜索一个给定元素和从跳表中删除给定元素的运算。

3-10　既然跳表的第 0 层是普通的有序链表，那么，可以在跳表上实现线性表的一般运算。设计两个函数 Before 和 Next，实现求指定关键字的前驱和后继元素的运算。

3-11　修改跳表使之允许插入重复元素。

3-12　扩充跳表类，增加删除最大、最小元素的函数，以及以升序输出全部元素的函数。

3-13　比较几种常用的表示字典的数据结构：二叉搜索树、二叉平衡树、伸展树、跳表和散列表的性能。

第 2 部分　算法设计策略

第 4 章　基本搜索和遍历方法

搜索和遍历是计算机问题求解最常用的技术之一。本章讨论基本搜索和遍历方法，分析它们的性能。

4.1　基本概念

许多人工智能问题运用搜索方法来求解。**搜索**（search）是一种通过系统地检查给定数据对象的每个结点，寻找一条从开始结点到答案结点的路径，最终输出问题解的求解方法。**遍历**（traversal）方法要求系统地检查数据对象的每个结点。根据被遍历的数据对象的结构不同，可分成**树遍历**和**图遍历**。

一般来说，使用搜索技术来求解计算机问题，需要使用状态空间的概念精确地描述问题。**状态空间**（state space）用于描述所求问题的各种可能的情况，每一种情况对应于状态空间中的一个状态。其中，一种特殊情况称为**初始状态**（start state），它代表搜索开始。一个或多个状态代表已经求得问题解的情况，称为**目标状态**（goal state）或**答案状态**（answer state）。这样，问题的求解过程便成为从起始状态出发，以某种次序系统地检查状态空间中的每一个状态，搜索代表问题解的答案状态的过程。

问题的状态空间常用一棵树或一个图表示。树（图）中的一个结点代表问题的一个状态，问题的状态空间中的所有状态形成一棵状态空间树（图）。

无知搜索（uninformed search）也称**盲目搜索**（blind search）或**穷举搜索**（brute force），是最简单的搜索状态空间树（图）的方法。它们只需按事先约定的某种次序，系统地在状态空间中搜索目标状态，而无须对状态空间有较多了解。

但是，如果能够对问题有所了解，具有某些关于问题和问题解的知识，那么，便可运用这些知识，克服无知搜索的盲目性，有效地指导搜索过程，使之尽快到达答案状态。这种搜索称为**有知搜索**（informed search）。显然，一般不可能知道关于问题解的确切情况，因为如果能这样，我们无须通过搜索，便可轻而易举地直接获取问题答案。有知搜索通常需要使用**经验法则**（rules of thumb），但这些法则并不能保证必定能够最有效地求得问题的解或求得问题的最优解，甚至不能保证必定求得问题的解。但在一般情况下，运用经验法则有助于较快地搜索到一个令人满意的解。采用经验法则的搜索方法称为**启发式搜索**（heuristic search）。启发式是一种提高搜索过程效率的技术。启发式方法一边搜索，一边评估达到目标状态的剩余距离，这种评估依赖于已有的关于问题领域的知识和经验规则。但是由于启发式搜索中运用的法则往往缺乏理论依据，因此通常不能保证以最短时间搜索到答案结点，有时甚至不能保证求得的解的确是问题的解或最优解。

深度优先搜索（depth first search）和**广度优先搜索**（breadth first search）是两种基本的盲目搜索方法，介于两者之间的有 **D-搜索**（depth search）。

4.2 图的搜索和遍历

遵循某种次序，系统地访问一个数据结构的全部元素，并且每个元素仅访问一次，这种运算称为**遍历**。很显然，实现遍历运算的关键是规定结点被访问的次序。

对一个线性表的遍历十分简单，只需从前向后或从后向前依次访问线性表中的结点。树的遍历主要讨论二叉树遍历，树和森林可以转换成二叉树。对一棵二叉树可以按先序、中序、后序和层次次序进行遍历。

图的遍历更具一般性，遍历图的算法常是实现图的其他操作的基础。对于图结构，以特定的顺序依次访问图中各结点是很有用的图运算。给定一个图和其中任意一个结点 v，从 v 出发系统地访问图 G 的全部结点，且使每个结点仅被访问一次，这样的过程称为**图的遍历**。图的深度优先遍历类似于树的先序遍历，而图的广度优先遍历与树的按层次遍历相似。这两种遍历次序也被广泛应用于问题求解的搜索方法中。

4.2.1 搜索方法

在树形结构中，一个结点的**直接后继结点**（direct successor）是它的孩子结点；在图形结构中，一个结点的后继结点是邻接于该结点的所有**邻接点**（adjacent node）。

为深入认识搜索算法的特点，不妨将被搜索的数据结构中的结点按其状态分成 4 类：未访问、未检测、正扩展和已检测。

一个结点 x 如果尚未访问，则它处于**未访问**（unvisited）状态；如果 x 自身已访问，但 x 的后继结点尚未全部访问，则称 x 处于**未检测**（unexplored）状态；当算法访问了 x 的所有后继结点时，就称 x 已由此算法检测，处于**已检测**（explored）状态；所谓**检测一个结点 x** 是指算法正从 x 出发，访问 x 的某个后继结点 y，x 被称为**扩展结点**（being expanded），简称 **E-结点**。一旦 y 被访问后，y 便成为未检测结点。在算法执行的任何时刻，最多只有一个结点为 E-结点，但可以有多个结点处于未检测状态。

依据如何选择 E-结点的规则不同，得到两种不同的搜索算法：深度优先搜索和广度优先搜索。

如果对于一个未检测结点，一个搜索算法必定在访问它的全部后继结点后（使得该 E-结点成为已检测结点后），才另选一个未检测结点（作为扩展结点），检测它，这种做法称为**广度优先搜索**。如果一个算法一旦访问某个结点，该结点成为未检测结点后，便立即被算法检测，成为 E-结点，而此时，原 E-结点尚未检测完毕，仍处于未检测状态，需要在以后适当时候才得以继续检测，这种做法称为**深度优先搜索**。

由于一个搜索算法总是从一个未检测结点出发，获取下一个被访问的结点的，因此，保存所有未检测结点对于搜索算法是十分重要的。不妨称未检测结点为**活结点**（life node），称已检测结点为**死结点**（dead node）。在搜索算法的执行中，需要有一个数据结构保存这些活结点，被称为**活结点表**（life node list）。

深度优先搜索需要使用堆栈作为活结点表，而广度优先搜索的活结点表通常是先进先出队列。如果一个搜索算法既按广度优先搜索方式选择 E-结点，又使用堆栈为活结点表，则称为 **D-搜索**，它是广度和深度两者的结合。

与树搜索算法不同的是，图搜索必须处理两个棘手的情况：一是从起点出发的搜索也许不能访问完图中全部结点；二是图中会存在回路，搜索算法应当不会因此而陷入死循环。为了避免发生上述两种情况，图的搜索算法通常为每个结点设立一个**标志位**（mark bit）。当某个结点在搜索中被访问时，其标志位被标记表示该结点已访问。

如果对一个数据结构实施的一次系统搜索，尚未访问完该数据结构的全部结点，即还存在未标记的结点，那么相应的遍历算法应当另选一个未标记的结点，从它出发继续搜索。

4.2.2 邻接表类

设有向图 G = (*V*, *E*)有 *n* 个结点。图 4-1（b）给出了图 4-1（a）的邻接表存储结构。程序 4-1 定义了边结点类 ENode，并给出邻接表类 Graph 定义的部分内容。

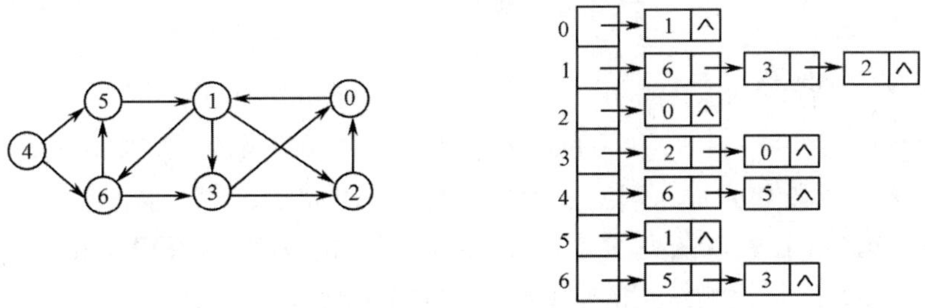

（a）有向图G　　（b）图G的邻接表（∧代表NULL）

图 4-1　图的邻接表表示

边结点类 ENode 有两个数据成员 adjVex 和 nextArc。邻接表的表头组成如图 4-1（b）所示的一维指针数组，a 是指向该数组的指针。

为了实现搜索，也为了形象地刻画图搜索算法的执行过程，在算法中使用**白色**（white）、**灰色**（gray）和**黑色**（black）分别代表结点处于未访问、未检测和已检测三种不同状态。E-结点是灰色结点，任何时刻至多有一个灰色结点处于扩展状态。使用结点的颜色替代标志位标记一个结点是否已访问。

【程序 4-1】　ENode 类

```
enum ColorType{White, Gray, Black};
struct ENode
{
    int adjVex;
    ENode* nextArc;
};
class Graph
{
public:
    Graph(int mSize)
    {                                         //构造仅有 n 个结点的图的邻接表
        n=mSize;
        a=new ENode* [n];
        for (int i=0; i<n; i++) a[i]=NULL;
    }
    void DFS_Traversal(int* parent);          //一维数组 parent 保存 DFS 生成森林
    void BFS_Traversal(int* parent);          //一维数组 parent 保存 BFS 生成森林
```

```
        ⋮
protected:
    void DFS(int u, int* parent, ColorType* color);    //递归 DFS 函数访问从 u 可达结点
    void BFS(int u, int* parent, ColorType* color);    //BFS 函数访问从 u 可达结点
        ⋮
    ENode** a;                                          //生成指向 ENode 类对象的指针数组
    int n;                                              //图中结点数目
};
```

4.2.3 广度优先搜索

对于**广度优先搜索**，一个结点 x 一旦成为 E-结点，算法将依次访问完它的全部未访问的后继结点。每访问一个结点，就将它加入活结点表。直到 x 检测完毕，算法才从活结点表另选一个活结点作为 E-结点。广度优先搜索以队列作为活结点表，因而也被称为 **FIFO**（first in first out）**搜索**。**D-搜索**（depth search）选择检测结点的规则与广度优先搜索相同，但它使用堆栈为活结点表，因而搜索过程的形式上具有深度优先的特点，也被称为 **LIFO**（last in first out）**搜索**。

1. 广度优先遍历算法

假定初始时，图 G 的所有结点都为白色结点，那么从图中某个结点 v 出发的广度优先搜索图的过程 BFS 可以描述为：访问结点 u，结点 u 着灰色；然后依次访问 u 的各个白色邻接点，将它们着灰色；访问完毕结点 u 的所有白色邻接点，结点 u 着黑色；接着再依次访问分别与这些邻接点相邻接的白色结点……

程序 4-2 私有函数 BFS 实现从某个白色结点 u 出发的广度优先搜索。整数队列 q（由队列类 Queue 生成）保存搜索过程中产生的活结点，一维数组 color 为颜色数组。参数 parent 是一维数组，用于返回下面将讨论的 BFS 生成森林。

对于有向图，以某个结点 u 为起始点调用 BFS，只能访问所有从结点 u 可到达的结点。为了访问有向图中的所有结点，必须从图中另选未访问的结点为起始结点，再次做广度优先搜索。可能需重复多次，直到图中结点均已被访问。程序 4-2 的公有成员函数 BFS_Traversal 调用私有成员函数 BFS，实施图的广度优先遍历。

【程序 4-2】 图的广度优先遍历

```
void Graph::BFS_Traversal(int* parent)
{//遍历算法将在 parent 数组中返回以双亲表示法表示的 BFS 生成森林
    ColorType* color=new ColorType[n];                  //颜色数组
    cout<<endl<<"BFS:";
    for(int u=0; u<n; u++){
        color[u]=White; parent[u]=-1;
    }
    for (u=0; u<n; u++)
        if (color[u] ==White) BFS(u, parent, color);    //从未标记的结点出发进行 BFS
    delete[] color;
    cout<<endl;
}
```

```
void Graph::BFS(int u, int* parent, ColorType* color)
{//广度优先搜索算法
    Queue<int> q(QSize);
    color[u]=Gray; cout<<" "<<u;                    //标记起始结点 u 为活结点
    q.Append(u);                                    //将起始结点 u 加入队列 q
    while (! q.IsEmpty()){
        u=q.Front(); q.Serve();                     //选择一个活结点为 E-结点
        for (ENode *w=a[u]; w; w=w->nextArc) {      //检测 E-结点 u 的全部邻接点
            int v=w->adjVex;
            if (color[v] ==White){
                color[v]=Gray;  cout<<" "<<v;
                parent[v]=u;                        //构造 BFS 生成森林
                q.Append(v);                        //新的活结点进入活结点表 q
            }
        }
        color[u]=Black;                             //标记死结点
    }
}
```

2. 广度优先树

算法 BFS 同时可生成一棵广度优先树（森林）。初始时，树中只包含搜索的源结点作为根结点。在搜索中，对于 E-结点 u，每发现一个白色结点 v，便将结点 v 和边 $<u, v>$ 添加到树中。在广度优先树中，称结点 u 是结点 v 的**双亲**（parent）结点。如果结点 v 是从根结点到结点 w 的路径上的一个结点，则称 v 是 w 的**祖先**（ancestor），w 是 v 的**后裔**（descendent）。因为在 BFS 算法中，一个白色结点一旦被发现，立即被访问，之后便不再是白色结点，因此树中任意结点最多只能有一个双亲结点。

由于从一个给定的起始结点 u 出发的广度优先搜索，只能访问从 u 出发有路径可达的那些结点。如果要遍历整个有向图，还需从图中另选未访问的结点作为起始结点，再次进行广度优先搜索。函数 BFS_Traversal 可能需要重复多次调用函数 BFS，才完成遍历，从而形成多棵树组成的**广度优先森林**。图 4-2 给出了以结点 0 为起点，广度优先遍历图 4-1（a）的有向图 G 所得到的广度优先森林，它包含两棵广度优先树。

在程序 4-2 中，一维数组 parent 的每个元素 parent[v]，指示结点 v 的双亲结点，整个数组形成广度优先树的一种双亲表示法[①]。在图 4-2（b）中，−1 表示该结点没有双亲结点，自身为根结点，如结点 0 和结点 4。结点 2、3 和 6 的双亲是结点 1，结点 5 的双亲是结点 6。

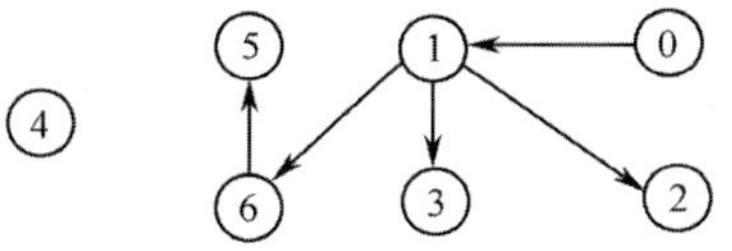

（a）图4-1（a）图G的广度优先森林

0	1	2	3	4	5	6
−1	0	1	1	−1	6	1

（b）图4-1（a）的双亲表示法

图 4-2　图的广度优先森林

① 有关图结构的知识详见文献[16～19]。

3．时间分析

仔细分析广度优先搜索图的算法，可知每个结点进出队列各一次，共进行 $2n$ 次队列操作。而对于每个从队列取走的结点 u，算法都查看 u 的所有邻接点，或者说查看 u 的所有出边。当采用上述邻接表表示时，BFS_Traversal 算法在执行中对有向图的每条边都恰好查看一次。对于无向图，一条无向边被视为两条有向边，因而被查看两次。设图的结点数为 n，边数为 e，则广度优先搜索图算法的时间为 $O(n+e)$。如果用邻接矩阵表示图，则所需时间为 $O(n^2)$。

4．BFS 算法正确性

定理 4-1 算法 BFS 可以访问从源点出发可达的所有结点。

证明：下面运用归纳法证明之。设有向图 $G=(V, E)$，结点 $u\in V$ 为 BFS 的起始结点，$u\sim>w$（$w\in V$）是图中从结点 u 到 w 的一条路径，路径长度定义为路径上边的数目，$\delta(u, w)$是从结点 u 到 w 的最短路径长度。若从结点 u 到 w 没有路径，则$\delta(u, w)=\infty$。

显然，当$\delta(u, w)\leqslant 1$ 时，所有这样的结点 w 会被 BFS 访问且仅访问一次。归纳假设对$\delta(u, w)\leqslant r$ 的所有结点 $w\in V$ 可由算法访问且仅访问一次，则对$\delta(u, w)=r+1$ 的所有结点 $w\in V$，设 v 是从 u 到 w 的路径上紧靠 w 的前一个结点，边$<v, w>\in E$，形成路径 $u, \cdots, v, w$。

因为$\delta(u, v)=r$（$u\neq v$，$r\geqslant 1$），所以，结点 v 能够被 BFS 正确访问。根据 BFS 算法，v 在被访问后必定进入队列 q，并且此算法直到队列为空时才终止，因而 v 必定在某个时刻被从队列取出；此时如果 w 尚未访问，则算法将访问 v 的邻接点 w。同时，BFS_Traversal 算法时间分析表明算法有时间界 $O(n+e)$。证毕。

4.2.4 深度优先搜索

如果一个遍历算法在访问了 E-结点 x 的某个后继结点 y 后，立即使 y 成为新的 E-结点，去访问 y 的后继结点，直到完全检测结点 y 后，x 才能再次成为 E-结点，继续访问 x 的其他未访问的后继结点，这种遍历算法称为深度优先搜索。深度优先搜索使用堆栈为活结点表。

1．深度优先遍历算法

假定初始时，图 G 的所有结点都为白色结点，那么从图中某个结点 u 出发的深度优先搜索图的递归过程 DFS 可以描述为：

（1）访问结点 u，对结点 u 着灰色；

（2）依次从 u 的白色邻接点出发，深度优先搜索图 G。

函数 DFS 是递归函数，这意味着活结点表由实现递归的 C++系统堆栈充当。与广度优先遍历情况类似，以某个结点 u 为起始点调用此函数搜索一个有向图，只能访问所有从结点 u 可到达的结点。为了访问有向图中的所有结点，必须从图中另选白色结点为起始结点，再次进行深度优先搜索。可能需要重复多次，直到图中结点均已访问。

为便于分析深度优先搜索算法的执行情况，在搜索中为每个结点添加**时间戳**（time stamp）是很有意义的。深度优先搜索对每个结点 u 加盖两个时间戳：当一个白色结点 u 着灰色时，由 d[u]记录第 1 个时间；当结点 u 着黑色时，由 f[u]记录第 2 个时间。在时刻 d[u]之前结点 u 为白色，在时刻 d[u]和 f[u]之间为灰色，以后变为黑色。初始时，对所有结点 u，d[u] = f[u] = 0，时钟 time 的初值为 0。

【程序 4-3】 图的深度优先搜索

```
void Graph::DFS(int u, int* parent, ColorType* color)
{
    color[u]=Gray; cout<<" "<<u;
    d[u]=time++;                                        //记录第 1 个时间
    for (ENode* w=a[u]; w; w=w->nextArc){
        int v=w->adjVex;
        if (color[v] ==White) {
            parent[v]=u;
            DFS(v, parent, color);
        }
    }
    color[u]=Black; f[u]=time++;                        //记录第 2 个时间
}
```

2. 深度优先树

算法 DFS 同时可生成一棵深度优先树。初始时，树中只包含搜索的源结点作为根结点。在搜索中，一个 E-结点 u，每发现一个白色结点 v，便将结点 v 及边<u, v>添加到树中。因为在 DFS 算法中，一个白色结点一旦被发现，立即被访问，之后便不再是白色结点，因此，树中任意结点最多只能有一个双亲结点。同样地，一维数组 parent 的每个元素 parent[v]，指示结点 v 的双亲结点，形成深度优先树的双亲表示法。图 4-3 为图的深度优先遍历及其深度优先森林。

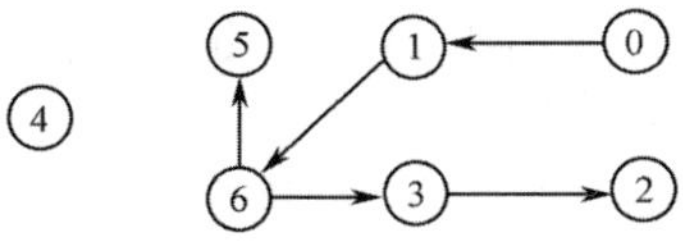

（a）图4-1（a）图G的深度优先森林

0	1	2	3	4	5	6
−1	0	3	6	−1	6	1

（b）图4-1（a）的双亲表示法

图 4-3 图的深度优先遍历及其深度优先森林

3. 时间分析

深度优先搜索图的算法 DFS，每嵌套调用一次，实际上是对结点 u 查看其所有的邻接点，或者说查看结点 v 的所有出边，对其中未标记的邻接点嵌套调用 DFS 函数。因此 DFS_Traversal 算法在执行中对有向图的每条边都恰好查看一次。设图的结点数为 n，边数为 e，则深度优先遍历图算法的时间为 $O(n+e)$。如果用邻接矩阵表示图，则所需时间为 $O(n^2)$。

4. 深度优先搜索的性质

定理 4-2 括号定理

在对有向图或无向图 $G = (V, E)$的任何深度优先搜索中，对于图中任意两结点 u 和 v，下述三个条件中有且仅有一条成立：

（1）区间[d[u], f[u]]和区间[d[v], f[v]]是完全分离的，且在深度优先森林中，u 和 v 互不为后裔；

（2）区间[d[u], f[u]]完全包含区间[d[v], f[v]]，且在深度优先树中 v 是 u 的后裔；

（3）区间[d[v], f[v]]完全包含区间[d[u], f[u]]，且在深度优先树中 u 是 v 的后裔。

证明：先讨论 d[u]<d[v]的情形，根据 d[v]是否小于 f[u]又可分为两种情况。

第一种情况，若 d[v]<f[u]，这表明结点 v 在调用 DFS(u)期间被访问，v 是 u 的后裔。因为 v 在 u 之后访问，必有 v 在 u 之前完成，故 f[v]<f[u]。所以，d[u]<d[v]<f[v]<f[u]。

第二种情况，若 f[u]<d[v]，因为 d[v]<f[v]，所以 d[u]<f[u]<d[v]<f[v]。这表明 DFS(u)在 DFS(v)之前执行完毕。所以，u 和 v 互不为后裔。

对 d[v]<d[u]的情况，只需将上述证明中 u 和 v 对调一下即可。证毕。

推论 4-1　后裔区间嵌入

在有向图 G 的深度优先森林中，结点 v 是结点 u 的后裔当且仅当 d[u]<d[v]<f[v]<f[u]。

证明：从定理 4-2 得证。

定理 4-3　白色路径定理

在有向图 G 的深度优先森林中，结点 v 是结点 u 的后裔，当且仅当在时刻 d[u]，图 G 中存在一条从 u 到 v 的路径，路径上除 u 以外的结点都是白色的。

证明：若结点 $v(u \neq v)$是 u 在森林中的后裔，设 w 是深度优先树中 u 和 v 之间的路径上的任意结点，很显然，w 也是 u 的后裔，根据推论 4-1，有 d[u]<d[w]<f[w]<f[u]。所以在 d[u]时刻，w 是白色的。

若在 d[u]时刻，从结点 u 到 v 有一条仅由白色结点组成的路径。设 p 是从 u 到 v 路径上的一个结点，q（q 可以为 u）是 p 的前驱结点。假定从 u 到 q 的路径上所有结点都是 u 的后裔，下面证明 p 也是 u 的后裔。这是因为，已知在 d[u]时刻，p 是白色的，故 d[u]<d[p]。

因为从 q 到 p 有一条边。当算法在检查这条边时，p 可以是白、灰或黑色：

（1）如果 p 是白的，则 p 是 q 在树中的孩子；

（2）如果 p 是黑的，则有 f[p]<f[q]，但因为 q 是 u 的后裔，所以 f[q]<f[u]，于是有 d[u]<d[p]<f[p]<f[q]≤f[u]，因此，由推论 4-1 可得，p 是 u 的后裔；

（3）如果 p 是灰的，因为 q 在 p 变灰之后完成，所以 d[p]<f[q]，因为 q 是 u 的后裔，所以 f[q]<f[u]，因此 d[u]<d[p]<f[u]，这也说明 p 是 u 的后裔。

上述过程可以继续进行，最终证明结点 v 也是 u 的后裔。

这就是说，对于 DFS 的初始结点 u 而言，它的全部可达结点，初始时都为白色，因而它们都是深度优先树上根结点 u 的后裔，函数 DFS 可以访问所有这些结点。

5. 边的分类

在深度优先搜索中，对图中的边通过搜索进行分类是很有意义的工作，这种分类可揭示图的很多重要信息。根据图 G 的深度优先森林，可以将图 G 的边分成 4 种类型。

（1）**树边**（tree edge）（从灰到白的边）：深度优先森林的边。

（2）**反向边**（back edge）（从灰到灰的边）：深度优先树中从后裔到祖先的边，环也被认为是反向边。

（3）**正向边**（forward edge）（从灰到黑的边）：深度优先树中从祖先到后裔的非树边。

（4）**交叉边**（cross edge）（从灰到黑的边）：其余的边。它们可以连接同一棵深度优先树中的两个结点，只要一个结点不是另一个结点的祖先，也可以连接分属两棵深度优先树的结点。

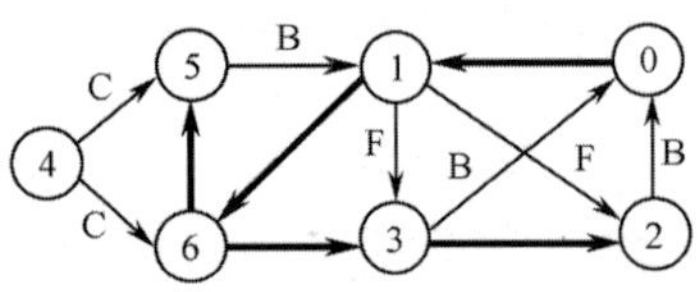

图 4-4　边的分类

图 4-4 对图 4-1（a）所示的图 G 中的边按上述方式做了分类，图中粗黑线表示树边，反向边、正向边和交叉边分别用字母 B、F 和 C 标识。

对于无向图，由于(u, v)和(v, u)代表同一条边，所以对边分类时会产生二义性。当对无向图中的一条边按深度优先搜索分类发生歧义时，可将其归入较小类别号的一类。例如，当一条边既是反向边又是正向边时，则认为它是反向边。

性质 4-1 一个有向图无回路当且仅当在深度优先搜索中不包含反向边。

性质 4-2 一个无向图的深度优先森林中仅包含树边和反向边。

上述性质的证明留作练习。

4.3 双连通分量

4.3.1 基本概念

本节讨论无向图的双连通性。无向图的双连通性在网络应用中非常有价值。

如果一个无向图的任意两个结点之间至少有两条不同的路径相通，则称该无向图是双连通的。也就是说，如果一个无向图是双连通的，那么，图中任意一对结点之间至少有一条简单回路。

在一个无向连通图[①]$G = (V, E)$中，可能存在某个（或多个）结点 a，使得一旦删除 a 及其相关联的边，图 G 不再是连通图，则结点 a 称为图 G 的**关节点**（articulation）。如果删除图 G 的某条边 b，该图分离成两个非空子图，则称边 b 是图 G 的**桥**（bridge）。

图 4-5（a）中的图 G 有三个关节点 6，1，2。从图 G 中删除关节点 1 得到图 4-5（b）的两个**连通分量**（connected component）。图 G 有一条桥<6, 1>。删除图 G 的桥<6, 1>得到图 4-5（c）的两个连通分量。

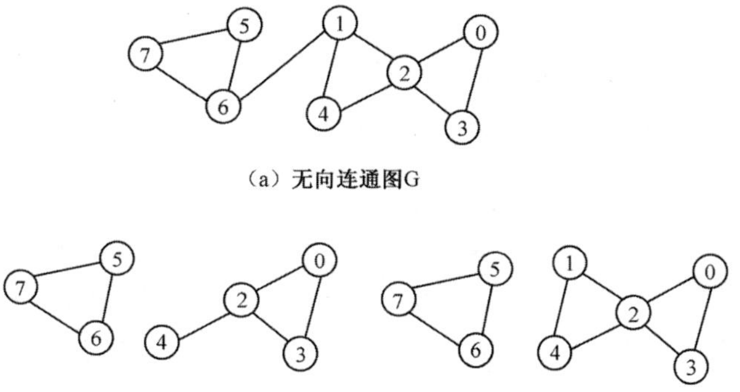

（a）无向连通图G

（b）删除图G的关节点1　　（c）删除图G的桥<6,1>

图 4-5　关节点和桥

如果无向连通图 G 中不包含任何关节点，则称图 G 为**双连通图**（biconnected graph）。图 4-6 的无向图是双连通图。一个无向连通图 G 的**双连通分量**（biconnected component）是图 G 的极大双连通子图。一个无向图可以分成多个双连通分量，它们将图中的边划分为若干个子集（不是将结点划分子集）。图 4-7 是双连通分量的例子。从图中不难看到，两个双连通分量至多有一个公共结点，且此结点必为关节点。两个双连通分量不可能共有同一条边。同时还可以看到，每个双连通分量至少包含两个结点（除非无向图只有一个结点）。

对于一个无向连通图 G，下列说法是等价的：

（1）图 G 是双连通的；

① 有关无向图和连通性的知识参见文献[16～19]。

（2）图 G 的任意两个结点之间存在简单回路；

（3）图 G 中不包含关节点。

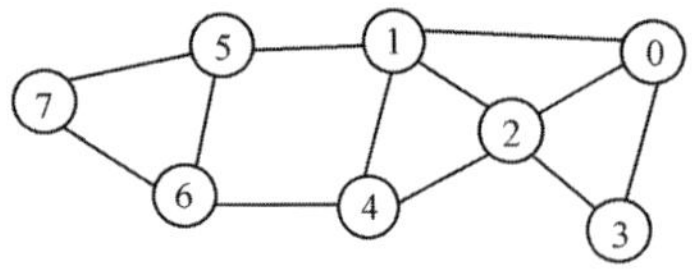

图 4-6　双连通图

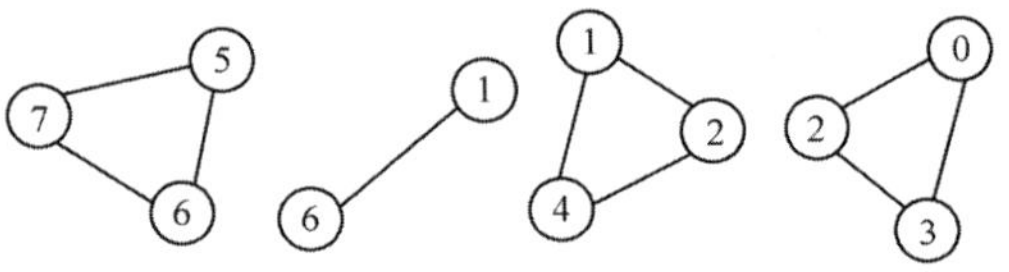

图 4-7　图 4-5（a）的双连通分量

4.3.2　发现关节点

在网络应用中，通常不希望网络中存在关节点，因为这意味着一旦在这些位置出现故障，势必导致大面积的通信中断。因此，判定一个无向图是否双连通，在图中发现关节点及求图的双连通分量是很有实际意义的问题。

一个无向连通图不是双连通图的充要条件是图中存在关节点。在无向图中识别关节点的最简单的做法是：从图 G 中删除一个结点 a 和该结点的关联边，再检查图 G 的连通性。如果图 G 因此而不再是连通图，则结点 a 是关节点。这一方法显然太费时，因为它必须对一个结点检查一次图的连通性。

采用深度优先搜索识别无向图的关节点的方法有很好的时间性能。只需对程序 4-3 稍加修改，就可用于求图的关节点和图的双连通分量。无向图的深度优先树中只包含树边和反向边两类边；一个双连通图中不包含关节点，即要求图中任意一对结点之间存在简单回路。正因为如此，一个双连通图的深度优先树应有以下特征。

（1）根结点 r 只有一个孩子。若不然，如图 4-8（a）所示，结点 0 有两个孩子 1 和 3，因为无向图的深度优先树上没有交叉边，结点 3 和 1、2 和 4 之间的所有路径必定经过结点 0，因此，根结点 0 必定是一个关节点。

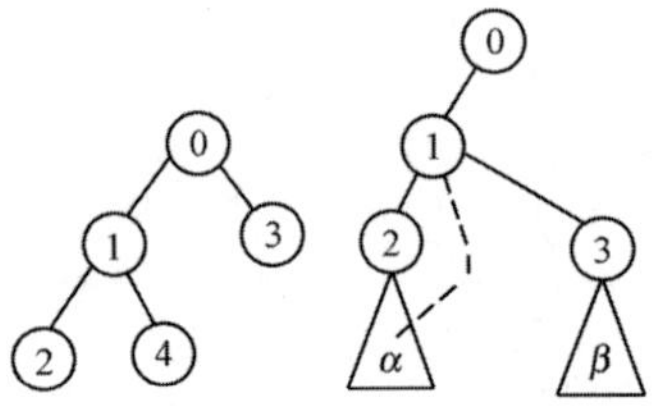

（a）特征(1)　　（b）特征(2)

图 4-8　无向连通图的两种深度优先树

（2）树中任意一个非根结点 u，u 的每一棵子树上必定有反向边指向深度优先树中结点 u 的祖先。若不然，如图 4-8（b）所示，设子树 α 中的任意反向边指向树中其他结点的最高层次不超过结点 1，那么，连接子树 α 和 β 中的任意一对结点间的路径必然只能通过结点 1，结点 1 成为关节点。

从上面的分析可以得到性质 4-3。性质 4-3 被用于在深度优先搜索中求关节点和双连通分量。

性质 4-3　给定无向连通图 $G = (V, E)$, $S = (V, T)$是图 G 的一棵深度优先树，图中结点 a 是一个关节点，当且仅当

（1）a 是根，且 a 至少有两个孩子；

（2）或者 a 不是根，且 a 的某棵子树上没有指向 a 的祖先的反向边。

前面已经提到，在深度优先搜索中可对每个结点 u 加盖两个时间戳。其中，d[u]记录结点 u 被访问的时间，也称为结点 u 的**深度优先数**（depth first number）。

图 4-9 显示对图 4-5（a）的无向图 G 进行深度优先搜索的情况。图中虚线代表反向边，实线边构成图的深度优先树。图中结点边上的数字是该结点的深度优先数，它们记录了结点被访问的先后次序。

下面讨论利用深度优先数求图 G 的关节点的算法。为了实现这一算法，需要对图中每个结点定义一个与优先数有关的量 Low。Low[u]表示从结点 *u* 出发，经过某条路径可以达到深度优先树其他结点的**最低深度优先数**（lowest depth first number）。

从结点 *u* 出发，有两种途径可以到达树中其他结点：一是自结点 *u* 经过一条反向边到达某个结点 *x*；二是自结点 *u* 出发，经过 *u* 的某个孩子 *w*，以及一条由 *w* 出发的由树边组成的路径和一条反向边到达某个结点 *y*。

Low[u]的值或者是自己的优先数，或者是在上述两种情况下所能到达的最高结点 *v* 的深度优先数 d[v]。

定义 4-1 Low[u]定义如下：

$$
\text{Low}[u]=\min\{\ d[u],\ \min\{\ \text{Low}[w]\,|\,w \text{ 是 } u \text{ 的孩子}\ \},\ \min\{\ d[x]\,|\,(u,x) \text{ 是一条反向边}\ \}\ \}
$$

显然，Low[u]是结点 *u* 通过一条子孙路径和至多随后一条反向边所能到达的结点的最低深度优先数。如果 *u* 不是根，那么当且仅当结点 *u* 有一个孩子 *w*，其 Low[w]≥d[u]时，*u* 是一个关节点。这是因为这种情况表明结点 *w* 及其后裔都不存在指向 *u* 的祖先的反向边，则 *u* 是关节点。定义 4-1 是递归定义的，该式要求 *u* 的所有孩子 *w* 的 Low[w]值和其祖先 *x* 的 d[x]值先计算后，才能最终得到 Low[u]的值。

图 4-10 给出了图 4-9 的无向图的 d 和 Low 值。图中，每个结点边上的偶对(d, Low)代表该结点的相应值。例如，结点 2 边上的(1, 0)代表 d[2] = 1, Low[2] = 0。

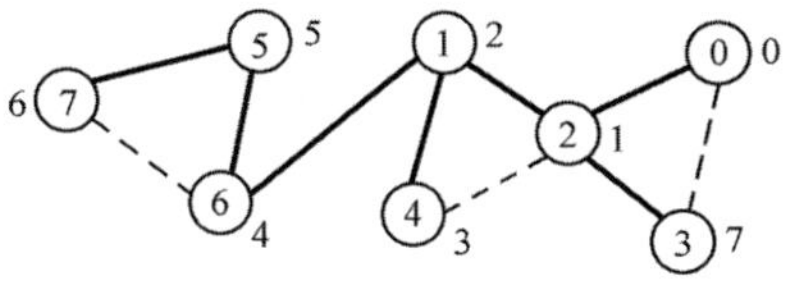

图 4-9 深度优先搜索和深度优先数

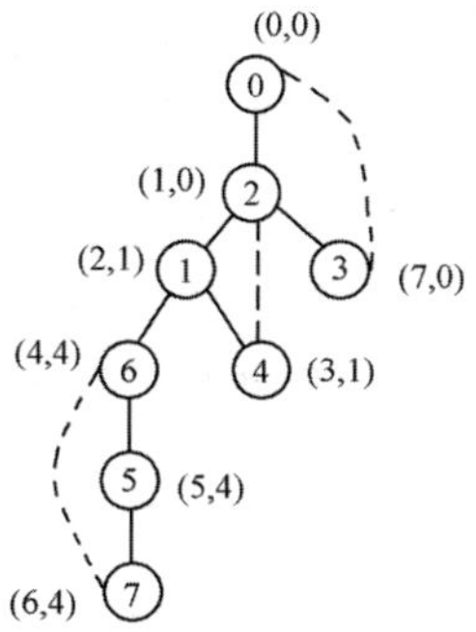

图 4-10 无向图的 d 和 Low 值

程序 4-4 采用深度优先方式计算每个结点的 d 和 Low 值。time 记录优先数，其初值为 0；d[u]= −1，$0 \leqslant u \leqslant n-1$，*n* 是图中结点数。如果某个结点的 d[u] = −1，则结点 *u* 未访问。此处，d[u] = −1 等价于 color[u] = White。当一个结点 *u* 被访问时，d[u] = Low[u] = time++。

在检测 *u* 的邻接点 *v* 时，若 *v* 尚未访问，则 *v* 是 *u* 的孩子。可递归调用函数 DFS(v, u)，访问并计算 *v* 为根的深度优先树上所有结点的 Low 值。在 DFS(v, u)调用返回后，再计算 Low[u] = min{Low[u], Low[v]}。此时 Low[v]已计算。

在检测 *u* 的邻接点 *v* 时，若 *v* 已访问，且 *v*!=*p*，*p* 是 *u* 的双亲，则表明(*u*, *v*)是一条反向边。可计算 Low[u] = min{Low[u], d[v]}。此时 d[v]必定已赋值。

【程序 4-4】 计算 d 和 Low

```
void Graph::DFS(int u, int p)
{//u 是起始结点，p 是 u 的双亲结点
```

```
    Low[u]=d[u]=time++;                                    //Low[u]=d[u]
    for (ENode* w=a[u]; w; w=w->nextArc){
        int v=w->adjVex;
        if (d[v] ==-1) {                                   //表示 v 尚未访问
            DFS(v, u);
            if (Low[u]>Low[v]) Low[u]=Low[v];              //<u, v>是树边
        }
        else   if (v！ =p && Low[u]>d[v]) Low[u]=d[v]      //<u, v>是反向边
    }
}
```

容易看到程序 4-4 的时间复杂度与程序 4-3 相同。

程序 4-4 求得了图 4-10 中每个结点的 Low 值，那么如何判定关节点和双连通分量？为了考察一个结点 u 是否是关节点，只需判定是否存在 u 的某个孩子 w，有 Low[w]≥d[u]。Low[w] ≥ d[u]表示 u 或者是根，或者是关节点。

只需对程序 4-4 做如下修改就可得到程序 4-5 求图 G 的全部双连通分量的算法。

（1）使用一个栈对象 s；

（2）增加语句 if(v！= p && d[v]<d[u]) s.Push(e);

（3）增加以下程序段：

```
if(Low[v]>=d[u]){                               //输出一个双连通分量的边的集合
    cout<<endl<<"New bicommponent\n";
    do { //从栈中输出边(u, v)以上的所有边，它们是同一个双连通分量的边的集合
        e=s.Top(); s.Pop();
        if(u<v && e.u>e.v)Swap(e.u, e.v);
        else if(u>v && e.u<e.v)Swap(e.u,e.v);   //函数 Swap 变换两个整数
        cout<<"("<<e.u<<","<<e.v<<")";          //输出双连通分量的一条边(e.u,e.v)
    } while(e.u！ =u || e.v！ =v);
}
```

【程序 4-5】 求双连通分量

```
void Graph::BiCom(int u, int p)
{
    Low[u]=d[u]=time++; eNode e;
    for (ENode* w=a[u]; w; w=w->nextArc){
        int v=w->adjVex;
        e.u=u; e.v=v;
        if(v！ =p && d[v]<d[u]) s.Push(e);      //边进栈
        if (d[v] ==-1) {
            BiCom(v, u);
            if(Low[v]>=d[u]){
                cout<<endl<<"New bicommponent\n";
                do {
                    e=s.Top(); s.Pop();
```

```
                if(u<v && e.u>e.v)Swap(e.u, e.v);
                else if(u>v && e.u<e.v)Swap(e.u,e.v);
                cout<<"("<<e.u<<","<<e.v<<")";
            } while(e.u ! =u || e.v ! =v);
        }
        if (Low[u]>Low[v]) Low[u]=Low[v];
    }
    else if (v ! =p && Low[u]>d[v]) Low[u]=d[v];
  }
}
```

定理 4-4 设 G = (*V*, *E*)为一个无向连通图，程序 4-5 能正确生成图 G 的所有双连通分量。

证明：在检测 *u* 的邻接点 *v* 时，有两种情况可导致 d[v]＜d[u]：一是 *v* 未访问，则(*u*, *v*)将成为树边；二是 *v* 已经访问，(*u*, *v*)是反向边。语句“if(v!= p && d[v]＜d[u]) s.Push(e);”使这些边进栈。换句话说，只有当 *v* 是 *u* 的双亲或 d[v]＞d[u]，且边(*u*, *v*)已经在栈中时，边(*u*, *v*)不进栈。

若图 G 仅有一个结点，则此函数不产生任何输出。设图 G 至少有两个结点，并设 *k* 是该图的双连通分量的数目。下面对 *k* 归纳进行证明。

如果 *k* = 1，即图 G 是双连通图。显然，其深度优先树的根 *u* 只有一个孩子 *v*，且 *v* 是树中 Low[v]≥d[u]的唯一结点。当检测完结点 *v*，*v* 成为已检测结点（着黑色）后，必有 Low[v]≥d[u]，程序将输出栈中全部边，这些边形成图 G 唯一的双连通分量。

现假定该函数对至多包含 *k* 个双连通分量的无向连通图能够正确工作，下面证明对于有 *k* + 1 个双连通分量的所有连通图也能正确工作。

考虑算法执行中第一次遇到 Low[v]≥d[u]的情况，此时还没有输出任何边，图 G 中所有与结点 *v* 相关联的边均在栈中，且都位于边(*u*, *v*)之上。因为 *u* 是第一个关节点，*u* 的后裔都不是关节点。因此，栈中位于边(*u*, *v*)之上的所有边[包括边(*u*, *v*)]一起构成图 G 的一个双连通分量。从栈中删除并输出那部分边之后，相当于对一个从图 G 中删除该双连通分量后所剩余的图 G′执行该算法。算法在图 G 和 G′上执行的差别仅在于，在对 *u* 的检测中会涉及结点 *u* 与属于已经输出的双连通分量中的结点 *x* 之间的边(*u*, *x*)。但对于这些边都有 d[x]≠−1 和 d[x]＞d[u]≥Low[u]，因此，这些边只会使程序做一些无意义的迭代，而不会产生任何输出。由于 G′至少有两个结点，且 G′有 *k* 个双连通分量，根据归纳假设，可以得到算法以后的执行将正确生成 *k* 个双连通分量。证毕。

4.3.3 构造双连通图

发现关节点和求双连通分量的目的是为了构造双连通网络，提高可靠性，改善网络的性能。一个非双连通的图，如果已经求得原图的关节点和双连通分量，便可对原图添加若干边使之成为双连通图。使用下列添加边的算法，可以将原图改造成一个双连通图。

（1）for（图 G 的每个关节点 *a*）{

（2）　　设 $B_1, B_2, \cdots, B_k$ 为包含 *a* 的双连通分量；

（3）　　令 v_i（$v_i \neq a$）是 B_i（$1 \leq i \leq k$）中的一个结点；

（4）　　将边(v_i, v_{i+1}), $1 \leq i < k$ 添加到图 G 中；

（5）}

由于图 G 的每个双连通分量至少包含两个结点（除非图 G 中只有一个结点），因此可以断定步骤（3）要求的结点 v_i 必定存在。

例如，已经知道图 4-5（a）的图 G 不是双连通图，图 G 中存在 3 个关节点 6、1 和 2，图 G 可分成如图 4-7 所示的 4 个双连通分量。使用上述算法，只需添加 3 条边(5, 1)、(6, 4)和(4, 3)，就可将原图改造成图 4-11 所示的双连通图。

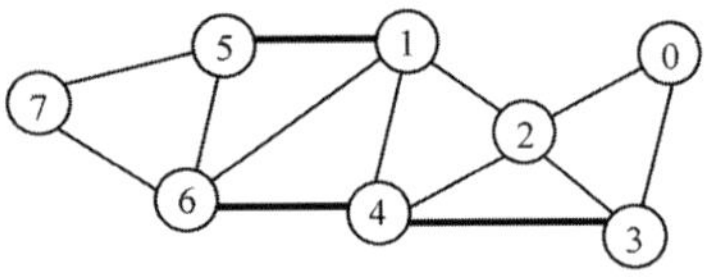

图 4-11　构造双连通图

设图 G 有 p 个关节点，与每个关节点相关的双连通分量数为 k_i（$1 \leqslant i \leqslant p$），则需添加的边数为 $\sum_{i=1}^{p}(k_i - 1) = \sum_{i=1}^{p} k_i - p$。可以看到，采用上述方法添加的总边数会超过将图 G 改造成双连通图所需的最少边数。

4.4　与或图

很多复杂问题很难或无法直接求解，但可以将它们分解成一系列（类型可以不同）子问题。这些子问题又可进一步分解成一些更小的子问题，这种问题分解过程可以一直进行下去，直到所生成的子问题已经足够简单，可用一些已知的普通求解方法求解为止。然后由这些子问题的解再逐步导出原始问题的解。这种将一个问题分解成若干个子问题，继而分别求解子问题，最后又从子问题的解导出原问题的解的方法称为**问题归约**（problem reduction）。问题归约广泛应用于人工智能领域。

4.4.1　问题分解

把复杂问题分解成一系列子问题的过程可采用一种特殊的有向图表示。在有向图中，结点代表问题，一个结点的后裔结点代表与其相关的子问题。为了表明一个双亲结点所代表的问题的解可由哪些子问题的解联合导出，用一条弧线将这些子问题结点连接在一起。在与一个结点相关联的弧中，某些结点间存在“与”的关系，另一些则是单独的。这样形成一种归约问题图，如图 4-12（a）所示。此图表明，原问题可以通过求解子问题 1 和 2，或者求解子问题 3 或 4 求得。

为了使每个结点相关联的弧之间只有一种单一关系，可以通过引入附加结点使得图中结点明确分成两种类型：一种是“与”结点，另一种是“或”结点。与结点是指它的解必须通过求解它的全部孩子结点所代表的子问题才能得到。或结点是指它的解只需求解其中一个子问题就可得到。这种归约问题图称为**与或图**（And/Or graph）。图 4-12（b）所示是与或图的例子。图 4-12（b）中，结点 0 和结点 2 是或结点，结点 1 是与结点。

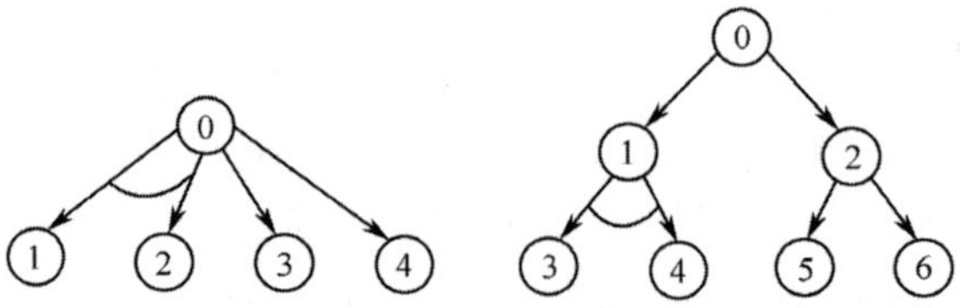

（a）归约问题图　　（b）与或图

图 4-12　问题归约和与或图

从与或图结构看，起始结点对应于原问题。**本原问题**是指已经能够确切知道是否可解的问题或子问题。与或图中对应于本原问题的结点没有孩子，被称为**本原叶结点**。还有一类结点没有孩子，但它并不对应于本原问题，称为**非本原叶结点**。其余结点都有孩子，不妨称它们为**分支结点**。

与或图的本原叶结点是可解结点，非本原叶结点被认为是不可解叶结点。如果起始结点是可解的，则原问题是可解的，否则是不可解的。在与或图中，我们采用方形结点表示本原叶结点，其余结点用圆形结点表示。

图 4-13 是洗衣问题求解方法的与或图。实际上它是一棵与或树。洗衣问题包括收集脏衣服、洗衣、干燥、熨烫和折叠几个必须求解的子问题。根结点是与结点。洗衣可以采用手洗，也可以机洗。所以，洗衣结点是或结点。同样，干燥可以采用自然晾干或机器干燥。所有的方形结点代表的问题为本原问题。图中，手洗结点是圆形叶结点，它代表不可解结点。这里的含义也许是某人从来不手洗衣服。

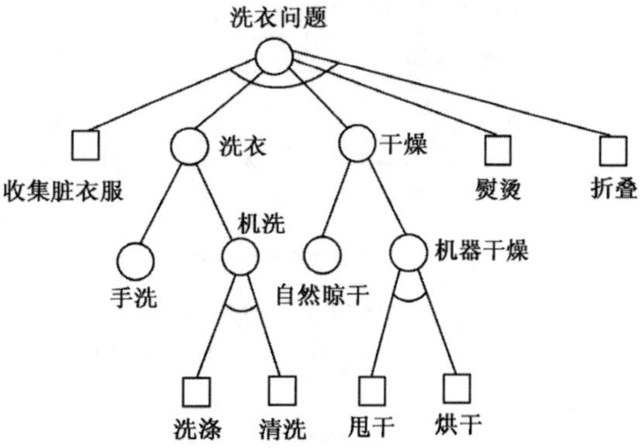

图 4-13　洗衣问题求解方法的与或图

共享子问题在问题归约时常常遇到。例如，将初始问题 P_0 分解成 P_1 和 P_2 两个子问题，P_1 和 P_2 继续分解产生更小的子问题，但其中某些子问题是相同的子问题，可以共享，即只需求解一次。例如，在图 4-14（a）中，A 和 B 是两个本原问题，其中 B 是由子问题 P_1（结点 1）和 P_2（结点 2）分解得到的更小的相同子问题。在与或图中可以用一个结点表示一个公共子问题。这样的与或图就不再是树结构了。图 4-14（b）给出了另一个共享子问题的与或图例子。该与或图中还出现了回路。但是出现回路并不意味着原问题不可解。事实上，图 4-14（b）的与或图所表示的问题只需先求解基本 A、B 和 C，便可接着求解子问题 P_3 和 P_4，继而求得子问题 P_1 和 P_2 的解，最终求得问题 P_0 的解。

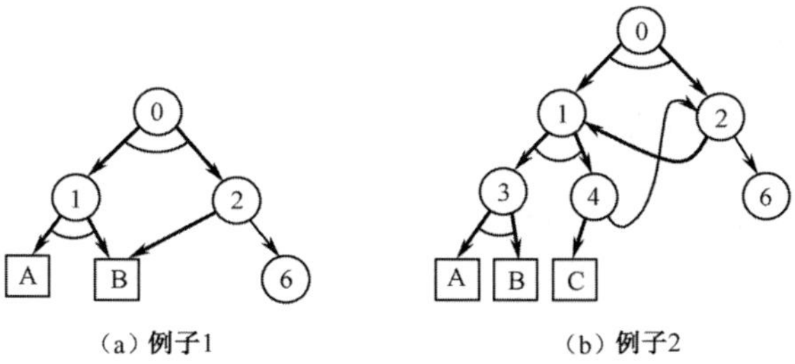

图 4-14　不是树结构的与或图

4.4.2　判断与或树是否可解

如何根据与或图判定一个问题是否可解呢？下面我们只考虑问题可以用与或树表示的情况。

假定已经存在一个问题的与或树表示，那么只需对该与或树进行后序搜索就可得到答案。算法在后序次序搜索中，判断每个结点是否可解。对于一个“与”结点，如果发现它的某个孩子结点不可解，则该结点不可解；只有当所有孩子都可解时，该结点才判定为可解。对于一个“或”结点，如果发现它的某个孩子可解，即可判定该结点可解；只有当所有孩子结点都不可解时，该结点才判定为不可解。本原叶结点是可解结点，非本原叶结点是不可解结点。

程序 4-6 的 TNode 为与或树结点类型，树中结点采用树的多重链表表示，也称为孩子表示法，设每个结点有 d 个指向孩子的指针，d 是树的度。如果结点的度 k 小于树的度，则该结点有 d－k 个空指针。类型 NType 表示结点类型：A 表示与结点（分支结点），O 表示或结点（分支结点），S 表示本原叶结点，U 表示非本原叶结点。程序 4-7 为判断一个由与或树表示的问题是否有解的算法。

【程序 4-6】 与或树及其结点类型

```
enum NType{A, O, S, U};
template<class T>
struct TNode
{
    TNode(const T& x, int d, NType c)
     {
         element=x; tp=c;
         p=new TNode<T> *[d];
         for(int i=0; i<d; i++) p[i]=NULL;
     }
     T element;                                    //元素
     NType tp;                                     //结点类型
     TNode ** p;                                   //指向孩子的指针
};
template<class T>
class AndOrTree
{
public:
     AndOrTree(int degree);
     int Solvable()
     {
         return PostOrder(root);
     }
     …
private:
     int PostOrder(TNode<T>*t);                    //判定与或树是否可解
     …
     TNode<T>* root;
     int d;
};
```

【程序 4-7】 判断与或树是否可解算法

```
template <class T>
int AndOrTree<T>::PostOrder(TNode<T>*t)
{
     int i;
     switch (t->tp){
         case S : return 1;
         case U : return 0;
         case A : for(i=0; i<d; i++) if (t->p[i]&& ! PostOrder(t->p[i]))
```

```
                return 0;                      //有一个孩子不可解，返回 0
            return 1;                          //所有孩子均可解，返回 1
        default: for(i=0; i<d; i++) if (t->p[i]&& PostOrder(t->p[i]))
                return 1;                      //有一个孩子可解，返回 1
            return 0;                          //所有孩子均不可解，返回 0
    }
}
```

4.4.3 构建解树

如果已知一个复杂问题有解，通常我们还希望知道该问题的求解过程包含哪些本原问题？可沿什么途径求解？即希望得到问题的解树。**解树**（solution tree）是与或树上由可解结点组成的那部分子图。因此解树的生成算法可以在生成与或树算法的基础上，加上判定一个结点是否可解和删除不可解结点得到。由于与或树结点的生成取决于问题的分解方法，假定问题的分解用函数 f 来表示，即对于一个与或树中已经生成的结点，函数 f 用于产生一个结点的全部孩子结点。图 4-13 的与或图被称为显式图，但在大多数情况下，并不能在事先生成一个完整的显式与或图后才进行搜索，与或图只是一个由问题和函数 f 决定的隐式图，解树的结点可以使用 f，采用深度优先次序或广度优先次序逐步生成。

由于一棵与或树可能有无穷深度，因此，如果采用深度优先次序生成树中结点，即使已知问题有解，但算法很可能始终只生成从根出发的无穷深度的路径上的那些结点，从而无法确定解树。一般来说，每个结点的孩子数是有限的，采用广度优先次序可以克服这一点。但是，如果与或树中从根出发的所有路径都是无穷的，则广度优先次序也会出现不终止现象。

程序 4-8 是广度优先生成解树的算法框架。其中，函数 Solvable 采用与程序 4-7 类似的方法，以后序次序搜索与或树。但由于此时与或树上仅生成部分结点。所以有些叶结点实际上是与或树的分支结点，它的可解性目前尚未确定，因而只能打上“未定”标记。其他两种叶结点是本原叶结点和非本原叶结点。所以，函数 Solvable 中涉及的叶结点有三种标记：“可解”、“不可解”和“未定”。程序 4-8 可以生成一棵包含可解结点和未定结点的解树。可以进一步再做一次树遍历，删除这些多余的未定结点，最终得到的是仅包含可解结点的解树。

【程序 4-8】 广度优先生成解树的算法框架

```
template <class T>
int AndOrTree<T>:: BFTree(TNode<T> t)
{//t 为树 T 的根结点，假定 t 有孩子
    Queue<TNode<T> > q(mSize); TNode<T> v, x;
    q.EnQueue(t);
    do{
        bool  update=false;
        v=q.Front(); q.DeQueue();
        for( 对 v 的每个孩子 x ){                   //使用函数 f 生成 v 的所有孩子 x
            if (x 是分支结点) q.EnQueue(x);          //x 是未定结点进队列
            else {                                  //叶结点不进队列
                if (x 是本原叶结点) 将 x 标记为可解;
                else 将 x 标记为不可解;
```

```
                update=true;
            }
            生成结点 x 加到解树 T 上作为 v 的孩子;
        }
        if （update）{                                    //已遇到叶结点，需重新标记树 T
            Solvable(t);                                  //重新标记树 T 中的结点
            从树 T 中删除所有标记为不可解的结点;           //树中留下可解结点和未定结点
            if（t 为可解）return 1;                       //问题可解
            else if（t 为不可解）return 0;                //问题不可解
            从队列 q 中删除所有具有可解祖先的结点;
            从队列 q 中删除所有具有不可解祖先的结点;
        }
    }while(! q.IsEmpty());
    return 0;                                             //问题不可解
}
```

本章小结

搜索一个数据结构就是以一种系统的方式访问该数据结构中的每一个结点。对树和图的搜索和遍历是许多算法的核心。许多人工智能问题的求解过程就是搜索状态空间树。通过系统地检查问题的状态空间树中的状态，寻找一条从起始状态到答案状态的路径作为搜索算法的解。搜索和遍历也是许多重要图算法基础。通过对图的搜索获取图的结构信息来求解图问题。另一些图算法实际上是由基本的图搜索算法经过简单的扩充而成的。本章讨论图的搜索与遍历。第 8 章和第 9 章将介绍问题求解的状态空间树搜索方法。

习题 4

4-1　证明对无向连通图 G = (V, E)，调用一次 BFS(v)，$v\in V$ 就可访问图 G 的全部结点。

4-2　证明调用一次 DFS(v)，$v\in V$，可以访问图 G = (V, E)中由 v 可到达的所有结点。

4-3　设图 G = (V, E)，要求：

（1）利用 BFS 思想设计一个算法，求包含已知结点 v 的最短（有向）回路；

（2）证明（1）的算法的正确性；

（3）分析（1）的算法的时间复杂度和空间复杂度。

4-4　D-搜索按 BFS 方式选择 E-结点，但使用堆栈为活结点表：

（1）编写一个 D-检索算法；

（2）证明由结点 v 开始的 D-检索算法可以访问所有从结点 v 可到达的结点；

（3）分析所设计的算法的时间和空间复杂度；

（4）修改所设计的 D-检索算法，使它能够对无向连通图产生一棵生成树。

4-5　证明结论：一个有向图无回路当且仅当在深度优先搜索中不包含反向边。

4-6　证明结论：无向图 G 的深度优先森林中仅包含树边和反向边。

4-7　深度优先森林把图的边分成 4 类。应用广度优先生成森林同样可以把从源点可达的边分成相同的 4 种类型。

（1）证明对无向图的广度优先搜索有下列性质：

（a）不存在正向边和反向边；

（b）对于每一树边(u, v)，有 d[v] = d[u]+1；

（c）对于每一交叉边(u, v)，或者 d[v] = d[u]，或者 d[v] = d[u]+1。

（2）证明对有向图的广度优先搜索有下列性质：

（a）不存在正向边；

（b）对于每一树边(u, v)，有 d[v] = d[u]+1；

（c）对于每一交叉边(u, v)，有 d[v]≤d[u]+1；

（d）对于每一反向边(u, v)，有 0≤d[v]＜d[u]。

4-8　有向连通图 $G = (V, E)$的欧拉回路是经过图 G 的每一条边一次（但可以多次访问某个结点）的一个回路。

（1）证明图 G 存在欧拉回路当且仅当图中每个结点 $v\in V$ 具有相等的入度和出度；

（2）如果图 G 存在欧拉回路，设计一个时间是 $O(e)$（$e = |E|$）的算法求欧拉回路。

4-9　有向图 $G = (V, E)$的转置是图 $G^T = (V, E^T)$，其中 $E^T = \{(v, u)\in V \times V: (u, v)\in E\}$，即图 G^T 是由图 G 的所有反向边生成的图。设计一个算法从图 G 构造其转置 G^T，并分析算法的执行时间。

4-10　识别图 4-15 的图的关节点，画出它们的双连通分图。

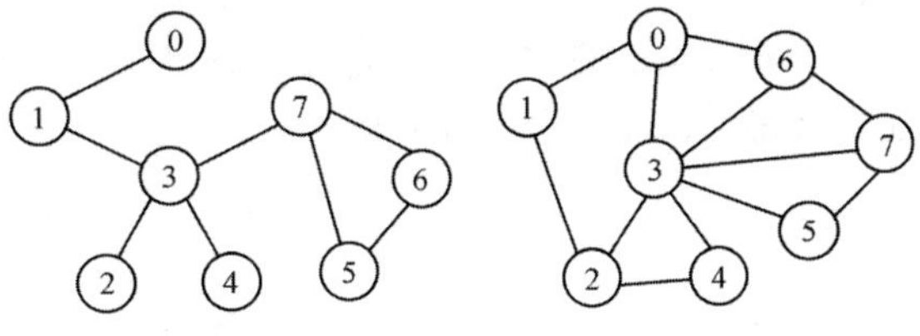

（a）图G1　　（b）图G2

图 4-15　习题 4-10 的图

4-11　证明一个无向连通图 G 的任何一条边都不可能在两个不同的双连通分图中。

4-12　设图 $G_i = (V_i, E_i)$, $1\leqslant i\leqslant k$ 是无向连通图 G 的双连通分图，证明：

（1）若 $i\neq j$，则 $V_i\cap V_j$ 至多包含一个结点；

（2）结点 v 是 G 的关节点当且仅当对于某 $i\neq j$，$\{v\} = V_i\cap V_j$。

4-13　假定 u 不是根，证明 u 是一个关节点当且仅当对于 u 的某个孩子 w，Low[u]≥d[u]。

4-14　解释名词：问题归约、与或图、本原问题、解树。说明解树在问题求解中的作用。

第5章　分　治　法

问题分解是求解复杂问题时很自然的做法。求解一个复杂问题可以将其分解成若干个子问题，子问题还可以进一步分解成更小的问题，直到分解所得的小问题是一些基本问题，并且其求解方法是已知的，可以直接求解为止。分治法作为一种算法设计策略，要求分解所得的子问题是同类问题，并要求原问题的解可以通过组合子问题的解来获取。

本章首先介绍分治法的一般方法，它的算法框架，算法分析的递推关系。本章后面的各节将通过若干常见的分治算法问题，如二分搜索、选择问题和矩阵相乘问题等，加深对分治法所能求解的问题特征的理解，并学会运用分治策略来求解问题的方法。分析递归算法的时间复杂度是本章的另一项任务。

5.1　一般方法

将一个复杂问题分解成若干较小问题进行求解是一个好主意。可以将一个难以直接求解的复杂问题分解成若干个规模较小、相互独立，但类型相同的子问题，然后求解这些子问题；如果子问题还比较复杂而不能直接求解，还可以继续细分，直到子问题足够小，能够直接求解为止；此外，为了得到原始问题的解，必须找到一种途径能将各子问题的解组合成原始问题的一个完整答案，这种问题求解策略称为**分治法**（divide and conquer）。

5.1.1　分治法的基本思想

分治法顾名思义就是分而治之。一个问题能够用分治法求解的要素是：第一，问题能够按照某种方式分解成若干个规模较小、相互独立且与原问题类型相同的子问题；第二，子问题足够小时可以直接求解；第三，能够将子问题的解组合成原问题的解。由于分治法要求分解成同类子问题，并允许不断分解，使问题规模逐步减小，最终可用已知的方法求解足够小的问题，因此，分治法求解很自然导致一个递归算法。

程序5-1给出了分治法的算法框架。其中，Small(P)是一个布尔值函数，它判定问题P是否足够小，而无须进一步细分就可使用函数S(P)直接求解。Divide函数以某种方式，将问题P分解成规模较小，相互独立的若干个同类子问题。Combine函数将各子问题的解组合成原始问题的解。特殊地，如果将一个问题分解成两个子问题，那么程序5-1的分治法框架可以写成程序5-2的形式。此处，假定问题的输入数据保存在数组a中，当前待处理子问题的数据元素的下标范围是[left, right]。

严格地说，程序5-1和程序5-2只是算法的控制结构框架，因而被称为分治策略的**控制抽象**（control abstraction）。只有当对于具体的应用问题，上述框架中的各函数都已具体实现时，算法框架才成为确定的算法或程序。

【程序5-1】　分治法

```
SolutionType DandC(ProblemType P)
{
    ProblemType P1, P2, …, Pk;
```

```
    if (Small(P)) return S(P);                         //子问题 P 足够小，用 S(P)直接求解
    else {
        Divide(P，P1，P2，…，Pk);                      //将问题 P 分解成子问题 P1, P2, …, Pk
        Return Combine(DandC(P1)，DandC(P2)，…，DandC(Pk));//求解子问题，并合并解
    }
}
```

【程序 5-2】 一分为二的分治法

```
SolutionType DandC(int left，int right)
{
    if (Small(left，right)) return S(left，right);
    else {
        int m=Divide(left，right);                     //以 m 为界将问题分解成两个子问题
        Return Combine(DandC(left，m)，DandC(m+1，right)); //分别求解子问题，并合并解
    }
}
```

5.1.2 算法分析

由前面的讨论可知，采用分治法求解问题通常得到一个递归算法。如果较大的问题被分解成同样大小的几部分，那么分析相应算法的执行时间，往往可得到如下的递推关系式：

$$T(n) = aT(n/b) + cn^k，T(1) = c \tag{5-1}$$

这个递推式表明规模为 n 的问题被分成了 a 个规模为 n/b 的子问题，cn^k 是进行问题分解及将各子问题的解合并得到原始问题的解所需的工作量。设 $T(n)$是使用某个分治递归算法求解规模为 n 的问题所需的时间，则求解一个规模为 n/b 的子问题的时间是 $T(n/b)$。于是得到式（5-1）。

第 2 章已经介绍求解递推式的三种方法：迭代方法、替换方法和主方法。式（5-1）是主方法所求解的递推式当 $f(n) = cn^k$ 时的情况。显然可以直接使用主方法得到定理 5-1。

定理 5-1 设 a, b, c 和 k 为常数，$T(n) = aT(n/b) + cn^k$，$T(1) = c$，则

$$T(n) = \begin{cases} \Theta(n^{\log_b a}) & 如果 a > b^k \\ \Theta(n^k \log n) & 如果 a = b^k \\ \Theta(n^k) & 如果 a < b^k \end{cases} \tag{5-2}$$

定理 5-1 也能使用迭代方法计算得到。为简单起见，假定 $n = b^m$，通过以下扩展过程便可得到递推方程的解。

$$\begin{aligned} T(n) &= aT(n/b) + cn^k \\ &= a(aT(n/b^2) + c(n/b)^k) + cn^k \\ &\ \ \vdots \\ &= a^m T(1) + a^{m-1}c(n/b^{m-1})^k + \cdots + ac(n/b)^k + cn^k \\ &= c\sum_{i=0}^{m} a^{m-i} b^{ik} \\ &= ca^m \sum_{i=0}^{m} (b^k/a)^i \end{aligned}$$

式中，$a^m = a^{\log_b n} = n^{\log_b a}$ 。设 $r = b^k/a$，下面分三种情况计算 $\sum_{i=0}^{m}(b^k/a)^i$ ：

（1）若 $r<1$，则 $\sum_{i=0}^{m} r^i < 1/(1-r)$ ，所以，$T(n) = \Theta(n^{\log_b a})$ ；

（2）若 $r=1$，则 $\sum_{i=0}^{m} r^i = 1 + m = 1 + \log_b n$ ，所以，$T(n) = \Theta(n^{\log_b a} \log n) = \Theta(n^k \log n)$ ；

（3）若 $r>1$，则 $\sum_{i=0}^{m} r^i = \dfrac{r^{m+1}-1}{r-1} = \Theta(r^m)$ ，所以，$T(n) = \Theta(a^m r^m) = \Theta(b^{k \cdot m}) = \Theta(n^k)$ 。

如果一个算法的时间可以表示为式（5-1）那样的递推式，便可以应用定理 5-1，直接得到该算法的渐近时间复杂度。下面即将讨论的二分搜索、两路合并排序时间分析，都可得到类似的递推式，都可运用定理 5-1 直接得到算法的渐近时间复杂度。

5.1.3 数据结构

为了便于描述本章算法，若不加特殊说明，本章算法除最后一小节外，都在**可排序表**（sortable list）上实现。可排序表是指记录（元素）的关键字可以比较大小的线性表。线性表可采用顺序存储或链接存储，本章采用顺序存储的可排序表类作为算法处理的数据结构，每个算法都是定义在该类上的函数。

可排序表中元素的类型现约定为结构类型 E。重载类型转换符后，可以实现结构间、关键字值间及结构和关键字间的比较。例如，两个结构变量之间的比较自动转换成它们的关键字值之间的比较，x<y 即 x.key<y.key，x==y 即 x.key==y.key。因此，在本章的讨论中，元素值之间的比较是指元素的关键字值之间的比较。

【程序 5-3】 可排序表类

```
template <class K, class D>
struct E
{ //可排序表中元素的类型
      operator K()const { return key;}                //重载类型转换运算符
      K key;                                          //关键字可以比较大小
      D data;                                         //其他数据
};
template <class T>
class SortableList
{ //可排序表类
public:
      SortableList(int mSize)                         //构造函数
      {
            maxSize=mSize;
            l=new T[maxSize];
            n=0;
      }
      ~SortableList(){delete []l;}                    //析构函数
        ⋮
```

```
private:
        ⋮
    T *l;                                    //动态生成一维数组
    int maxSize;                             //线性表的最大表长
    int n;                                   //线性表的实际长度
};
```

5.2 求最大最小元

本节讨论运用分治法在一个元素集合中寻找最大元素和最小元素的问题。

5.2.1 分治法求解

在一个集合中找出最大元素和最小元素的问题十分简单，很容易用计算机实现求解。一种直截了当的方法是分别求最大值和最小值，它们分别需通过 $n-1$ 次和 $n-2$ 次元素间的比较，共计 $2n-3$ 次比较可求得。另一种做法是同时求最大元和最小元，程序 5-4 正是这样的算法，它在最好、最坏和平均情况下都需要 $2(n-1)$次元素比较。

【程序 5-4】 求最大最小元

```
template <class T>
void SortableList<T>::MaxMin(T& max, T& min)const
{
    if (n= =0)return;
    max=min=l[0];
    for (int i=1; i<n; i++) {
        if(l[i]>max) max=l[i];
        if(l[i]<min) min=l[i];
    }
}
```

如果对程序 5-4 稍微修改一下，使得只有当 l[i]＞max 为假时才比较 l[i]＜min，可减少比较次数。这只需对程序 5-4 中 for 语句的循环体进行如下修改即可。

```
if(l[i]>max) max=l[i];
else if(l[i]<min) min=l[i];
```

修改后，算法执行的最好情况发生在当表递增有序时，元素间的比较次数为 $n-1$ 次。最坏情况在递减有序时出现，元素间的比较次数为 $2(n-1)$次。这就是说，修改后的程序虽然在最好和平均情况下的性能得到改善，但在最坏情况下仍需进行 $2(n-1)$次元素间的比较，才能求得最大元和最小元。

但事实上，可以设法将比较次数降为 $3n/2-2$ 次，即可求得最大元和最小元。程序 5-5 是分治法求最大、最小元的算法，其最好、平均和最坏情况下的比较次数均为 $3n/2-2$。采用分治法求解此问题时，可将原问题分解成大小基本相等的两个子问题，即一分为二。显然在一个或两个元素的表中求最大、最小元是容易的，可以直接求得。如果已经求得了由分解所得的两个子表中的最大、最小元，则原表的最大元是两子表中的最大元之较大者，原表的最小元是两子表中的最小元之较小者。

【程序 5-5】 分治法求最大、最小元

```
template <class T>
void SortableList<T>::MaxMin(int i, int j, T& max, T& min) const
{ //前置条件：i 和 j，0≤i≤j<表长，是表的下标范围的界
    T min1, max1;
    if (i= =j) max=min=l[i];                          //表中只有一个元素时
    else if (i= =j-1)                                 //表中有两个元素时
            if (l[i]<l[j]) {
                max=l[j]; min=l[i];
            }
            else {
                max=l[i]; min=l[j];
            }
        else {                                        //表中多于两个元素时
            int m=(i+j)/2;                            //对半分割
            MaxMin(i, m, max, min);                   //求前半部子表中的最大、最小元
            MaxMin(m+1, j, max1, min1);               //求后半部子表中的最大、最小元
            if (max<max1) max=max1;                   //两子表最大元的大者为原表最大元
            if (min>min1) min=min1;                   //两子表最小元的小者为原表最小元
        }
}
```

使用归纳法容易证明程序 5-5 的正确性。

可对表长 $n = j - i + 1$ 进行归纳，当 $n≤2$ 时，程序 5-5 显然正确。假定当表长 $j - i + 1<n$（$n>2$）时，执行递归算法 MaxMin，参数 max 将得到表（l[i], l[i + 1], …, l[j]）中的最大元，min 为其中的最小元；那么当表长为 n 时，由于两部分子表的长度均小于 n，所以执行递归函数调用 MaxMin(i, m, max, min)和 MaxMin(m+1, j, max1, min1)能够分别得到两子表中的最大元和最小元，即 max 和 max1，min 和 min1。随后的两句 if 语句分别取两个最大元中的大者和两个最小元中的小者，作为原表的最大元 max 和最小元 min。因此，程序 5-5 是正确的。

5.2.2 时间分析

定理 5-2 设有 n 个元素的表，假定 n 是 2 的幂，即 $n=2^k$，k 是正整数，程序 5-5 在最好、平均和最坏情况下的比较次数都为 $3n/2–2$。

令 $T(n)$是当元素个数为 n 时，执行程序 5-5 所需的比较次数。当 n = 1 时，算法没有进行元素间比较，$T(1) = 0$；当 $n = 2$ 时，算法只需进行一次元素比较，$T(2) = 1$。一般，对于一个长度为 n 的表，n 是 2 的幂，算法两次递归调用自身，分别在长度为$\lfloor n/2\rfloor$和$\lceil n/2\rceil$的子表中求最大元和最小元，所需时间分别为 $T(\lfloor n/2\rfloor)$和 $T(\lceil n/2\rceil)$，另外还需进行 2 次额外比较，分别从两个子表的最大元和最小元求得原表的最大元和最小元。所以不难得到下列递推式：

$$T(n)=\begin{cases}0 & n=1\\1 & n=2\\T(\lfloor n/2\rfloor)+T(\lceil n/2\rceil)+2 & n>2\end{cases} \tag{5-3}$$

当 n 是 2 的幂时，即对某个正整数 k，$n=2^k$，对于 $n>2$，$T(n)=2T(n/2)+2$。此式容易由迭代方法计算，得到 $T(n)=3n/2-2$。

虽然从表面看来，采用分治算法可使元素间的比较次数减少，但由于是递归算法，其额外开销比迭代算法多，当元素个数较少时，未必有利。此外，如果两个元素间进行比较所需的时间与数组下标间的比较时间相当，则程序 5-5 也未必省时。

5.3　二分搜索

搜索运算是数据处理中经常使用的一种重要运算。在一个表中搜索确定一个关键字值为给定值的元素是一种常见的运算。若表中存在这样的元素，则称**搜索成功**，搜索结果可以返回整个数据元素，也可指示该元素在表中的位置；若表中不存在关键字值等于给定值的元素，则称**搜索不成功**（也称**搜索失败**）。本节讨论采用分治法求解在**有序表**（sorted list，已按关键字值非减排序）中搜索给定元素的问题。

5.3.1　分治法求解

设有一个长度为 n 的有序表（$a_0, a_1, \cdots, a_{n-1}$），要求在表中搜索与给定元素 x 有相同关键字值的元素。若 $n=0$，则显然搜索失败；若 $n>0$，则可将有序表分解成若干个子表。最简单的做法是分成两个子表。假定以元素 a_m 为划分点，将原表分成（$a_0, a_1, \cdots, a_{m-1}$）和（$a_{m+1}, a_{m+2}, \cdots, a_{n-1}$）两个子表。现将 a_m 与给定元素 x 进行比较，比较结果有三种可能性：$x<a_m$、$x=a_m$ 和 $x>a_m$。对于这三种情况，可有以下结论：

（1）当 $x<a_m$ 时，若与 x 相同关键字值的元素在表中，则必定在子表（$a_0, a_1, \cdots, a_{m-1}$）中，可以在该子表中继续进行搜索；

（2）当 $x=a_m$ 时，则搜索成功；

（3）当 $x>a_m$ 时，若与 x 相同关键字值的元素在表中，则必定在子表（$a_{m+1}, a_{m+2}, \cdots, a_{n-1}$）中，可以在该子表中继续进行搜索。

为讨论分治法搜索有序表算法，现定义二分搜索函数 BSearch 如下：

int SortableList<T>::BSearch(const T& x, int left, int right)const

后置条件：在范围为[left, right]的表中搜索与 x 有相同关键字值的元素，如果存在该元素，则函数返回该元素在表中的位置；否则函数返回−1，表示搜索失败。

程序 5-6 描述分治法求解搜索有序表问题的二分搜索算法框架。BSearch 可定义为 SortableList 类的私有成员函数，它实际实现对有序表的二分搜索。其中，函数 Divide 按某种规则计算分割点。使用不同的规则确定位置 m 来分割搜索区间，可得到不同的二分搜索方法，例如，对半搜索和斐波那契搜索等。请注意，二分搜索算法要求有序表采用顺序存储。

【程序 5-6】　二分搜索算法框架

```
template <class T>
int SortableList<T>::BSearch(const T& x, int left, int right)const
{
    if (left<=right){
        int m=Divide(left, right);                    //按照某种规则求分割点 m
        if (x<l[m]) return BSearch(x, left, m-1);
```

```
            else if (x>l[m]) return BSearch(x, m+1, right);
                else return m;                                  //搜索成功
        }
        return -1;                                              //搜索失败
    }
```

5.3.2 对半搜索

对半搜索是一种二分搜索。设当前搜索的子表为（$a_{\text{left}}, a_{\text{left+1}}, \cdots, a_{\text{right}}$），令

$$m = (\text{left+right})/2$$

这种二分搜索被称为对半搜索。对半搜索算法将表划分成几乎相等大小的两个子表。

程序 5-7 是对半搜索的递归算法，其中，x 是待查元素，left 和 right 指示搜索范围，m、left 和 right 均为元素下标。算法采用对半方式分割有序表。如果当前的表（或子表）不空，则令 x 与 l[m]比较。若两者相等，则搜索成功，函数返回 m；若前者小于后者，则继续在左半部分子表中搜索 x，其下标范围为[left, $m-1$]；否则继续在右半部分子表中搜索 x，其下标范围为[$m+1$, right]。如果当前搜索的表（或子表）是空表，则表示搜索失败，函数返回−1。

【程序 5-7】 对半搜索递归算法

```
template <class T>
int SortableList<T>::BSearch(const T& x, int left, int right)const
{
    if  (left<=right){                                      //若表（子表）非空
        int m=(left+right)/2;                               //对半分割
        if (x<l[m]) return BSearch(x, left, m-1);           //搜索左半子表
        else if (x>l[m]) return BSearch(x, m+1, right);     //搜索右半子表
            else return m;                                  //搜索成功
    }
    return-1;                                               //搜索失败
}
```

对半搜索递归算法的正确性容易用归纳法证明。

定理 5-3 对于 $n \geqslant 0$，程序 5-7 的对半搜索递归函数 BSearch 是正确的。

证明：（归纳法证明）

首先，如果 $n=0$，那么程序 5-7 显然是正确的，因为它返回−1，表示搜索失败。

假定函数 BSearch 对长度小于 $n = \text{right} - \text{left} + 1$（$n>0$）的有序表能正确运行，当表长为 n 时，算法必定执行下列程序段：

```
int m=(left+right)/2;
if (x<l[m]) return BSearch(x, left, m-1);
else if (x>l[m]) return BSearch(x, m+1, right);
    else return m;
```

上述程序段在下标范围为[left，right]的有序表中搜索待查元素 x。if 语句令 x 的关键字值与 l[m]的关键字值进行比较，m 是该区间中的一个下标值。显然，

（1）当 $x<$l[m]时，对子表（l[left], ⋯, l[$m-1$]）进行对半搜索的结果（成功或失败），就是对原表搜索的结果。这是因为在 $x<$l[m]的前提下，与 x 的关键字值相同的元素如果在表中，它

只能在子表（l[left], …, l[m−1]）中，而此时，程序段执行递归调用 BSearch(x, left, m−1)。根据归纳法假定，当表长小于 n 时，此次函数调用能正确执行。

（2）当 x＞l[m]时，对子表（l[m+1], …, l[right]）进行对半搜索的结果（成功或失败），就是对原表搜索的结果。同理，在 x＞l[m]的前提下，与 x 的关键字值相同的元素如果在表中，它只能在子表（l[m+1], …, l[right]）中，而此时，程序段执行递归调用 BSearch(x, m+1, right)。根据归纳法假定，当表长小于 n 时，此次函数调用能正确执行。

（3）当 x = l[m]时，搜索成功，函数返回该元素的下标 m，这是正确的。

所以程序 5-7 是正确的。证毕。

递归函数往往效率较低，常希望得到相应的迭代算法。要得到对半搜索的迭代算法也并不困难。程序 5-8 是对半搜索的迭代算法。由于程序 5-7 是**尾递归**函数，其递归调用语句是最后一句可执行语句。不难从程序 5-7 的递归函数得到程序 5-8 的迭代函数。

【程序 5-8】 对半搜索的迭代算法

```
template <class T>
int SortableList<T>::BSearch1(const T& x)const
{
    int m, left=0, right=n-1;
    while  (left<=right){
        m=(left+right)/2;
        if (x<l[m]) right=m-1;
        else if (x>l[m]) left=m+1;
            else return m;                          //搜索成功
    }
    return-1;                                       //搜索失败
}
```

对半搜索要求有序表采用顺序存储方式。链接存储的有序表无法高效地实现对半搜索，其原因不难理解，这是因为对半搜索要求随机存取位于划分点 m 处的元素，这只有在顺序表情况下，才能有效实现。

5.3.3 二叉判定树

二分搜索过程的算法行为可以用一棵二叉树来描述。通常，称这棵描述搜索算法执行过程的二叉树为**二叉判定树**（binary decision tree）。一个以比较关键字值为基础的搜索算法的二叉判定树模型可以建立如下。

（1）指定元素 x 与表中元素 l[m]之间的一次比较操作，表现为二叉判定树中的一个**内结点**（internal node），用一个圆形结点表示，并用 m 标识。如果 x = l[m]，则算法在该结点处成功终止。

（2）二叉判定树的根结点，代表算法中首次与 x 比较的元素 l[m]，用 m 标识。

（3）当 x＜l[m]时，算法随后与 x 比较的元素下标所标识的结点是结点 m 的左孩子；当 x＞l[m]时，算法随后与 x 比较的元素下标所标识的结点是结点 m 的右孩子。

（4）若 x＜l[m]且算法终止，那么结点 m 的左孩子以标号为 m−1 的方形结点表示；若 x＞l[m]且算法终止，那么结点 m 的右孩子以标号为 m 的方形结点表示。方形结点称为**外结点**（external node）。换句话说，如果算法在方形结点 m 处终止，则当 $0 \leqslant m < n-1$ 时，$l[m] < x < l[m+1]$；当 $m = -1$ 时，$x < l[0]$；当 $m = n-1$ 时，$x > l[n-1]$。这意味着搜索失败。

（5）从根结点到每个内结点的一条路径代表成功搜索的一条比较路径。如果搜索成功，则算法在内结点处终止，否则算法在外结点处终止。

图 5-1 是对有 10 个元素的有序表执行对半搜索算法的二叉判定树。

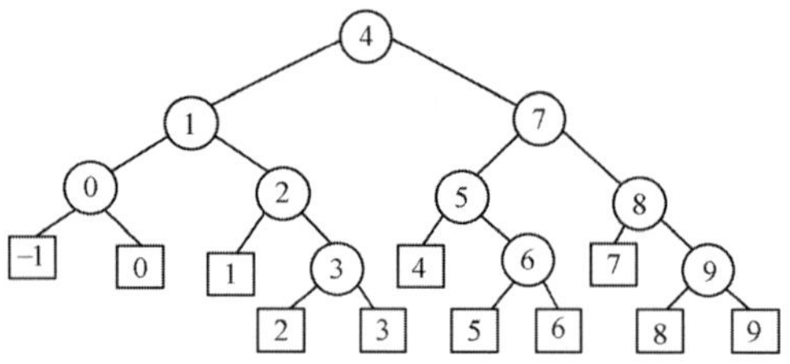

图 5-1　对半搜索二叉判定树（n=10）

下面给出对长度为 n 的有序表进行对半搜索的二叉判定树的若干性质。

性质 5-1　具有 $n(n>0)$个内结点的对半搜索二叉判定树的左子树上有$\lfloor (n-1)/2 \rfloor$个内结点，右子树上有$\lfloor n/2 \rfloor$个内结点。

证明：根据对半搜索二叉判定树的定义可知性质 5-1 成立。

性质 5-2　具有 $n(n>0)$个内结点的二叉判定树的高度为$\lfloor \log n \rfloor+1$（不计外结点）。

证明：一方面，根据性质 5-1，可得到式（5-4）：

$$h(n) \leqslant \begin{cases} 0 & n=0 \\ h(\lfloor n/2 \rfloor)+1 & n \geqslant 1 \end{cases} \tag{5-4}$$

采用替换方法求解此递推式。替换方法要求先猜测递推式的解，然后用归纳法证明。现假定 $T(n) \leqslant \lfloor \log n \rfloor + 1$，下面证明此结论。

显然，当 $n = 1$ 时，结论成立。

归纳法假设，当结点数小于 n（$n>1$）时，结论成立。那么，当结点数等于 n 时，有

$$h(n) \leqslant h(\lfloor n/2 \rfloor) + 1 \leqslant \lfloor \log \lfloor n/2 \rfloor \rfloor + 2$$

若 n 为偶数，则 $h(n) \leqslant \lfloor \log(n/2) \rfloor + 2 = \lfloor \log n \rfloor + 1$；

若 n 为奇数，则 $h(n) \leqslant \lfloor \log((n-1)/2) \rfloor + 2 \leqslant \lfloor \log n \rfloor + 1$。

所以，对所有 $n>0$，$h(n) \leqslant \lfloor \log n \rfloor + 1$。

另一方面，由二叉树的性质可知，高度为 h 的二叉树上至多有 2^h-1 个结点，所以，$n \leqslant 2^h-1$，即 $h \geqslant \lceil \log(n+1) \rceil = \lfloor \log n \rfloor + 1$。也就是说，此二叉判定树的高度至少$\lfloor \log n \rfloor + 1 = \lceil \log(n+1) \rceil$，即具有 n 个内结点的二叉判定树的高度至少为$\lfloor \log n \rfloor + 1$（不计外结点）。

因此，性质 5-2 得证。

性质 5-3　若 $n = 2^h - 1$，则对半搜索二叉判定树是满二叉树。

根据性质 5-1，可知该树根的左右子树的结点数均为 $2^{h-1}-1$，使用归纳法，假定它们均是满二叉树，则原二叉判定树即为满二叉树。

性质 5-4　若 $n = 2^h - 1$，则对半搜索二叉判定树的外结点均在 $h+1$ 层上，否则，在第 h 层或 $h+1$ 层上，$h = \lfloor \log n \rfloor + 1$。

证明：根据性质 5-3，当 $n = 2^h - 1$ 时，对半搜索二叉判定树为满二叉树。

现在来看，当 $2^{h-1} \leqslant n < 2^h - 1$ 时，归纳法假设，当二叉判定树的内结点数小于 n 时结论成立。当内结点数为 n 时，可分两种情况讨论：

若 n 为奇数，根据性质 5-1，该树根的左右子树的结点数相同，根据假设，它们的外结点均分别在最下面两层；又根据性质 5-2，它们的高度相同，所以此二叉判定树的外结点必定在最下面两层上。

若 n 为偶数，设左、右子树的结点数分别为 n_1 和 n_2，根据性质 5-1，$n_2 = n_1 + 1$；又根据性质 5-2，左、右子树的高度分别为$\lfloor \log n_1 \rfloor + 1$ 和$\lfloor \log(n_1+1) \rfloor + 1$。只有当$(n_1+1) = 2^k$时，右子树高度才会大于左子树高度，此时左子树的结点数 $n_1 = 2^k - 1$，为满二叉树，外结点在最下层上，由于右子树的外结点在最下面两层上，所以，此二叉判定树的外结点在最下面两层上。证毕。

定理 5-4 对半搜索算法在成功搜索的情况下，关键字值之间的比较次数不超过$\lfloor \log n \rfloor + 1$。对于不成功的搜索，算法需要进行$\lfloor \log n \rfloor$或$\lfloor \log n \rfloor+1$ 次比较。

由定理 5-4 可知，对半搜索算法的成功搜索和搜索失败的最坏情况时间复杂度分别为 $W_s(n) = O(\log n)$和 $W_u(n) = \Theta(\log n)$。对于失败搜索，假定待查元素值落在区间(a_j, a_{j+1})内，$0 \leqslant j < n-1$，以及区间 $k < a_0$、区间 $k > a_{n-1}$，总共 $n+1$ 个区间中的概率是相等的，那么，搜索失败的平均时间复杂度为 $A_u(n) = \Theta(\log n)$。

对于成功搜索，它的平均搜索长度如何呢？

定理 5-5 对半搜索算法在搜索成功时的平均时间复杂度为$\Theta(\log n)$。

对于成功搜索，假定查找表中任何一个元素的概率是相等的，为 $1/n$，那么，

$$A_s(n) = (I+n)/n = I/n + 1,\quad A_u(n) = E/(n+1) = \Theta(\log n)$$

其中，I 是二叉判定树的内路径长度，E 是外路径长度，并且 $E = I+2n$①，因此，

$$A_s(n) = (1+1/n)A_u(n) - 1 = \Theta(\log n)$$

定理得证。

5.3.4 搜索算法的时间下界

从对半搜索二叉判定树上可以看到，对半搜索所需的关键字值间的比较次数不会超过判定树的高度（不计失败结点）$\lfloor \log n \rfloor+1$。那么是否存在一种比对半搜索更好的算法，使得在 n 个元素的集合中，搜索指定关键字值的元素所需的关键字值之间的比较次数少于$\lfloor \log n \rfloor+1$？

我们已经知道，可以用二叉判定树描述一个基于关键字比较的搜索算法的行为。如果一个基于关键字值比较的搜索算法是正确的，则可以断定该搜索算法的判定树上至少有 n 个内结点。使用反证法可以证明这一点。

假设有一个通过比较关键字值实施搜索的搜索算法，当元素个数为 n 时的二叉判定树中的结点数小于 n，则对于 $0 \sim n-1$ 之间的某个下标 i，二叉判定树中没有对应标号为 i 的内结点。设有两个长度都为 n 的有序表 L 和 L'，使得对于 $0 \leqslant j \leqslant n-1$ 和 $i \neq j$，有 $L(j) = L'(j) \neq \text{key}$，而且 $L(i) = \text{key}$ 但是 $L'(i) \neq \text{key}$，设 key 为待查关键字值，$L(i)$和 $L'(i)$分别为表 L 和 L'中下标为 i 的元素的关键字值。因为在判定树中没有标号为 i 的内结点，所以此搜索算法从来没有将 $L(i)$和 $L'(i)$与 key 相比较。由于表 L 和 L'中所有其他元素的关键字值都是相同的，所以对这两个表，算法的执行过程应当是完全相同的，而且必定输出相同的结果。因此，至少对于其中一个表来说，此搜索算法无疑将输出错误结果，所以这不可能是一个正确的搜索算法。

因此可以得出结论，一个正确的搜索算法的二叉判定树中至少有 n 个内结点，n 是表中元素个数。由二叉树的性质可知，高度为 h 的二叉树上至多有 2^h-1 个结点，所以，$n \leqslant 2^{h-1}$，即 $h \geqslant \lfloor \log n \rfloor + 1$。也就是说，此二叉判定树的高度至少是$\lfloor \log n \rfloor + 1 = \lceil \log(n+1) \rceil$（不计外结点）。

由于上述搜索算法是任意的，所以我们已证明了下面的定理。

定理 5-6 在一个有 n 个元素的集合中，通过关键字值之间的比较，搜索指定关键字值的元素，任意这样的算法在最坏情况下至少需要进行$\lfloor \log n \rfloor+1$ 次比较。

从这个意义上，可以称对半搜索是最优的算法，并将$\lfloor \log n \rfloor+1$ 次关键字值间的比较作为这类搜索算法在最坏情况下的时间下界。

---

① 二叉判定树是一棵**扩充二叉树**（extended binary tree）也称 **2-树**（2-tree），扩充二叉树中除叶子结点外，其余结点都必须有两个孩子。扩充二叉树有性质 $E = I+2n$。更详细的内容见数据结构教材。

5.4 排序问题

排序（sort）又称分类，是数据处理中经常使用的另一种重要运算，人们已经设计了许多很巧妙的排序算法。简单地说，排序是将一个元素序列调整为按指定关键字值的递增（或递减）次序排列的有序序列。本节讨论如何运用分治法求解排序问题。

分治法求解排序问题的思想很简单，只需按某种方式将序列分成两个或多个子序列，分别进行排序，再将已排序的子序列合并成一个有序序列即可。合并排序和快速排序是两种典型的符合分治策略的排序算法。

5.4.1 合并排序

合并排序（merge sort）的基本运算是把两个或多个有序序列合并成一个有序序列。下面介绍最基本的合并排序算法：两路合并排序。

1. 合并两个有序序列

两路合并排序的基本运算是把两个有序序列合并成一个有序序列。例如，可以把序列(5, 25, 55)和(10, 20, 30)合并成(5, 10, 20, 25, 30, 55)。实现这种合并的方法十分简单：比较两个序列中的最小值，输出其中较小者，然后重复此过程，直到其中一个序列为空时，如果另一个还有元素未输出，则将剩余元素依次输出即可。图 5-2 描述这一合并过程。

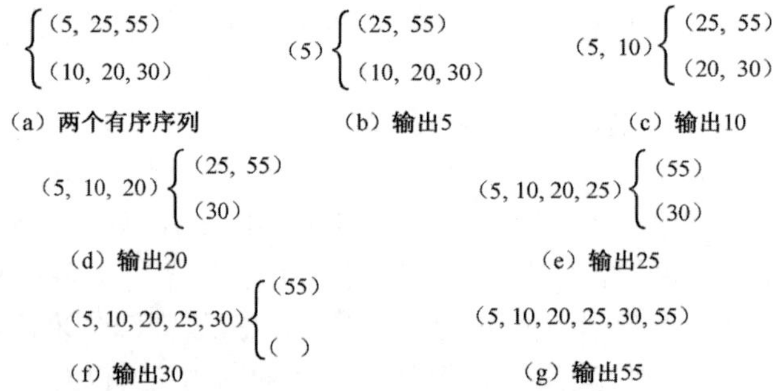

图 5-2 合并两个有序序列

程序 5-9 是将两个有序序列合并成一个有序序列的 Merge 函数。该函数将两个有序子序列(l[left], …, l[mid])和(l[mid+1], …, l[right])合并为一个有序子序列。合并中需要一个数组 temp，用来暂时保存合并结果，合并结束后再将合并后的有序序列重新复制到(l[left], …, l[right])中。

【程序 5-9】 Merge 函数

```
template <class T>
void SortableList<T>::Merge(int left, int mid, int right)
{
    T* temp=new T[right-left+1];
    int i=left, j=mid+1, k=0;
    while (( i<=mid )&& (j<=right))
        if (l[i]<=l[j]) temp[k++]=l[i++];
        else temp[k++]=l[j++];
    while (i<=mid) temp[k++]=l[i++];
```

```
        while (j<=right) temp[k++]=l[j++];
        for (i=0, k=left;k<=right;) l[k++] = temp[i++];
    }
```

函数 Merge 将两个长度之和为 n 的有序子序列合并成一个有序序列，在执行过程中，最多需进行 $n-1$ 次关键字值间的比较，其时间复杂度为 $O(n)$。

2. 分治法求解

使用分治法的两路合并排序算法可描述为：将待排序的元素序列一分为二，得到两个长度基本相等的子序列，类似对半搜索的做法；然后对两个子序列分别排序，如果子序列较长，还可继续细分，直到子序列的长度不超过 1 为止；当分解所得的子序列已排列有序时，可以采用上面介绍的方法，将两个有序子序列合并成一个有序子序列，实现将子问题的解组合成原问题解。这是分治法不可缺少的一步。

这是分治法审视排序问题的一种视角。基于这种视角，问题分解只需简单地将元素序列一分为二，对两个子序列分别进行排序，得到两个有序子序列。从子问题的解得到原问题的解就是将两个有序子序列合并成一个有序序列。当序列（子序列）为空或只有一个元素被认为问题足够小时，无须排序。

3. 合并排序算法

程序 5-10 为两路合并排序的 C++程序。函数 MergeSort 可定义为类 SortableList 上的公有成员函数，递归函数 MergeSort 为该类上的私有成员函数。图 5-3 是此递归算法执行过程示意图。图 5-3（a）表示问题分解过程，图 5-3（b）表示子问题解的合并过程。

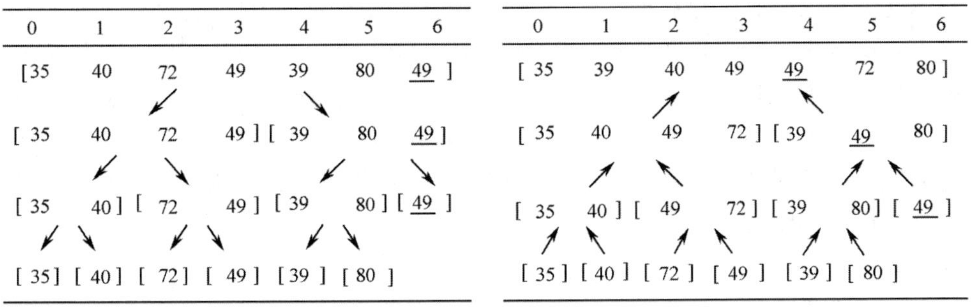

（a）分解过程　　　　（b）合并过程

图 5-3　两路合并排序递归算法

【程序 5-10】　两路合并排序

```
template <class T>
void   SortableList<T>::MergeSort()
{
     MergeSort(0, n-1);
}
template <class T>
void   SortableList<T>::MergeSort(int left, int right)
{
```

```
        if (left<right) {                         //若序列的长度超过 1，则划分成两个子序列
            int mid = (left+right)/2;             //将待排序的序列一分为二
            MergeSort(left, mid);                 //对左子序列排序
            MergeSort(mid+1, right);              //对右子序列排序
            Merge(left, mid, right);              //将两个有序子序列合并成一个有序序列
        }
    }
```

4．性能分析

两路合并排序算法 MergeSort 将一个序列分解成两个长度几乎相等的子序列，对它们分别排序，然后调用 Merge 函数将两个有序子序列合并成一个有序序列，完成合并排序。设原序列的长度为 n，已知 Merge 函数的执行时间为 O(n)，可以得到式（5-5）的递推关系式。

$$T(n)=\begin{cases}d & n\leqslant 1\\ 2T(n/2)+cn & n>1\end{cases} \tag{5-5}$$

求解这一递推式，可得到合并排序递归算法的时间复杂度为 O($n\log n$)。

两路合并排序一般需要使用与原序列相同长度的辅助数组 temp，因此它所需的额外空间为 O(n)。

5.4.2　快速排序

1．分治法求解

快速排序（quick sort）又称分划交换排序。当运用分治法设计排序算法时，可以采取与两路合并排序完全不同的方式对问题进行分解。快速排序采用一种特殊的分划操作对排序问题进行分解，其分解方法是：在待排序的序列（$K_0, K_1, \cdots, K_{n-1}$）中选择一个元素作为**分划元素**，也称为**主元**（pivot）。不妨假定选择 K_α为主元。经过一趟特殊的分划处理将原序列中的元素重新排列，使得以主元为轴心，将序列分成左右两个子序列。主元左侧子序列中所有元素都不大于主元，主元右侧子序列中所有元素都不小于主元。

设在新序列中，主元 K_α处于位置 j 处，则新序列应满足条件：从位置 0 到位置 $j-1$ 的所有元素值都小于或等于主元值，从位置 $j+1$ 到位置 $n-1$ 的所有元素值都大于或等于主元值。这样原序列被分成三部分：主元和左、右两个子序列。

$$(K_{p(0)}, K_{p(1)}, \cdots, K_{p(j-1)})\ K_{p(j)}\ (K_{p(j+1)}, K_{p(j+2)}, \cdots, K_{p(n-1)})$$

式中，$K_\alpha=K_{p(j)}$是为本趟分划操作选定的主元，现位于位置 j 处。通常将这一趟以主元为轴心，对一个序列按上述要求重新排列，并分解成两个子序列的过程，称为一趟**分划**（partition）操作。事实上，这也就将对原序列的排序问题，分解成了两个待解决的、性质相同的子问题，即分别对子序列($K_{p(0)}, K_{p(1)}, \cdots, K_{p(j-1)}$)和($K_{p(j+1)}, K_{p(j+2)}, \cdots, K_{p(n-1)}$)进行排序问题。只需分别将这两个子序列排成有序序列，则整个序列也就排成了有序序列。

快速排序算法中，使用分划操作将一个问题分解成两个相互独立的子问题。当子序列为空序列或只有一个元素时，被认为已经足够小。空序列和只有一个元素的序列无须进行任何处理，它们自然是有序的。分治法要求在分别求解子问题后，设法将子问题的解组合成原问题的解，这一点在快速排序的情况下变得十分简单。由于经过一趟分划，将一个序列分解成左右两个子序列，

且左边子序列的所有元素均不大于主元，右边子序列的所有元素均不小于主元，所以，一旦左、右两个子序列都已分别排序，则无须再进行额外处理，整个序列便自然已成有序序列了。

合并排序和快速排序虽然都运用分治策略，但两者的角度不同，得到的排序算法也不相同。合并排序的问题分解过程十分简单，只需将序列一分为二即可；而快速排序的问题分解方法相对较困难，需调用 Partition 函数将一个序列划分为子序列。然而，从子问题解得到原问题解的过程对于快速排序来说异常简单，几乎无须额外的工作；但对于合并排序，则需要调用 Merge 函数来实现。可见，一种算法设计策略提供了一种设计算法的启示。对于同一问题，基于同一算法设计策略，算法设计者可以根据各自对问题的理解和分析，提出不同的具体解决方法，设计出不同的算法。

2. 分划操作

分划操作是快速排序的核心操作。每趟分划中究竟应当选择序列中哪个元素为主元是需要考虑的。最简单的做法是选择序列的第一个元素为主元。

在图 5-4 所示的例子中，以序列最左边的元素 72 为主元。图中使用两个下标变量 i 和 j 作为指针。i 自左向右移动，而 j 自右向左移动。先移动 i，让它指向位置 1，将主元与下标为 i 的元素进行比较。如果主元大于 i 所指示的元素，则 i 右移一位，指向下一个元素，继续与主元比较。直到遇到一个元素不小于主元时，指针 i 停止右移。如图 5-4 所示第 1 行中，i 停止在位置 3（原 88）处。这时，开始左移指针 j。让主元与指针 j 指示的元素比较，如果主元小于 j 所指示的元素，则 j 左移一位，指向前一个元素，继续与主元比较，直到遇到一个元素不大于主元时，指针 j 停止左移。如图 5-4 所示第 1 行中，j 停止在位置 8（原 60）处。将 60 与 88 交换。下一步，继续右移 i，i 将终止在下一个遇到的不小于主元的元素处，再左移指针 j，j 将终止在下一个遇到的不大于主元的元素处。交换指针 i 和 j 所指示的两个元素，得到图 5-4 所示第 2 行的结果。指针 i 和 j 的这种相向移动，直到 $i \geqslant j$ 时结束，如图 5-4 第 3 行所示。最后，将主元 72 与位于 j 的元素 72 交换后，结束第一趟分划操作。原序列经分划操作重新排列成如下三部分：

(72　26　57　60　42　48) 72 (80　88)

算法要求在待排序序列的尾部设置一个大值∞作为哨兵，是为了防止指针 i 在右移过程中移出序列之外，不能终止。这种情形当初始序列以递减次序排列时就会发生。

交换次数	0	1	2	3	4	5	6	7	8	9
初始时	72	26	57	88	42	80	72	48	60	∞
	i→								←j	
1	72	26	57	60	42	80	72	48	88	∞
				i→				←j		
2	72	26	57	60	42	48	72	80	88	∞
						i→ ←j				
3	72	26	57	60	42	48	72	80	88	∞
							i→ ←j			
第 1 趟后	72	26	57	60	42	48	72	80	88	∞

图 5-4　一趟分划过程示例

程序 5-11 是分划函数 Partition，它将下标在[left, righi]范围内的序列，以主元 l[left]为中心分成左右两个子序列，函数返回分划点 j。函数 Swap(int i, int j)交换元素 l[i]和 l[j]。

【程序 5-11】 分划函数

```
template <class T>
int    SortableList<T>::Partition(int left, int right)
{//前置条件：left≤right
    int i=left, j=right+1;
    do{
        do i++;    while (l[i]<l[left]);
        do j--;    while (l[j]>l[left]);
        if (i<j) Swap(i, j);                          //交换两个元素 l[i]和 l[j]
    }while (i<j);
    Swap(left, j);
    return j;
}
```

3. 快速排序算法

完整的快速排序算法调用分划函数，以主元为轴心将下标在[left, righi]范围内的序列分成两个子序列，它们的下标范围分别为[left, *j*−1]和[*j*+1, right]。然后分别递归调用自身对这两个子序列实施快速排序，将它们排成有序序列。

程序 5-12 为快速排序的 C++程序。迭代函数 QuickSort 可定义为类 SortableList 上的公有成员函数，递归函数 QuickSort 为该类上的私有成员函数。图 5-4 例子的完整排序过程见表 5-1。

表 5-1 快速排序示例

步　数	0	1	2	3	4	5	6	7	8	9
初始时	72	26	57	88	42	80	72	48	60	∞
1	[72	26	57	60	42	48]	72	[80	88]	∞
2	[48	26	57	60	42]	72	72	[80	88]	∞
3	[42	26]	48	[60	57]	72	72	[80	88]	∞
4	[26]	42	48	[60	57]	72	72	[80	88]	∞
5	26	42	48	[57]	60	72	72	[80	88]	∞
6	26	42	48	57	60	72	72	80	[88]	∞
排序结果	26	42	48	57	60	72	72	80	88	∞

【程序 5-12】 快速排序

```
template <class T>
void SortableList<T>::QuickSort()
{
    QuickSort(0, n-1);
}
template <class T>
void SortableList<T>::QuickSort(int left, int right)
{
    if(left<right){                              //当序列长度大于 1 时，需进行分割
```

```
            int j=Partition(left, right);              //对[left, right]范围内的序列进行分划
            QuickSort(left, j-1);                      //对左子序列实施快速排序
            QuickSort(j+1, right);                     //对右子序列实施快速排序
        }
    }
```

4．时间分析

从上述快速排序算法可以看出，如果每次分划操作后，左、右两个子序列的长度基本相等，则快速排序的效率最高，其最好情况时间复杂度为 $O(n\log n)$；反之，如果每次分划操作所产生的两个子序列，其中之一为空序列，则快速排序效率最低，其最坏情况时间复杂度为 $O(n^2)$。若总是选择左边第一个元素为主元，则快速排序的最坏情况发生在原始序列正向有序或反向有序时。快速排序的平均情况时间复杂度为 $O(n\log n)$。

下面先讨论在最坏情况下快速排序的时间。设 $W(n)$是快速排序算法对 n 个元素的序列进行排序所做的比较次数。显然，$W(0) = W(1) = \Theta(1)$。容易看到，在每次分划操作中，主元和表中关键字值的比较不超过 $n + 1$ 次，所以

$$W(n) \leqslant W(n-1) + n + 1 \leqslant W(n-2) + (n+1) + n$$
$$\leqslant W(1) + (n+1) + \cdots + 3 = O(n^2)$$

最好情况发生在每次分划中，主元都恰好是序列（子序列）的中值，即每次分划得到左右两个几乎相等的子序列，得到下列递推式

$$B(n) = 2B(n/2) + \Theta(n) \tag{5-6}$$

根据定理 5-1 的情况（2），递推式的解为 $B(n) = \Theta(n\log n)$。

下面讨论快速排序的平均情况时间。平均时间复杂度需要考虑各种可能的输入，计算在各种输入下的期望值。平均比较次数介于最好情况与最坏情况之间。

请注意，算法的行为仅依赖输入元素的相对次序，而不是它们的具体大小。所以，可以认为待排序的 n 个元素就是 n 个正整数 1, 2, …, n。此外，还需对输入假定某种概率分布。为简单起见，假定输入序列中 n 个元素的各种可能的排列是等概率的，也就意味着序列中任何一个元素为主元的概率为 $1/n$。

设 $A(n)$是对有 n 个元素的序列进行快速排序的平均时间。执行一次分划操作，将序列分成三部分，设左、右两个子序列分别包括 k 个元素和 $n-k-1$ 个元素，则经过两次递归调用，分别对两个子序列执行快速排序，所需的平均时间分别为 $A(k)$和 $A(n-k-1)$。前面提到，在每次分划操作中，主元和表中元素的比较不超过 $n+1$ 次。由于假定主元在序列中的大小次序是随机的，因而在分划操作后，它位于下标[0, $n-1$]的任何位置的可能性是相等的，于是有

$$A(n) = n + 1 + \frac{1}{n}\sum_{k=0}^{n-1}(A(k) + A(n-k-1)) = n + 1 + \frac{2}{n}\sum_{k=0}^{n-1}A(k) \tag{5-7}$$

用 n 乘式（5-7）两边，得

$$nA(n) = n(n+1) + 2\sum_{k=0}^{n-1}A(k) \tag{5-8}$$

用 $n-1$ 代换式（5-8）中的 n，得

$$(n-1)A(n-1)) = n(n-1) + 2\sum_{k=0}^{n-2}A(k) \tag{5-9}$$

用式（5-8）减去式（5-9），得

$$nA(n)-(n-1)A(n-1)=2n+2A(n-1)$$

即

$$\begin{aligned}\frac{A(n)}{n+1}&=\frac{A(n-1)}{n}+\frac{2}{n+1}=\frac{A(n-2)}{n-1}+\frac{2}{n+1}+\frac{2}{n}\\&=\frac{A(n-3)}{n-2}+\frac{2}{n+1}+\frac{2}{n}+\frac{2}{n-1}\\&\cdots\\&=\frac{A(1)}{2}+\frac{2}{n+1}+\frac{2}{n}+\frac{2}{n-1}+\frac{2}{3}\\&=2\sum_{k=3}^{n+1}\frac{1}{k}\leqslant 2\int_{2}^{n+1}\frac{\mathrm{d}x}{x}<2\log_{\mathrm{e}}(n+1)\end{aligned} \tag{5-10}$$

所以

$$A(n)<2(n+1)\log_{\mathrm{e}}(n+1)=\mathrm{O}(n\log n) \tag{5-11}$$

这就是说，快速排序的平均时间复杂度为 $\mathrm{O}(n\log n)$，但它具有与直接插入排序和冒泡排序相同的最坏情况时间复杂度 $\mathrm{O}(n^2)$。

5．改善快速排序性能的方法

上面已对快速排序的效率进行了较详细的讨论。为了提高排序的时间和空间效率，可对快速排序算法进行如下三方面改进。

（1）改进主元的选择方法。已经看到，如果以序列的第一个元素为主元，当序列以递增次序或递减次序排列时，会出现时间效率的最坏情况。为避免此类情况的发生，可以采用如下三种主元选择方式：一是取 $K_{(\mathrm{left+right})/2}$ 作为主元；二是取 left～right 间的随机整数 j，以 K_j 作为主元；三是取 K_{left}、$K_{(\mathrm{left+right})/2}$ 和 K_{right} 三者的中间值为主元。

（2）在快速排序过程中，子序列会变得越来越小。当子序列的长度小到一定值时，快速排序的速度反而不如一些简单的排序算法，如直接插入法。因此，对长度很小的（如小于 10）子序列，可以不再继续分划，而使用直接插入法进行排序。这就是说，当子序列长度小于某个值（如 10）时，认为序列足够小。对足够小子序列的排序采用直接插入法进行。

（3）递归算法的效率常常不如相应的非递归算法。为了提高快速排序速度，可以设计非递归的快速排序算法，其基本做法是：使用一个堆栈，在一次分划操作后，将其中一个子序列下标范围的上、下界进栈保存，而对另一个子序列继续进行分划排序。当对此子序列排序时，仍将分划得到的其中一个子序列的上、下界进栈保存，对另一个子序列进行排序。直到分划所得的子序列足够小为止，再从栈中取出保存的某个尚未排序的子序列的上、下界，对该子序列进行快速排序。

6．空间复杂度

系统需要有一个堆栈来实现快速排序递归算法。在最坏情况下，程序 5-12 所需的系统栈的最大深度为 $\mathrm{O}(n)$。如果希望减少所使用的栈空间，可在每次分划后，在栈中保存较大子序列的上、下界，而对较小的子序列先进行排序。这样可使所需的栈空间大小降为 $\mathrm{O}(\log n)$。

5.4.3 排序算法的时间下界

迄今为止，人们已经设计了多种通过关键字值的比较进行排序的算法，被称为基于比较关键字值的排序算法。表 5-2 列出执行这些排序算法所需的时间复杂度。

表 5-2　基于比较关键字值的排序算法的时间复杂度

排序算法	最好情况	平均情况	最坏情况
直接插入排序	$O(n)$	$O(n^2)$	$O(n^2)$
简单选择排序	$O(n^2)$	$O(n^2)$	$O(n^2)$
冒泡排序	$O(n)$	$O(n^2)$	$O(n^2)$
快速排序	$O(n\log n)$	$O(n\log n)$	$O(n^2)$
两路合并排序	$O(n\log n)$	$O(n\log n)$	$O(n\log n)$
堆排序	$O(n\log n)$	$O(n\log n)$	$O(n\log n)$

从表 5-2 中可以看到，在最坏情况下，没有一种排序算法的时间会比 $O(n\log n)$更好。事实上，定理 5-7 表明，在最坏情况下，任何一种基于关键字比较的排序算法所需的比较次数不会少于$(n/4)\log n$。

定理 5-7　任何一个通过关键字值比较对 n 个元素进行排序的算法，在最坏情况下，至少需要做$(n/4)\log n$ 次比较。

证明：对搜索算法的二叉判定树稍加修改，就可以得到排序问题的二叉判定树。

假定待排序的 n 个元素的关键字值各不相同。模拟基于比较的排序算法的二叉判定树可以这样定义：在算法执行中，两个元素间所做的一次比较，在判定树中用一个内结点表示，并用进行比较的两元素的下标标识为“$i:j$”。算法总是在外结点处终止。从根到外结点的每一条路径分别代表对一种可能的输入序列的排序结果。

由于 n 个自然数 $0, 1, \cdots, n-1$ 有 $n!$ 种不同的排列 $p(0), p(1), \cdots, p(n-1)$，而每一种排列对应于这 n 个元素的一种可能输入的排序结果，因此，该二叉判定树上至少有 $n!$ 个外结点，每一个外结点对应一种可能的输入序列。

图 5-5 给出了对 3 个元素的某种基于比较的排序算法的二叉判定树。例如输入序列为(15, 19, 17)，若使用图 5-5 的排序算法对其排序，则算法在执行(0:1), (1:2), (0:2)三次元素比较后到达外结点（0, 2, 1）处终止。

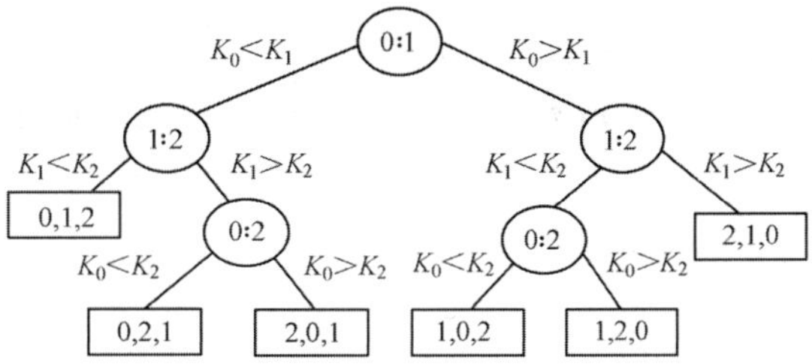

图 5-5　排序算法的二叉判定树（$n=3$）

对 n 个元素进行排序，在最坏情况下所需的比较次数，取决于它的二叉判定树的高度。由二叉树的性质可知，任意一棵二叉树中，叶结点的个数比度为 2 的结点的个数多一个。由于二叉判定树上至少有 $n!$ 个外结点，所以它至少有 $n!-1$ 个内结点。又由二叉树的性质可知，包含 N 个元素的二叉树的高度至少为$\lceil\log(N+1)\rceil$。现考虑不计外结点时树的高度。不计入外结点的树中结点个数 $N=n!-1$，所以它的高度至少为$\lceil\log(N+1)\rceil=\lceil\log n!\rceil$。

因为当 $n>1$ 时有

$$n! \geqslant n(n-1)(n-2)\cdots(\lceil n/2\rceil) \geqslant (n/2)^{n/2} \tag{5-12}$$

因此，对于 $n\geqslant 4$ 时有

$$T_C(n) \geqslant \lceil \log n! \rceil \geqslant \log n! \geqslant (n/2)\log(n/2) \geqslant (n/4)\log n \qquad (5\text{-}13)$$

所以，当 $n \geqslant 4$ 时基于比较的排序算法在最坏情况下所需的比较次数，不会少于 $(n/4)\log n$，具有与 $n\log n$ 相同的阶。

5.5 选择问题

本节讨论的**选择问题**（select problem）是指在 n 个元素的集合中，选出某个元素值大小在集合中处于第 k 位的元素，即所谓的**求第 k 小元素问题**（kth-smallest）。当 $k=1$ 时，是求最小元素；而当 $k=n$ 时，就是求最大元素；当 $k=(n+1)/2$ 时，称为求**中位数**（median）。

对于求最小元或最大元问题，5.2 节已经得到渐近时间复杂度为 $O(n)$ 的算法，即线性时间算法。当 $1<k\leqslant n/\log n$ 时，可以使用堆排序求第 k 小元素。首先构造一个堆，其时间为 $O(n)$①，然后依次输出前 k 个小元素，得到第 k 小元素。由于每输出一个元素的时间为 $O(\log n)$，所以，求第 k 小元素的时间为 $O(n+k\log n)$，这也是线性时间。

然而，对于任意给定的 k，当 $1\leqslant k\leqslant n$ 时，要设计求第 k 小元素的线性时间算法，并不十分容易，需要做一番努力。

5.5.1 分治法求解

如果使用快速排序中所采用的分划方法，以主元为基准，将一个表划分成左右两个子表，左子表中的所有元素均小于或等于主元，而右子表中的元素均大于或等于主元。设原表长度为 n，假定经过一趟分划，分成两个左右子表，其中左子表是主元及其左边元素的子表，设其长度为 p，右子表是主元右边元素的子表。那么，若 $k=p$，则主元就是第 k 小元素；否则若 $k<p$，第 k 小元素必定在左子表中，需求解的子问题成为在左子表中求第 k 小元素；若 $k>p$，则第 k 小元素必定在右子表中，需求解的子问题成为在右子表中求第 $k-p$ 小元素。

5.5.2 随机选择主元

假定表中元素各不相同，并且随机选择主元，即在下标区间[left, right]中随机选择一个下标 r，以该下标处的元素为主元。函数 Partition 对区间[left, right]的元素实施分划操作，经过一趟分划，主元的下标为 j，区间[left, $j-1$]中的元素均小于主元，区间[$j+1$, right]中的元素均大于主元。此时，若 $k=j+1$，表示下标为 j 的元素就是第 k 小元素；若 $k<j+1$，则在范围[left, j]中继续寻找，否则在范围[$j+1$, right]范围内继续寻找。

【程序 5-13】 Select 函数

```
template <class T>
ResultCode SortableList<T>::Select1(T& x, int k)
{
    if(n<=0 || k>n || k<=0) return OutOfBounds;
    int left=0, right=n; l[n] = INFTY;                  //INFTY 是一个大值
    do {                                                //条件：left≤right
        int j=rand()% (right−left+1)+left;              //随机选择主元
        Swap(left, j);                                  //将主元交换至位置 left 处
```

① 见相关的数据结构教材中关于堆的定义和堆排序算法。

```
            j=Partition(left, right);                        //执行分划操作
            if (k==j+1) {x=l[j];return Success;}
            else if (k<j+1) right=j;                         //注意此处 right=j，而不是 j-1
                 else left=j+1;
        } while (true);
    }
```

表 5-3 是在表（41, 76, 55, 19, 59, 63, 12, 47, 67）中选择第 4 小元素的例子。表中 r 指示本趟随机选择的主元下标。left 和 right 为当前处理的子表的下标范围，j 指示执行分划操作后主元的下标，主元用阴影格表示。例如，对初始序列在[0, 9]中随机选择 5，即 63 为主元，执行第一趟分划操作，分为两个子表（12, 47, 55, 19, 59, 41, 63）和（76, 67），其中主元 63 位于 $j=6$ 处。由于 $k=4$ 且 $k<j$，所以需在左子表中继续选择第 4 小元素。第二趟分划在[0, 6]中随机选择 5，即 41 为主元，分成（19, 12, 41）和（55, 59, 47, 63）两个子表。由于 $k=4$ 且 $k>j$，故需要在下标为[3, 6]的子表中选择第 1 小元素。第三趟分划在[3, 6]中随机选择 4，即 59 为主元，分划成两个子表（47, 55, 59）和（63）。此时 $k=4$ 且 $k<j$，在左子表继续选择第 1 小元素。第四趟分划主元为 47，分划结果有 $k=j+1=4$，因此，47 就是第 4 小元素。

表 5-3　随机选择主元选择算法示例

分划	r	j	left	right	0	1	2	3	4	5	6	7	8	9
0	5	6	0	9	41	76	55	19	59	63	12	47	67	∞
1	5	2	0	6	12	47	55	19	59	41	63	76	67	∞
2	4	5	3	6	19	12	41	55	59	47	63	76	67	∞
3	3	3	3	5	19	12	41	47	55	59	63	76	67	∞

容易理解，上述算法与快速排序有相同的最坏情况时间复杂度 $O(n^2)$，但程序 5-13 的平均时间复杂度是线性的，即 $O(n)$。下面证明这一点。

设 $A^k(n)$是在长度为 n 的表中求第 k 小元素的平均时间，$A(n)$为当选择 $k=1, 2, \cdots, n$ 中的任意值的概率相等时算法 Select 的平均时间，则

$$A(n)=\frac{1}{n}\sum_{i=1}^{n}A^k(n) \tag{5-14}$$

为了计算 $A(n)$，再定义

$$R(n)=\max_k\{A^k(n)\} \tag{5-15}$$

容易看出 $A(n)\leqslant R(n)$。现证明 $A(n)=O(n)$。

定理 5-8　程序 5-13 的 Select 算法的平均时间 $A(n)=O(n)$。

证明：由于主元是随机选择的，则对函数 Partition 的第一次调用时，主元是第 i 小元素的概率为 $1/n$。因为函数 Partition 的时间为 $O(n)$，所以存在正常数 c，$c>0$，使得

$$A^k(n)\leqslant cn+\frac{1}{n}\left(\sum_{i=1}^{k-1}A^{k-i}(n-i)+\sum_{i=k+1}^{n}A^k(i-1)\right) \tag{5-16}$$

于是

$$\begin{aligned}R(n)&\leqslant cn+\frac{1}{n}\max_k\{\sum_{i=1}^{k-1}R(n-i)+\sum_{i=k+1}^{n}R(i-1)\}\\&\leqslant cn+\frac{1}{n}\max_k\{\sum_{i=n-k+1}^{n-1}R(i)+\sum_{i=k}^{n-1}R(i)\},\ n\geqslant 2\end{aligned} \tag{5-17}$$

选择正常数 $c \geqslant R(1)$，下面使用归纳法证明对所有 $n \geqslant 2$，有 $R(n) \leqslant 4cn$。

当 $n = 2$ 时，由式（5-17）得到

$$R(n) \leqslant 2c + \frac{1}{2}\max\{R(1), R(1)\} = 2.5c < 4cn$$

归纳法假设，对于所有 n，当 $2 \leqslant n < m$ 时，$R(n) \leqslant 4cn$，那么当 $n = m$ 时，由于 $R(n)$是 n 的非减函数，得到下式：

$$\sum_{i=m-k+1}^{m-1} R(i) + \sum_{i=k}^{m-1} R(i) \tag{5-18}$$

在下列两种情况下取最大值：

（1）m 是偶数，当 $k = m/2$ 时，式（5-18）有最大值，所以

$$R(m) \leqslant cm + \frac{2}{m}\sum_{i=m/2}^{m-1} R(i) \leqslant cm + \frac{8c}{m}\sum_{i=m/2}^{m-1} i < 4cm$$

（2）m 是奇数，当 $k = (m+1)/2$ 时，式（5-18）有最大值，所以

$$R(m) \leqslant cm + \frac{2}{m}\sum_{i=(m+1)/2}^{m-1} R(i) \leqslant cm + \frac{8c}{m}\sum_{i=(m+1)/2}^{m-1} i < 4cm$$

既然 $A(n) \leqslant R(n)$，因此 $A(n) \leqslant 4cn$，$A(n) = O(n)$。证毕。

5.5.3 线性时间选择算法

下面讨论在最坏情况下具有线性时间的求第 k 小元素的算法。通过精心挑选分划元素，可以使分划所得的两个子集合的大小相对接近，从而避免上述最坏情况的发生，使得求第 k 小元素的最坏情况时间具有线性时间 $O(n)$。

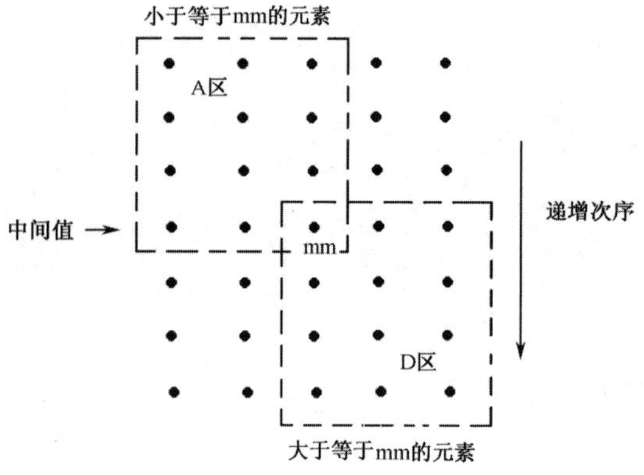

图 5-6 二次取中法（当 $r = 7$，$n = 35$ 时）

改进的选择算法采用**二次取中法**（median of medians rule）确定主元，其具体选择规则如图 5-6 所示。假定有 $n = 35$ 个元素，每 7 个为一组，共 5 组。图中从上到下，每一列为一组，设同组中元素按递增次序排列。先从每组选取一个中间值，共 5 个中间值（见中间值所指的那一行元素）。然后再从这 5 个中间值中求得中间值，设此二次中间值为 mm，将其与当前进行分划处理的子表中最左元素进行交换，使 mm 成为本趟分划的主元。

改进的选择算法只是在主元的选择方式上有别于程序 5-13，它以二次取中得到的中间值为主元，其余做法均与程序 5-13 相同。经这样挑选的主元，可得到最坏情况为线性时间的选择算法。程序 5-14 给出了最坏情况为线性时间的求第 k 小元素的递归算法。算法调用了下列函数：函数 void InsertSort(int left, int right)对下标在[left, right]范围内的表中元素进行直接插入排序，函数 Partition(int left, int right)与程序 5-11 相同，函数 Swap(int i, int j)交换元素 l[i]和 l[j]，函数 Ceil(int x, int y)返回$\lceil x/y \rceil$。容易得到程序 5-13 的递归版本和程序 5-14 的迭代版本，将其留作练习，由读者自行完成。

【程序 5-14】 线性时间选择算法

```
ResultCode SortableList<T>::Select(T& x, int k)
```

```
{
        if(n<=0 || k>n || k<=0) return OutOfBounds;
        int j=Select(k, 0, n-1, 5);
        x=l[j];return Success;
}
template <class T>
int SortableList<T>::Select(int k, int left, int right, int r)
{
        int n=right-left+1;
        if (n<=r){ //若问题足够小，使用直接插入排序，取其中的第 k 小元素，其下标为 left+k−1
                InsertSort(left, right);
                return left+k-1;
        }
        for (int i=1; i<=n/r; i++){
                InsertSort(left+(i-1)*r, left+i*r-1);                    //二次取中规则求每组的中间值
                Swap(left+i-1, left+(i-1)*r+Ceil(r, 2) -1);         //将每组的中间值集中存放在子表前部
        }
        int j=Select(Ceil(n/r, 2), left, left+(n/r) -1, r );         //求二次中间值，其下标为 j
        Swap(left, j);                                                          //二次中间值为主元，并换至 left 处
        j=Partition(left, right);                                             //对表（子表）进行分划操作
        if (k==j-left+1) return j;                                            //返回第 k 小元素下标
        else if (k<j-left+1) return Select(k, left, j-1, r);           //在左子表求第 k 小元素
                else return Select(k- (j-left+1), j+1, right, r);      //在右子表求第 k- (j-left+1)小元素
}
```

下面举例说明程序 5-14 描述的二次取中选主元求第 *k* 小元素算法的主要步骤。

设有 35 个元素的序列：(41, 76, 55, 19, 59, 63, 12, 47, 67, 45, 26, 76, 74, 33, 18, 65, 86, 49, 77, 35, 80, 53, 19, 97, 22, 52, 62, 39, 60, 59, 29, 72, 31, 56, 91)，现以其为输入序列求第 7 小元素。下面列出主要算法步骤。

第 1 步：将 35 个元素分成 7 组，每组 5 个元素，对每组调用直接插入排序求中间值。求得每组的中间值后将该中间值依次交换到序列的最前端。例如，第一组（41, 76, 55, 19, 59, 63）排序后为(19, 41, 55, 59, 76)，其中间值是 55。将 55 与 19 交换放到最前端，序列成为(55, 41, 19, 59, 76, …)。求得全部 7 个组的中间值，并通过交换将所有中间值依次存放在序列的最前端。完成此步骤后的序列为：(<u>55, 47, 33, 65, 53, 59, 56</u>, 41, 63, 67, 18, 26, 19, 74, 76, 35, 49, 59, 77, 86, 19, 22, 76, 80, 97, 39, 52, 12, 60, 62, 29, 31, 45, 72, 91)，其中，下画线部分为求得的 7 个中间值。

第 2 步：算法递归调用自身，求序列前端各组中间值的中间值，获取该二次中间值的下标 *j*。本例中 55 为求得的二次中间值。

第 3 步：以二次中间值 55 为主元，进行分划操作。经第一次分划后，以主元 55 为轴心，将序列分成左右两部分：(19, 47, 53, 33, 45, 31, 29, 41, 12, 52, 18, 26, 19, 39, 22, 35, 49, <u>55</u>, 77, 86, 59, 76, 76, 80, 97, 74, 67, 63, 60, 62, 65, 59, 56, 72, 91)。55 位于下标 17 处。因为现在需要求第 7 小元素，算法将在左子表中继续搜索。

第 4 步：在左子表中求得二次中间值为 31，以 31 为主元对左子表进行分划操作得到如下序

列：（18, 22, 26, 19, 19, 12, 29, <u>31</u>, 41, 52, 33, 53, 47, 45, 39, 35, 49），其中主元 31 位于下标 7 处。

第 5 步：继续在上述子表的左子表（18, 22, 26, 19, 19, 12, 29）中求第 7 小元素，得到主元为 19。本趟分划操作后，子表为：（18, 12, <u>19</u>, 22, 26, 19, 29）。

第 6 步：继续在子表（22, 26, 19, 29）中求第 4 小元素。由于此时序列中元素个数小于 $r = 5$，对其进行直接插入排序，得到（19, 22, 26, <u>29</u>）。其中，第 4 个元素 29 就是初始序列的第 7 小元素。算法执行完毕。

5.5.4 时间分析

为了便于讨论，不妨将图 5-6 的左上矩形区称为 A 区，而右下矩形区称为 D 区，那么，A 区中的元素均小于 mm（除 mm 自身外），D 区中的元素均大于 mm（除 mm 外）。设 A 区元素个数为 L，D 区元素个数为 G。由此可知，最多只有 $n - L$ 个元素可能大于 mm，同样最多只有 $n - G$ 个元素可能小于 mm。

现在来看 L 和 G 的值如何。设有 n 个元素，现将它们分成组，每组 r 个元素，共$\lfloor n/r \rfloor$组，剩余 $n - r\lfloor n/r \rfloor$个元素忽略不计，下面的讨论允许这种忽略。按照二次取中规则，先从每组选择中间值元素，共$\lfloor n/r \rfloor$个中间值；再从这$\lfloor n/r \rfloor$个中间值中选择二次中间值 mm。因此，A 区元素个数 $L \geqslant \lceil \lfloor n/r \rfloor /2 \rceil \lceil r/2 \rceil$个元素，同样，D 区元素个数 $G \geqslant \lceil \lfloor n/r \rfloor /2 \rceil \lceil r/2 \rceil$个元素。换句话说，至多有 $n-L = n - \lceil \lfloor n/r \rfloor /2 \rceil \lceil r/2 \rceil$个元素大于 mm，也至多有 $n - G = n - \lceil \lfloor n/r \rfloor /2 \rceil \lceil r/2 \rceil$个元素小于 mm。这就意味着，以二次取中的中间值 mm 为主元，经过一趟分划，左、右两个子表的大小均至多为：

$$n - \lceil \lfloor n/r \rfloor /2 \rceil \lceil r/2 \rceil \qquad (5\text{-}19)$$

当 $r = 5$ 时，左右子表的大小至多为：

$$\begin{aligned} n - \lceil \lfloor n/r \rfloor /2 \rceil \lceil r/2 \rceil &= n - \lceil \lfloor n/5 \rfloor /2 \rceil \lceil 5/2 \rceil \leqslant n - 1.5 \lfloor n/5 \rfloor \\ &\leqslant 0.7n + 1.2 \leqslant 3n/4 \qquad (n \geqslant 24) \end{aligned}$$

设 $T(n)$为当表长为 n 时执行程序 5-14 所需的时间。$T(n)$由三部分时间组成：

$$T(n) \leqslant T(\lfloor n/5 \rfloor) + T(3n/4) + cn \qquad (5\text{-}20)$$

式中，$T(\lfloor n/5 \rfloor)$是调用 Select 自身在$\lfloor n/5 \rfloor$个中间值中求二次中间值的时间，$T(3n/4)$是在其中一个子表中继续求解的时间，cn 包括对$\lfloor n/5 \rfloor$组求每组的中间值及一趟分划操作的时间。

令 c 为足够大的常数，使得当 $n \leqslant 24$ 时，$T(n) \leqslant cn$。

用归纳法容易证明，$T(n) \leqslant 20cn$，$n \geqslant 1$ 是线性时间的。

证明：（归纳法证明）

显然，当 $n \leqslant 24$ 时，有 $T(n) \leqslant 20cn$。现假设当 $24 < n < m$ 时，有 $T(n) \leqslant 20cn$，那么，当 $n = m$ 时，有

$$T(m) \leqslant T(m/5) + T(3m/4) + cm \leqslant 20c(m/5) + 20c(3m/4) + cm = 20cm$$

证毕。

5.5.5 允许重复元素的选择算法

上面的讨论要求表中不包含重复元素。如果允许表中有相同元素，在 $r = 5$ 的条件下，不能保证程序 5-14 在最坏情况下具有线性时间。为了保证在允许重复元素的表中求第 k 小元素的最坏情况时间是线性的，一种可能的做法是令 r 取一个较大的值，例如可以令 $r = 9$。下面的证明表明当 $r = 9$ 时，即使包含重复元素，仍然可使程序 5-14 在最坏情况下有线性时间。

从前面的讨论已知，当表中元素各不相同时，至多有 $n - \lceil \lfloor n/r \rfloor /2 \rceil \lceil r/2 \rceil$个元素小于（或大于）二次取中的主元 mm。现假定恰有 $n - \lceil \lfloor n/r \rfloor /2 \rceil \lceil r/2 \rceil$个元素小于主元 mm，其余元素都等于 mm。

从程序 5-14 的 Partition 函数可知，与 mm 相等的元素至多有一半可能属于小于等于主元的左子表。也就是说，由于允许包含相同元素，左子表中除了小于 mm 的元素外，还包含与 mm 相同值的元素。因此，左子表的大小至多可达：

$$n-\lceil\lfloor n/r\rfloor/2\rceil\lceil r/2\rceil+1/2\lceil\lfloor n/r\rfloor/2\rceil\lceil r/2\rceil=n-1/2\lceil\lfloor n/r\rfloor/2\rceil\lceil r/2\rceil \tag{5-21}$$

因为

$$1/2\lceil\lfloor n/9\rfloor/2\rceil\lceil 9/2\rceil=(5/2)\lceil\lfloor n/9\rfloor/2\rceil\geqslant(5/4)\lfloor n/9\rfloor$$

于是

$$\begin{aligned}n-1/2\lceil\lfloor n/9\rfloor/2\rceil\lceil 9/2\rceil&\leqslant n-(5/4)\lfloor n/9\rfloor\\&\leqslant n-(5/4)(n/9-1)=7n/8+5/4-n/72\\&\leqslant 7n/8\text{（因为当 }n\geqslant 90\text{ 时，}5/4-n/72\leqslant 0\text{）}\end{aligned}$$

因此取足够大的常数 $c>0$，使得当 $n<90$ 时，$T(n)\leqslant cn$。容易用归纳法证明对于所有 $n\geqslant 90$，式（5-22）成立。

$$T(n)\leqslant T(n/9)+T(7n/8)+cn\leqslant 72cn，\quad n\geqslant 90 \tag{5-22}$$

5.6 斯特拉森矩阵乘法

矩阵相乘是最基本的矩阵运算之一，其数学含义是明确的。若矩阵采用 C/C++的二维数组存储，普通的矩阵相乘算法的时间复杂度为$\Theta(n^3)$。

5.6.1 分治法求解

能否设计一种算法降低矩阵乘法的时间复杂度？

为了简单起见，假定 n 是 2 的幂，$n=2^k$，k 是非负整数。如果相乘的两矩阵 $\boldsymbol{A}$ 和 $\boldsymbol{B}$ 不是方阵，可以通过适当添加全零行和全零列，使之成为行列数为 2 的幂的方阵。当分治策略用于求解矩阵相乘问题时，可以采用对矩阵分块的方法将其分解成 4 个$(n/2)\times(n/2)$的矩阵，见式（5-23）。

$$\begin{bmatrix}\boldsymbol{A}_{11}&\boldsymbol{A}_{12}\\\boldsymbol{A}_{21}&\boldsymbol{A}_{22}\end{bmatrix}\begin{bmatrix}\boldsymbol{B}_{11}&\boldsymbol{B}_{12}\\\boldsymbol{B}_{21}&\boldsymbol{B}_{22}\end{bmatrix}=\begin{bmatrix}\boldsymbol{C}_{11}&\boldsymbol{C}_{12}\\\boldsymbol{C}_{21}&\boldsymbol{C}_{22}\end{bmatrix} \tag{5-23}$$

式（5-23）可采用下列普通的分块矩阵运算方法进行计算。

$$\begin{aligned}\boldsymbol{C}_{11}&=\boldsymbol{A}_{11}\boldsymbol{B}_{11}+\boldsymbol{A}_{12}\boldsymbol{B}_{21}\\\boldsymbol{C}_{12}&=\boldsymbol{A}_{11}\boldsymbol{B}_{12}+\boldsymbol{A}_{12}\boldsymbol{B}_{22}\\\boldsymbol{C}_{21}&=\boldsymbol{A}_{21}\boldsymbol{B}_{11}+\boldsymbol{A}_{22}\boldsymbol{B}_{21}\\\boldsymbol{C}_{22}&=\boldsymbol{A}_{21}\boldsymbol{B}_{12}+\boldsymbol{A}_{22}\boldsymbol{B}_{22}\end{aligned} \tag{5-24}$$

如果子矩阵还不够小，则还需进一步细分，直到每个子矩阵只包含一个元素，可以直接计算其乘积。这是分治法在矩阵乘法中的应用。

但是，遗憾的是，这样的分解并不能从数量级上改善所需的时间。在上述方法中，对分解所得的子矩阵实施矩阵相乘，需要进行 8 次子矩阵相乘。它们的乘积还需执行 4 次子矩阵加法才能得到原矩阵的乘积。设两个 n 阶方阵相乘的时间为 $T(n)$，则可以得到如下的递推关系式：

$$T(n)=\begin{cases}b & n\leqslant 2\\8T(n/2)+dn^2 & n>2\end{cases} \tag{5-25}$$

式中，b 和 d 是常数，dn^2 是矩阵加法所需的时间。从定理 5-1 可知，$T(n)=\Theta(n^3)$，与通常的矩阵乘法有相同的时间复杂度。这种分治法未能改善矩阵相乘的渐近时间复杂度。

5.6.2 斯特拉森分治法

斯特拉森矩阵乘法是一种尝试，他的巧妙设计使得矩阵乘法在计算时间的数量级上得到突破，成为 $O(n^{2.81})$。斯特拉森通过减少子矩阵的乘法次数来降低时间复杂度。其处理方法是，先执行 7 次子矩阵乘法和 10 次加（减）法得到 7 个中间子矩阵：

$$\begin{aligned}
\boldsymbol{P} &= (\boldsymbol{A}_{11} + \boldsymbol{A}_{22})(\boldsymbol{B}_{11} + \boldsymbol{B}_{22}) \\
\boldsymbol{Q} &= (\boldsymbol{A}_{21} + \boldsymbol{A}_{22})\boldsymbol{B}_{11} \\
\boldsymbol{R} &= \boldsymbol{A}_{11}(\boldsymbol{B}_{12} - \boldsymbol{B}_{22}) \\
\boldsymbol{S} &= \boldsymbol{A}_{22}(\boldsymbol{B}_{21} - \boldsymbol{B}_{11}) \\
\boldsymbol{T} &= (\boldsymbol{A}_{11} + \boldsymbol{A}_{12})\boldsymbol{B}_{22} \\
\boldsymbol{U} &= (\boldsymbol{A}_{21} - \boldsymbol{A}_{11})(\boldsymbol{B}_{11} + \boldsymbol{B}_{12}) \\
\boldsymbol{V} &= (\boldsymbol{A}_{12} - \boldsymbol{A}_{22})(\boldsymbol{B}_{21} + \boldsymbol{B}_{22})
\end{aligned}$$

然后再使用 8 次子矩阵加（减）法得到：

$$\begin{aligned}
\boldsymbol{C}_{11} &= \boldsymbol{P} + \boldsymbol{S} - \boldsymbol{T} + \boldsymbol{V} \\
\boldsymbol{C}_{12} &= \boldsymbol{R} + \boldsymbol{T} \\
\boldsymbol{C}_{21} &= \boldsymbol{Q} + \boldsymbol{S} \\
\boldsymbol{C}_{22} &= \boldsymbol{P} + \boldsymbol{R} - \boldsymbol{Q} + \boldsymbol{U}
\end{aligned}$$

于是

$$T(n) = \begin{cases} b & n \leqslant 2 \\ 7T(n/2) + dn^2 & n > 2 \end{cases} \tag{5-26}$$

根据定理 5-1，式（5-26）递推方程的解为 $T(n) = \Theta(n^{\log 7}) \approx \Theta(n^{2.81})$。虽然斯特拉森矩阵乘法在计算时间上的改进还很有限，经验表明，当 n 取 120 时，斯特拉森乘法和通常的矩阵乘法在计算时间上仍无明显差别，但斯特拉森给出了探索更有效算法的一种途径。

本章小结

分治法是一种非常有用的算法设计技术，它可用于求解许多算法问题。分治法设计的算法一般是递归的。分析递归算法的时间得到一个递推方程。递推方程可使用第 2 章介绍的替换方法、迭代方法和主方法求解。定理 5-1 证明了主方法的一种特殊情况。

本章通过对最大最小元、二分搜索、排序、选择及斯特拉森矩阵相乘等典型示例的讨论，详细介绍了如何运用分治法设计算法的方法，以及分析算法的时间和空间效率的方法。在按照分治法的要素分析一个问题时，如果分析问题的角度不同，则可以得到完全不同的算法。快速排序和合并排序算法说明了这一点。

本章还讨论了基于元素间比较的搜索问题和排序问题的时间下界。问题求解的时间下界对算法设计有指导意义。

习题 5

5-1 用迭代法求解计算 $T(n) = \begin{cases} 1 & n \leqslant 4 \\ T(\sqrt{n}) + c & n > 4 \end{cases}$

5-2　设 n 是 4 的幂，计算递推式 $T(n)=\begin{cases}1 & n=1\\ 4T(n/4)+n\log n & n>1\end{cases}$。

5-3　计算递推式 $T(n)=\begin{cases}1 & n<16\\ T(n^{1/4})+\sqrt{\log n} & n\geqslant 16\end{cases}$。

5-4　给出程序 5-2 所示分治法的迭代算法。

5-5　将程序 5-5 求最大、最小元问题算法转换成计算上等价的迭代过程。

5-6　关于求最大、最小元问题：

（1）设计一个算法求 n 个元素的最大元和次大元，并要求最多做 $n+\lceil\log n\rceil-2$ 次元素比较。

（2）可以证明这一问题的最坏情况时间下界为 $n+\lceil\log n\rceil-2$。现有人设计了一个算法在一个 17 个元素的数组中求由两个最大的元素组成的集合只进行了 19 次比较。这看起来与上述时间下界的说法相矛盾，为什么？

5-7　设计一个二分搜索算法，它将原集合分成 1/3 和 2/3 大小的两个子集合。

5-8　三分搜索算法的做法是：它先将待查元素 x 与 $n/3$ 处的元素比较，然后将 x 与 $2n/3$ 处的元素进行比较。比较的结果或者找到 x，或者将搜索范围缩小到原来的 $n/3$。

（1）编写 C++程序实现算法；

（2）分析算法的时间复杂度。

5-9　设有对半搜索算法如下：

```
ResultCode SortableList<T>::Search2( T& x)const
{
    int m, left=0, right=n;
    while   (left<right-1){
        m=(left+right)/2;
        if (x<l[m]) right=m; else   left=m;
    }
    if(x= =l[left]) {
        x=l[left]; return Success;
    };
    return NotPresent;
}
```

（1）画出 $n=8$ 的二叉判定树；

（2）证明这一算法的最好、平均和最坏情况时间复杂度均为 $\Theta(\log n)$。

5-10　给定 k 个已经排序的表，总共包含 n 个元素，假定第 i 个已排序表的长度为 m_i，则 $\sum_{i=0}^{k-1} m_i = n$。设计一个算法在 $O(n\log k)$时间内将 k 个已排序表合并成一个已排序表。

5-11　对两组数据：（1, 1, 1, 1, 1）和（5, 5, 8, 3, 4, 3, 2）执行程序 5-12 的快速排序，按照表 5-1 的格式分别列表表示执行过程。

5-12　设有排序算法如下：

```
template <class T>
void   SortableList<T>::StoogeSort(int left, int right)
{
```

```
        if(l[left]>l[right]) Swap(left, right);
        if(left+1>=right) return;
        int k=(right-left+1)/3;
        StoogeSort(left, right-k);
        StoogeSort(left+k, right);
        StoogeSort(left, right-k);
    }
```

（1）证明这一排序算法是正确的；

（2）分析算法的时间，并与冒泡排序、堆排序和快速排序进行比较。

5-13　设有两个长度分别为 n 和 m 的已排序的表，设计一个有效算法在两个表的全部元素中求第 k 小元素，使得时间复杂度为 $O(\log(\max(n, m))$。

5-14　设集合中元素各不相同，试问 r 取 3, 7, 9, 11 中的哪些值时能够保证求第 k 小元素的 Select 算法的最坏情况时间复杂度为 $O(n)$？证明你的结论。如果 r 取得较大，则 Select 算法的时间是增加了还是减少了？为什么？

5-15　在集合中的元素允许相同的情况下，r = 7, 11, 13, 15 时能否保证 Select 算法的最坏情况时间是线性的？

5-16　编写程序 5-13 的递归版本和程序 5-14 的迭代版本。

5-17　令 $S = \{a_0, a_1, \cdots, a_{n-1}\}$是 n 个实数的集合（未排序），给定 m 个整数 $k_0, k_1, \cdots, k_{m-1}$，有 $1 \leqslant k_0 \leqslant k_1 \leqslant \cdots \leqslant k_{m-1} \leqslant n$。多选问题是在集合 S 中寻找第 k_i 小元素，$i = 0, 1, \cdots, m-1$。当然可以通过 m 次调用 Select 算法实现之，其时间复杂度为 $O(mn)$。现要求设计一个算法在 $O(n\log m)$ 时间内求解这一问题。

5-18　通过手算证明斯特拉森矩阵乘法的正确性。

5-19　给定 n 个点，其坐标为（x_i, y_i）（$0 \leqslant i \leqslant n-1$），要求使用分治策略求解设计算法，找出其中距离最近的两个点。两点间的距离公式为：

$$\sqrt{(x_i - x_j)^2 + (y_i - y_j)^2}$$

（1）写出算法的伪代码；

（2）编写 C++程序实现这一算法；

（3）分析算法的时间复杂度。

5-20　试设计一种分治算法求多项式的根，例如，给定一个多项式 $p(x) = 2x^2 + 3x - 4$ 及一个区间$[u, v]$，存在一个 r，使得 $u \leqslant r \leqslant v$，使得对所有的 x，$u \leqslant x \leqslant r$，$p(x) \leqslant 0$ 及 $r \leqslant x \leqslant v$，$p(x) \geqslant 0$。

5-21　（最近点对问题）设平面上有两个不同的点 $p_1 = (x_1, y_1)$和 $p_2 = (x_2, y_2)$，若 $x_1 \geqslant x_1$ 和 $y_1 \geqslant y_2$，则称 p_1 支配 p_2。给定平面上 n 个点的集合 $P = \{p_1, p_2, \cdots, p_n\}$，若点 $p_i \in P$，不被平面上任意其他点支配，则称 p_i 为 P 的最大点。试使用分治法设计一个 $O(n\log n)$的算法计算 P 中的所有最大点。

5-22　（大整数相乘）现代密码学需要对超过 100 位的十进制大整数作乘法运算。分治法可用于求解这一问题。例如两位十进制数 $a = a_1a_0$ 和 $b = b_1b_0$ 可以使用如下方式计算：$c = a \times b = c_2 10^2 + c_1 10 + c_0$，其中 $c_2 = a_1 \times b_1$，$c_0 = a_0 \times b_0$，$c_1 = (a_1 + a_0) \times (b_1 + b_0) - (c_2 + c_0)$。

（1）设计一个分治算法，计算任意两个 n 位二进制数的乘法，假定 n 是 2 的幂；

（2）列出递推式，计算算法的时间复杂度。

第6章 贪 心 法

贪心法求解最优化问题。本章讨论运用贪心法求解的一类问题的特征及求解方法。读者熟知的某些图算法，例如，最小代价生成树问题和单源最短路径问题可用贪心法求解。本章讨论的这些问题，如背包问题、最佳合并模式及带时限的作业排序问题等，都是贪心法求解的典型问题。通过分析这些问题，掌握贪心法的基本要素，学会如何使用贪心策略设计算法。

6.1 一般方法

所谓**最优化问题**（optimization problems）是指这样一类问题，问题给定某些**约束条件**（constraint），满足这些约束条件的问题解称为**可行解**（feasible solution）。通常满足约束条件的解不是唯一的。为了衡量可行解的好坏，问题还给出了某个数值函数，称为**目标函数**（objective function），使目标函数取最大（或最小）值的可行解称为**最优解**（optimal solution）。

假定所有的可行解都属于一个候选解集，若该候选解集是有限集，从理论上讲可以使用**穷举法**（brute force approach），一一考察候选解集中的每一个，检查它是否满足约束条件。若某个候选解能够满足约束条件，则它便是一个可行解。此外，还可以同时用目标函数衡量每个可行解，从中找出最优解。显然，当候选解集十分庞大时，这种方法是费时而不经济的。如果候选解集是无限集，将无法实施穷举法求解。

一般来讲，如果一个问题适合用贪心法求解，问题的解应可表示成一个 **n-元组**$(x_0, x_1, \cdots, x_{n-1})$，其中每个分量 x_i 取自某个值集 S，所有允许的 n-元组组成一个候选解集。问题中应给出用于判定一个候选解是否可行解的约束条件，满足约束条件的候选解称为可行解。同时还给定一个数值函数称为目标函数，用于衡量每个可行解的优劣，使目标函数取最大（或最小）值的可行解为最优解。

贪心法是一种求解最优化问题的算法设计策略。贪心法是通过**分步决策**（stepwise decision）的方法来求解问题的。贪心法在求解问题的每步上做出某种决策，产生 n-元组解的一个分量。贪心法要求根据题意，选定一种最优量度标准，作为选择当前分量值的依据。这种在贪心法每步上作为决策依据的选择准则被称为**最优量度标准**（optimization criterion）或**贪心准则**（greedy criterion），也称**贪心选择性质**（greedy choice property）。这种量度标准通常只考虑局部最优性。

在初始状态下，解向量 solution = ∅，其中未包含任何分量。使用最优量度标准，一次选择一个分量，逐步形成解向量$(x_0, x_1, \cdots, x_{n-1})$。算法执行过程中生成的向量$(x_0, x_1, \cdots, x_k)$，$k<n$，称为**部分解向量**，也称**部分向量**（partial vector）。

在根据最优量度标准选择分量的过程中，还需要使用一个**可行解判定函数**。设$(x_0, x_1, \cdots, x_{k-1})$是贪心法已经生成的部分解，根据最优量度标准，算法当前选取解向量的第 k（$k<n$）个分量为 x_k，此时需使用可行解判定函数来判断，在添加新的分量 x_k 后所形成部分解$(x_0, x_1, \cdots, x_k)$是否违反可行解约束条件。若不违反，则$(x_0, x_1, \cdots, x_k)$构成新的部分解，并继续选择下一个分量；否则，需另选一个值作为分量 x_k。

贪心法之所以被称为是贪心的，是因为它希望每一步决策都是正确的，即要求在算法的每一步上，仅根据最优量度标准选择分量，并只需保证形成的部分解不违反约束条件，最终得到的 n-元组不仅是可行解，而且必定是最优解。但事实上，最优量度标准一般并不从整体考虑，它只是在某种意义上的局部最优选择，也就是说，每一步决策只是在当前看来是最优的，因此，贪心法不能保证对所有问题都得到整体最优解。但对许多问题，如图的最小代价生成树问题、单源最短路径问题等，使用精心考虑的选择准则，的确能产生整体最优解。此外，在其他一些情况下，即使贪心法不能得到整体最优解，但其最终结果可能是最优解的很好的近似解。

贪心法可以用程序 6-1 所示的算法框架描述。

【程序 6-1】 贪心法

```
SolutionType Greedy(SType a[], int n)
{
    SolutionType solution=∅;                    //初始时，解向量不包含任何分量
    for(int i=0; i<n; i++){                      //多步决策，每次选择解向量的一个分量
        SType x=Select(a);                       //遵循最优量度标准选择一个分量
        if (Feasible(solution, x))               //判定加入新分量 x 后的部分解是否可行
            solution=Union(solution, x);         //形成新的部分解
    }
    return solution;                             //返回生成的最优解
}
```

SolutionType 是问题解 solution 的类型，SType 是分量 x 的类型。函数 Select 的功能是按某种最优量度标准，从 a[]中选择一个值作为下一个考察的分量值。Feasible 是布尔函数，它判定由 Select 选择的 x 是否可以添加到部分解向量中。Union 将 x 与已形成的部分解向量合并，产生新的部分解向量。对于给定的应用问题，如果能够具体实现 Select、Feasible 和 Union，便得到了该问题的贪心算法。

当然，由于贪心策略并不是从整体上加以考虑的，它所做出的选择只是当前看似最佳的选择，这种选择仅依赖于以前的选择，但不依赖于以后的选择。对于一个具体的应用问题，无法确保贪心法一定产生最优解。因此，对于一个贪心算法，必须进一步证明该算法的每一步上所做出的选择，都必然最终导致问题的一个整体最优解。

6.2 背包问题

6.2.1 问题描述

本节使用贪心法求解一个很有实际价值的问题——背包问题。已知一个载重为 M 的背包和 n 件物品，第 i 件物品的重量为 w_i，如果将第 i 件物品全部装入背包，将有收益 p_i，这里，$w_i>0$，$p_i>0$，$0\leqslant i<n$。所谓背包问题，是指求一种最佳装载方案，使得收益最大。所以，背包问题是现实世界一个常见的最优化问题。

有两类背包问题：如果每一件物品不能分割，只能作为整体或者装入背包，或者不装入，称为 0/1 背包问题；如果物品是可以分割的，也就是允许将其中的一部分装入背包，若装入第 i 件物品的一部分 x_i（$0\leqslant x_i\leqslant 1$），则该部分物品的重量为 w_ix_i，其获益为 p_ix_i。0/1 背包问题看似简单，却无法用贪心法求得它的最优解，而只能得到它的近似解。本节讨论一般背包问题或简称背包问题。

6.2.2 贪心法求解

背包问题的解可以表示成一个 n-元组：$X=(x_0, x_1, \cdots, x_{n-1})$，$0\leqslant x_i\leqslant 1$，$0\leqslant i<n$，每个 x_i 是第 i 件物品装入背包中的那部分。任何一种不超过背包载重能力的装载方法都是问题的一个可行解。

所以，判定可行解的约束条件是：

$$\sum_{i=0}^{n-1} w_i x_i \leqslant M \qquad w_i>0,\ 0\leqslant x_i\leqslant 1,\ 0\leqslant i<n \tag{6-1}$$

最优化问题的目标函数用于衡量一个可行解是否为最优解。使总收益最大的装载方案就是背包问题的最优解，所以，背包问题的最优解必须使下列目标函数取最大值：

$$\max \sum_{i=0}^{n-1} p_i x_i \qquad p_i>0,\ 0\leqslant x_i\leqslant 1,\ 0\leqslant i<n \tag{6-2}$$

例 6-1 设有载重 $M = 20$ 的背包，3 件物品的重量为：$(w_0, w_1, w_2) = (18, 15, 10)$，物品装入背包的收益为：$(p_0, p_1, p_2) = (25, 24, 15)$。

表 6-1 例 6-1 的部分可行解及其收益

(x_0, x_1, x_2)	$\sum_{i=0}^{n-1} w_i x_i$	$\sum_{i=0}^{n-1} p_i x_i$
(1/2, 1/3, 1/4)	16.5	24.25
(1, 2/15, 0)	20	28.2
(0, 2/3, 1)	20	31
(0, 1, 1/2)	20	31.5

由于允许取每件物品中的一部分装入背包，可能的装法是无穷的，显然无法实施穷举法求最优解。表 6-1 列出例 6-1 的 4 个可行解，其中最后一个解的收益最大。但它是否就是问题的最优解尚难确定。但有一点是肯定的，即对于一般背包问题，其最优解显然必须将背包装满，否则就不是最优解。

为了用贪心法求解，找出最优量度标准是至关重要的。如何得到最优量度标准并没有现成的方法。一般需要根据现有的知识和经验，通过猜测形成一些选择准则，并进行测试找出规律。

试验标准 1：选取目标函数作为量度标准，这是不考虑重量，收益优先的做法。在这种方法下，每次取收益最大的物品整体装入背包，即按收益的从大到小次序（$p_0 \geqslant p_1 \geqslant \cdots \geqslant p_{n-1}$），选择物品装进背包。如果按收益次序，在装入某件物品时，不能全部装下，此时，可以根据背包的剩余载重，将该物品或剩余的其他物品的一部分，装足背包的剩余载重，并且使得对于背包的剩余载重而言，这种装法能获得最大收益。

对例 6-1，按试验标准 1 的装法，先将物品 1 装入，此时背包剩余载重为 $20 - 18 = 2$。可选择剩余物品 2 或 3 中的一部分装入：物品 2 的 2/15 或物品 3 的 2/10，由于将物品 2 的 2/15 装入背包的收益高于装入物品 3 的 2/10。于是，求得问题解为：

$$(x_0, x_1, x_2) = (1, 2/15, 0)$$

它的总收益是 28.2。显然使用这一选择标准只能得到问题的近似解，而不是最优解。

考虑这一标准不能得到最优解的原因是，由于只考虑得到当前最大收益，使背包载重消耗过快。由此，自然想到另一种选择准则，以重量为量度标准，让背包载重尽可能慢地消耗，这就是按物品重量的非降次序把物品装入背包。

试验标准 2：按物品重量的非降次序选择物品。这是不考虑收益的做法。所得到的解为：

$$(x_0, x_1, x_2) = (0, 2/3, 1)$$

它的总收益是 31。显然这一选择标准也只能得到问题的近似解，而不是最优解。

试验标准 3：选择使单位重量收益最大的物品装入背包，即按 p_i/w_i 的非增次序选取物品。

看来这是最合理的选择标准。使用这一标准，对于例 6-1

$$(p_0/w_0, p_1/w_1, p_2/w_2) = (25/18, 24/15, 15/10) = (1.39, 1.6, 1.5)$$

得到的解为：

$$(x_0, x_1, x_2) = (0, 1, 1/2)$$

它的总收益是 31.5。在表 6-1 所列的可行解中，它的收益最大。

程序 6-2 定义了背包类，并实现了以试验标准 3 作为最优量度标准的背包问题的贪心算法。

但这种解法能否确保求得背包问题的最优解还有待证明。如果不计按 p[i]/w[i]的非增次序排列 w[i]的时间，程序 6-2 的时间复杂度为 O(n)。对 n 个元素进行排序的时间为 O($n$log$n$)。

【程序 6-2】 背包问题的贪心算法

```
template<class T>
class Knapsack
{
public:
      Knapsack(int mSize, float cap, float *wei, T *prof);  //创建一维数组 w 和 p，并赋初值
      void GreedyKnapsack(float* x);                        //数组 x 为背包问题的最优解
      …
private:
      float m, *w;                          //m 为背包载重量，w 指示存储 n 个物品重量的数组
      T *p;                                 //p 指示存储 n 个物品收益的数组
      int n;                                //n 为物品数目
};
template<class T>
void Knapsack<T>::GreedyKnapsack(float* x)
{//前置条件：w[i]已按 p[i]/w[i]的非增次序排列
      float u=m;                                    //u 为背包剩余载重量，初始时为 m
      for (int i=0; i<n; i++) x[i]=0;               //对解向量 x 初始化
      for (i=0; i<n; i++) {                         //按最优量度标准选择解的分量
            if (w[i]>u) break;
            x[i]=1.0;
            u=u−w[i];
      }
      if (i<n) x[i]=u/w[i];
}
```

6.2.3 算法正确性

以上分析使我们认识到，贪心法求问题最优解的关键是正确选取最优量度标准。贪心算法得到的解是否最优解是需要证明的。现来证明程序 6-2 的正确性。

定理 6-1 如果 $p_0/w_0 \geqslant p_1/w_1 \geqslant \cdots \geqslant p_{n-1}/w_{n-1}$，则程序 6-2 求得的背包问题的解是最优解。

证明： 设 $X=(x_0, x_1, \cdots, x_{n-1})$，$0 \leqslant x_i \leqslant 1$，$0 \leqslant i < n$ 是贪心背包算法的解。若所有的物品都能装入背包而不超重，即 $x_i=1$，$0 \leqslant i < n$，则显然是最优解。不然，则设 j 是使 $x_j \neq 1$ 的最小下标。从贪心背包算法可知，解的形式为：

$$X=(1, \cdots, 1, x_j, 0, \cdots, 0)，0 \leqslant x_j < 1$$

如果 X 不是最优解，而另有可行解 $Y=(y_0, y_1, \cdots, y_k, \cdots, y_{n-1})$是最优解，使得

$$\sum_{i=0}^{n-1} p_i y_i > \sum_{i=0}^{n-1} p_i x_i \tag{6-3}$$

设 k 是使得 $y_k \neq x_k$ 的最小下标，显然这样的下标必定存在。下面先来证明 $y_k < x_k$。可以分三种情况说明这一点。

（1）若 $k<j$，则因为 $x_k=1$，$y_k\neq x_k$，所以 $y_k<x_k$。

（2）若 $k=j$，则 x_k 是第 k 个物品能够装入背包的最多分量，从而 $y_k>x_k$ 是不可能的。同样由于 $y_k\neq x_k$，所以必有 $y_k<x_k$。

（3）若 $k>j$，这是不可能的，因为 $x_i=0, j<i<n$。若 $y_k\neq 0$，则背包必定超重。

综上所述，必有 $y_k<x_k$。

下面请看，假定以 x_k 替换 $Y=(y_0, y_1, \cdots, y_{k-1}, y_k, \cdots, y_{n-1})$中的 y_k，得到新的解 $Z=(z_0, z_1, \cdots, z_k, z_{k+1}, \cdots, z_{n-1})$，注意，替换前 $z_i=y_i=x_i$，$0\leqslant i\leqslant k-1$，替换后 $z_k=x_k$。为了保证 Z 是可行解，应当使得

$$\sum_{i=k+1}^{n-1} w_i(y_i-z_i)=w_k(z_k-y_k) \tag{6-4}$$

这意味着因为第 k 件物品装入背包的部分由 y_k 增加到 x_k（即 z_k），则需减少从 Y 中第 $k+1$ 到第 $n-1$ 件物品装入背包的份额，减少的重量必须等于增加的重量，即应当满足式（6-4）。经这样处理后得到的可行解 Z，其前 k 个分量均与 X 相同。

下面计算说明可行解 Z 的收益大于等于假定的最优解 Y 的收益。

$$\begin{aligned}\sum_{i=0}^{n-1} p_i z_i &= \sum_{i=0}^{n-1} p_i y_i - \sum_{i=0}^{n-1}(y_i-z_i)(w_i/w_i)p_i \\ &= \sum_{i=0}^{n-1} p_i y_i - (y_k-z_k)(w_k/w_k)p_k - \sum_{i=k+1}^{n-1}(y_i-z_i)(w_i/w_i)p_i \\ &\geqslant \sum_{i=0}^{n-1} p_i y_i - (y_k-z_k)(w_k)(p_k/w_k) - \sum_{i=k+1}^{n-1}(y_i-z_i)w_i(p_k/w_k) \\ &= \sum_{i=0}^{n-1} p_i y_i\end{aligned} \tag{6-5}$$

可以重复上面的替换过程，每替换一个分量得到的新可行解，它与贪心法的解 X 相比，新增了一个值相等的分量，经过不断进行上述替换，最终或者得到一个与 X 完全相等的解，或者表明 Y 不是最优解。从式（6-5）可知，每一次分量替换得到的新可行解的收益不小于前一步的可行解，所以，X 的收益必定不小于 Y 的收益，这就证明了贪心算法得到的背包问题的可行解必定是最优解。证毕。

6.3 带时限的作业排序

6.3.1 问题描述

本节讨论应用贪心法求解作业排序问题。设有一个单机系统、无其他资源限制且每个作业运行相等时间，不妨假定每个作业运行 1 个单位时间。现有 n 个作业，每个作业都有一个截止期限 $d_i>0$，d_i 为整数。如果作业能够在截止期限之内完成，可获得 $p_i>0$ 的收益。问题要求得到一种作业调度方案，该方案给出作业的一个子集和该作业子集的一种排列，使得若按照这种排列次序调度作业运行，该子集中的每个作业都能如期完成，并且能够获得最大收益。也就是说，这种作业调度是最优的。

6.3.2 贪心法求解

设 n 个作业以编号 $0\sim n-1$ 标识，每个作业有唯一的作业编号，$I=\{0, 1, \cdots, n-1\}$是 n 个

输入作业的集合。带时限作业排序问题的解是I的一个子集X,可表示成一个n-元组:$X=(x_0, x_1, \cdots, x_{r-1})$，$0<r\leqslant n$。每个$x_i$（$0\leqslant x_i\leqslant n-1$）是一个作业的编号。显然解向量$X$中不应包含相同的分量，即当$i\neq j$时，必有$x_i\neq x_j$。

如果存在某种排列次序，使得按该次序调度执行X中作业，X中所有作业都能在自己的截止期限前完成，X是问题的一个可行解。一个可行解X的收益定义为子集X中所有作业的收益之和$\sum_{i\in X} p_i$，使得收益最大的可行解是问题的最优解。

例 6-2 设有 4 个作业，每个作业的时限为$(d_0, d_1, d_2, d_3)=(2, 1, 2, 1)$，收益为$(p_0, p_1, p_2, p_3)=(100, 10, 15, 27)$。

表 6-2 列出了例 6-2 问题实例的若干可行解和它们的收益。从表中可见，包含作业 0 和作业 3 的可行解(0, 3)是其中收益最高的可行解。

表 6-2 例 6-2 的部分可行解及其收益

	可 行 解	作业处理次序	收 益 值
1	(0，1)	(1，0)	110
2	(0，2)	(0，2)或(2，0)	115
3	(0，3)	(3，0)	127
4	(1，2)	(1，2)	25
5	(2，3)	(3，2)	42
6	(0)	(0)	100
7	(1)	(1)	10
8	(2)	(2)	15
9	(3)	(3)	27

一个问题是否能用贪心法求解，拟定最优量度标准是关键之一。最优量度标准规定如何选择下一个作业。一种直观而局部的想法是选择一个作业加入部分解向量中，在不违反截止时限的前提下，使得至少就当前而言，已选入部分解向量中的那部分作业的收益之和最大。为满足这一量度标准，只需先将输入作业集合I中的作业按收益的非增次序排列，即$p_0\geqslant p_1\geqslant\cdots\geqslant p_{n-1}$。

例 6-2 的 4 个作业按收益非增次序排序的结果是$(p_0, p_3, p_2, p_1)=(100, 27, 15, 10)$。初始时，解向量$X=\varnothing$。首先将作业 0 选入$X$，$X=\{0\}$无疑是一个可行解。下一步考虑作业 3，$X=(0, 3)$也是可行解。再考虑作业 2，因为对于作业子集$\{0, 3, 2\}$，不存在任何一种作业次序，能使得其中所有作业都不超期，所以不能构成可行解。最后考虑作业 1，同样也只能舍弃。最后得到的解向量为$X=(0, 3)$，其收益为 127。

程序 6-3 是按上述最优量度标准设计的求解带时限作业排序的贪心算法。然而由上述量度标准生成的可行解是否的确是最优解，这还有待于进一步的证明。

【程序 6-3】 带时限作业排序的贪心算法

```
void GreedyJob(int  d[], Set X, int n)
{ //前置条件：p0≥p1≥…≥pn-1
    X={0};
    for (int i=1; i<n; i++)
        if（集合 X∪{i} 中作业都能在给定的时限内完成）X=X∪{i};          //可行性判定
}
```

6.3.3 算法正确性

上面采用“使当前部分解向量中作业的收益之和最大”作为最优量度标准，这就形成了按作业收益的非增次序从输入的作业集合中选取作业，考察其可行性，并逐步生成解向量的贪心算法。定理 6-2 表明程序 6-2 求得的解是问题的最优解。

定理 6-2 程序 6-2 的贪心算法对于带时限作业排序问题将得到最优解。

证明：设 $X=(x_0, x_1, \cdots, x_k)$是某个带时限作业排序问题实例的贪心算法求得的解，如果 X 不是最优解，另有 $Y=(y_0, y_1, \cdots, y_r)$是最优解。不妨设 $X\neq Y$，因为若 $X=Y$，则无须证明。对于 X 和 Y，必有 $X\not\subset Y$ 且 $Y\not\subset X$。一方面，若 $X\subset Y$，则 Y 不是可行解；否则若 Y 是可行解，那么贪心算法会将属于 Y 但不属于 X 的其他作业继续加入 X。另一方面，若 $Y\subset X$，则 Y 不是最优解。

因为 X 和 Y 是问题的两个可行解，设α 和β 分别是 X 和 Y 的可行的作业排列。也就是说，按α 和β 的次序调度作业执行，X 和 Y 中的作业都不会超时。

先采用下述方法将α 和β 中的相同作业交换到相同的位置上，并且不影响两个排列的可行解性质。若存在作业 x，使得 $x\in X$ 且 $x\in Y$，x 在序列α 中的位置先于在β 中的位置，如图 6-1（a）所示。可以将作业 x 和 z 交换，这种交换不会造成任何作业超限。交换后得到图 6-1（b）。图 6-1（c）和（d）是当共同作业 x 在序列β 中的位置先于在α 中的位置时的交换方式。两种情形都将两者共有的作业向后移动，从而使相同作业在两种次序中处于相同的位置，因而在相同时刻被调度。经过如图 6-1 所示的交换，α 和β 中的所有相同作业都已位于相同的位置处。不妨仍将这两个作业序列称为α 和β。

下面通过替换 Y 中的作业，将 Y 逐步转换成 X 的方法来证明算法的正确性。由于 $X\not\subset Y$ 且 $Y\not\subset X$，因此必定存在这样两个作业 a 和 b，使得 $a\in X$ 且 $a\notin Y$，$b\in Y$ 且 $b\notin X$。进一步假定作业 a 是使得 $a\in X$ 且 $a\notin Y$ 的一个收益最大的作业。那么由贪心法可知，对任意作业 b, $b\in Y$ 且 $b\notin X$，都有 $p_a\geqslant p_b$，否则作业 b 将被程序 6-2 加入 X 中。假定 b 是其中一个作业，它在β 中的位置与 a 在α 中的位置相同。现用 a 取代序列β 中的 b，得到一个新序列，如图 6-2 所示。很显然，新序列仍然是可行的且新序列的收益不低于 Y。可以重复这样的替换，直到或者将使 Y 成为 X，或者表明 Y 不是可行解。证毕。

$\alpha=(\ \cdots\ x\ \cdots\ z\ \cdots\ )$
$\beta=(\ \cdots\ y\ \cdots\ x\ \cdots\ )$

（a）x与z交换前

$\alpha=(\ \cdots\ z\ \cdots\ x\ \cdots\ )$
$\beta=(\ \cdots\ y\ \cdots\ x\ \cdots\ )$

（b）x与z交换后

$\alpha=(\ \cdots\ y\ \cdots\ x\ \cdots\ )$
$\beta=(\ \cdots\ x\ \cdots\ z\ \cdots\ )$

（c）x与z交换前

$\alpha=(\ \cdots\ y\ \cdots\ x\ \cdots\ )$
$\beta=(\ \cdots\ z\ \cdots\ x\ \cdots\ )$

（d）x与z交换后

图 6-1 使相同作业在相同时刻被调度

$\alpha=(\ \cdots\ a\ \cdots\ \ \cdots\ )$
$\beta=(\ \cdots\ b\ \cdots\ \ \cdots\ )$

（a）替换前

$\alpha=(\ \cdots\ a\ \cdots\ \ \cdots\ )$
$\beta=(\ \cdots\ a\ \cdots\ \ \cdots\ )$

（b）替换后

图 6-2 以 a 替换β中的 b

6.3.4 可行性判定

程序 6-3 的核心步骤是判定集合 $X\cup\{i\}$中作业是否都能在截止时限内完成。这一操作步骤也就是所谓的可行性判定，起着程序 6-1 中 Feasible 函数的作用。判断一个作业子集 X 是否可行，需得到 X 的某种排列，设为α。如果 X 中作业可按α 次序调度而不出现超期，则 X 是可行的。设 $X=(x_0, x_1, \cdots, x_k)$，$\alpha=(\alpha_0, \alpha_1, \cdots, \alpha_k)$是 X 的一种可能的排列。为了检查α 是否可行，只需对α 中每个作业α_j 判断 $d_{\alpha_j}\geqslant j+1$ 是否成立，d_{α_j} 是作业α_j 的时限。由于每个作业执行一个单位时间，

排列位置为 j 的作业 α_j 将在 $j+1$ 时刻执行完毕。如果存在某个 α_j，$d_{\alpha_j} \leqslant j$，即表明 α 不是可行的调度序列。因为一个作业子集 X 可能的排列多达 $|X|!$ 个，采用穷举法测试 X 的每一种排列显然十分费时。幸运的是，我们只需考虑 X 的一种特定的排列就能判定 X 是否可行，完全无须对 X 的其他排列进行考察。这个特定的排列就是 X 中作业按时限的非降次序的排列。

定理 6-3 $X=(x_0, x_1, \cdots, x_k)$ 是 k 个作业的集合，$\alpha=(\alpha_0, \alpha_1, \cdots, \alpha_k)$ 是 X 的一种特定排列，它使得 $d_{\alpha_0} \leqslant d_{\alpha_1} \leqslant \cdots \leqslant d_{\alpha_k}$，其中，$d_{\alpha_j}$ 是作业 α_j 的时限。X 是一个可行解当且仅当 X 中的作业能够按 α 次序调度而不会有作业超期。

证明：很显然，如果 X 中作业能够按 α 次序调度而不会有作业超期，则 X 是可行解。下面证明如果 X 是一个可行解，则 X 中作业必然能按 α 次序调度而不会有作业超期。

如果 X 是可行解，则必定存在 X 的至少一种排列使得 X 中作业可以按该排列执行而不会超期，设 $\beta=(\beta_0, \beta_1, \cdots, \beta_k)$，$\beta \neq \alpha$ 是这样的排列。令 i 是最小下标使得 $\alpha_i \neq \beta_i$，那么作业 α_i 的时限必然小于 β_i 的时限。由于 α 和 β 是 X 中作业两种不同的排列，所以 β 中必定也包含作业 α_i，很显然 α_i 在 β 中的位置比它在 α 中位置靠后。将 β 中的 α_i 与 β_i 交换位置，如图 6-3 所示，由于作业 β_i 的时限不小于作业 α_i 的时限，所以交换 α_i 与 β_i 不会引起超期。可以重复执行这种交换，最终将 β 变换成为 α。这就是说，按次序 α 调度作业不会出现超期，因此 α 是可行的调度方案。定理得证。

(a) 交换前	(b) 交换后
$\alpha=(\alpha_0 \cdots \alpha_i \cdots \alpha_j \cdots \alpha_k)$	$\alpha=(\alpha_0 \cdots \alpha_i \cdots \alpha_j \cdots \alpha_k)$
$\beta=(\beta_0 \cdots \beta_i \cdots \alpha_i \cdots \beta_k)$	$\beta=(\beta_0 \cdots \alpha_i \cdots \beta_i \cdots \beta_k)$

图 6-3 将 β 中的 α_i 交换到 α 中相同位置

在定理 6-3 的证明中假定每个作业运行相同时间，但事实上，即使每个作业运行的时间 t_i 不相同，可以证明，定理 6-3 依然成立。现将此证明留作练习。

6.3.5 作业排序贪心算法

定理 6-3 提供了一种高效的可行解判定方法。使得在按最优量度标准，即按作业收益的非增次序选择下一个作业后，可以有效地判定是否可将该作业加入已生成的部分解向量 X。具体判定方法为：对任意一个部分解作业子集 $X=(x_0, x_1, \cdots, x_k)$，使 X 中作业按时限的非减次序排列，设 $\alpha=(\alpha_0, \alpha_1, \cdots, \alpha_k)$，$d_{\alpha_0} \leqslant d_{\alpha_1} \leqslant \cdots \leqslant d_{\alpha_k}$ 是 X 的这样的排列，为了判定 α 是否为可行的调度方案，只需对每个作业 α_j 判断 $d_{\alpha_j} \geqslant j+1$ 是否成立。

程序 6-4 为带时限且每个作业运行单位时间的作业排序贪心算法的 C++程序。设作业已按收益非增次序排列，即 $p_0 \geqslant p_1 \geqslant \cdots \geqslant p_{n-1}$。贪心算法按收益的从大到小次序考察作业。初始时，$x[0]=0$, $x=(x[0])$ 只有一个分量，表示部分解向量 x 中当前已加入收益最大的作业。在一般情况下，设算法考察作业 j, $x=(x[0], x[1], \cdots, x[k])$ 为当前已入选的作业向量，且 $d[x[0]] \leqslant d[x[1]] \leqslant \cdots \leqslant d[x[k]]$。值得注意的是，由于当前的部分解是可行的，故必有 $d[x[i]] \geqslant i+1$，$0 \leqslant i \leqslant k$。

为了判断作业 j 是否允许添加到部分解向量中，具体做法是：将作业 j 按时限的非减次序插入向量 $(x[0], x[1], \cdots, x[k])$ 中的某个位置，使得插入作业 j 后，由 $k+1$ 个分量组成的部分解向量仍按时限的非减次序排列。不妨设作业 j 被插于下标 $r+1$ 处。为了在位置 $r+1$ 处添加作业 j，作业 $x[r+1], \cdots, x[k]$ 在向量中的位置都必须依次后移一位，形成一个新的部分解向量。为了保证在添加作业 j 后的作业子集仍构成可行解，必须满足下列两点要求：

（1）$d[x[j]] > j+1$，$r+1 \leqslant j \leqslant k$，否则作业 $x[r+1], \cdots, x[k]$ 的后移将导致其中某些作业超期；

（2）$d[j]>r+1$，否则作业 j 自己无法在时刻 $r+2$ 前完成。

上述思想用于实现程序 6-4。

【程序 6-4】 带时限的作业排序程序

```
int JS(int *d, int *x, int n)
{ //设 p0≥p1≥…≥pn-1
    int k=0; x[0]=0;
    for (int j=1; j<n; j++){//O(n)
        int r=k;
        while (r>=0 && d[x[r]]>d[j] && d[x[r]]>r+1)r--;        //搜索作业 j 的插入位置
        if((r<0 || d[x[r]]<=d[j]) && d[j]>r+1){                //若条件不满足，选下一个作业
            for (int i=k; i>=r+1; i--) x[i+1]=x[i];           //将 x[r]以后的作业后移
            x[r+1]=j; k++;                                     //将作业 j 插入 r+1 处
        }
    }
    return k;
}
```

对于 JS 算法，其时间复杂度与两个参数相关，即输入作业数 n 和入选解向量中的作业数 s。可以看到程序 6-4 中外层 for 循环体执行 $n-1$ 次。外层 for 循环体中包含两个并列的循环：while 和 for，其中，while 循环体执行 k 次，for 循环体执行 $k-r$ 次。设最终入选解向量的作业数为 s，则 $k \leqslant s \leqslant n$。因此程序 6-4 的最坏情况时间复杂度是 $O(n^2)$。这种情况发生在当 $d_i = n - i$，$0 \leqslant i \leqslant n-1$ 时。这也证明了最坏情况时间复杂度是 $\Theta(n^2)$。

其实这一问题的求解并不涉及作业的具体收益值，只需保证作业按收益的非增次序编号即可。

6.3.6 一种改进算法

程序 6-4 描述的算法最坏时间复杂度为 $\Theta(n^2)$。算法中为了判定一个作业子集是否可行需要 $O(k)$时间。本节将介绍一种带时限作业排序的快速算法，它采用不同于前者的可行解判定方法，可使算法的时间从 $\Theta(n^2)$减少到接近 $O(n)$。

改进的可行解判定方法的基本思想是：令 $b = \{n, \max\{d_i | 0 \leqslant i \leqslant n-1\}\}$，$b$ 是一种可行的作业调度方案所需的最大时间。这是因为每个作业运行单位时间，如果不允许任何作业超时，则从 n 个作业中选择一个子集使得子集中所有作业均能如期完成，其总运行时间不会超过作业的最大时限，也不会超过作业总数 n。

既然 b 是可行的作业调度方案的最大时间，可以将 b 分成 b 个时间片，每个时间片为一个单位时间。将每个时间片$[t, t+1]$，$0 \leqslant t \leqslant b-1$ 分配给一个作业运行，总共 b 个时间片可分配给 b 个作业。时间区间$[-1, 0]$是为便于实现算法引入的虚时间片，它不能用于时间分配，如图 6-4 所示。

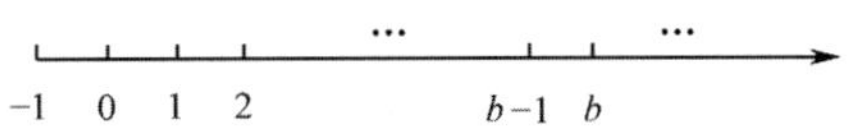

图 6-4 按时间片调度作业

最优量度标准仍然采取使得部分解向量的收益最大这一准则，设作业已按收益的非增次序排列，作业 i 的时限是 d_i，为它所分配的时间片是$[\gamma-1, \gamma]$，其中γ是使 $0<\gamma \leqslant d_i$ 的最大整数且时间片$[\gamma-1, \gamma]$是空闲的。具体做法是：为收益最大的作业 0 分配时间片$[d_0-1, d_0]$，为收益次大的作业 1 分配作业时，首先考虑时间片$[d_1-1, d_1]$，如果该时间片已分配，再考虑前一个时间片$[d_1-$

$2, d_1-1]$，依次向前寻找第一个空闲的时间片分配之。如果 d_1 之前的所有时间片均已分配，则作业 1 应舍弃。总之，这种方法采取的作业调度原则是尽可能推迟一个作业的执行时间。

例 6-3 设 $n=5$ 个作业，每个作业的时限为$(d_0, d_1, d_2, d_3, d_4)=(2, 2, 1, 3, 3)$，收益为$(p_0, p_1, p_2, p_3, p_4)=(20, 15, 10, 5, 1)$。

本例中 $b=\min\{n, \max\{d_i \mid 0 \leqslant i \leqslant n-1\}\}=3$，共需 3 个时间片，另加一个虚时间片。时间片分配过程是：时间片[1, 2]分配给作业 0；作业 1 的时限 $d_1=2$，但时间片[1, 2]已经分配，只能为它分配时间片[0, 1]；作业 2 的时限 $d_2=1$，在它的时限内没有空闲时间片，所以应舍弃作业 2；接着为作业 3 分配时间片[2, 3]；最后舍弃作业 4。图 6-5 给出了本例时间片分配结果。

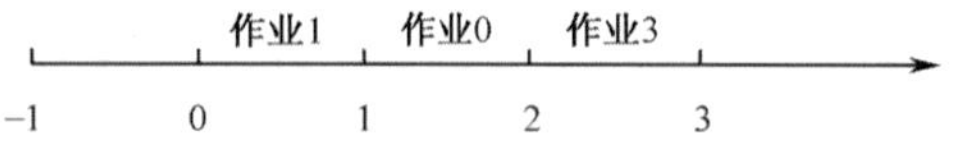

图 6-5 例 6-3 的作业调度方案

为了加快时间片的分配速度，将作业时限划分成若干个子集，初始时每个子集中只有一个时限值。例 6-3 中，初始时按时限值分成 4 个子集：{0}, {1}, {2}, {3}。为作业 0 分配最迟时间片[1, 2]。现应当将子集{2}与{1}合并，成为{1, 2}，表明时限值为 2 和 1 的作业现在能够分配的最迟空闲时间片是[0, 1]。子集中的每个元素代表一个时限值，一个子集可能包含若干个时限值。每个子集有唯一的时限片与之相关，该时间片是该子集中各时限值的所有作业可分配的最迟空闲时间片。

为了表示这些元素为时限值的子集可以使用并查集①。并查集是一个集合，并查集的每个元素是一个子集，所以并查集是由子集组成的集合数据结构。为了实现并查集，通常用一个森林来表示一个并查集，森林中的每一棵树表示并查集的一个子集。于是每个子集可以用树根的标号唯一标识。我们为每个子集 i 定义一个量 $f(i)$，$f(i)$指示对于具有该子集中的时限值的作业而言，当前可分配的最迟时间片。

初始时，例 6-3 由 4 个只有一个根的树组成的森林，结点中的数字代表时限值。令 $f(i)=i$，表示对子集 i 而言，当前可分配的最迟的时间片是$[i-1, i]$。$f(0)=0$ 代表虚时限值 0。

第 1 步：考察作业 0，$d_0=2$，$f(2)=2$，为作业 0 分配时间片[1, 2]。将时限 2 的子集和时限 1 的子集合并，如图 6-6（b）所示。

第 2 步：考察作业 1，$d_1=2$，从图 6-6（b）可知，时限值为 2 与 1 的作业在同一棵树上，因为 $f(1)=1$，表明该子集的空闲时间片为[0, 1]。故将时间片[0, 1]分配给作业 1。然后将时限值为{1, 2}的子集与虚时限子集{0}合并，形成一棵树，结点 1 为树根，并令 $f(1)=f(0)=0$。如图 6-6（c）所示。

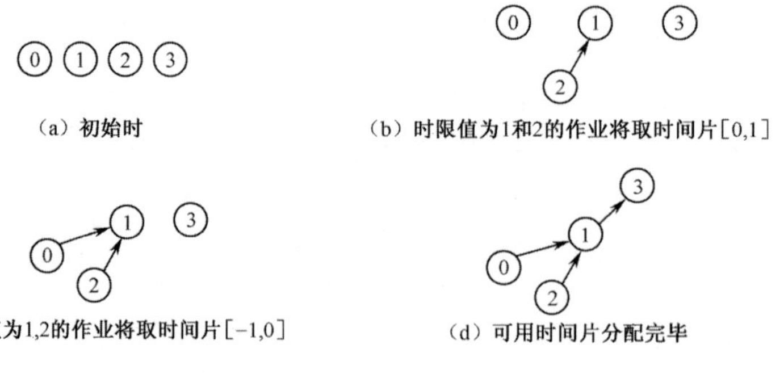

图 6-6 例 6-3 时限子集的变化过程

① 关于“并查集”的详细内容请查阅数据结构教材。

第 3 步：考察作业 2，$d_2 = 1$，当前时限值为 1 的子集的根为 1，因为 $f(1) = 0$，对时限为 1 的作业而言，已经没有可供分配的空闲时间片了，必须舍弃作业 2。

第 4 步：考察作业 3，$d_3 = 3$，$f(3) = 3$，表明可分配时间片[2, 3]，并将子集{3}与时限 2 所在的子集合并。从图 6-6（c）可知，时限 2 所在子集的根为 1，且 $f(1) = 0$。合并后的树根为结点 3，必须令 $f(3) = f(1) = 0$。表明对于该树上列出的所有结点所代表的时限值，当前可供分配的最迟时间片为[−1, 0]，即所有时间片已经分配完毕。

第 5 步：考察作业 4，$d_4 = 3$，但时限值 3 所在的树根为 3，$f(3) = 0$，已无空闲时间片，舍弃作业 4。

至此算法执行完毕。最后得到的问题的解 $X = (0, 1, 3)$。

程序 6-5 给出了使用并查集的带时限作业排序贪心算法。以例 6-3 为输入执行函数 FJS 时，数组 f 的变化过程见表 6-3。

表 6-3　以例 6-3 为输入，函数 FJS 的执行过程

	$f(0)$	$f(1)$	$f(2)$	$f(3)$	说　明
初始时	0	1	2	3	
1	0	1	1	3	为作业 0 分配时间片[1, 2]
2	0	1	0	3	为作业 1 分配时间片[0, 1]
3	0	1	0	3	舍弃作业 2
4	0	1	0	0	为作业 3 分配时间片[2, 3]
5	0	1	0	0	舍弃作业 4

函数 FJS 调用并查集类 UFSet 的两个基本运算 Find 和 Union，其定义如下。

int Find(int i)

前置条件：i∈V，V 是树中结点编号的集合

后置条件：返回包含结点 i 所在的树根编号

void Union(int x, int y)

前置条件：x 和 y 为两棵树根的编号，且 x ≠ y

后置条件：合并 x 和 y 两棵树为一棵树

【程序 6-5】　使用并查集的带时限作业排序程序

```
int FJS(int *d, int *x, int n)
{
    UFSet s(n);                              //创建由 n 棵树组成的并查集实例 s
    int b, k=-1, *f=new int[n+1];
    for (int i=0; i<=n; i++) f[i]=i;         //f[i]赋初值 i，表示时限为 i 现分配时间片[i-1, i]
    for (i=0; i<n; i++) {                    //按收益非增次序考察 n 个作业
        if(n<d[i]) b=n; else b=d[i];         //b=min{n, d[i]}
        int r=s.Find(b);                     //找作业 i 的时限 d[i]所在子集的根 r
        if (f[r]) {                          //若 f[r]不为 0，表示有空闲时间片[f[r] -1, f[r]]
            x[++k]=i;                        //将作业 i 添加到部分解向量 x 中
            int t=s.Find(f[r] -1);           //寻找时限为（f[r] -1）的树根 t
            s.Union(t, r);                   //将 t 为根的树与 r 为根的树合并
            f[r]=f[t];                       //f[r]有 f[t]的值
```

```
            }
        }
        delete []f;                          //回收数组空间
        return k;                            //(x[0], x[1], …, x[k])为解向量，长度为 k+1
    }
```

程序 6-5 的快速作业调度算法的时间复杂度取决于并查集上两个运算 Find 和 Union 的时间。程序中第二个 for 循环体中除调用函数 Find 和 Union 外，其他语句的时间都是 O(1)。由并查集数据结构学习可知，Union 为 O(1)，但改进的 Find 运算的时间可为 O(log$n$)。因此，FJS 算法的时间为 O($n$log n)。更深入的研究表明，FJS 的计算时间为 O($n\alpha(2n, n)$)。$\alpha(m, n)$是一个增长非常慢的函数，这个函数与 Ackermann 函数 $A(p, q)$的逆函数有关。

6.4 最佳合并模式

本节讨论使用贪心法求解最佳合并模式问题。事实上，在数据结构中介绍的构造哈夫曼树的哈夫曼算法和设计 K 路合并外排序最佳方案的方法都属于最佳合并模式问题。本节将运用贪心策略求解最佳两路合并模式问题。

6.4.1 问题描述

两路合并外排序算法通过反复执行将两个有序子文件合并成一个有序文件的操作，最终将 n 个长度不等的有序子文件合并成一个有序文件。

例 6-4 设有 5 个有序子文件(F_1, F_2, F_3, F_4, F_5)，其长度分别为(20, 30, 30, 10, 5)，现通过两两合并将其合并成一个有序文件。

合并 5 个有序子文件成为一个有序文件的合并过程可以有多种方式，称为**合并模式**。每执行一次合并需将两个有序文件的全部记录依次从外存读入内存，还需将合并后的新文件写入外存。采用不同的两两合并方案，完成合并所需进行外存读/写的记录总数不同（设对一个记录的读和写合计为一次）。在整个合并过程中，需从外存读/写的记录数最少的合并方案称为**最佳合并模式**（optimal merge pattern）。可以用合并树描述一种合并模式。图 6-7 给出了例 6-4 的两种可能的合并模式，图中圆形结点为**内结点**，方形结点为**外结点**。采用图 6-7（a）的合并模式，先合并子文件 F_1 和 F_2，得到长度为 50 的有序子文件，设为 X_1；再合并 F_3 和 X_1，得到长度为 80 的有序子文件，设为 X_2；再合并 F_4 和 F_5，得到长度为 15 的有序子文件，设为 X_3；最后合并 X_2 和 X_3，形成一个长度为 95 的有序文件 F。

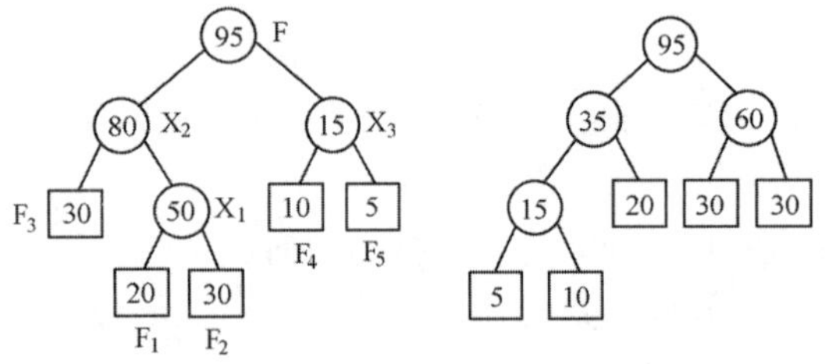

（a）一种合并模式　　（b）最佳合并模式

图 6-7　例 6-4 的两路合并树

可以看到，合并两个子文件，需将两个文件中的每个记录从外存读入内存，并将合并后的文件再写入外存。设两个子文件长度分别为 p 和 q，则一次合并需对两个文件的全部 $p+q$ 个记录从外存读/写一次。所以，采用图 6-7（a）的模式，在整个合并过程中，共计需读/写的记录数为：$(20+30)\times 3+(30+10+5)\times 2=240$。如果采用图 6-7（b）的合并模式，需读/写的记录数降为：$(5+10)\times 3+(20+30+30)\times 2=205$。两路合并树表达的合并方案确定了合并排序过程中所需读/写的记录总数，这个量正是该两路合并树的带权外路径长度。

带权外路径长度是针对扩充二叉树而言的。**扩充二叉树**（extended binary tree）中除叶子结点外，其余结点都必须有两个孩子。扩充二叉树的**带权外路径长度**（weighted external path length）定义为：

$$\mathrm{WPL}=\sum_{k=1}^{m} w_k l_k \tag{6-6}$$

式中，m 是叶子结点的个数，w_k 是第 k 个叶子结点的权，l_k 是从根到该叶子结点的路径长度。

6.4.2 贪心法求解

求通过两路合并方式，将 m 个长度不等的有序子文件合并成一个有序文件的最佳合并模式问题是一个最优化问题。任何一种两两合并的方案，都是一个可行的合并模式，是问题的一个可行解。整个合并过程所需读/写的记录数是问题的目标函数。从前面的讨论可知，一种合并模式可用如图 6-7 所示的合并树描述，合并树的带权外路径长度正是合并过程所需读/写的记录总数（读和写合计为一次），因此，两路合并树的带权外路径长度可作为求两路合并最佳模式问题的目标函数。

贪心法是一种多步决策的算法策略，一个问题能够使用贪心法求解，除了具有贪心法问题的一般特性外，关键问题是确定最优量度标准。两路合并最佳模式问题的最优量度标准为带权外路径长度最小。具体做法是在有序子文件集合中，选择两个长度最小的子文件合并之。

两路合并最佳模式的贪心算法简述如下：

（1）设 $W=\{w_0, w_1, \cdots, w_{n-1}\}$ 是 n 个有序文件的长度，以每个权值作为根结点值，构造 n 棵只有根的二叉树；

（2）选择两棵根结点权值最小的树，作为左右子树构造一棵新二叉树，新树根的权值是两棵子树根的权值之和；

（3）重复（2），直到合并成一棵二叉树为止。

上述算法生成的两路合并树正是代表两路合并最佳模式的合并树，即合并多个有序子文件成为一个有序文件的过程可以根据此两路合并树表示的方案进行：不断从有序子文件集合中，选择两个长度最小的子文件合并之，重复这一过程直到最终形成一个有序文件为止。

求两路合并最佳模式的贪心算法见程序 6-6。BTNode<T>为二叉树结点类。两路合并最佳模式算法从 n 棵仅有根的二叉树出发，通过两两合并最后形成一棵二叉树。程序使用一个优先权队列 pq 存放各二叉树的根和根的权值。类 HNode 为优先权队列中的元素类型，它有两个数据成员 ptr 和 weight，ptr 指向一棵二叉树的根，weight 是该根的权值。假定 pq 是优先权队列模板类 PrioQueue 的实例，函数 Append 和 Serve 是类 PrioQueue 的函数成员，前者在队列中添加新元素，后者从队列中取出具有最高优先权的元素。借助于优先权队列的最佳合并模式生成算法的具体步骤见程序的详细注释。

【程序 6-6】 两路合并最佳模式的贪心算法

```
template<class T>
struct HNode
{//优先权队列中元素的类型
    operator T()const { return weight;}
    BTNode<T> *ptr;
    T weight;
};
template <class T>
```

```
BTNode<T>*   CreateHfmTree (T* w, int n)
{//w 为一维数组保存 n 个权值
    PrioQueue <HNode<T> > pq(2*n-1);              //创建长度为 2n-1 的优先权队列实例 pq
    BTNode<T>*p; HNode<T> a, b;                   //定义局部变量
    for (int i=0; i<n; i++){                      //权值作为根，构造 n 棵只有根的二叉树
        p=new BTNode<T>(w[i]);                    //创建一个合并树的新结点
        a.ptr=p; a.weight=w[i];                   //对象 a 包含指向根的指针和根的权值
        pq.Append(a)                              //将指向根的指针和根的权值进队列 pq
    }
    for (i=1; i<n; i++){                          //两两合并 n-1 次，将 n 棵树合并成一棵树
        pq.Serve(a); pq.Serve(b);                 //从 pq 依次取出根权值最小的两棵树
        a.weight+=b.weight;
        p=new BTNode<T>(a.weight, a.ptr, b.ptr);  //将取出的两棵树合并，构造一棵新二叉树
        a.ptr=p;
        pq.Append(a);                             //将指向新根的指针和根的权值进队列 pq
    }
    pq.Serve(a);                                  //取出生成的最佳合并树
    return a.ptr;                                 //a.ptr 指向最佳合并树的根
}
```

6.4.3 算法正确性

定理 6-4 将证明上述求两路合并树的贪心算法能够得到一棵带权外路径长度最小的最佳合并树。

定理 6-4 设有 n 个权值 $W = \{w_0, w_1, \cdots, w_{n-1}\}$作为外结点的权值，构造两路合并树的贪心算法将生成一棵具有最小带权外路径长度的二叉树。

证明：现采用归纳法证明之。对于 $n = 1$，算法将返回只有一个外结点的二叉树，这棵树显然是最优的。假定外结点的数目为 $k<n$ 时，算法能够生成有 k 个外结点的最佳两路合并树。现证明当 $k = n$ 时，该算法也将生成一棵最佳两路合并树。

不失一般性，假定有 n 个权值 $w_0 \leqslant w_1 \leqslant \cdots \leqslant w_{n-1}$，并设贪心算法生成的两路合并树为 T_n，设 $cost(T_n)$是 T_n 的带权外路径长度。如果它不是最优的，而另一棵同样以此 n 个权值为外结点的两路合并树 T_n'是最优的，即 $cost(T_n') < cost(T_n)$。

对于树 T_n'，现假定结点 p 是该树上离根最远的内结点，它有两个孩子 w_i 和 w_j。如果它们不是最小的两个权值 w_0 和 w_1，可以通过交换，使得 p 的孩子为 w_0 和 w_1。于是得到另一棵有 n 个外结点的两路合并树 T_n''，必有 $cost(T_n'') \leqslant cost(T_n')$。

对于 T_n''，用权值为 $w_0 + w_1$ 的外结点取代以 p 为根的子树（见图 6-8），得到一棵有 $n-1$ 个外结点的两路合并树 T_{n-1}''。同样，可以对由贪心法得到的两路合并树 T_n 也进行类似替代，即对由两个外结点 w_0 和 w_1 合并形成的子树，用一个权值为 $w_0 + w_1$ 的外结点取代之，从而得到一棵 $n-1$ 个外结点的两路合并树 T_{n-1}。二叉树 T_{n-1} 正是对权值集$\{w_0 + w_1, w_2, \cdots, w_{n-1}\}$执行上述贪心算法所生成的两路合并树。

根据归纳法假设，$cost(T_{n-1}) \leqslant cost(T_{n-1}'')$，由于 $cost(T_n) = cost(T_{n-1}) + w_0 + w_1$ 和 $cost(T_n'') = cost(T_{n-1}'') + w_0 + w_1$，所以 $cost(T_n) \leqslant cost(T_n'')$；又因为 $cost(T_n'') \leqslant cost(T_n')$，所以 $cost(T_n) \leqslant cost(T_n')$，

这与假设矛盾，这就证明了贪心算法生成的两路合并树必定是具有最小带权外路径长度的二叉树，因而是最佳两路合并树。证毕。

可以看到，在贪心算法生成合并树的过程中，被合并的任意两棵子树，它们都是所有具有相同权值集构造的子树中的最佳合并树。问题解的这种特性被称为**最优子结构**（optimal substructure）。

生成两路最佳合并树算法的思路同样适用于 K 路合并，其最优量度标准是：在算法的每一步上，选择 K 棵具有最小带权外路径长度的子树合并之。由于 K 路合并树是扩充 K 叉树，每个内结点的度为 K。令 n 为权值的个数，当 $n-1$ 不是 $K-1$ 的整数倍时，即$(n-1)\ \%\ (K-1)\neq 0$，则需补充$(K-1)-(n-1)\ \%\ (K-1)$个零权值，称为“虚结点”，最多可有 $K-2$ 个虚结点。图 6-9 所示是只有 8 个权值的三路合并树。最下层补了一个虚结点，虚结点未画在图上。关于 K 路最佳合并树的证明留作练习。

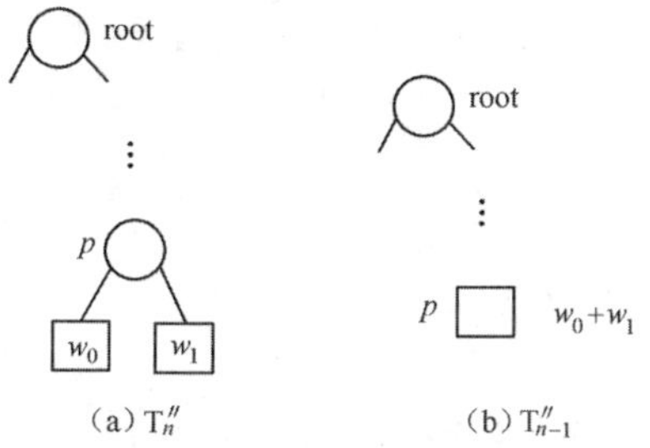

图 6-8　最佳合并树证明

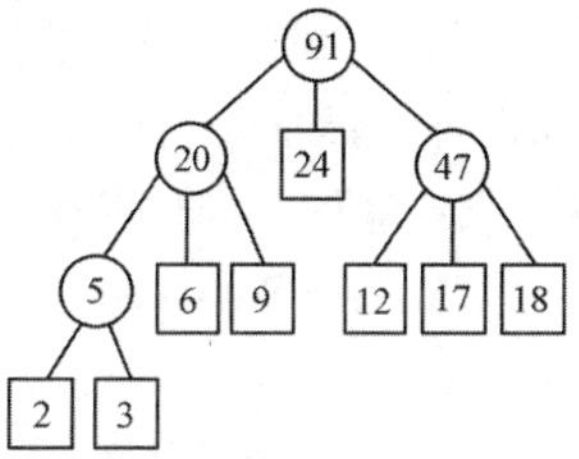

图 6-9　n=8 的三路最佳合并树

6.5　最小代价生成树

6.5.1　问题描述

一个无向连通图的**生成树**是一个**极小连通子图**，它包括图中全部结点，并且有尽可能少的边。遍历一个连通图得到图的一棵生成树。图的生成树不是唯一的，采用不同的遍历方法，从不同的结点出发可能得到不同的生成树。对于带权的连通图即网络，如何寻找一棵生成树使得各条边上的权值之和最小，是一个很有实际意义的问题。一个典型的应用是设计通信网。要在 n 个城镇间建立通信网，至少要架设 $n-1$ 条线路，这时自然会考虑如何使得造价最小。在两个城镇间设立线路，会有一定的经济代价。可以用网络来表示 n 个城镇及它们之间可能设立的通信线路，图中结点表示城镇，边代表两城镇之间的线路，边上的**权值**代表相应的**代价**（cost）。对于一个有 n 个结点的网络，可有多棵不同的生成树，一般希望选择总耗费最少的一棵生成树。这就是构造连通图的最小代价生成树问题。

一棵生成树的代价是树中各条边上的代价之和。一个网络的各生成树中，具有最小代价的生成树称为该网络的**最小代价生成树**（minimum-cost spanning tree）。

6.5.2　贪心法求解

求一个带权无向图的最小代价生成树问题是一个最优化问题。一个无向图有多棵不同的生成树。一个无向图的所有生成树都可看成是问题的可行解，其中代价最小的生成树就是所求的最优解，生成树的代价是问题的目标函数。根据图的定义，无向图的结点集是有限的，它的可行解是可以枚举的。因此，可用穷举法先求一个图的所有生成树的代价，然后从中找出代价最小的生成树。容易看出，穷举法求解是费时的，使用贪心法可以极大地减少算法的计算量。

将贪心策略用于求解无向连通图的最小代价生成树时，核心问题是需要确定贪心准则。根据最优量度标准，算法的每一步从图中选择一条符合准则的边，共选择 $n-1$ 条边，构成无向连通图的一棵生成树。由于贪心法的最优量度标准通常只是当前最优的选择，并不能确信能够得到全局最优解。贪心法求解的关键是该量度标准必须足够好。它应当保证依据此准则选出 $n-1$ 条边构成原图的一棵生成树，必定是最小代价生成树。

设 G = (V, E)是带权的连通图，T = (V, S)是图 G 的最小代价生成树。程序 6-7 是运用贪心策略求无向图的最小代价生成树的粗略算法，其中类型 ESetType 是图中边的集合，EType 是边的类型。算法以无向图 G = (V, E)的边集 E 和图中结点数目 n 为输入，算法返回图 G 的一棵最小代价生成树的边的集合 S。S 初始时为空集，在生成树的形成中，S 所代表的子图可能是若干棵自由树组成的生成森林。显然，这样的子图不包含回路。函数 Select 依据事先设计的最优量度标准从 E 的未检查过的边中选择一条边 e，并判定 $S\cup e$ 是否包含回路，舍弃可能形成回路的边。

【程序 6-7】 最小代价生成树的贪心算法

```
ESetType SpanningTree(ESetType E, int n)
{ //G=(V, E)为无向图，E 是图 G 的边集，n 是图中结点数
    ESetType S=∅;                              //S 为生成树上边的集合
    int u, v, k=0; EType e;                    //e = (u, v)为一条边
    while (k<n-1 && E 中尚有未检查的边){          //选择生成树的 n-1 条边
        e=select(E);                           //按最优量度标准选择一条边
        if (S∪e 不包含回路){                     //判定可行性
            S=S∪e; k++;                        //在生成树边集 S 中添加一条边
        }
    }
    return S;
}
```

最简单的最优量度标准是：选择使得迄今为止已入选 S 中边的代价之和增量最小的边。对于最优量度标准的不同解释将产生不同的构造最小代价生成树算法。对于上述量度标准有两种可能的理解，它们是**普里姆**（Prim）算法和**克鲁斯卡尔**（Kruskal）算法。

克鲁斯卡尔算法的贪心准则是：按边代价的非减次序考察 E 中的边，从中选择一条代价最小的边 $e=(u, v)$。这种做法使得算法在构造生成树的过程中，边集 S 代表的子图不一定是连通的。普里姆算法的贪心准则是：在保证 S 所代表的子图是一棵树的前提下选择一条最小代价的边 $e=(u, v)$。

对于普里姆算法，由于其选边方式已经保证 S 所代表的子图自然是一棵树，故无须再判断边集 $S\cup e$ 是否包含回路。但对于克鲁斯卡尔算法，为了确保最终得到生成树，每选择一条边时，都需判定 $S\cup e$ 是否包含回路。

以上两种准则都仅考虑了局部最优性，只能保证最终构成一棵生成树，并不表明必定得到最小代价生成树，对于这两种算法最终生成的生成树是否一定是最小代价生成树的结论是需要额外证明的。

6.5.3 普里姆算法

设 G = (V, E)是带权的连通图，F = (U, S)是图 G 的子图，它是正在构造中的生成树。普里姆算法从 $U=\{v_0\}$，$S=\varnothing$开始构造最小代价生成树，其中 v_0，$v_0\in V$ 是任意选定的结点。普里姆算

法的具体选边准则是：寻找一条边(u, v)，它是所有一个端点 u 在构造中的生成树上（$u \in U$），而另一个端点 v 不在该树上（$v \in V - U$）的这些边中代价最小的边。算法按照上述选边准则，选取 $n - 1$ 条满足条件的最小边加到生成树上，最终有 $U = V$。这时，$T = (V, S)$是图 G 的一棵最小代价生成树。

正如前面所述，按照上述标准所选的边仅在某种意义下代价最小，最终是否一定得到最小代价生成树尚需证明。

图 6-10 给出了一个带权无向连通图及用普里姆算法构造最小代价生成树的过程。

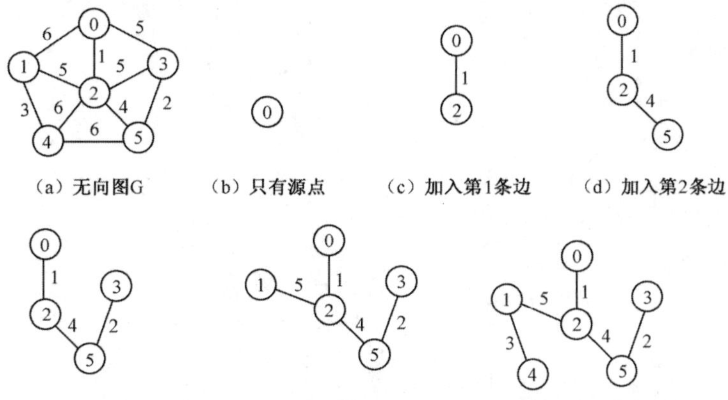

（a）无向图G　（b）只有源点　（c）加入第1条边　（d）加入第2条边

（e）加入第3条边　（f）加入第4条边　（g）图G的最小代价生成树

图 6-10　普里姆算法构造最小代价生成树

为了实现普里姆算法，使用两个一维数组 nearest 和 lowcost。设在算法执行的某个时刻，构造中的生成树 $F = (U, S)$，若对于 $V - U$ 中的每个结点 v，边(u, v)是所有 $u \in U$ 的边中最小者，则令 nearest[v] = u，lowcost[v] = $w(u, v)$。这也就是说，对于当前尚未入选生成树的结点 v 而言，可存在若干条边使它与生成树上结点相邻接，边(u, v)是其中权值最小者。边(u, v)的两个顶点和权值 $w(u, v)$形成三元组$(u, v, w(u, v))$ = (nearest[v], v, lowcost[v])。

辅助数组 mark 用于在算法执行中，标志某个结点当前是否已被选入生成树。mark[v] = false 表示结点 v 尚未选入生成树；反之，表示 v 已选入。在初始状态下，令所有 nearest[v] = –1，lowcost[v] = INFTY，mark[v] = false。INFTY 是常量，它大于图中任何边的权值。

当一个结点 k 加入构造中的生成树后，需要考察结点 k 的尚未包含在树中的所有邻接点，设 j 是这样的结点。边(k, j)的一端在树中，另一端在树外的边。如果 $w(k, j)$＜lowcost[j]，则令 lowcost[j] = $w(k, j)$，nearest[j] = k，表示对于结点 j，它与生成树相关联的最小权值边将修改为(k, j)。经过这样修正，可以保证，对所有尚未被包含在生成树上的结点 j，lowcost[j]始终是结点 j 与树中结点相邻的边中权值最小者，而 nearest[j]是此边在生成树上的那个端点。

显然，遵循选边准则，选取的下一条边，应是所有 mark[k] = false 且权值 lowcost[k]最小者的边（nearest[k], k），于是结点 k 入选生成树。

程序 6-8 为普里姆算法的 C++程序。图采用邻接表存储。程序 6-8 在程序 4-1 的 ENode 类中增加类型为 T 的权值 w，相应的类 ENode 和 Graph 都定义为模板类。该程序执行结果保存在数组 nearest 和 lowcost 中。对于图 6-10（a）所示的带权图，若选择结点 0 为起始结点，并对每个结点 j（$0 \leqslant j < n$），按（nearest[j], j, lowcost[j]）形式输出所有边，则执行函数 Prim，将输出构成最小代价生成树的下列边集（结点 0 为源点）：

（0, 0, 0）（2, 1, 5）（0, 2, 1）（5, 3, 2）（1, 4, 3）（2, 5, 4）

【程序 6-8】 普里姆算法

```
template<class T>
struct ENode
{//带权图的边结点
    int adjVex;
    T w;
    ENode* nextArc;
};
template <class T>
class Graph
{
public:
    Graph (int mSize);
    void Prim(int s);
     …
protected:
    void Prim(int k, int* nearest, T* lowcost);
     …
    ENode<T>** a;
    int n;
};
template<class T>
void Graph<T>::Prim(int s)
{//公有成员函数
    int* nearest=new int[n], *lowcost=new int[n];
    Prim(s, nearest, lowcost);
    for(int j=0; j<n; j++)
        cout<<"("<<nearest[j]<<","<<j<<","<<lowcost[j]<<") ";
    cout<<endl;
    delete [] nearest; delete []lowcost;
}
template<class T>
void Graph<T>::Prim(int k, int* nearest, T* lowcost)
{//私有成员函数
    bool* mark=new bool[n];                          //创建 mark 数组
    ENode<T> *p;
    if (k<0||k>n-1) throw OutofBounds;
    for (int i=0; i<n; i++){                          //初始化
        nearest[i]= -1; mark[i]=false;
        lowcost[i]=INFTY;                            //常量 INFTY 的值大于所有边的权值
    }
```

```
        lowcost[k]=0; nearest[k]=k; mark[k]=true;              //源点 k 加入生成树
        for (i=1; i<n; i++){
            for(p=a[k]; p; p=p->nextArc){                      //修改 lowcost 和 nearest 的值
                int j= p->adjVex;
                if ((! mark[j] )&&(lowcost[j]>p->w)){
                    lowcost[j]=p->w; nearest[j]=k;
                }
            }
            T min=INFTY;                                       //求下一条最小权值的边
            for (int j=0; j<n; j++)
                if ((! mark[j])&&(lowcost[j]<min)){
                    min=lowcost[j]; k=j;
                }
            mark[k]=true;                                      //将结点 k 加到生成树上
        }
    }
```

设无向图中结点数为 n，很明显，程序 6-8 的普里姆算法的运行时间是 $O(n^2)$。

6.5.4 克鲁斯卡尔算法

设 $G = (V, E)$是带权的连通图，$F = (U, S)$是正在构造中的生成树。初始时，$U = V$，$S = \varnothing$。克鲁斯卡尔算法也采用每一步选择一条边的方法，共选 $n - 1$ 条边，构成一棵最小代价生成树。

克鲁斯卡尔算法的选边准则是：在 E 中选择一条权值最小的边(u, v)，并将其从 E 中删除；若在 S 代表的子图中加入边 $e = (u, v)$后不形成回路，则将该边加入 S 中。这就要求结点 u 和 v 分属于生成森林 F 的两棵不同的树上，当边(u, v)加入 S 后，这两棵树将合并为一棵树。如果在 S 中加入 e 会形成回路，则应舍弃此边，继续选下一条边，直到 S 中包含 $n - 1$ 条边，此时 $F = (V, S)$便是图 G 的一棵最小代价生成树。也可能在所有边都考察完毕后$|S| < n - 1$，这种情况表明原图不是连通图。

图 6-11 给出了使用克鲁斯卡尔算法，由图 6-10（a）的带权图构造最小代价生成树的过程。

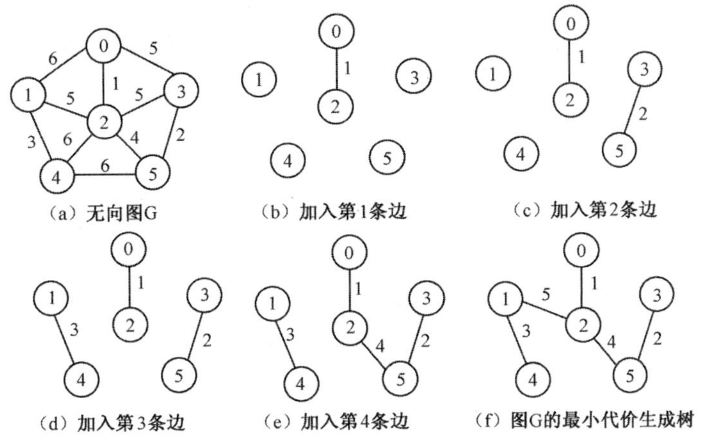

图 6-11　克鲁斯卡尔算法

克鲁斯卡尔算法从边的集合 E 中，按照边的权值从小到大的次序依次选取边加以考察。根据这种做法，不妨使用一个优先权队列来保存一个图 G 的边的集合。优先权队列的元素类型定义如下：

```
template<class T>
struct eNode{
    operator T ()const { return w;}
    int u, v;
    T w;
};
```

可将此优先权队列视为带权图的存储结构。初始时，pq 保存图的所有带权的边。在算法执行中，克鲁斯卡尔算法使用 Serve 函数，不断从 pq 中取得具有最小权值的边。

对于克鲁斯卡尔算法，在选择边(u, v)时，需要判定 $S\cup\{u, v\}$是否形成回路。这就需要判定边(u, v)的两个端点 u 和 v 是否分属于生成森林的两棵不同的树。那么，如何实现这种判定呢？可以考虑使用 6.3 节中提到的并查集。克鲁斯卡尔算法形成的生成森林对应于一个并查集，其中每一棵树对应于并查集的一个子集。使用 Find 函数分别查找结点 u 和 v 所在的子集，若它们不在同一子集中，则表明 u 和 v 不在生成森林 F 的同一棵树上，边(u, v)可加入 F 中，否则舍弃之。在将边(u, v)加入 F 之后，应使用 Union 函数将两个子集合并成一个子集。但是，由于并查集自身往往以森林表示，其中的子集用树表示，所以读者容易混淆代表并查集的子集的树与算法得到的生成森林中的树。

程序 6-9 为克鲁斯卡尔算法程序，程序注释中的树是指代表并查集的子集的树，每个子集以树根标识。程序并没有实际保存生成森林，只是简单地输出最小代价生成树的每一条边。对于图 6-11（a）所示的带权图，程序 6-9 可输出如下边集：

(0, 2, 1) (5, 3, 2) (4, 1, 3) (5, 2, 4)（2, 1, 5）

【程序 6-9】 克鲁斯卡尔算法

```
template <class T>
void Graph<T>::Kruskal(PrioQueue<eNode<T> >& pq)
{   /* 优先权队列 pq 中保存无向图边的集合，n 是无向图的结点个数 */
    eNode<T> x;
    UFSet s(n);                                          //建立一个并查集 s
    int u, v, k=0;
    while (k<n-1 && ! pq.IsEmpty()){                     //生成生成树的 n-1 条边
        pq.Serve(x);                                     //从 pq 中取出最小代价的边 x
        u=s.Find(x.u); v=s.Find(x.v);                    //分别找 x.u 和 x.v 所在的树根
        if (u! =v){                                      //若 u 和 v 不在同一树中
            s.Union(u, v);                               //合并两棵根为 u 和 v 的树
            k++;
            cout<<"("<<x.u<<","<<x.v<<","<<x.w<<") "; //输出生成树上一条边
        }
    }
    cout<<endl;
    if (k<n-2) throw NonConnected;                       //若边数少于 n-1，则原图非连通
}
```

克鲁斯卡尔算法的时间复杂度是容易分析的。设无向图有 n 个结点和 e 条边，while 循环最多执行 e 次，Serve 运算的时间最多 $O(\log e)$，改进的 Find 运算的时间不超过 $O(\log n)$，Union 的时间为 O(1)。一般有 $e \geqslant n$，这样，克鲁斯卡尔算法的时间复杂度为 $O(e\log e)$，建立优先权队列的时间也是 $O(e\log e)$。克鲁斯卡尔算法对边数较少的带权图有较高效率。

6.5.5 算法正确性

普里姆算法和克鲁斯卡尔算法都建立在下面的结论之上。

定理 6-5 设图 $G=(V, E)$是一个带权连通图，U 是 V 的一个真子集。若边$(u, v)\in E$ 是所有 $u\in U, v\in V-U$ 的边中权值最小者，那么一定存在 G 的一棵最小代价生成树 $T=(V, S)$，$(u, v)\in S$。这一性质称为 MST（minimum spanning tree）**性质**。

证明：可以用反证法证明之。如果图 G 的任何一棵最小代价生成树都不包括(u, v)。将(u, v)加到图 G 的一棵最小代价生成树 T 中，将形成一条包含边(u, v)的回路，并且在此回路上必定存在另一条不同的边(u', v')，使得 $u'\in U$，$v'\in V-U$。删除边（u', v'），便可消除回路，并同时得到另一棵生成树 T′。因为(u, v)的权值不高于(u', v')，则 T′的代价亦不高于 T，且 T′包含(u, v)，故与假设矛盾。证毕。如图 6-12 所示。

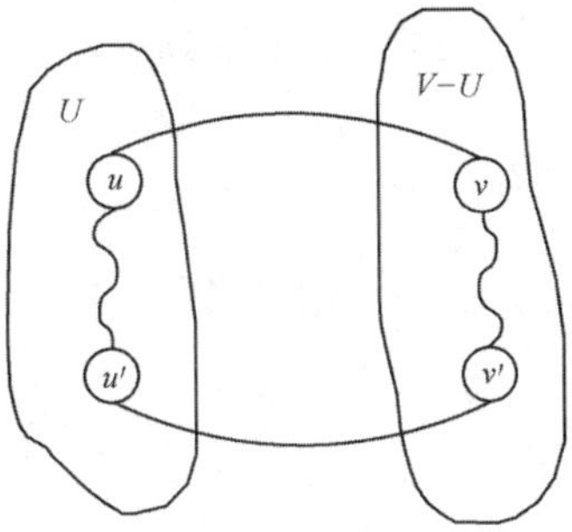

图 6-12 包含边(u, v)的回路

这一结论是普里姆算法和克鲁斯卡尔算法的理论基础。两个算法的正确性都可以从定理 6-5 得到证明。因为无论普里姆算法还是克鲁斯卡尔算法，每一步上选择的边均符合定理 6-5，因此必定存在一棵最小代价生成树包含每一步上已经形成的生成树（或森林），并包含新添加的边。所以定理 6-6 成立。

定理 6-6 普里姆算法和克鲁斯卡尔算法都将产生一个带权无向连通图的最小代价生成树。

6.6 单源最短路径

最短路径（shortest path）是另一种重要的图算法。在生活中常常遇到这样的问题：两地之间是否有路可通？在有几条通路的情况下，哪一条路最短？这就是路由选择。交通网络可以画成带权的图，图中结点代表城镇，边代表城镇间的公路，边上的权值代表公路的长度。又如邮政自动分拣机也有路选装置。分拣机中存放一张分拣表，列出了邮政编码与分拣邮筒间的对应关系。信封上要求用户写上目的地邮政编码，分拣机鉴别这一编码，再查一下分拣表即可决定将此信投到哪个分拣邮筒去。计算机网络的路由选择要比邮政分拣复杂得多。这是因为计算机网络结点上的路由选择表不是固定不变的，而要根据网络不断变化的运行情况，随时修改更新。被传送的报文分组就像信件一样要有报文号、分组号及目的地地址，而网络结点就像分拣机一样，根据结点内设立的路由选择表，决定报文分组应该从哪条链路转发出去。这就是路由选择。路由选择是计算机通信网络的网络层的主要部分，其一种方法就是用最短路径算法为每个站建立一张路由表，列出从该站到它所有可能的目的地的输出链路。当然，这时作为边上的权值就不仅仅是线路的长度，而应反映线路的负荷、中转的次数、站的能力等综合因素。

有两类不同的最短路径问题：单源最短路径问题和所有结点间的最短路径问题。对于这两类问题，存在不同的求解算法。

6.6.1 问题描述

单源最短路径问题是：给定带权的有向图 G = (V, E)和图中结点 $s \in V$，求从 s 到其余各结点的最短路径，其中，s 称为源点。注意，这里所指的路径长度是指路径上的边所带的权值之和，而不是路径上的边的数目，并假定边上的权值为非负值。图 6-13（b）列出了图 6-13（a）所示有向图中，从结点 0 到其余各结点的最短路径和路径长度。

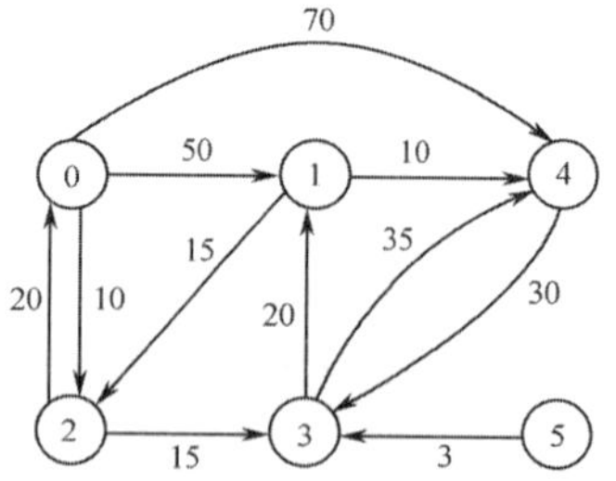

（a）带权的有向图G

源点	终点	最短路径	路径长度
0	1	(0,2,3,1)	45
	2	(0,2)	10
	3	(0,2,3)	25
	4	(0,2,3,1,4)	55
	5	—	∞

（b）图G顶点0的单源最短路径

图 6-13　单源最短路径

6.6.2 贪心法求解

用贪心法的观点看，从源点到另一个结点的任何一条路径均可视为一个可行解，其中长度最短的路径是从源点到该结点的最短路径。从源点到其余每个结点的最短路径构成了单源最短路径问题的最优解。因此，问题解的形式可以认为是：$L = (L_1, L_2, \cdots, L_{n-1})$，只要每个分量都是源点到某一个结点的路径，L 就是问题的一个可行解。

如何求这些最短路径呢？**迪杰斯特拉**（Dijkstra）提出了按路径长度的非递减次序逐一产生最短路径的算法：首先求得长度最短的一条最短路径，再求得长度次短的一条最短路径，其余类推，直到从源点到其他所有结点之间的最短路径都已求得为止。也就是说，对于最终求得的最优解 $L = (L_1, L_2, \cdots, L_{n-1})$，算法先求得其中最短的路径，然后再求次短的……

设 $S = \{v_0, v_1, \cdots, v_k\}$是已经求得最短路径的结点集合，一个结点 v_i 属于 S 当且仅当从源点 s 到 v_i 的最短路径已经计算。单源最短路径的最优量度标准是：使得从 s 到 S 的所有结点的路径长度之和增量最小。所以迪杰斯特拉算法总是在集合 $V-S$ 中选择“当前最短路径”长度最小的结点加入集合 S 中。

6.6.3 迪杰斯特拉算法

设集合 S 存放已经求得最短路径的终点，则 $V-S$ 为尚未求得最短路径的终点集合。初始状态时，集合 S 中只有一个源点，设为结点 s。迪杰斯特拉算法的具体做法是：首先将源点 s 加入 S 中；在算法的每一步中，按照最短路径值的非减次序，产生下一条最短路径（s~>t），并将该路径的终点 $t \in V-S$ 加入 S 中；直到 $S = V$，算法结束。

为了便于使用贪心法求解，先定义术语“当前最短路径”。在算法执行中，一个结点 $t \in V-S$ 的**当前最短路径**，是一条从源点 s 到结点 t 的路径，在该路径上，除结点 t 外，其余结点都属于 S，当前最短路径是所有这些路径中的最短者。于是可将最优量度标准设计为：从 $V-S$ 中选择具有最短的“当前最短路径”的结点加入集合 S 中。

为实现迪杰斯特拉算法，设计下列数据结构。

（1）一维数组 d[i]中存放从源点 s 到结点 i 的当前最短路径的长度。

（2）一维整型数组 path[i]存放从源点 s 到结点 i 的当前最短路径上，结点 i 的前一个结点。例如图 6-13（a）的有向图中从结点 0 到结点 1 的最短路径为（0, 2, 3, 1），则应有 path[1] = 3，path[3] = 2，path[2] = 0。因此，从源点 0 到结点 1 的路径可以根据 path 的反向追溯来创建。

（3）一维布尔数组 inS，若 inS[i]为 true，表示结点 i 在 S 中；否则，表示 i 在 $V-S$ 中。

下面简述迪杰斯特拉算法计算过程。

（1）求第一条最短路径

在初始状态下，集合 S 中只有一个源点 s，$S=\{s\}$，所以

$$\mathrm{d}[i]=\begin{cases}w(s,i) & 若 <s,i>\in E\\ \infty & 若 <s,i>\notin E\end{cases} \tag{6-7}$$

式中，$w(s, i)$是边$<s, i>$的权值。所以对所有结点 i，d[i]有当前最短路径的长度。

第一条最短路径是所有最短路径中的最短者，它必定只包含一条边(s, k)，并满足

$$\mathrm{d}[k]=\min\{\mathrm{d}[i]\mid i\in V-\{s\} \tag{6-8}$$

在图 6-13（a）中，设结点 0 为源点，则最短的那条最短路径是 3 条边：<0, 1>，<0, 2>，<0, 4>中权值最小的边<0, 2>，所以，第一条最短路径应为（0, 2），其长度为 10。

（2）更新 d 和 path

将结点 k 加入 S 中，并对所有的 $i\in V-S$ 按式（6-8）修正，即

$$\mathrm{d}[j]=\min\{\mathrm{d}[j],\ \mathrm{d}[k]+w(k,j)\} \tag{6-9}$$

式中，$w(k, j)$是边$<k, j>$上的权值。

（3）求下一条最短路径

在 $V-S$ 中，选择具有最短的当前最短路径值的结点 k，满足 $\mathrm{d}[k]=\min\{\mathrm{d}[i]\mid i\in V-S\}$。

程序 6-10 实现迪杰斯特拉算法。有向图采用邻接矩阵表示（这并不意味着邻接表方法不适合），MGraph 是邻接矩阵类，a 是邻接矩阵，函数 Choose 实现从数组 d 中选择最小值。函数 Dijkstra 计算单源最短路径，在一维数组 d 和 path 中返回各最短路径的长度和相应的最短路径。算法的主要步骤如下。

（1）初始化：创建长度为 n 的一维数组 inS、d 和 path，并将每个 inS[i]初始化为 false，d[i]为 a[v][i]，如果 $i != v$ 且 d[i]＜∞，则 path[i] = v，否则 path[i] = −1。

（2）将源点 v 加入集合 S 中：inS[v] = true; d[v] = 0。

（3）使用 for 循环，按照长度的非递减次序，依次产生 $n-1$ 条最短路径：调用函数 Choose，选出最小的 d[k]；将结点 k 加入集合 S 中，inS[k] = true；使用内层 for 语句更新数组 d 和 path 的值，使得其始终代表各条当前最短路径。

【程序 6-10】 迪杰斯特拉算法

```
template<class T>
class MGraph
{
public:
    MGraph(int mSize);
    void    Dijkstra(int s, T*& d, int*& path);
    …
private:
    int    Choose(int* d, bool* s);                    //在一维数组 d 中求最小值
```

```
    …
    T**a;                                          //动态生成二维数组 a，存储图的邻接矩阵
    int n;                                         //图中顶点数
};
template <class T>
int MGraph<T>::Choose(int* d, bool* s)
{
    int i, minpos; T min;
    min=INFTY; minpos=-1;
    for (i=1; i<n; i++)
        if (d[i]<min &&！ s[i]){
            min=d[i]; minpos=i;
        }
    return minpos;
}
template <class T>
void MGraph<T>::Dijkstra(int s, T*& d, int*& path)
{
    int k, i, j;
    if (s<0||s>n-1) throw OutOfBounds;
    bool *inS=new bool[n]; d=new T[n]; path=new int[n];
    for (i=0; i<n; i++){                           //初始化
        inS[i]=false; d[i]=a[s][i];                //a 是有向图 G 的邻接矩阵
        if (i！ =s && d[i]<INFTY) path[i]=s;
        else path[i]= -1;
    }
    inS[s]=true; d[s]=0;                           //将源点加入 S 中
    for (i=1; i<n-1; i++){                         //求 n-1 条最短路径
        k=Choose(d, inS);                          //选出下一条最短路径的结点 k
        inS[k]=true;                               //将 k 加入 S 中
        for (j=0; j<n; j++)                        //更新 d 和 path 的值
            if (！ inS[j] && d[k]+a[k][j]< d[j]){
                d[j]=d[k]+a[k][j]; path[j]=k;
            }
    }
}
```

表 6-4 显示了在用迪杰斯特拉算法对图 6-13（a）的有向图计算最短路径的执行过程中，数组 d 和 path 的变化情况。

很显然，上述算法的执行时间为 $O(n^2)$。

表 6-4　迪杰斯特拉算法求单源最短路径

S	d[0] path[0]	d[1] path[1]	d[2] path[2]	d[3] path[3]	d[4] path[4]	d[5] path[5]
0	0, −1	50, 0	10, 0	∞, −1	70, 0	∞, −1
1	0, −1	50, 0	10, 0	25, 2	70, 0	∞, −1
2	0, −1	45, 3	10, 0	25, 2	60, 3	∞, −1
3	0, −1	45, 3	10, 0	25, 2	55, 1	∞, −1
4	0, −1	45, 3	10, 0	25, 2	55, 1	∞, −1

6.6.4　算法正确性

迪杰斯特拉算法选择具有最小的当前最短路径的结点，这种最优量度标准能否得到全局最优解是需要证明的。

设$\delta(s, i)$为从源点 s 到结点 i 的最短路径的长度，如果从 s 到 i 没有路径，则$\delta(s, i) = \infty$。d[i]如前面算法中的定义，则有以下定理。

定理 6-7　已知带权有向图 $G = (V, E)$，其源点为 s，迪杰斯特拉算法使得对所有 i，$i \in V-\{s\}$，d[i]$\geqslant\delta(s, i)$，且一旦 d[i] = $\delta(s, i)$，它将不再改变。

证明：初始化时，d[i]$\geqslant\delta(s, i)$显然成立。这是因为对所有 $i \in V-\{s\}$，d[i] = a[s][i]，a[s][i]是邻接矩阵元素。如果存在边$<s, i> \in E$，则 d[i] = a[s][i]$\geqslant\delta(s, i)$，否则 d[i] $=\infty > \delta(s, i)$。

从算法可知，当某个结点 k 被迪杰斯特拉算法加入集合 S 后，如果 d[k]+a[k][i]＜d[i]，则算法会修改 d[i]，使得 d[i] = d[k]+a[k][i]。设结点 i 是第一个因这种修改使得 d[i]＜$\delta(s, i)$的结点。那么，

d[i]＜$\delta(s, i)$	（根据假设）
≤$\delta(s, k)$+a[k][i]	（最短路径长度不超过某一条路径的长度）
≤d[k]+a[k][i]	（因为 i 是第一个与结论不符的结点）

但由于修改是在 d[k] + a[k][i]＜d[i]时进行，并修改为 d[i] = d[k]+a[k][i]，故存在矛盾，所以 d[i]$\geqslant\delta(s, i)$。

一旦 d[i] = $\delta(s, i)$，由于算法中对 d[i]的修改不会使得 d[i]的值变大，所以一旦 d[i]已达到最小值$\delta(s, i)$，将不会再改变。证毕。

定理 6-8　已知带权有向图 G = (V, E)，其源点为 s，迪杰斯特拉算法使得对所有结点 i 和 j，$i \in S$，$j \in V-S$，必有 d[i]≤d[j]。

证明：初始时，$S = \{s\}$，d[s] = 0，定理成立。一般，设 j 是第一个结点，当算法将其前驱结点 k 加入 S，并修改 d[j] = min{d[j], d[k]+a[k][j]}后，存在某个结点 i，$i \in S$，$j \in V-S$，d[i]＞d[j]。设与其对应的两条路径分别为 $p1$ =（s~>i）和 $p2$ =（s~>k→j），它们的长度分别为 d[i]和 d[j]，如图 6-14 所示。其中结点 k 是最新入选 S 的结点。

如果 d[j]＜d[i]，a[k][j]为非负值，子路径（s~>k）的长度必定小于 d[j]，因而小于 d[i]。但这是不可能的，在结点 k 入选 S 前，应有 d[i]≤d[k]。这与 j 是第一个使得 d[i]＞d[j]结点的假设矛盾。证毕。

定理 6-9　已知带非负权值的有向图 G = (V, E)，路径（$s = v_0, \cdots, v_i, \cdots, v_k = t$）是从 s 到 v_k 的一条最短路径，$v_i \in V$，$0 \leqslant i \leqslant k < n$，则子路径（$s = v_0, \cdots, v_i$）和（$v_i, \cdots, v_k = t$）必定分别是从 s 到 v_i 和 v_i 到 t 的最短路径。

证明：这一定理就是本章最后将讨论的最优子结构特性。容易运用反证法证明这一定理。因

为如果这两段子路径（$s=v_0, \cdots, v_i$）和（$v_i, \cdots, v_k=t$）中任何一条不是最短的，则路径（$s=v_0, \cdots, v_i, \cdots, v_k=t$）也不可能是最短的。证毕。

定理 6-10 已知带非负权值的有向图 $G=(V, E)$，其源点为 s，当迪杰斯特拉算法结束时，对所有结点 i，有 $d[i]=\delta(s, i)$。

证明： 显然初始时 $S=\{s\}$，$d[s]=\delta(s, s)=0$，定理成立。在一般情况下，设结点 j 是第一个结点，当算法将其加入 S 时，$d[j]\neq\delta(s, j)$，那么必有另一条从 s 到 j 的路径是最短路径。设结点 k 是 $s\sim>j$ 的路径上第一个不属于 S 的结点，x 是 k 的前驱，如图 6-15 所示。

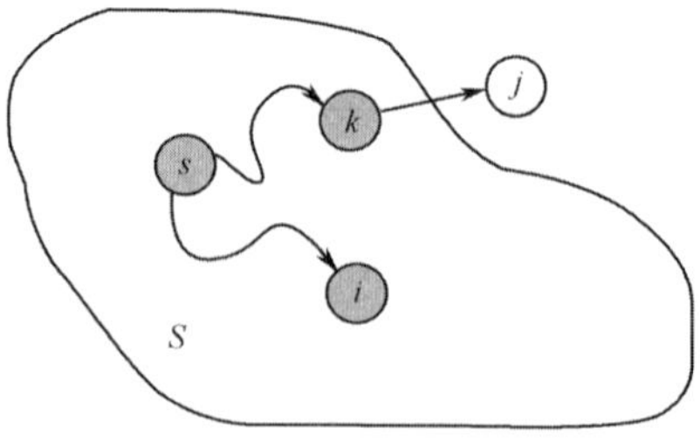

图 6-14　证明定理 6-8

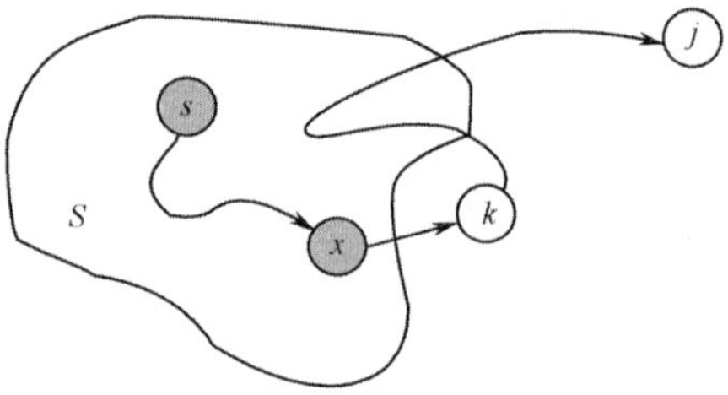

图 6-15　证明定理 6-10

先证明断言 $d[k]=\delta(s, k)$。根据迪杰斯特拉算法，当 x 被加入 S 时，$d[k]$的修改总使得

$d[k]\leqslant d[x]+a[x][k]$　　（根据算法）

$=\delta(s, x)+a[x][k]$　　（x 在 S 中）

$=\delta(s, k)$　　（因为 $s\sim>k\sim>j$ 是一条最短路径，定理 6-9）

由定理 6-7，$d[k]\geqslant\delta(s, k)$，所以，$d[k]=\delta(s, k)$。

再导出 $d[k]\leqslant d[j]$。由于路径（$s\sim>x\to k\sim>j$）上，所有边的权值非负，必有$\delta(s, k)\leqslant\delta(s, j)$。因而，$d[k]=\delta(s, k)\leqslant\delta(s, j)\leqslant d[j]$。又有 $d[j]\leqslant d[k]$。这是因为在选择结点 j 时，结点 j 和 k 都属于 $V-S$，先选择了 j，故必有 $d[j]\leqslant d[k]$。

综合上面的讨论，得到

$$d[k]=\delta(s, k)=\delta(s, j)=d[j]$$

这与假设 $d[j]\neq\delta(s, j)$矛盾。从而证明了每个结点 $j\in V$ 被加入 S 时，必有 $d[j]=\delta(s, j)$，且一直保持到算法结束。证毕。

6.7　磁带最优存储

6.7.1　单带最优存储

1. 问题描述

设有 n 个程序编号分别为 $0, 1, \cdots, n-1$，要存放在长度为 L 的磁带上，程序 i 在磁带上的存储长度为 a_i，$0\leqslant i<n$，$\sum_{i=0}^{n-1} a_i\leqslant L$。假定存放在磁带上的程序随时可能被检索，且磁带在每次检索前均已倒带到最前端。那么，如果 n 个程序在磁带上的存放次序为$\gamma=(\gamma_0, \gamma_1, \cdots, \gamma_{n-1})$，则检索程序$\gamma_k$所需时间 t_k 与 $\sum_{i=0}^{k} a_{\gamma_i}$ 成正比。假定每个程序被检索的概率相等，则**平均检索时间**（mean retrieval

time, MRT）定义为$\frac{1}{n}\sum_{k=0}^{n-1} t_k$。单带最优存储问题是求这 n 个程序的一种排列，使得 MRT 有最小值。这也等价于求使 $D(\gamma)=\sum_{k=0}^{n-1}\sum_{i=0}^{k} a_{\gamma_i}$ 有最小值的排列。

例 6-5 设 $n=3$，$(a_0, a_1, a_2)=(5, 10, 3)$。显然有 $n!=3!=6$ 种可能的排列方式。表 6-5 列出这些排列和相应的 D 值。表中，D 值最小的排列为（2, 0, 1）。

表 6-5 可能的排列和相应的 D 值

排列次序γ	$D(\gamma)$
0, 1, 2	5 + (5 + 10) + (5 + 10 + 3) = 38
0, 2, 1	5 + (5 + 3) + (5 + 3 + 10) = 31
1, 0, 2	10 + (10 + 5) + (10 + 5 + 3) = 43
1, 2, 0	41
2, 0, 1	29
2, 1, 0	34

2．贪心法求解

贪心法通过逐个选择解向量的分量求解问题。一个问题可用贪心法求解的关键是设计最优量度标准。一种可以考虑的量度标准是：计算迄今为止已选的那部分程序的 D 值，选择下一个程序的标准应使得该值的增加最小。容易看到，这一量度标准等价于将程序按长度非减次序排列后依次存放。因此，为了得到最优解，只需使用任意一种排序算法对 n 个程序按长度的非减次序重新排列即可。所需时间是排序算法的时间 $O(n\log n)$。定理 6-11 证明了上述量度标准的确是最优量度标准，它能够产生最优解。

定理 6-11 设有 n 个程序$\{0, 1, \cdots, n-1\}$，程序 i 的长度为 a_i，$0\leqslant i<n$，且有 $a_0\leqslant a_1\leqslant\cdots\leqslant a_{n-1}$，$\gamma=(\gamma_0, \gamma_1, \cdots, \gamma_{n-1})$是这 n 个作业的一种排列。那么只有当$\gamma_j=j$，$0\leqslant j<n$ 时，$D(\gamma)=\sum_{k=0}^{n-1}\sum_{i=0}^{k} a_{\gamma_i}$ 有最小值。

证明： 设γ是下标集合$\{0, 1, \cdots, n-1\}$的任意一种排列，则

$$D(\gamma)=\sum_{k=0}^{n-1}\sum_{i=0}^{k} a_{\gamma_i}=\sum_{k=0}^{n-1}(n-k)a_{\gamma_k} \tag{6-10}$$

如果存在 i 和 j，使得 $i<j$ 且$\gamma_i>\gamma_j$，则可交换程序γ_i和γ_j，得到另一种排列γ'，它有

$$D(\gamma')=\sum_{0\leqslant k\leqslant n-1,k\neq i,k\neq j}(n-k)a_{\gamma_k}+(n-i)a_{\gamma_j}+(n-j)a_{\gamma_i} \tag{6-11}$$

将式（6-10）减去式（6-11）得到

$$D(\gamma)-D(\gamma')=(n-i)a_{\gamma_i}+(n-j)a_{\gamma_j}-(n-i)a_{\gamma_j}-(n-j)a_{\gamma_i}=(j-i)(a_{\gamma_i}-a_{\gamma_j})>0 \tag{6-12}$$

可以重复上述交换，并由此可见，只有当程序按长度非减次序排列时，有最小的 D 值，任意其他排列都不可能取得最小的 D 值。证毕。

6.7.2 多带最优存储

1．问题描述

可以将单带存储问题扩展到多带存储问题。设有 m（$m>1$）条磁带 $T_0, T_1, \cdots, T_{m-1}$ 和 n 个程

序，要求将此 n 个程序分配到这 m 条磁带上，令 I_j（$0 \leqslant j < m$）是存放在第 j 条磁带上的程序子集的某种排列，$D(I_j)$的定义与前面相同，那么，求 m 条磁带上检索一个程序的平均检索时间的最小值等价于求 $\sum_{0 \leqslant j<m} D(I_j)$ 的最小值。令 $\mathrm{TD} = \sum_{0 \leqslant j<m} D(I_j)$。多带最优存储问题是求 n 个程序在 m 条磁带上的一种存储方式，使得 TD 有最小值。

2. 贪心法求解

在多带情况下计算最优平均检索时间，可以先将程序按长度的非减次序排列，即 $a_0 \leqslant a_1 \leqslant \cdots \leqslant a_{n-1}$，其中 a_i（$0 \leqslant i < n$）是程序 i 的长度。从程序 0 和磁带 T_0 开始分配，将程序 0 存放在 T_0 上，程序 1 存放在 T_1 上，……，程序 $m-1$ 存放在 T_{m-1} 上，接着再将程序 m 存放在 T_0 上……一般，将程序 i 存放在磁带 $i \bmod m$ 上。在这种存储方式下，每一条磁带上的程序都是按长度非减次序排列的。程序 6-11 实现将 n 个程序分配到 m 条磁带的算法。如果程序已经按长度非减次序排列，则将 n 个程序分配到 m 条磁带上的算法的计算时间为$\Theta(n)$。

【程序 6-11】 多带最优存储

```
#include <iostream.h>
void Store(int n, int m)
{
    int j = 0;
    for (int i=0; i<n; i++) {
        cout << "将程序"<<i<<" 加到磁带" <<j<<endl;
        j=(j+1)% m;
    }
    cout<<endl;
}
```

定理 6-12 设有 n 个程序$\{0, 1, \cdots, n-1\}$，程序 i 的长度为 a_i（$0 \leqslant i < n$=，且有 $a_0 \leqslant a_1 \leqslant \cdots \leqslant a_{n-1}$，程序 6-11 实现将 n 个程序分配到 m 条磁带上，且有最小 TD 值。

证明：假定第 j 条带上存放了 r 个程序，其排列次序为：$I_j = (\gamma_0, \gamma_1, \cdots, \gamma_{r-1})$，则

$$D(I_j) = \sum_{k=0}^{r-1}\sum_{i=0}^{k} a_{\gamma_i} = \sum_{k=0}^{r-1}(r-k)a_{\gamma_k} = \sum_{k=0}^{r-1} p_k a_{\gamma_k} \qquad (6\text{-}13)$$

式中，$p_k = r-k$ 为程序γ_k 在该条带上从带尾向前的存放次序，即当 $k=0$ 时，$p_0=r$，当 $k=r-1$ 时，$p_{r-1}=1$。

设 I 是 n 个程序在 m 条带上按程序 6-11 的存放形式，则

$$\mathrm{TD}(I) = \sum_{0 \leqslant j<m} D(I_j) = \sum_{k=0}^{n-1} p_k a_k \qquad (6\text{-}14)$$

式中，a_k 是程序 k 的长度，p_k 是程序 k 在其所在的磁带上自带尾向前计算时的存放次序。容易看到，在程序 6-11 的存放方式下，任意两个程序 i 和 j，若 $i<j$，则 $a_i \leqslant a_j$，且必有 $p_i \geqslant p_j$。那么，如果交换程序 i 和 j，得到另一种排列 I'，即在 I'有

$$\mathrm{TD}(I') = \sum_{\substack{0 \leqslant k \leqslant n-1 \\ k \neq i, k \neq j}} p_k a_k + p_i a_j + p_j a_i \qquad (6\text{-}15)$$

将式（6-14）减去式（6-15）得到式（6-16）：

$$\mathrm{TD}(I) - \mathrm{TD}(I') = p_i(a_i - a_j) + p_j(a_j - a_i) = (p_i - p_j)(a_i - a_j) \leqslant 0 \qquad (6\text{-}16)$$

由此可见，程序 6-11 实现的分配方案具有最小 TD 值。

6.8 贪心法的基本要素

从上面讨论可知，贪心法被用于求解一类最优化问题，它使用多步决策求解方法，根据选定的最优量度标准（也称贪心准则），每次确定问题解的一个分量。由于贪心法每步所做的选择只是当时的最佳选择，因此并不一定总能产生最优解。然而，对于一个最优化问题，如何才能得知该问题可用贪心法求解？

一般说来，适于用贪心法求解的问题大都具有下面两个特性：最优量度标准和最优子结构。

6.8.1 最优量度标准

所谓贪心法的最优量度标准，是指可以根据该量度标准，实行多步决策进行求解，虽然在该量度意义下所做的这些选择都是局部最优的，但最终得到的解却是全局最优的。选择最优量度标准是使用贪心法求解问题的核心问题。值得注意的是，贪心算法每步做出的选择可以依赖以前做出的选择，但决不依赖将来的选择，也不依赖于子问题的解。虽然贪心算法的每步选择也将问题简化为一个规模更小的子问题，但由于贪心算法每步选择并不依赖子问题的解，每步选择只按最优量度标准进行，因此，对于一个贪心算法，必须证明所采用的量度标准能够导致一个整体最优解。

最佳合并模式问题的最优量度标准是，在有序子文件集合中，选择两个长度最小的子文件合并之。背包问题的最优量度标准是，按 p_i/w_i 的非增次序选取物品，装入背包。我们对这两种标准都做了证明，证明它们最终能够得到问题的最优解。同样，最小代价生成树和单源最短路径问题中所采用的量度标准，也都是最优量度标准。

贪心法的当前选择可能会依赖于已经做出的选择，但不依赖于尚未做出的选择和子问题，因此它的特征是**自顶向下**，一步一步地做出贪心决策。

6.8.2 最优子结构

所谓最优子结构特性是关于问题最优解的特性。当一个问题的最优解中包含了子问题的最优解时，则称该问题具有**最优子结构特性**（optimal substructure）。回顾前面两个例子，作为最优子结构的例子。

对于最佳合并树，可以看到，如果 n 个权值 $W=\{w_0, w_1, \cdots, w_{n-1}\}$，不妨假定 $w_0 \leqslant w_1 \leqslant \cdots \leqslant w_{n-1}$，如果贪心法构造的两路合并树 T_n 是最佳的，则必定要求 $n-1$ 个权值 $W=\{w_0+w_1, w_2, \cdots, w_{n-1}\}$ 构造的两路合并树是最优的。这是因为，

$$\mathrm{cost}(\mathrm{T}_n)=\mathrm{cost}(\mathrm{T}_{n-1})+w_0+w_1$$

所以，如果 $\mathrm{cost}(\mathrm{T}_{n-1})$不是最优的（即带权外路径长度最小的合并树），那么 $\mathrm{cost}(\mathrm{T}_n)$也不可能是最优的。

同样，对于背包问题也具有最优子结构特性。设 $X=(x_0, x_1, \cdots, x_{n-1})$，$0 \leqslant x_i \leqslant 1$，$0 \leqslant i < n$ 是 n 个物品$\{w_0, w_1, \cdots, w_{n-1}\}$，且背包载重为 M 时的最优解，则容易看到，部分解（$x_1, x_2, \cdots, x_{n-1}$）必定是包含 $n-1$ 个物品$\{w_1, w_2, \cdots, w_{n-1}\}$，且背包载重为 $M-w_0$ 时的最优解。如果不然，X 就不是原问题的最优解。

由于在最佳合并树和背包问题的最优解中，均包含了其子问题的最优解，所以称它们具有最优子结构特性。定理 6-9 给出了单源最短路径的最优子结构特性。本章其他问题的最优子结构特性的证明留作练习。一个可用贪心法求解的问题往往呈现最优子结构特性。

一般而言，如果一个最优化问题的解结构具有元组形式，并具有最优子结构特性，我们可以尝试选择量度标准。如果经证明（一般是归纳法），确认该量度标准能导致最优解，便可容易地按程序 6-1 的算法框架设计出求解该问题的具体的贪心算法。

并非对所有具有最优子结构特性的最优化问题，都能够幸运地找到最优量度标准，此时，可考虑采用下一章的动态规划法求解。

本章小结

贪心法是求解最优化问题的非常有用的算法设计技术。一个问题能够使用贪心策略的条件是该问题的解是向量结构的，具有最优子结构特性，还要求能够通过分析问题获取最优量度标准。但是，按照该量度标准依次生成解的分量所形成的解是否确实是最优解仍需证明。

习题 6

6-1　设有背包问题实例 $n = 7$，$M = 15$，$(w_0, w_1, \cdots, w_6) = (2, 3, 5, 7, 1, 4, 1)$，物品装入背包的收益为：$(p_0, p_1, \cdots, p_6) = (10, 5, 15, 7, 6, 18, 3)$。求这一实例的最优解和最大收益。

6-2　0/1 背包是一种特殊的背包问题，装入背包的物品不能分割，只允许或者整个物品装入背包，或者不装入，即 $x_i = 0$ 或 1，$0 \leqslant i < n$。以题 6-1 的数据作为 0/1 背包的实例，按贪心法求解。这样求得的解一定是最优解吗？

6-3　设有带时限的作业排序实例 $n = 7$，$(p_0, p_1, \cdots, p_6) = (3, 5, 20, 18, 1, 6, 30)$，$(d_0, d_1, \cdots, d_6) = (1, 3, 4, 3, 2, 1, 2)$，给出以此实例为输入，执行函数 JS 得到的最优解和最大收益。

6-4　对于带时限的作业排序问题：

（1）证明当且仅当子集中的作业可按下列规则处理时，J 是一个可行解，如果 J 中作业 i 还未分配处理时间，则为其分配时间片$[\delta - 1, \delta]$，其中 δ 是使得 $1 \leqslant r \leqslant d_i$ 的最大整数 r，且时间片$[\delta - 1, \delta]$是空闲的；

（2）仿照表 6-3 的格式，以上题的实例为输入，给出执行函数 FJS 的执行过程。

6-5　设作业可有不同的执行时间，且有 $t_i > 0, p_i > 0$ 和 $d_i \geqslant t_i$，请在此前提下证明定理 6-3 依然成立。

6-6　对于一棵 k 叉树（即结点最大的度为 k 的树）：

（1）证明如果一棵树的所有非叶结点的度都是 k，则叶结点的数目 n 满足 $n \bmod (k-1) = 1$；

（2）证明如果一棵 k 叉树 T 的叶结点的数目是 n，且满足 $n \bmod (k-1) = 1$，则 T 的所有非叶结点的度均为 k。

6-7　证明若 n 是非负整数，且满足 $n \bmod (k-1) = 1$，则使用构造两路合并最佳模式树的最优量度标准（带权外路径长度最小），将对所有 $W = \{w_0, w_1, \cdots, w_{n-1}\}$ 生成一棵最优 k 路合并树。

6-8　设 $W = \{3, 7, 8, 9, 15, 16, 18, 20, 23, 25, 28\}$，请按照题 6-7 的贪心准则，构造一棵最优 3 路合并树。

6-9　图 $G = (V, E)$ 是一个无向连通图，$n = |V|$，$m = |E|$，且 $m = O(n^{1.99})$，试问选择何种算法求图的最小代价生成树，是普里姆算法还是克卢斯卡尔算法？

6-10　令 T 是带权无向连通图 $G = (V, E)$ 的一棵最小代价生成树，如果将图 G 的每条边的代价都增加相同值 c。试问 T 是否是新图的最小代价生成树（树的代价可以不同）？请证明你的结论。

6-11　证明若无向连通图不包含具有相同代价的边，则该图的最小代价生成树是唯一的。

6-12　设有 13 个程序需存放在 3 条磁带 T_0, T_1 和 T_3 上，程序长度为(12, 5, 8, 32, 7, 5, 18, 26, 4, 3, 11, 10, 6)。请给出最优存储方案。

6-13　请问下列程序能否实现多带最优存储？它与程序 6-11 有何区别？

```
void Store(int n, int m)
{
    for (int i = 0; i<n; i++)
        cout << "将程序"<<i<<"  加到磁带" <<i%m<<endl;
}
```

6-14　设（$a_0, a_1, \cdots, a_{n-1}$）是 n 个程序的长度，希望它们保存在长度为 L 的一条磁带上。若 $\sum_{i=0}^{n-1} a_i \leqslant L$，则很显然所有程序都可以存储在该磁带上，故现假定 $\sum_{i=0}^{n-1} a_i > L$。问题要求选取一个能存储在磁带上的最大程序子集 Q，最大子集此处是指其中含的程序个数最多。假定贪心准则为：按 a_i 的非降次序将程序选入子集 Q。

（1）设程序按长度非降次序排列，设计一个贪心算法，求最大程序子集。问题的解表示为 $X = (x_0, x_1, \cdots, x_{n-1})$，$x_i = 0$ 或 1。若程序 i 入选 Q，则 $x_i = 1$，否则为 $x_i = 0$。

（2）证明这一策略总能找到最大子集 Q，使得 $\sum_{i \in Q} a_i \leqslant L$。

（3）设 Q 是使用上述贪心法求得的子集，则带利用率 $\dfrac{\sum_{i \in Q} a_i}{L}$ 可小到什么程度？

6-15　修改题 6-14 的问题，改为求使得磁带利用率最高的程序子集 Q。假定贪心准则为：按 a_i 的非增次序选择程序，只要磁带未存满，就将其加入 Q。

（1）编写采用此贪心准则的贪心算法，并分析算法的时间何空间复杂度。

（2）证明这一贪心准则不一定得到使 $\dfrac{\sum_{i \in Q} a_i}{L}$ 最大的集合。

6-16　假定 n 个程序长度为（$a_0, a_1, \cdots, a_{n-1}$），它们被检索的频率为（$p_0, p_1, \cdots, p_{n-1}$），程序在磁带上的存放次序为（$\sigma_0, \sigma_1, \cdots, \sigma_{n-1}$），期望检索时间（expected retrieve time, ERT）定义为

$$\frac{\sum_{j=0}^{n-1}\left(p_{\sigma_j} \sum_{k=0}^{j} a_{\sigma_k}\right)}{\sum_{i=0}^{n-1} p_i}$$

（1）证明按 a_i 的非降次序存放程序不一定得到最小的 ERT。

（2）证明按 a_i 的非增次序存放程序不一定得到最小的 ERT。

（3）证明按 p_i / a_i 的非增次序存放程序时 ERT 有最小值。

6-17　最佳装载问题是将一批集装箱装上一艘载重为 C 的轮船，其中集装箱 i 的重量为 w_i（$0 \leqslant i \leqslant n-1$）。最优装载问题是指在装载体积不受限制的情况下，求使得装箱数目最多的装载方案。

（1）按贪心策略的要求，给出关于上述最优化问题的形式化描述。

（2）给出贪心法求解这一问题的最优量度标准。

（3）讨论其最优解的最优子结构。

（4）编写装箱问题的贪心算法。

（5）设有重量为（4, 6, 3, 5, 7, 2, 9）的 7 个集装箱，轮船的载重为 26，求最优解。

第 7 章　动态规划法

动态规划法是另一种求解最优化问题的重要算法设计策略。对于一个问题，如果能从较小规模子问题的最优解求得较大规模同类子问题的最优解，最终得到给定问题的最优解，这就是问题最优解的最优子结构特性。最优子结构特性使动态规划算法可以采用自底向上的方式进行计算。如果能在求解中保存已计算的子问题的最优解，当这些子最优解被重复引用时，则无须再次计算，从而节省了大量的计算时间。

7.1　一般方法和基本要素

在几种基本的算法设计策略中，**动态规划法**（dynamic programming）是非常重要但较难理解的一种，它在 20 世纪 50 年代由美国数学家贝尔曼（Rechard Bellman）提出，其中，programming 一词的意思是规划或计划。

动态规划法的实质也是将较大问题分解为较小的同类子问题，在这一点上它与分治法和贪心法类似。但动态规划法有自己的特点。分治法的子问题相互独立，相同的子问题被重复计算，而动态规划法解决了这种子问题重叠现象。贪心法要求针对问题设计最优量度标准，但这在很多情况下并不容易做到，而动态规划法利用最优子结构，自底向上从子问题的最优解逐步构造出整个问题的最优解，动态规划法可以处理不具备贪心准则的问题。

7.1.1　一般方法

与贪心法类似，动态规划法是一种求解最优化问题的算法设计策略，它也采用**分步决策**的方式求解问题。贪心算法在求解问题的每一步上根据最优量度标准做出某种决策，产生 n-元组解的一个分量。用于决策的贪心准则仅依赖于局部的和以前的选择，但不依赖于尚未做出的选择和子问题的解。动态规划法每一步的决策依赖于子问题的解。直观上，为了在某一步上做出选择，需要先求解若干子问题，再根据子问题的解做出决策，这就使得动态规划法求解问题的方法是**自底向上**（bottom-up）的。

当一个问题的最优解中包含了子问题的最优解时，则称该问题具有**最优子结构特性**。最优子结构特性使得在从较小子问题的解构造较大问题的解时，只需考虑子问题的最优解，从而大大减少了求解问题的计算量。最优子结构特性是动态规划法求解问题的必要条件。最优子结构特性的另一种说法称为**最优性原理**（principle of optimality）。

按照多步决策方法，一个问题的活动过程可以分成若干个**阶段**（stage），每个阶段可包含一个或多个**状态**（state）。也就是说，一个活动过程进展到某一阶段时，可以处于该阶段的其中一个状态。多步决策求解方法是从初始阶段的初始状态出发，做出每个阶段的**决策**（decision），形成一个**决策序列**（sequence of decision），该决策序列也称为一**策略**（policy）。对于每一个决策序列，可以用一个数值函数（即**目标函数**）衡量该策略的优劣。问题求解的目标是获取导致问题最优解的**最优决策序列**（optimal sequence of decision），也称**最优策略**。

最优性原理指出，一个最优策略具有这样的性质，不论过去状态和决策如何，对前面的决策所形成的状态而言，其余决策必定构成最优策略。这便是最优决策序列的最优子结构特性。

分治法将问题分解成若干个相互独立的子问题，但一个问题分解所得的子问题并不总是完全相互独立的，它们可能共享更小的子问题，被称为**重叠子问题**（overlapping subproblem）。如果采用递归的分治法求解，势必要重复计算这些共享子问题。解释这一现象的一个熟悉例子是斐波那契数列问题。程序 1-4 是计算斐波那契数列的分治算法，它将 Fib(n)的计算分解为两个较小的问题：Fib(n−1)和 Fib(n−2)计算，两者之和就是 Fib(n)。从图 1-2 中可以清楚看到，许多子问题被重复计算。动态规划法实施自底向上计算，并保存子问题的解，从而可以避免重复计算这些重叠子问题。

设计一个动态规划算法，通常可以按以下 4 个步骤进行：

（1）刻画最优解的结构特性；

（2）递归定义最优解值；

（3）以自底向上方式计算最优解值；

（4）根据计算得到的信息构造一个最优解。

其中，第（1）～（3）步是动态规划算法的基本步骤。最优解值是最优解的目标函数的值。在只需要求最优解值的情况下，不必考虑步骤（4）。如果既要求问题的最优解值，又要求以 n-元组表示的最优解，则必须执行步骤（4）。如果步骤（4）是必要的，那么要求算法在计算最优解值的过程中，为步骤（4）准备必要的信息，以便在步骤（4）中，可根据所记录的信息，快速构造出一个最优解。

7.1.2　基本要素

一个最优化多步决策问题是否适合用动态规划法求解有两个要素：最优子结构特性和重叠子问题。

动态规划法要求较小子问题的最优解与较大子问题的最优解之间存在数值关系，这就是最优子结构特性。动态规划法采用自底向上的方式分步计算。先求较小子问题的最优解，然后从它们的最优解得到较大子问题的最优解，直至最终求得原问题的最优解。利用贝尔曼的最优性原理及所获得的递推关系式去求取最优解，可以使计算量较之穷举法急剧减少。

虽然动态规划法也是基于分解思想的，但由于子问题往往是重叠的，如果采用与分治法类似的直接递归方法来求解将十分费时。为了避免重复计算，动态规划算法一般采用自底向上方式进行计算，并且保存已经求解的子问题的最优解值。当这些子最优解值被重复引用时，无须重新计算这些子问题，因而节省了大量的计算时间。

本节稍后将结合实例介绍一种动态规划法的变种形式，虽然它采用自顶向下直接递归的计算方式，但由于在计算中保存了被已经计算的子问题的最优解，之后不再重复计算，被称为建立了**备忘录**（memo）。这种备忘录方法具有与一般动态规划法相同的时间界。

7.1.3　多段图问题

下面以多段图为例，介绍动态规划法求解问题的条件、方法和过程。

1．多段图问题

例 7-1　多段图 G = (V, E)是一个带权有向图，它具有如下特性：图中的结点被划分成 k≥2 个互不相交的子集 V_i，1≤i≤k。其中 V_1 和 V_k 分别只有一个结点，V_1 包含**源点**（source）s，V_k 包含**汇点**（sink）t。对所有边<u, v>∈E，多段图要求若 u∈V_i，则 v∈V_{i+1}（1≤i<k），边上的权值为 $w(u, v)$。从 s 到 t 的路径长度是这条路径上边的权值之和。**多段图问题**（multistage graph problem）是求从 s 到 t 的一条长度最短的路径。

多段图问题是一种特殊的有向无环图的最短路径问题。图 7-1 是一个 5 段图。共分 5 个阶段：$V_1, V_2, \cdots, V_5$。每个阶段包括若干个状态，每个结点代表一个状态。例如，$V_3 = \{5, 6, 7\}$。图中每条从 s 到 t 的路径都从第 1 阶段的源点 s 开始，然后到达第 2 阶段的某个状态，再到第 3 阶段的某个状态，……，最后在第 $k = 5$ 阶段的汇点 t 处终止。每一条从 s 到 t 的路径都可看成是由每个阶段做出的决策组成的决策序列所产生的结果。在某个阶段的某个状态所做的一次决策是指选择该路径上的下一个结点。例如，在第 3 阶段的状态 5 处，可供选择的决策值为{8, 9}，如果选择 9，意味着该路径上的下一个结点是 9。每条这样的路径都可以视为多段图问题的一个可行解，每条路径上所有边的权值之和称为路径长度。这是问题的目标函数值，此数值函数用来衡量一个决策序列的优劣，其中产生从 s 到 t 的最短路径的决策序列就是最优决策，此长度最短的路径是最优解，而路径长度就是最优解值。

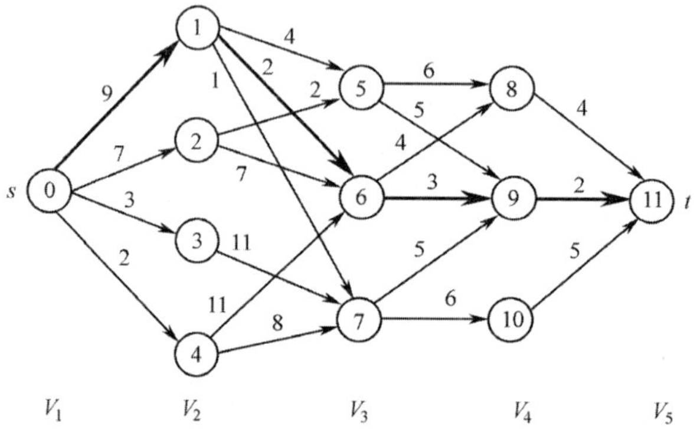

图 7-1　一个 5 段图

2．多段图的最优子结构

现讨论多段图问题的最优子结构问题。对于上述多段图，很容易证明它的最优解满足最优子结构特性。假定$(s, v_2, v_3, \cdots, v_{k-1}, t)$是一条从 s 到 t 的最短路径，并假定在初始状态（源点 s）已经做出达到 v_2 的决策（即初始决策），换言之，v_2 是从初始状态 s，由初始决策所到达的状态。如果将 v_2 看成原问题的一个子问题的初始状态，求解此子问题就是寻找一条从 v_2 到 t 的最短路径。如果$(s, v_2, v_3, \cdots, v_{k-1}, t)$是一条从 s 到 t 的最短路径，那么$(v_2, v_3, \cdots, v_{k-1}, t)$必定是一条从 v_2 到 t 的最短路径。若不然，另有$(v_2, q_3, \cdots, q_{k-1}, t)$是从 v_2 到 t 的最短路径，那么路径$(s, v_2, q_3, \cdots, q_{k-1}, t)$显然比$(s, v_2, v_3, \cdots, v_{k-1}, t)$更短，与假设矛盾。这就说明对于多段图问题，最优性原理成立。

3．多段图的向前递推关系式

动态规划法每一步的决策依赖于子问题的解。对于多段图问题，一个阶段的决策与后面所要求解的子问题相关，所以不能在某个阶段直接做出决策。例如，在第 2 阶段难以直接决定 V_2 中哪个结点在最短路径上，在第 3 阶段难以决定 V_3 中哪个结点在最短路径上等。但由于多段图问题具有最优子结构特性，启发我们从最后阶段开始，采用逐步向前递推的方式，由子问题的最优解来计算原问题的最优解。由于动态规划法的递推关系是建立在最优子结构的基础上的，相应的算法容易用归纳法证明其正确性。

式（7-1）是多段图问题的向前递推式。

$$\mathrm{cost}(k,t)=0$$

$$\mathrm{cost}(i,j)=\min_{\substack{j\in V_i,p\in V_{i+1}\\ <j,p>\in E}}\{c(j,p)+\mathrm{cost}(i+1,p)\}\ ,\quad 0\leqslant i\leqslant k-2 \tag{7-1}$$

其中，cost(i, j)是从第 i 阶段状态 j 到 t 的最短路径的长度，i 是阶段编号，j 是第 i 阶段的一个状态（结点）编号。很显然，cost(k, t) = 0。一般，为了计算 cost(i, j)，必须先计算从 j 的所有后继结点 p 到 t 的最短路径的长度，即先计算 cost(i+1, p)的值，这是子问题的最优解值。c(j, p)+cost(i + 1, p)是从第 i 阶段结点 j，经过第 i+1 阶段结点 p 到汇点 t 的最短路径的长度。cost(i, j)是这些路径中的最短路径长度。最终得到的 cost(1, 0)就是多段图问题的最优解值。

对图 7-1 所示的 5 段图例子，使用式（7-1）的递推式，由后向前计算最优解值的步骤如下：

cost(5, 11) = 0,

cost(4, 10) = 5, cost(4, 9) = 2, cost(4, 8) = 4,

cost(3, 7) = min{6 + cost(4, 10), 5 + cost(4, 9)} = 7, cost(3, 6) = 5, cost(3, 5) = 7,

cost(2, 4) = min{8 + cost(3, 7), 11 + cost(3, 6)} = 16,

cost(2, 3) = 18, cost(2, 2) = 9, cost(2, 1) = 7,

cost(1, 0) = min{9 + cost(2, 1), 7 + cost(2, 2), 3 + cost(2, 3), 2 + cost(2, 4)} = 16

cost(1, 0)是图 7-1 的多段图问题的最优解值。

如果希望求得该问题的最优解，也就是得到那条最短路径，必须在计算最优解值的过程中记录一些必要信息。我们可以定义 d(i, j)来记录从第 i 阶段结点 j 到 t 的最短路径上该结点的下一个结点编号。例如，d(3, 5) = 9。

对于图 7-1 的 5 段图例子，有

d(4, 10) = d(4, 9) = d(4, 8) = 11,

d(3, 7) = d(3, 6) = d(3, 5) = 9,

d(2, 4) = d(2, 3) = 7, d(2, 2) = 5, d(2, 1) = 6,

d(1, 0) = 1 或 2

很容易从 d 的值确定最短路径上的结点。其中一条最短路径为：

(0，d(1, 0) = 1，d(2, 1) = 6，d(3, 6) = 9，d(4, 9) = 11)

4．多段图的重叠子问题

对于多段图显然也存在重叠子问题现象。例如，cost(3, 5)、cost(3, 6)和 cost(3, 7)的计算中都用到 cost(4, 9)的值。如果保存 cost(4, 9)的值，可避免重复计算它的值。

5．多段图的动态规划算法

程序 7-1 给出了多段图的向前递推动态规划算法。算法中并不使用二维数组 cost[i, j]，而是使用一维数组 cost[j]保存结点 j 到 t 的最短路径长度。这样做可以节省空间。

由于公式（7-1）的递推计算要求保证在计算某个结点 j 到 t 的最短路径长度时，结点 j 的所有后继结点 p 到 t 的最短路径长度已经由计算得到。所以需要对图 G 的结点按阶段顺序从 0 到 n−1 进行编号，源点 s 编号为 0，汇点 t 编号为 n−1；向前递推计算按结点编号从大到小的次序进行：先计算 cost[n−1] = 0，再计算 cost[n−2]，……，最后计算得到 cost[0]。cost[0]中保存多段图的最短路径长度。另建一维数组 p 保存对应于 cost[0]的最短路径上的结点，它是问题的最优解。

【程序 7-1】 多段图的向前递推算法

```
template<class T>
T Graph<T>::FMultiGraph(int k, int *p)
{//采用程序 6-8 的邻接表存储图 G
    Tc,*cost=new float[n]; int q, *d=new int[n];
    cost[n-1]=0, d[n-1]= -1;                          //设置向前递推的初值
    for (int j=n-2; j>=0; j--){                       //按 n-2, …, 0 的次序计算 cost 和 d
        float min=INFTY;                              //按式（7-1）计算最小值为 cost[j]
        for (ENode<T> *r=a[j]; r; r=r->nextArc) {
            int v=r->adjVex;
            if (r->w+cost[v]<min) {
                min=r->w+cost[v];
                q=v;
            }
        }
        cost[j]=min; d[j]=q;                          //q 是 j 在最短子路径上的后继结点
    }
    p[0]=0; p[k-1]=n-1; c=cost[0];                    //p[0]和 p[n-1]是源点和汇点
    for(j=1; j<=k-2; j++) p[j]=d[p[j-1]];             //p[i]是最短路径上第 i 阶段的结点
    delete []cost; delete []d; return c;
}
```

这一算法的时间分析与 DFS 和 BFS 算法相似，总的执行时间为$\Theta(n+e)$。算法所用空间除邻接表和最优解 p 外，还需长度为 n 的 cost 和 d 两个局部一维数组。

6. 多段图的向后递推关系式

k 段图问题也可以向后递推求解。其递推公式见式（7-2）。

$$\begin{aligned}&\text{Bcost}(1,s)=0\\&\text{Bcost}(i,j)=\min_{\substack{p\in V_{i-1},j\in V_i\\<p,j>\in E}}\{c(p,j)+\text{Bcost}(i-1,p)\},\quad 1<i\leqslant k\end{aligned}\qquad(7\text{-}2)$$

请读者自行设计向后递推动态规划法，并用向后递推计算例 7-1 的多段图。

7.1.4 资源分配问题

很多实际应用问题可抽象成一个多段图问题加以处理。例 7-2 的**资源分配问题**（resource allocation）是一个有意义的例子。

例 7-2 将 n 个资源分配给 r 个项目，已知如果把 j 个资源分配给第 i 个项目，可以收益 $N(i,j)$，$0\leqslant j\leqslant n$，$1\leqslant i\leqslant r$，求总收益最大的资源分配方案。

通过仔细分析可知，这一问题可用一个多段图描述。多段图共分为 $r+1$ 阶段，第 1 阶段是开始阶段，只包含一个初始状态 s；最后一个阶段即第 $r+1$ 阶段是结束阶段，表示整个分配完成，因此也只有一个结束状态 t；除此以外的 $r-1$ 个中间阶段，每个阶段包含 $n+1$ 个状态。多段图中每个状态 $V(i,j)$代表已将 j 个资源分配给了前 $i-1$ 项目，其中 $s=V(1,0)$，$t=V(r+1,n)$。图中的边都具有<$V(i,j)$，$V(i+1,k)$>（$0\leqslant j\leqslant k\leqslant n$，$1\leqslant i\leqslant r$）的形式，代表为第 i 个项目分配了 $k-j$ 个资源，

边上的权值 $N(i, k-j)$是本次分配的收益。图中最后两个阶段间的边<$V(r, j)$, $V(r+1, n)$>的权值取 $\max\limits_{0\leqslant p\leqslant n-j}\{N(r,p)\}$。虽然一般来说，分配的资源数目越多应有较多的收益，但并非完全如此。

从源点 s 到任意结点 $V(i, j)$的一条路径代表一种子资源分配方案。从 s 到汇点 t 的一条路径代表一种可能的资源分配方案，其路径长度是在该方案下的总收益值。从 s 到 t 的最长路径对应于最优资源分配方案。

图 7-2 是将 4 个资源分配给 3 个项目的 4 段图表示。图中 $s = V(1, 0)$为初始状态，表示尚未分配任何资源。$t = V(4, 4)$是结束状态。从 s 到 t 的一条路径代表为 3 个项目分配的资源总数不超过 4 个的一种分配方案。从结点 s 出发有 5 条边，边上的权值 $N(1, j)$, $0\leqslant j\leqslant 4$，表示将 j 个资源分配给第 1 个项目的收益值。不同的决策使分配过程进入第 2 阶段的不同状态，例如，$V(2, 2)$代表已将两个资源分配给了第 1 个项目。状态 $V(3, 2)$表明已将两个资源分配给了第 1、2 两个项目，此时还剩余两个资源可以分配给第 3 个项目。图中以 $\max\{N(3, 0), N(3, 1), N(3, 2)\}$为权值，表示本次分配的最大收益。读者可以自行编写求解此问题的向后递推动态规划算法。

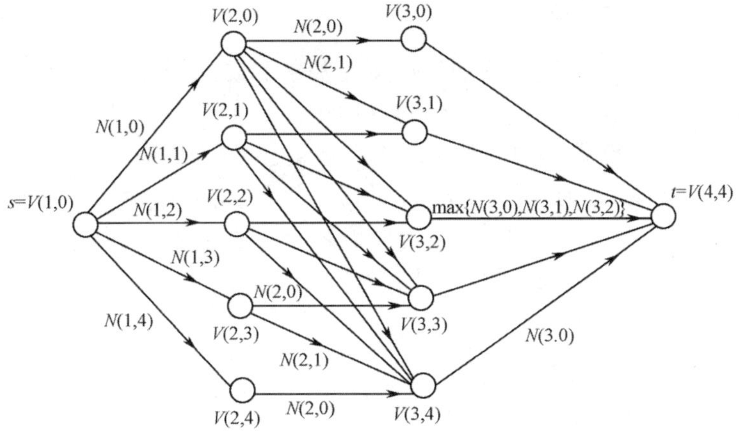

图 7-2　将 4 个资源分配给 3 个项目的 4 段图

7.1.5　关键路径问题

1. 问题描述

关键路径问题是求一个带权有向无环图中两结点间的最长路径问题。关键路径问题是一个 AOE 网络问题。

例 7-3　AOE（activity on edge）网络是一个带权有向图 $G = (V, E)$，它以结点代表**事件**（event），有向边代表**活动**（activity），有向边的权表示一项活动的**持续时间**（duration）。每个结点所代表的事件是指它的入边代表的活动均已完成，由它的出边代表的活动可以开始这样一个事实。设 $w(i, j)$是边<i, j>的权值，它表示完成活动 a_k 所需的时间。

利用 AOE 网络可以进行工程安排。例如，研究完成整个工程至少需要多少时间，为缩短工期应该加快哪些活动的速度，以及决定哪些活动是影响工程进度的关键等。由于整个工程只有一个开始状态和一个完成状态，故在正常情况（无回路）下，AOE 网中只有一个入度为零的结点，称为**源点**，以及一个出度为零的结点，称为**汇点**。

关键路径法是进行工程安排的一种方法。完成工程所需的**最短时间**（minimun time）是 AOE 网中从开始结点到完成结点的**最长路径**（longest path）的长度。路径长度是指路径上各边的权值之和。这条最长路径称为**关键路径**。分析关键路径的目的在于找出关键活动。所谓**关键活动**（critical activity），是指对整个工程的最短工期有影响的活动，即如果它不能如期完成就会影响整个工程的进度。找到关键活动，便可对其给予足够的重视，投入较多的人力和物力，以确保工程的如期完成，并可争取提前完成。

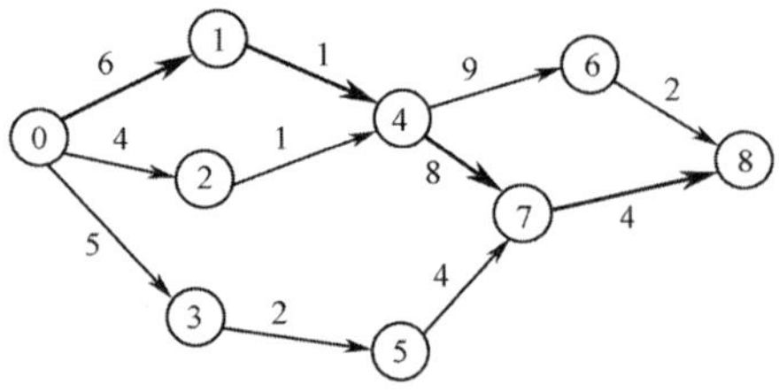

图 7-3　一个 AOE 网络

图 7-3 是 AOE 网络的一个例子，它代表一个包括 11 项活动和 9 个事件的工程，其中，源点 0 表示整个工程开始，汇点 8 表示整个工程结束。其余结点 i（$i = 1, \cdots, 7$）表示在它之前的所有活动都已经完成，在它之后的活动可以开始的事件。例如，结点 4 代表由边<1, 4>, <2, 4>所代表的活动已经完成，而由边<4, 6>, <4, 7>所代表的活动可以开始这样的事件。边上的权值表示一个活动所需的时间，例如，权 $w(0, 1) = 6$ 表示由边<0, 1>所代表的活动需要 6（天）时间。

2．最优子结构和重叠子问题

最优子结构和重叠子问题是动态规划法求解的基本要素。关键路径问题可以用动态规划法求解，正是因为它具有最优子结构和重叠子问题特性。

很容易证明，对于关键路径问题的最优解具有最优子结构特性。关键路径问题的最优解是从源点 s 到汇点 t 的最长路径，设为（$s, \cdots, u, t$），其中包含了从源点 s 到结点 u 的子路径（$s, \cdots, u$）。如果路径（$s, \cdots, u, t$）是从源点 s 到汇点 t 的最长路径，必定要求子路径（$s, \cdots, u$）是从源点 s 到结点 u 的所有可能路径中的最长路径，否则路径（$s, \cdots, u, t$）就不是最长路径。这就是该问题的最优子结构特性。

为了设计求关键路径的动态规划算法，现定义以下 3 个术语。

（1）事件 i 可能的最早发生时间 earliest(i)：是指从开始结点 s 到结点 i 的最长路径的长度。

（2）事件 i 允许的最迟发生时间 latest(i)：是指在不影响工期的条件下，事件 i 允许的最晚发生时间，它等于 earliest($n-1$)减去从结点 i 到结点 $n-1$ 的最长路径的长度。

（3）关键活动：若 latest(j) −earliest(i) = w(i, j)，则边<i, j>代表的活动是关键活动。对关键活动组成的关键路径上的每个结点 i，都有 latest(i) = earliest(i)。

初始时，earliest(s) = 0。earliest(t)就是从源点 s 到汇点 t 的关键路径长度。求关键路径可以使用如下定义的向后递推式计算：

$$\begin{cases} \text{earliest}(0) = 0 \\ \text{earliest}(j) = \max\limits_{i \in P(j)} \{\text{earliest}(i) + w(i, j)\} \qquad 0 < j < n \end{cases} \tag{7-3}$$

式中，$P(j)$是所有以 j 为头的边<i, j>的尾结点 i 的集合，$w(i, j)$是边<i, j>的权。由式（7-3）可知，只要从 s 到 i 的最长路径 earliest(i)已经求得，就可计算 earliest(j)。与多段图类似，只需对结点按图 G 的某种拓扑次序①编号，就可顺利地从结点 0 开始，按结点编号依次计算每个 earliest(i)的值，最终求得的 earliest($n-1$)就是最优解值。

所谓某个事件允许的最迟发生时间是在保证最短工期的前提下计算的。式（7-4）是计算各事件允许的最迟发生时间的递推式。

① 关于拓扑排序和拓扑次序请参考文献[16～19]。

$$\begin{cases} \text{latest}(n-1) = \text{earliest}(n-1) \\ \text{latest}(i) = \min\limits_{j \in S(i)} \{latest(j) - w(i,j)\} \qquad 0 \leqslant i < n-1 \end{cases} \tag{7-4}$$

计算从汇点 latest(n−1) = earliest(n−1)开始，从后向前按照一定次序递推计算其他结点的 latest(i)的值。其中，$S(i)$是所有以 i 为尾的边<i, j>的头结点 j 的集合。这一公式要求当计算某个 latest(i)的值时，所有的 latest(j), $j \in S(i)$已经求得。这只需按**逆拓扑次序**（reverse topological order）进行递推计算即可。

图 7-3 所示的 AOE 网络的关键路径计算结果见表 7-1。

表 7-1 earliest 和 latest 值

	0	1	2	3	4	5	6	7	8
earliest(i)	0	6	4	5	7	7	16	15	19
latest(i)	0	6	6	9	7	11	17	15	19

通过对每条边<i, j>所代表的活动计算 latest(j)−earliest(i)的值，如果 latest(j)−earliest(i) = $w(i, j)$，则该活动为关键活动。<0, 1>, <1, 4>, <4, 7>和<7, 8>是关键活动，由它们组成的路径（0, 1, 4, 7, 8）是关键路径，其长度为 19。

关键路径问题同样存在重叠子问题。例如，对于图 7-3 关键路径问题，在计算 earliest(6)和 earliest(7)时，都利用 earliest(4)的值。这就是重叠子问题特性。关键路径算法将子问题的最优解值保存在 earliest 数组中。

3．关键路径算法①

求解关键路径的基本步骤如下：

（1）对有向图 G 进行拓扑排序，确认其是否为有向无环图；

（2）按拓扑次序计算 earliest[i]，$0 \leqslant i < n-1$；

（3）按逆拓扑次序计算 latest[i]，$0 \leqslant i < n-1$；

（4）对每一条边<i, j>，计算 latest[j] −earliest[i]，并检查 latest[j] − earliest[i]是否等于 $w[i][j]$，$w[i][j]$是边<i, j>的权，从而确定关键活动。

如果 AOE 网的结点已经按拓扑序列的次序编号，则编写关键路径的动态规划算法十分简单。

7.2 每对结点间的最短路径

7.2.1 问题描述

设 G = (V, E)是一个有 n 个结点的带权有向图，$w(i, j)$是权函数，

$$w(i,j) = \begin{cases} 边 < i, j > 上的权值 & 如果 < i, j > \in E \\ 0 \quad 如果 i = j \\ \infty \quad 如果 < i, j > \notin E \end{cases} \tag{7-5}$$

每对结点间的最短路径问题是指求图中任意一对结点 i 和 j 之间的最短路径。

迪杰斯特拉算法可求解单源最短路径问题，其时间复杂度为 $O(n^2)$。为了求任意一对结点之间的最短路径，可以分别以图中每个结点为源点，n 次调用迪杰斯特拉算法进行计算，其时间复

① 关于关键路径的完整程序参考文献[16～19]。

杂度为 $O(n^3)$。但迪杰斯特拉算法要求图中的边带非负权值，因此，如果允许边的权值为负数，迪杰斯特拉算法便不适用。

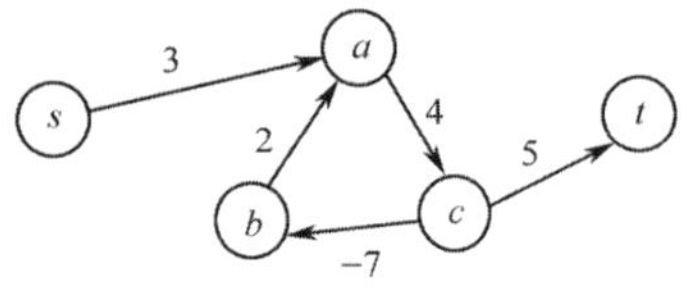

图 7-4　包含负权回路的有向图

对于带权有向图的最短路径问题可以允许有向图包含负边，但不允许图中包含路径长度为负值的回路。如果从某个结点 i 到结点 j 的路径上存在一个负值回路，则从 i 到 j 没有最短路径。因为可以无限次经过负值回路，每穿越一次总使路径长度更小。图 7-4 中从 s 到 t 的最短路径长度必然为 $-\infty$。

弗洛伊德（Floyd）算法是一种动态规划算法，它求带权有向图 $G = (V, E)$ 中所有结点之间的最短路径。注意，这里所指的路径长度仍是指路径上的边所带的权值之和。

7.2.2　动态规划法求解

1．最优子结构

设图 $G = (V, E)$ 是带权有向图，$\delta(i, j)$ 是从结点 i 到结点 j 的最短路径长度，k 是这条路径上的一个结点，$\delta(i, k)$ 和 $\delta(k, j)$ 分别是从 i 到 k 和从 k 到 j 的最短路径长度，则必有 $\delta(i, j) = \delta(i, k) + \delta(k, j)$。若不然，则 $\delta(i, j)$ 代表的路径就不是最短路径。这表明每对结点之间的最短路径问题的最优解具有最优子结构特性。

2．最优解的递推关系

设 $d_k[i][j]$ 是从结点 i 到结点 j 的路径上，只允许包含结点编号不大于 k 的结点时，所有可能路径中的最短路径长度。因为图中不存在编号比 $n-1$ 更大的编号，所以 $\delta(i, j) = d_{n-1}[i][j]$。因为最优子结构特性，有

$$d_{n-1}[i][j] = \min\{d_{n-2}[i][j],\ d_{n-2}[i][n-1] + d_{n-2}[n-1][j]\}$$

则 $d_{n-1}[i][j]$ 必定是 $d_{n-2}[i][j]$ 和 $d_{n-2}[i][n-1] + d_{n-2}[n-1][j]$ 这两条路径的较短者。

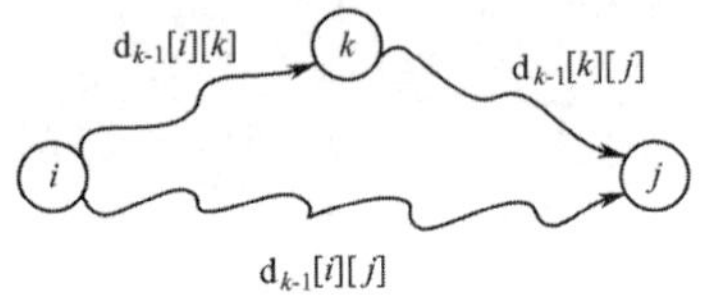

图 7-5　最优子结构

一般有

$$d_k[i][j] = \min\{d_{k-1}[i][j],\ d_{k-1}[i][k] + d_{k-1}[k][j]\}$$

式中，$d_{k-1}[i][j]$、$d_{k-1}[i][k]$ 和 $d_{k-1}[k][j]$ 分别是相应两结点间的路径上只包含结点编号不大于 $k-1$ 的路径中最短者。若不然，$d_k[i][j]$ 也不可能是从结点 i 到结点 j 的路径上，只允许包含结点编号不大于 k 的结点时的所有路径中的最短者。

上面的讨论归结为如下递推式：

$$d_{-1}[i][j] = \begin{cases} w(i, j) & \text{若} < i, j > \in E \\ \infty & \text{若} < i, j > \notin E \end{cases} \qquad (7\text{-}6)$$

$$d_k[i][j] = \min\{d_{k-1}[i][j],\quad d_{k-1}[i][k] + d_{k-1}[k][j],\quad 1 \leqslant k \leqslant n-1$$

式中，$d_{-1}[i][j]$ 代表从 i 到 j 的路径上不包含任意其他结点时的长度。也就是说，若 $<i, j>$ 是图 G 的边，则 $d_{-1}[i][j]$ 为该边上的权值，否则为 ∞。

3．重叠子问题

从式（7-6）可见，为了计算 $d_k[i][j]$，必须先计算 $d_{k-1}[i][j]$、$d_{k-1}[i][k]$ 和 $d_{k-1}[k][j]$，d_{k-1} 的元素被多个 d_k 的元素的计算共享。

7.2.3 弗洛伊德算法

弗洛伊德算法是一种动态规划算法，它采用自底向上方式计算每对结点间的最短路径。设有向图存储在邻接矩阵 ***a*** 中，初始时 d[*i*][*j*] = a[*i*][*j*]。二维数组 d 用于保存各条最短路径的长度，其中，d[*i*][*j*]存放从结点 *i* 到结点 *j* 的最短路径的长度。在算法的第 *k*（*k*=0, 1, …, *n*–1）步上应做出决策：从 *i* 到 *j* 的最短路径上是否包含结点 *k*。

显然两结点 *i* 和 *j* 之间的最短路径的长度 d[*i*][*j*]代表问题最优解值。为了得到最优解，弗洛伊德算法另外使用一个二维数组 path 记录相应的最短路径。path[*i*][*j*]给出从结点 *i* 到 *j* 的最短路径上结点 *j* 的前一个结点。例如，在图 7-6 的有向图中，从结点 0 到结点 2 的最短路径为（0, 1, 3, 2），则应有 path[0][2] = 3，path[0][3] = 1，path[0][1] = 0，因此，从结点 0 到结点 2 的路径可从数组 path，经反向追溯创建。从路径的终点 *j* 开始，其前一个结点是 *k* = path[*i*][*j*]，再前一个结点为 *k* = path[*i*][*k*], ……，直到起始点 *i* 为止，形成一条路径。

程序 7-2 为弗洛伊德算法的 C++程序。对图 7-6（a）的有向图执行弗洛伊德算法的过程如图 7-6（c）所示。类 MGraph 的定义见程序 6-10。函数 Floyd 应声明为该类的成员函数。

【程序 7-2】 弗洛伊德算法

```
template<class T>
void MGraph<T>::Floyd(T**& d, int **& path)
{
    int i, j, k;
    d= new T*[n]; path=new int *[n];
    for(i=0; i<n; i++){
        d[i]=new T [n]; path[i]=new int[n];
        for (j=0; j<n; j++){                          //初始化
            d[i][j]=a[i][j];
            if (i！ =j && w[i][j]<INFTY) path[i][j]=i;
            else path[i][j]= -1;
        }
    }
    for (k=0; k<n; k++)                               //考察结点 k
        for (i=0; i<n; i++)
            for (j=0; j<n; j++)
                if (d[i][k]+d[k][j] < d[i][j] ){
                    d[i][j]=d[i][k]+d[k][j];
                    path[i][j]=path[k][j];
                }
}
```

图 7-6 给出了弗洛伊德算法的一个例子，以及以该有向图为输入时算法递推执行的过程。

容易看出，弗洛伊德算法的时间复杂度为 $O(n^3)$，这与通过 *n* 次调用迪杰斯特拉算法来计算时有相同的时间复杂度。但如果实际需要计算图中任意两个结点间的最短路径，弗洛伊德算法显然比迪杰斯特拉算法简捷，并且它允许包含负权边，但前提是不含负值回路。

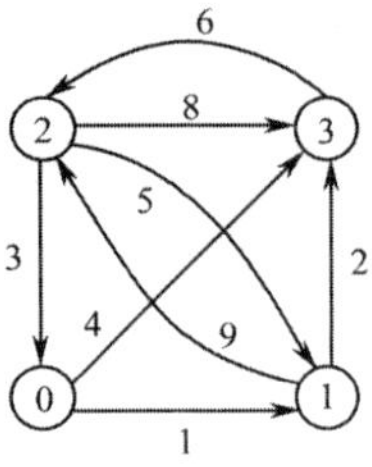

（a）带权有向图G

d

0	1	∞	4
∞	0	9	2
3	5	0	8
∞	∞	6	0

path

−1	0	−1	0
−1	−1	1	1
2	2	−1	2
−1	−1	3	−1

（b）初始状态

d_0

0	1	∞	4
∞	0	9	2
3	4	0	7
∞	∞	6	0

$path_0$

−1	0	−1	0
−1	−1	1	1
2	0	−1	0
−1	−1	3	−1

d_1

0	1	10	3
∞	0	9	2
3	4	0	6
∞	∞	6	0

$path_1$

−1	0	1	1
−1	−1	1	1
2	0	−1	1
−1	−1	3	−1

d_2

0	1	10	3
12	0	9	2
3	4	0	6
9	10	6	0

$path_2$

−1	0	1	1
2	−1	1	1
2	0	−1	1
2	0	3	−1

d_3

0	1	9	3
11	0	8	2
3	4	0	6
9	10	6	0

$path_3$

−1	0	3	1
2	−1	3	1
2	0	−1	1
2	0	3	−1

（c）k=0,1,2,3

图 7-6　弗洛伊德算法

7.2.4　算法正确性

弗洛伊德算法的正确性容易用归纳法加以证明。事实上，动态规划算法都可以用类似的方法证明。

定理 7-1　弗洛伊德算法得到的 d[i][j]，$0 \leqslant i, j \leqslant n-1$ 是从 i 到 j 的最短路径。

证明：初始时有 d[i][j] = w[i][j]，从 i 到 j 的路径上没有其他结点，所以是正确的。归纳法假设在 k 次循环后算法正确，即 d[i][j]为从 i 到 j 的路径上不包含编号为 k 到 $n-1$ 的结点时的最短路径长度，由于第 $k+1$ 次循环中对 d[i][j]的计算方法是：

if (d[i][k] + d[k][j]<d[i][j]) d[i][j] = d[i][k] + d[k][j];

由于最优子结构特性，所以执行这一次循环后 d[i][j]必定是当从 i 到 j 的路径上不含编号为 $k+1$ 到 $n-1$ 的结点时的最短路径长度。经 n 次循环后，d[i][j]便是从 i 到 j 的路径上，允许包括所有编号的结点的最短路径长度，这正是问题的最优解值。

7.3　矩阵连乘

7.3.1　问题描述

给定 n 个矩阵$\{\boldsymbol{A}_0, \boldsymbol{A}_1, \cdots, \boldsymbol{A}_{n-1}\}$，其中 $\boldsymbol{A}_i$（$i = 0, \cdots, n-1$）的维数为 $p_i \times p_{i+1}$，并且 $\boldsymbol{A}_i$ 与 $\boldsymbol{A}_{i+1}$ 是可乘的。考察这 n 个矩阵的连乘积 $\boldsymbol{A}_0\boldsymbol{A}_1\cdots\boldsymbol{A}_{n-1}$，由于矩阵乘法满足结合律，所以计算矩阵的连乘可以有许多不同的计算次序。矩阵连乘问题是确定计算矩阵连乘积的计算次序，使得按照这一次序计算矩阵连乘积，需要的“数乘”次数最少。

设有矩阵 $\boldsymbol{A}$ 和 $\boldsymbol{B}$，$\boldsymbol{A}$ 是 $m \times n$ 矩阵，$\boldsymbol{B}$ 是 $n \times p$ 矩阵，则 $\boldsymbol{A}$ 和 $\boldsymbol{B}$ 是可乘的。乘积矩阵 $\boldsymbol{D} = \boldsymbol{AB}$ 是 $m \times p$ 矩阵，它的元素 d_{ij} 为：

$$d_{ij} = \sum_{k=0}^{n-1} a_{ik} b_{kj} \quad 0 \leqslant i < m,\ 0 \leqslant j < p \tag{7-7}$$

矩阵 $\boldsymbol{A}$ 和 $\boldsymbol{B}$ 相乘的数乘（两元素相乘）次数为：$n \times m \times p$。通常以矩阵乘法中需执行的数乘次数作为两矩阵相乘的计算量。

矩阵连乘的计算次序可以用加括号的方式来确定。一旦一个矩阵连乘积的计算次序完全确定，也称该连乘积已**完全加括号**（fully parenthesized），则可以按这种次序，通过调用两个矩阵相乘的标准算法求得矩阵连乘积。完全加括号的矩阵连乘积可递归定义为：

（1）单个矩阵是完全加括号的；

（2）矩阵连乘积 $\boldsymbol{A}$ 是完全加括号的，则 $\boldsymbol{A}$ 可表示为两个完全加括号的矩阵连乘积 $\boldsymbol{B}$ 和 $\boldsymbol{C}$ 的乘积并加括号，即 $\boldsymbol{A} = (\boldsymbol{BC})$。

例 7-4 4 个矩阵连乘积 $\boldsymbol{ABCD}$，设它们的维数分别为 $\boldsymbol{A}$:50×10，$\boldsymbol{B}$:10×40，$\boldsymbol{C}$:40×30，$\boldsymbol{D}$:30×5。

可以使用穷举法列举出所有可能的计算次序，并计算出每一种计算次序下所需的数乘次数，从中找出一种数乘次数最少的计算次序。表 7-2 列出例 7-4 的 4 个矩阵连乘的 5 种不同的完全加括号方式及相应的计算量。从表中可见，第 1 种完全加括号形式的计算量最少。

设 $p(n)$是 n 个矩阵连乘时可能的加括号的方案数目，它们决定不同的计算次序。假定先将连乘的矩阵序列 $\boldsymbol{A}_0\boldsymbol{A}_1\cdots\boldsymbol{A}_{n-1}$ 分解成两个矩阵子序列 $\boldsymbol{A}_0\boldsymbol{A}_1\cdots\boldsymbol{A}_k$ 和 $\boldsymbol{A}_{k+1}\boldsymbol{A}_{k+2}\cdots\boldsymbol{A}_{n-1}$, $0 \leqslant k < n-1$，然后分别对两个子序列完全加括号，最后加上最外层括号，得到原矩阵序列的完全加括号形式，由此，可得到关于 $p(n)$的如下递推关系式：

$$p(n) = \begin{cases} 1 & n = 1 \\ \sum_{k=1}^{n-1} p(k)p(n-k) & n \geqslant 2 \end{cases} \tag{7-8}$$

此递推式的解是卡特朗（Catalan）数列：$p(n) = C(n-1)$。式中

$$C(n) = \frac{1}{n+1}\binom{2n}{n} = \Omega\left(\frac{4^n}{n^{3/2}}\right) \tag{7-9}$$

可见 n 个矩阵连乘时，可能的计算次序随 n 呈指数增长。显然，采用表 7-2 的穷举法求最优连乘方案是不可取的。下面讨论使用动态规划法求解矩阵连乘的最优计算次序问题。

表 7-2　例 7-4 矩阵连乘的完全加括号形式及相应的计算量

完全加括号形式	连乘积所需计算量
$(\boldsymbol{A}(\boldsymbol{B}(\boldsymbol{CD})))$	40 × 30 × 5 + 10 × 40 × 5 + 50 × 10 × 5 = 10 500
$(\boldsymbol{A}((\boldsymbol{BC})\boldsymbol{D}))$	10 × 40 × 30 + 10 × 30 × 5 + 50 × 10 × 5 = 16 000
$((\boldsymbol{AB})(\boldsymbol{CD}))$	50 × 10 × 40 + 40 × 30 × 5 + 50 × 40 × 5 = 36 000
$(((\boldsymbol{AB})\boldsymbol{C})\boldsymbol{D})$	50 × 10 × 40 + 50 × 40 × 30 + 50 × 30 × 5 = 87 500
$((\boldsymbol{A}(\boldsymbol{BC}))\boldsymbol{D})$	10 × 40 × 30 + 50 × 10 × 30 + 50 × 30 × 5 = 34 500

7.3.2　动态规划法求解

1．最优子结构

将矩阵连乘 $\boldsymbol{A}_i\boldsymbol{A}_{i+1}\cdots\boldsymbol{A}_j$ 简记为 $A[i:j]$，$i \leqslant j$，于是矩阵连乘 $\boldsymbol{A}_0\boldsymbol{A}_1\cdots\boldsymbol{A}_{n-1}$ 可记为 $A[0:n-1]$。将这一计算次序在矩阵 $\boldsymbol{A}_k$ 和 $\boldsymbol{A}_{k+1}$（$0 \leqslant k < n-1$）之间断开，则其相应的完全加括号形式为$((\boldsymbol{A}_0\boldsymbol{A}_1\cdots\boldsymbol{A}_k)(\boldsymbol{A}_{k+1}\boldsymbol{A}_{k+2}\cdots\boldsymbol{A}_{n-1}))$。可先分别计算 $\boldsymbol{A}[0:k]$和 $\boldsymbol{A}[k+1:n-1]$，然后将两个连乘积再相乘得到 $\boldsymbol{A}[0:n-1]$。

矩阵连乘 $\boldsymbol{A}[0:n-1]$的最优计算次序的计算量等于 $\boldsymbol{A}[0:k]$和 $\boldsymbol{A}[k+1:n-1]$两者的最优计算

次序的计算量之和，再加上$A[0:k]$和$A[k+1:n-1]$相乘的计算量。如果两个矩阵子序列的计算次序不是最优的，则原矩阵的计算次序也不可能是最优的。这就是说，矩阵连乘问题的最优解具有最优子结构特性。

2．最优解的递推关系

先定义一个二维数组 m，用来保存矩阵连乘时所需的最少计算量。

设 m 是二维数组，m[i][j]定义为：计算矩阵连乘$A[i:j]$（$0 \leqslant i \leqslant j \leqslant n-1$）所需的最少数乘次数。

当$i=j$时，$A[i:j]=A_i$是单一矩阵，无须计算，因此，m[i][i] = 0，$i=0, 1, \cdots, n-1$。

当$i<j$时，假定在A_k和A_{k+1}之间分解，则通过先分别计算两个子序列连乘后再相乘的方式计算$A[i:j]$的计算量m[i][j]为

$$m[i][j] = m[i][k] + m[k][j] + p_i p_{k+1} p_j$$

其中A_i的维数是$p_i \times p_{i+1}$，m[i][k]和m[k][j]分别为$A[i:k]$和$A[k:j]$的最少计算量，$p_i p_{k+1} p_{j+1}$是两个子序列连乘的乘积矩阵再相乘的计算量。由于$k=i, 1, \cdots, j-1$，因此可得到如下递推关系：

$$m[i][j] = \begin{cases} 0 & i=j \\ \min\limits_{i \leqslant k < j} \{m[i][k] + m[k+1][j] + p_i p_{k+1} p_{j+1}\} & i<j \end{cases} \qquad (7\text{-}10)$$

在式（7-10）中，$i \leqslant j$，所以，只需计算 m 的上三角部分元素。

使式（7-10）取最小值的k就是$A[i:j]$的最优计算次序中的断开位置。如果将此断开位置k保存在 s[i][j]中，就可在计算得到最优解值（最少计算量）之后，由s构造出相应的最优解（矩阵连乘的最优次序）。

3．重叠子问题

由于不同的有序对（i, j），$0 \leqslant i \leqslant j \leqslant n-1$ 对应于不同的子问题，因此，不同子问题的个数最多只有

$$\binom{n}{2} + n = \Theta(n^2) \qquad (7\text{-}11)$$

可以证明，直接采用递归计算式（7-10），具有指数时间，这与检查每一种加括号方式相同。在递归计算时，许多子问题被重复计算多次。这也是该问题应采用动态规划算法求解的又一原因。用动态规划算法解此问题，可采用自底向上的方式进行计算。在计算过程中，保存已求得的子问题的解。每个子问题只计算一次，以后可以直接引用，从而避免大量的重复计算，最终得到多项式时间的算法。

7.3.3 矩阵连乘算法

程序 7-3 为矩阵连乘的动态规划算法。该程序包含两个函数。

（1）函数 MChain：计算最优解值 m[0][$n-1$]；

（2）函数 Traceback：从s构造最优解，即构造矩阵连乘序列的完全加括号形式。

函数 MChain 根据式（7-10）自底向上进行计算。这种计算必须按一定顺序进行，式（7-10）要求在计算 m[i][j]时，所有 m[i][k]和 m[$k+1$][j]（$i \leqslant k < j$）都必须已经计算，即要求 m[i][i], ⋯, m[i][$j-1$]和 m[$i+1$][j], ⋯, m[$j-1$][j]都已经计算。采取如下递推计算步骤能够保证这一点：首先令二维数组 m 的主对角线元素 m[i][i] = 0，s[i][i] = i（$i=0, \cdots, n-1$）；然后从主对角线上一条次

对角线开始，依次计算 m 的 $n-2$ 条对角线元素，并在 s[i][j]中记录使得 m[i][j] = m[i][k] + m[k][j] + $p_i p_{k+1} p_j$ 取最小值的 k。图 7-7 给出了 m 元素的计算次序。

函数 Traceback 对矩阵序列 $\boldsymbol{A}_i\boldsymbol{A}_{i+1}\cdots\boldsymbol{A}_j$ 添加括号。其做法是：（1）如果是单一矩阵，则输出矩阵名称；否则，（2）以 k = s[i][j]为界分成($\boldsymbol{A}_i\boldsymbol{A}_{i+1}\cdots\boldsymbol{A}_k$)和($\boldsymbol{A}_{k+1}\boldsymbol{A}_{k+2}\cdots\boldsymbol{A}_j$)两个子序列，并且若子序列不是单一矩阵，则需在子序列前后加括号。

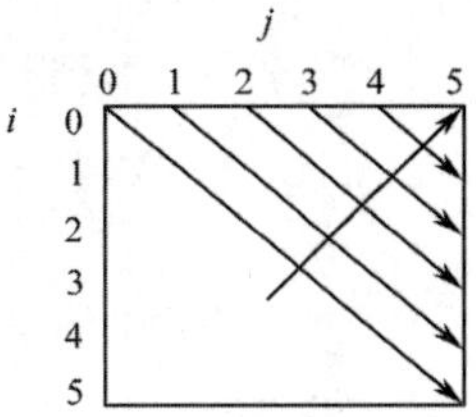

图 7-7　递推计算次序

程序 7-3 中 n 个矩阵连乘的 $n+1$ 个维数保存在一维数组 p 中。例如对于例 7-4 的 4 个矩阵，数组 p = {50, 10, 40, 30, 5}。二维数组 m 和 s 的定义如前面所述。

【程序 7-3】　矩阵连乘算法

```
class MatrixChain
{
public:
      MatrixChain(int mSize, int *q);          //创建二维数组 m 和 s，一维数组 p，并初始化
      int MChain();                            //一般动态规划法求最优解值
      int LookupChain();                       //备忘录方法求最优解值（程序 7-4）
      void Traceback();                        //构造最优解的公有函数
      …
private:
      void Traceback(int i, int j);            //构造最优解的私有递归函数
      int LookupChain(int i, int j);           //备忘录方法私有递归（程序 7-4）
      int *p, **m, **s, n;
};
int MatrixChain::MChain()
{ //求 A[0:n-1]的最优解值
      for (int i=0;i<n; i++) m[i][i]=0;
      for (int r=2; r<=n; r++)
            for (int i=0; i<=n-r; i++) {
                  int j=i+r-1;
                  m[i][j]=m[i+1][j]+p[i]*p[i+1]*p[j+1];   //m[i][j] 的初值
                  s[i][j]=i;
                  for (int k=i+1; k<j; k++) {
                        int t=m[i][k]+m[k+1][j]+p[i]*p[k+1]*p[j+1];
                        if (t<m[i][j]) {
                              m[i][j]=t; s[i][j]=k;
                        }
                  }
            }
            return m[0][n-1];
}
void MatrixChain::Traceback(int i, int j)
```

```
{
        if(i==j) { cout<<'A'<<i; return;}
        if (i<s[i][j]) cout<<'('; Traceback(i, s[i][j]); if (i<s[i][j])cout<<')';
        if(s[i][j]+1<j)cout<<'('; Traceback(s[i][j]+1, j); if(s[i][j]+1<j) cout<<')';
}
void MatrixChain::Traceback()
{
        cout<<'('; Traceback(0, n-1); cout<<')';
        cout<<endl;
}
```

例 7-5 6 个矩阵连乘积 $A_0A_1A_2A_3A_4A_5$，设它们的维数分别为 A:30×35，B:35×15，C:15×5 D:5×10，E:10×20，F:20×25。

先以本例所给条件为输入调用函数 MChain，其中(p[0], p[1], …, p[6]) = (30, 35, 15, 5, 10, 20, 25)保存各矩阵的维数。再调用 Trackback 函数，因为 s[0][5] = 2，所以，$A_0A_1A_2A_3A_4A_5$ 分解得到两个子序列$(A_0A_1A_2)$ $(A_3A_4A_5)$；因为 s[0][2] = 0，故 $A_0A_1A_2$ 分解为(A_0) (A_1A_2)；因为 s[1][2] = 1，故 A_1A_2 分解为(A_1) (A_2)。同理，对第二个子序列进行分解。最终得到矩阵连乘最优计算次序的完全加括号形式为：$(A_0(A_1A_2))$ $((A_3A_4)(A_5))$。m 和 s 的计算结果如图 7-8 所示。最优解值 m[0][5] = 15 125，它代表此 6 个矩阵连乘的最少数乘次数。

	0	1	2	3	4	5
0	0	15 750	7875	9375	11 875	15 125
1		0	2625	4375	7125	10 500
2			0	750	2500	5375
3				0	1000	3500
4					0	5000
5						0

（a）m[i][j]

	0	1	2	3	4	5
0	0	0	0	2	2	2
1		0	1	2	2	2
2			0	2	2	2
3				0	3	4
4					0	4
5						0

（b）s[i][j]

图 7-8 例 7-5 的计算结果

函数 MChain 包含三重循环，循环体内的计算量为 O(1)，所以算法的时间复杂度为 O(n^3)，算法的空间复杂度是 O(n^2)。由此可见，从时间角度看，动态规划法求解远比穷举法求解有效。

7.3.4 备忘录方法

备忘录方法是动态规划法的一个变种。它采用分治法思想，以自顶向下直接递归的方式计算最优解，但与分治法不同的是，备忘录方法为每个已经计算的子问题建立备忘录，即保存子问题的计算结果以备需要时引用，从而避免了相同子问题的重复求解。求解这一问题的备忘录方法的时间复杂度也是 O(n^3)。因为共有 O(n^2)个 m[i][j]（$i = 0, 1, \cdots, n-1, j = i, i+1, \cdots, n-1$）需要计算，这些元素的初始化需 O($n^2$)时间。不计其他元素的时间，计算一个元素的时间为 O(n)。由于每个元素只计算一次，在计算其他元素时，只需 O(1)时间便可引用一个已经计算的元素，所以程序 7-4 的备忘录算法的时间为 O(n^3)。

【程序 7-4】 矩阵连乘的备忘录方法

```
int MatrixChain::LookupChain(int i, int j)
{
```

```
        if (m[i][j]>0) return m[i][j];                              //子问题已经求解，直接引用
        if(i==j) return 0;                                          //单一矩阵无须计算
        int u=LookupChain(i+1, j)+p[i]*p[i+1]*p[j+1];              //按式（7-9）求最小值
        s[i][j]=i;
        for (int k=i+1; k<j; k++) {
            int t=LookupChain(i, k)+LookupChain(k+1, j)+p[i]*p[k+1]*p[j+1];
            if (t<u) {
                u=t; s[i][j]=k;
            }
        }
        m[i][j]=u; return u;                                        //保存并返回子最优解值
}
int MatrixChain::LookupChain()
{
        return LookupChain(0, n-1);                                 //返回A[0:n-1]的最优解值
}
```

7.4 最长公共子序列

7.4.1 问题描述

定义 7-1 若给定序列 $X=(x_1, x_2, \cdots, x_m)$，则另一序列 $Z=(z_1, z_2, \cdots, z_k)$ 为 X 的**子序列**（subsequence）是指存在一个严格递增下标序列（$i_1, i_2, \cdots, i_k$）使得对于所有 $j=1, \cdots, k$ 有 $z_j=x_{i_j}$。设起始下标为 1。

例如，序列 $Z=(B, C, D, B)$ 是序列 $X=(A, B, C, B, D, A, \text{B})$ 的子序列，相应的递增下标序列为（2, 3, 5, 7）。

定义 7-2 给定两个序列 X 和 Y，当另一序列 Z 既是 X 的子序列又是 Y 的子序列时，称 Z 是序列 X 和 Y 的**公共子序列**（common subsequence）。

本节讨论对两个给定的序列 $X=(x_1, x_2, \cdots, x_m)$ 和 $Y=(y_1, y_2, \cdots, y_n)$，求它们的**最长公共子序列**（longest common subsequence, LCS）问题。

7.4.2 动态规划法求解

1. 最优子结构

求两个序列 X 和 Y 的最长公共子序列可以使用穷举法：列出 X 的所有子序列，检查 X 的每个子序列看其是否也是 Y 的子序列，并随时记录下已发现的最长公共子序列的长度，最终求得最长公共子序列。试想，对于一个长度为 m 的序列 X，其每个子序列都对应于下标集{1, 2, ⋯, m}的一个子集，可见 X 的子序列数目多达 2^m。因此，穷举法求解是指数时间的。

下面的分析显示，LCS 问题的最优解具有最优子结构特性，因而采用动态规划法求解可望有好的时间性能。

定理 7-2 设 $X=(x_1, x_2, \cdots, x_m)$ 和 $Y=(y_1, y_2, \cdots, y_n)$ 为两个序列，$Z=(z_1, z_2, \cdots, z_k)$ 是它们的最长公共子序列，则

（1）若 $x_m=y_n$，则 $z_k=x_m=y_n$，且 Z_{k-1} 是 X_{m-1} 和 Y_{n-1} 的最长公共子序列；

（2）若 $x_m\neq y_n$ 且 $z_k\neq x_m$，则 Z 是 X_{m-1} 和 Y 的最长公共子序列；

（3）若 $x_m\neq y_n$ 且 $z_k\neq y_n$，则 Z 是 X 和 Y_{n-1} 的最长公共子序列。

证明：

（1）如果 $z_k\neq x_m$，则在 Z 的最后增加 x_m，成为序列（$z_1, z_2, \cdots, z_k, x_m$），这必定是 X 和 Y 的长度为 $k+1$ 的公共子序列，这与 Z 是 X 和 Y 的一个最长公共子序列矛盾。因此，必有 $z_k=x_m=y_n$，由此可知，Z_{k-1} 是 X_{m-1} 和 Y_{n-1} 的一个最长公共子序列。

（2）由于 $z_k\neq x_m$，因此 Z 是 X_{m-1} 和 Y 的一个公共子序列。如果 Z 不是 X_{m-1} 和 Y 的最长公共子序列，X_{m-1} 和 Y 有一个长度大于 k 的公共子序列 W，则 W 也应该是 X 和 Y 的一个长度大于 k 的公共子序列，这与 Z 是 X 和 Y 的最长公共子序列相矛盾。

（3）证明与（2）同理。

定理 7-2 表明两个序列的最长公共子序列包含了这两个序列的前缀的最长公共子序列，这意味着最长公共子序列具有最优子结构特性。

2. 最优解的递推关系

设有序列 $X_m=(x_1, x_2, \cdots, x_m)$ 和 $Y_n=(y_1, y_2, \cdots, y_n)$，定理 7-2 表明最优解具有最优子结构特性，并可由此导出如下递推关系：

（1）若 $x_m=y_n$，则先求 X_{m-1} 和 Y_{n-1} 的最长公共子序列，并在其尾部加上 x_m 便得到 X_m 和 Y_n 的最长公共子序列；

（2）若 $x_m\neq y_n$，则必须分别求解两个子问题 X_{m-1} 和 Y_n，以及 X_m 和 Y_{n-1} 的最长公共子序列，这两个公共子序列中的较长者就是 X_m 和 Y_n 的最长公共子序列。

与矩阵连乘类似，需要使用一个二维数组来保存最长公共子序列的长度，设 c[i][j]保存 $X_i=(x_1, x_2, \cdots, x_i)$ 和 $Y_j=(y_1, y_2, \cdots, y_j)$ 的最长公共子序列的长度。当 $i=0$ 或 $j=0$ 时，X_i 和 Y_j 的最长公共子序列为空序列，故此时 c[i][j] = 0；若 $x_i=y_j$（$i, j>0$），则 c[i][j] = c[i−1][j−1]+1；若 $x_i\neq y_j$（$i, j>0$），则 c[i][j] = max{c[i][j−1]，c[i−1][j]}。可以归结为以下递推式：

$$\mathrm{c}[i][j]=\begin{cases}0 & i=0, j=0\\ \mathrm{c}[i-1][j-1]+1 & i,j>0, x_i=y_j\\ \max\{\mathrm{c}[i][j-1], \mathrm{c}[i-1][j]\} & i,j>0, x_i\neq y_j\end{cases} \tag{7-12}$$

7.4.3 最长公共子序列算法

当然可以根据式（7-12）写成一个计算 c[i][j]的递归算法，但会得到一个指数时间算法。采用动态规划法可避免重复计算子问题。本问题中，不同的子问题的数目总计为$\Theta(m\times n)$，采用动态规划法进行自底向上求解，可在多项式时间内完成计算。由于每个数组元素的计算时间为 O(1)，则程序 7-5 的时间复杂度为 $O(m\times n)$。

程序 7-5 计算最长公共子序列的长度，对照式（7-12）不难理解此程序。程序中 s[i][j]记录 c[i][j]的值是由三个子问题 c[i−1][j−1]+1，c[i][j−1]和 c[i−1][j]中的哪一个计算得到的。这一信息用于构造最长公共子序列自身。

【程序 7-5】 求 LCS 的长度

```
class LCS
{
```

```
public:
    LCS(int nx, int ny, char *x, char*y);     //创建二维数组 c、s 和一维数组 a、b，并进行初始化
    void LCSLength();                         //求最优解值（最长公共子序列长度）
    void CLCS();                              //构造最优解（最长公共子序列）
    …
private:
    void   CLCS(int i, int j);
    int **c, **s.m, n;
    char *a, *b;
};
int LCS::LCSLength()
{
    for(int i=1; i<=m; i++) c[i][0]=0;
    for(i=1; i<=n; i++) c[0][i]=0;
    for (i=1; i<=m; i++)
        for (int j=1; j<=n; j++)
            if (x[i] ==y[j]){
                c[i][j]=c[i-1][j-1]+1; s[i][j]=1;     //由 c[i-1][j-1]计算 c[i][j]
            }
            else if (c[i-1][j]>=c[i][j-1]){
                    c[i][j]=c[i-1][j]; s[i][j]=2;     //由 c[i-1][j]得到 c[i][j]
                }
                else {
                    c[i][j]=c[i][j-1]; s[i][j]=3;     //由 c[i][j-1]得到 c[i][j]
                }
    return c[m][n];                                   //返回最优解值
}
```

设有序列 $X_m=(x_1, x_2, \cdots, x_m)$和 $Y_n=(y_1, y_2, \cdots, y_n)$，使用程序 7-5 生成的 s 中的信息，可以构造它们的最长公共子序列。从 s[m][n]开始，如果 s[i][j] = 1，表示它是由 X_{i-1} 和 Y_{j-1} 的最长公共子序列的尾部加上 x_i 形成的；如果 s[i][j] = 2，表示它与 X_{i-1} 和 Y_j 的最长公共子序列相同；如果 s[i][j] = 3，表示它与 X_i 和 Y_{j-1} 的最长公共子序列相同；如果 $i = 0$ 或 $j = 0$，则为空子序列。

程序 7-6 是根据 s 的值构造最长公共子序列函数，其时间复杂度为 $O(m + n)$。这是因为每一次递归调用都使得 i 或 j 减 1。

【程序 7-6】 构造最长公共子序列

```
void LCS::CLCS(int i, int j)
{
    if (i==0||j==0) return;
    if (s[i][j] ==1){
        CLCS(i-1, j-1);
        cout<<a[i];
    }
```

```
        else if (s[i][j] = =2) CLCS(i-1, j);
            else CLCS(i, j-1);
}
```

例 7-6　设有两个序列 $X=(x_1, x_2, \cdots, x_7)=(a, b, c, b, d, a, b)$，$Y=(y_1, y_2, \cdots, y_6)=(b, d, c, a, b, a)$。由算法 LCSLength 和 CLCS 得到的结果如图 7-9 所示。从图 7-9（a）可知例 7-6 的最长公共子序列的长度为 c[7][6] = 4。图 7-9（b）的箭头指示构造例 7-6 的最长公共子序列在 s 中追溯的路径：（s[7][6], s[6][6], s[5][5], s[4][5], s[3][4], s[3][3], s[2][2], s[2][1], s[1][0]）= (2, 1, 2, 1, 3, 1, 3, 1, 0)。最长公共子序列由其中所有为 1 的项对应的 s[i][j]的 x_i 组成。即最长公共子序列为：$(x_2, x_3, x_4, x_6) = (b, c, b, a)$。但请注意，由于 C 语言数组下标从 0 开始，因此程序 8-5 的输入序列应采用如下形式：

```
char x[8]={'0', 'a', 'b', 'c', 'b', 'd', 'a', 'b'},
    y[7]= {'0', 'b', 'd', 'c', 'a', 'b', 'a'};
```

	0	1	2	3	4	5	6
0	0	0	0	0	0	0	0
1	0	0	0	0	1	1	1
2	0	1	1	1	1	2	2
3	0	1	1	2	2	2	2
4	0	1	1	2	2	3	3
5	0	1	2	2	2	3	3
6	0	1	2	2	3	3	4
7	0	1	2	2	3	4	4

（a）c[i][j]

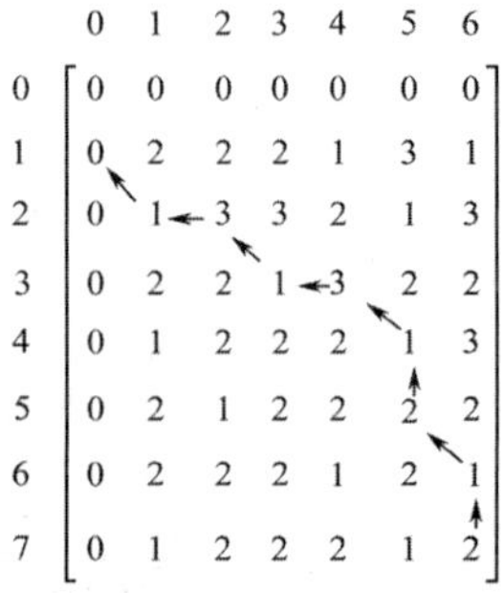

（b）s[i][j] (LCS=(b,c,b,a))

图 7-9　例 7-6 的计算结果

7.4.4　算法的改进

仔细观察可知，程序 7-5 中数组 s 是可以省去的。式（7-12）表明，c[i][j]由 c[i][j] = c[i−1] [j−1]+ 1，c[i][j] = c[i−1][j]或 c[i][j] = c[i][j−1]计算得来，因此，为了确定 c[i][j]是从这三者中哪一个计算得来的，可以直接由 c 的值确定，而不必借助于 s。因此，可以写一个类似的 CLCS 算法在 $O(m+n)$ 时间内构造最长公共子序列。该算法使用 c 而不使用 s，从而节省了存储空间。

另外，如果只需计算最长公共子序列的长度，即只需求最优解值，而无须构造最优解，那么算法的空间需求还可大大减少。在式（7-12）中，计算 c[i][j]仅用到第 i 行和第 $i-1$ 行元素。因此，只需两行元素空间就可计算最长公共子序列的长度。于是，算法的空间复杂度为 $O(m)$，进一步分析可知其为 $O(\min\{m, n\})$。请读者自行改写程序 7-5，得到改进算法。

7.5　最优二叉搜索树

7.5.1　问题描述

二叉搜索树运算有很好的平均时间复杂度 $O(\log n)$，但可能产生退化的树形，使搜索时间变坏。二叉平衡树限制了树的高度，使搜索运算的最坏情况时间为 $O(\log n)$。

以上分析均假定在二叉搜索树上搜索一个元素的概率是相等的。如果元素集合是固定的，并且已知搜索集合中每个元素的概率，包括不成功搜索的概率，那么可以构造一棵最优二叉搜索树，使其具有最小的平均搜索时间。

设有元素集合$\{a_1, a_2, \cdots, a_n\}$，其中，$a_1 < a_2 < \cdots < a_n$，$p(i)$是在集合中成功查找$a_i$的概率，$1 \leqslant i \leqslant n$，$q(i)$是待查元素$x$值满足$a_i < x < a_{i+1}$的概率，$0 \leqslant i \leqslant n$（假定$a_0 = -\infty, a_{n+1} = +\infty$）。显然

$$\sum_{i=1}^{n} p(i) + \sum_{i=0}^{n} q(i) = 1$$

最优二叉搜索树问题是指设法构造一棵具有最小平均搜索时间的二叉搜索树。

7.5.2 动态规划法求解

1. 最优子结构

已知递增有序的元素集合$\{a_1, a_2, \cdots, a_n\}$（假定$a_0 = -\infty, a_{n+1} = +\infty$），以及成功查找$a_i$的概率$p(i)$（$1 \leqslant i \leqslant n$）和不成功查找概率$q(i)$（$0 \leqslant i \leqslant n$）。为了构造一棵最优二叉搜索树，首先应当确定根结点（设为a_k）。根结点将原集合分成三部分：L、a_k和G，其中，$L = \{a_1, a_2, \cdots, a_{k-1}\}$，$G = \{a_{k+1}, a_{k+2}, \cdots, a_n\}$。这就将问题分解为两个同类子问题，即分别构造根$a_k$的左子树和右子树，它们应当都是最优二叉搜索树。

图 7-10 是一棵二叉搜索树的例子，它是在普通二叉搜索树上增加了$n+1$个虚构的外结点（方形结点）。n个圆形结点是元素结点，二叉搜索树被视为由内结点和外结点组成的集合：$\{a_1, \cdots, a_n, E_0, \cdots, E_n\}$。

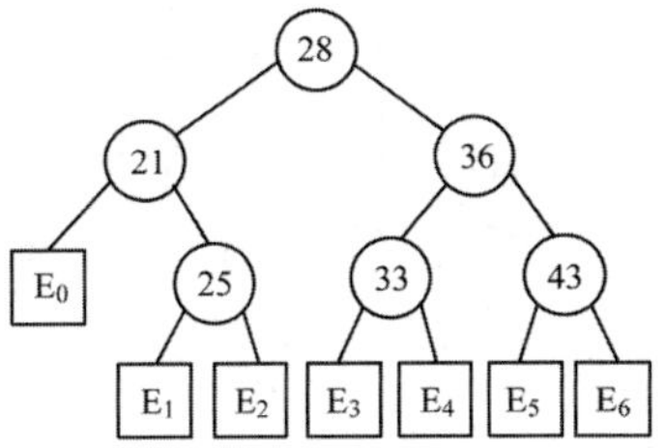

图 7-10　二叉搜索树示例

与二分搜索的二叉判定树类似，每个内结点代表一次成功搜索可能的终止位置，每个外结点表示一次不成功搜索的终止位置。设level(a_i)是内结点a_i的层次，level(E_i)是外结点E_i的层次。若搜索在a_i终止，则需进行level(a_i)次元素值间的比较；若搜索在E_i处终止，则需进行level(E_i) −1 次元素值间的比较。可以导出二叉搜索树 T 的平均搜索代价 cost(T)的计算公式为：

$$\text{cost}(\text{T}) = \sum_{i=1}^{n} p(i) \times \text{level}(a_i) + \sum_{i=0}^{n} q(i) \times [\text{level}(E_i) - 1] \tag{7-13}$$

如果将包含该元素集合的任意一棵二叉搜索树看成是一个可行解，那么最优解是其中平均搜索代价最小的二叉搜索树。

使用动态规划法求最优二叉搜索树，必须讨论其最优子结构特性，即必须找出问题的最优解结构和子问题的最优解结构之间的关系。从图 7-10 可以看到，假定a_k为根结点，则该二叉搜索树分划为左子树 L、根和右子树 R 三部分。设对左子树 L 和右子树 R 搜索的平均搜索代价分别为 cost(L)和 cost(R)，则

$$\text{cost}(\text{L}) = \sum_{1}^{k-1} p(i) \times \text{lev}(a_i) + \sum_{0}^{k-1} q(i) \times [\text{lev}(E_i) - 1] \tag{7-14}$$

$$\text{cost}(\text{R}) = \sum_{k+1}^{n} p(i) \times \text{lev}(a_i) + \sum_{k}^{n} q(i) \times [\text{lev}(E_i) - 1] \tag{7-15}$$

式中，lev(a_i)和 lev(E_i)是相应结点在其所在子树上的层次，对原树而言，有 level(a_i) = lev(a_i) + 1 和 level(E_i) = lev(E_i) + 1。

为了简化描述，定义$w(i, j)$如下：

$$
\begin{aligned}
w(i,j) &= q(i) + \sum_{h=i+1}^{j} \left[q(h) + p(h) \right] \\
&= q(i) + q(i+1) + \cdots + q(j) + p(i+1) + \cdots + p(j) \quad (i \leqslant j)
\end{aligned}
\tag{7-16}
$$

二叉搜索树 T 的平均搜索代价 cost(T)为：

$$
\begin{aligned}
\text{cost(T)} &= \sum_{1}^{n} p(i) \times \text{level}(a_i) + \sum_{0}^{n} q(i) \times \left[\text{level}(E_i) - 1 \right] \\
&= \sum_{1}^{n} p(i) \times (\text{lev}(a_i) + 1) + \sum_{0}^{n} q(i) \times \text{lev}(E_i) \\
&= q(0) + \sum_{1}^{n} (p(i) + q(i)) + \text{cost(L)} + \text{cost(R)} \\
&= w(0,n) + \text{cost(L)} + \text{cost(R)}
\end{aligned}
\tag{7-17}
$$

式（7-17）给出了二叉搜索树搜索的最优平均搜索代价和搜索其左右子树的最优平均搜索代价间的关系式。如果 T 是最优二叉搜索树，必定要求其左右子树都是最优二叉搜索树，否则 T 就不是最优的。这就表明，对于这一问题，最优性原理成立。

设 $c(0, n)$是由元素值集合$\{a_1, a_2, \cdots, a_n\}$所构造的最优二叉搜索树的代价，则

$$
\begin{aligned}
c(0,n) &= \min_{1 \leqslant k \leqslant n} \{ w(0,n) + c(0,k-1) + c(k,n) \} \\
&= \min_{1 \leqslant k \leqslant n} \{ c(0,k-1) + c(k,n) \} + w(0,n)
\end{aligned}
\tag{7-18}
$$

一般，$c(i, j)$, $i \leqslant j$ 是元素值集合$\{a_{i+1}, a_{i+2}, \cdots, a_j\}$所构造的最优二叉搜索树的代价，设 $r(i, j) = k$ 为该树的根，要求结点 k 满足下式：

$$
\begin{aligned}
c(i,j) &= \min_{i+1 \leqslant k \leqslant j} \{ w(i,j) + c(i,k-1) + c(k,j) \} \\
&= \min_{i+1 \leqslant k \leqslant j} \{ c(i,k-1) + c(k,j) \} + w(i,j)
\end{aligned}
\tag{7-19}
$$

式中，$c(i, k-1)$和 $c(k, j)$分别是左右子树的最优平均搜索代价。式（7-19）建立了原问题最优解和子问题最优解之间的数值关系。建立这一关系式是动态规划求解问题时必需的和关键的一步。

2. 构造最优二叉搜索树

设 w、c 和 r 是上面定义的 3 个二维数组（见图 7-11）。计算此三个量，便可从中得到最优二叉搜索树。运用动态规划法求解这三个量的递推算法如下。

（1）计算主对角线的 w，c 和 r 的值

$w(i, i) = q(i); c(i, i) = 0; r(i, i) = 0$　　　　$i = 0, 1, \cdots, n$

（2）计算紧邻主对角线上面的那条对角线的 w，c 和 r 的值

$w(i, i+1) = q(i) + q(i+1) + p(i+1)$

$c(i, i+1) = c(i, i) + c(i+1, i+1) + w(i, i+1) = w(i, i+1)$

$r(i, i+1) = i+1$　　　　$i = 0, 1, \cdots, n-1$

（3）根据下列公式，计算主对角线以上 n–2 条斜线的 w、c 和 r 的值。

$$
w(i,j) = q(j) + p(j) + w(i,j-1) \tag{7-20}
$$

$$
c(i,j) = \min_{i+1 \leqslant k \leqslant j} \{ c(i,k-1) + c(k,j) \} + w(i,j) \tag{7-21}
$$

$$
r(i,j) = k
$$

这种计算次序可以保证在计算式（7-20）和式（7-21）左边的量时，其右边的各个量都已经计算出来。

	0	1	2	3	4
0	(2,0,0)	(8,8,1)	(12,19,1)	(14,25,2)	(16,32,2)
1		(3,0,0)	(7,7,2)	(9,12,2)	(11,19,2)
2			(1,0,0)	(3,3,3)	(5,8,3)
3				(1,0,0)	(3,3,4)
4					(1,0,0)

图 7-11　计算（w, c, r）的值

例 7-7　设 $n = 4$ 且(a_1, a_2, a_3, a_4) = (Mon, Thu, Tue, Wed)，又设 $p(1:4) = (3, 3, 1, 1)$和 $q(0:4) = (2, 3, 1, 1, 1)$。这里 p 和 q 都已乘了 16。

图 7-11 给出了 3 个二维数组 w，c 和 r 的计算结果。从图中可以看到：

（1）主对角线元素为（w[i][i], c[i][i], r[i][i]），$0 \leqslant i \leqslant 4$；

（2）主对角线的右对角线元素为（w[i][i+1], c[i][i+1], r[i][i+1]），$0 \leqslant i < 4$;

（3）其余 $n-2$ 条对角线元素可以根据式（7-20）和式（7-21）来计算。

例如，w[0][4] = p[4] + q[4] + w[0][3] = 14 + 1 + 1 = 16

c[0][4] = min{c[0][0] + c[1][4], c[0][1] + c[2][4], c[0][2] + c[3][4], c[0][3] + c[4][4]} + w[0][4]

= min{19, 16, 22, 25} + 16

= 32　(k = 2)

r[0][4] = k = 2

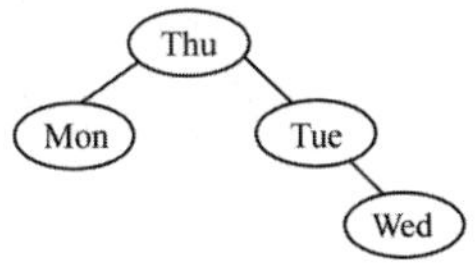

图 7-12　最优二叉搜索树

从二维数组 r 可以构造所求的最优二叉搜索树。对于例 7-7，r[0][4] = 2 是元素集合$\{a_1, a_2, a_3, a_4\}$的最优二叉搜索树的根，其左子树包含元素$\{a_1\}$，右子树包含元素$\{a_3, a_4\}$。左子树的根为 r[0][1] = 1，而右子树的根为 r[2][4] = 3。最终得到的最优二叉搜索树的树结构如图 7-12 所示。

7.5.3　最优二叉搜索树算法

程序 7-7 中使用变量，一维数组 p 和 q 保存成功和不成功搜索两种概率，n 是数组长度，计算结果保存在二维数组 w、c 和 r 的值。函数 Find 计算满足 $\min\limits_{i+1 \leqslant k \leqslant j}\{c(i,k-1)+c(k,j)\}$ 的 k 值。函数 CreateOBST 调用 Find 计算 w、c 和 r。读者可以编写一个算法，从 r 的值构造所求得的最优二叉搜索树。

【程序 7-7】　构造最优二叉搜索树

```
int Find(int i, int j, int **r, float**c)
{
    float min=INFTY; int k;
    for (int m=i+1; m<=j; m++)
        if ((c[i][m−1]+c[m][j])<min) {
        min=c[i][m−1]+c[m][j]; k=m;
    }
    return k;
}
```

```
void CreateOBST(float* p, float* q, float **c, int **r, float**w, int n)
{
    for (int i=0; i<=n-1; i++) {                              //初始化
        w[i][i]=q[i]; c[i][i]=0.0; r[i][i]=0;
        w[i][i+1]=q[i]+q[i+1]+p[i+1];
        c[i][i+1]=q[i]+q[i+1]+p[i+1];
        r[i][i+1]=i+1;
    }
    w[n][n]=q[n]; c[n][n]=0.0; r[n][n]=0;
    for (int m=2; m<=n; m++)                                  //计算 n-2 条对角线元素
        for (i=0; i<=n-m; i++) {
            int j=i+m;
            w[i][j]=w[i][j-1]+p[j]+q[j];
            int k = Find(i, j, r, c);
            c[i][j] = w[i][j] + c[i][k-1] + c[k][j];
            r[i][j] = k;
        }
}
```

现在来分析算法的时间复杂度。其中，Find 函数用于计算 k，其计算时间为 $j-i=m$。不计入动态生成二维数组的时间，CreateOBST 函数总的计算时间为：

$$\sum_{m=2}^{n}\sum_{i=0}^{n-m} m+\mathrm{O}(n)=\sum_{m=2}^{n} m(n-m+1)+\mathrm{O}(n)=\mathrm{O}(n^3)$$

利用克努特（D.E.Knuth）的结论，式（7-19）中 $i+1\leqslant k\leqslant j$ 的范围还可以进一步缩小为 $r(i,j-1)\leqslant k\leqslant r(i+1,j)$，从而得到式（7-22）。

$$c(i,j)=\min_{r(i,j-1)\leqslant k\leqslant r(i+1,j)}\{c(i,k-1)+c(k,j)\}+w(i,j) \tag{7-22}$$

7.6 0/1 背包

7.6.1 问题描述

第 6 章讨论了一般背包问题的贪心算法。如果物品不能分割，只能作为一个整体或者装入背包，或者不装入背包，称为 0/1 背包问题。

0/1 背包问题可以描述为：已知一个载重为 M 的背包和 n 件物品，物品编号为 0～$n-1$。第 i 件物品的重量为 w_i，如果将第 i 种物品装入背包将获益 p_i，这里，$w_i>0$，$p_i>0$ $(0\leqslant i<n)$。所谓 0/1 背包问题，是指在物品不能分割、只能整件装入背包或不装入的情况下，求一种最佳装载方案使得总收益最大。

0/1 背包问题可形式化描述为：给定 $M>0$，$w_i>0$，$p_i>0$ $(0\leqslant i<n)$，求一个 n 元向量 $X=(x_0, x_1, \cdots, x_{n-1})$，$x_i\in\{0, 1\}(0\leqslant i<n)$，使得 $\sum_{0\leqslant i<n} w_i x_i \leqslant M$ 且 $\sum_{0\leqslant i<n} p_i x_i$ 最大。为便于讨论，下面使用 KNAP(0, $n-1$, M)表示一个背包问题的实例。

7.6.2 动态规划法求解

前面的讨论反复强调，判断一个问题是否适于用动态规划法求解，首先必须分析问题解的结构，考察它的最优解是否具有最优子结构特性。其次，应当检查分解所得的子问题是否相互独立，是否存在重叠子问题现象。

1．最优子结构

0/1 背包的最优解具有最优子结构特性。设$(x_0, x_1, \cdots, x_{n-1})$，$x_i\in\{0, 1\}$是 0/1 背包的最优解，那么，$(x_1, x_2, \cdots, x_{n-1})$必然是 0/1 背包子问题的最优解：背包载重 $M-w_0x_0$，共有 $n-1$ 件物品，第 i 件物品的重量为 w_i，效益 p_i，$w_i>0$，$p_i>0$，$1\leqslant i<n$。若不然，设$(z_1, z_2, \cdots, z_{n-1})$是该子问题的一个最优解，而$(x_1, x_2, \cdots, x_{n-1})$不是该子问题的最优解。由此可知

$$\sum_{1\leqslant i<n} p_i z_i > \sum_{1\leqslant i<n} p_i x_i \text{ 且 } w_0 x_0 + \sum_{1\leqslant i<n} w_i z_i \leqslant M$$

因此

$$p_0 x_0 + \sum_{1\leqslant i<n} p_i z_i > \sum_{0\leqslant i<n} p_i x_i \text{ 且 } w_0 x_0 + \sum_{1\leqslant i<n} w_i z_i \leqslant M$$

显然，$(x_0, z_1, z_2, \cdots, z_{n-1})$是比$(x_0, x_1, \cdots, x_{n-1})$收益更高的最优解，$(x_0, x_1, \cdots, x_{n-1})$不是背包问题的最优解。这与假设矛盾。因此，$(x_1, x_2, \cdots, x_{n-1})$必然是相应子问题的一个最优解。最优性原理对背包问题成立。

2．最优解的递归算法

给定一个 0/1 背包问题实例 KNAP(0, $n-1$, M)，可以通过对 n 个物品是否加入背包做出一系列决策进行求解，假定变量 $x_i\in\{0, 1\}$，$0\leqslant i<n$ 表示对物品 i 是否加入背包的一个决策。$x_i=1$ 表示将物品 i 加入背包，$x_i=0$ 表示不加入背包。假定对这些 x_i 做出决策的次序是 $X=(x_{n-1}, x_{n-2}, \cdots, x_0)$。在对 x_{n-1} 做出决策后，存在两种情况：

（1）$x_{n-1}=1$，将编号为 $n-1$ 的物品加入背包，接着求解子问题 KNAP(0, $n-2$, $M-w_{n-1}$)；

（2）$x_{n-1}=0$，编号为 $n-1$ 的物品不加入背包，接着求解子问题 KNAP(0, $n-2$, M)。

设 $f(j, X)$是当背包载重为 X，可供选择的物品为 0, 1, $\cdots$, j 时的最优解值，那么 $f(n-1, M)$可表示为

$$f(n-1, X) = \max\{f(n-2, X),\quad f(n-2, X-w_{n-1})+p_{n-1}\} \tag{7-23}$$

对于任意 j，$0\leqslant j<n$，有

$$f(j, X) = \max\{f(j-1, X),\quad f(j-1, X-w_j)+p_j\}\quad 0\leqslant j<n \tag{7-24}$$

如果物品 w_j 被加入背包，则 $f(j, X)=f(j-1, X-w_j)+p_j$，否则 $f(j, X)=f(j-1, X)$。上面的分析得到如下递归式：

$$f(-1, X) = \begin{cases} -\infty & X<0 \\ 0 & X\geqslant 0 \end{cases}$$
$$f(j, X) = \max\{f(j-1, X),\quad f(j-1, X-w_j)+p_j\}\quad 0\leqslant j<n \tag{7-25}$$

从式（7-25）得到程序 7-8 的递归函数 f，f 计算 0/1 背包的最大收益。

【程序 7-8】 0/1 背包的递归算法

```
template<class T>
class Knapsack
{
```

```
public:
        Knapsack(int mSize, float cap, float *wei, T *prof);
     T RKnap();
private:
        T    f(int j, float X);
    float m, *w;
        T *p;
    int n;
};
template<class T>
T Knapsack<T>::f(int j, float X)
{
        if (j<0) return ((X<0)  ? -INFTY: 0);
        if (X<w[j]) return f(j-1, X);
        else {
                T a=f(j-1, X);
                T b=f(j-1, X-w[j])+p[j];
                if(a>b)return a; else return b;
         }
}
template<class T>
T Knapsack<T>:: RKnap()
{
        if(n>0) return f(n-1, m);
        else return NoAns;                          //NoAns 可定义为类型 T 的一个代表无收益的常量
}
```

例 7-8 设有 0/1 背包问题 $n = 3$，$(w_0, w_1, w_2)=(2, 3, 4)$，$(p_0, p_1, p_2)=(1, 2, 4)$和 $M = 6$。利用式（7-25）可以求例 7-8 的最优解。$f(2, M) = f(2, 6)$代表最优解值，递归计算过程如下：

$$f(2, 6) = \max\{f(1, 6), f(1, 6-4) + 4\} = 5$$
$$f(1, 6) = \max\{f(0, 6), f(0, 6-3) + 2\} = 3$$
$$f(1, 2) = f(0, 2) = 1$$
$$f(0, 6) = 1, f(0, 3) = 1, f(0, 2) = 1$$
$$f(-1, y) = 0, y>0$$

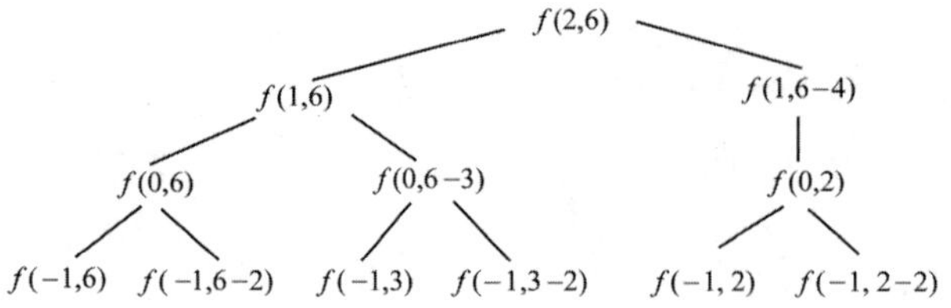

图 7-13　程序 7-8 的递归树

本例的最优解值为 5。

设 $T(n)$为当物品数目为 n 时程序 7-8 的 0/1 背包递归算法的时间，分析此递归算法可得到如下递推式：

$$\begin{aligned} &T(0) = T(1) = a \\ &T(n) \leqslant 2T(n-1) + b \qquad n>1 \end{aligned} \tag{7-26}$$

式中，a 和 b 是常数。这一递归方程的解为

$O(2^n)$。可见程序 7-8 的 0/1 背包递归算法的时间在最坏情况下是指数级的。

3．动态规划算法

从上述递归过程可知，例 7-8 的最优解值 $f(2, 6)$的计算被转化为求解 $f(1, 6)$和 $f(1, 2)$两个子问题。而这两个子问题又可转化为 $f(0, 6)$, $f(0, 3)$和 $f(0, 2)$三个子问题的求解。最后得到最优解值 $f(2, 6) = 5$。

如果 X 是满足 $0 \leqslant X \leqslant M$ 条件的整数，可以采用与前几节类似的动态规划法，自底向上进行计算，已经计算的子问题的最优解值可以用二维数组 f[j][k]保存 ($0 \leqslant j < n$，$0 \leqslant k \leqslant M$)。也可以采用备忘录方法，在递归计算中保存子问题的最优解值。在这种情况下，必须对 X 的不同值计算 f[j][k]，因此，总的计算时间为$\Theta(Mn)$，其中 M 是背包载重量，n 是物品个数。因此，当物品重量为整数时，0/1 背包问题很容易用动态规划算法或备忘录算法求解。请读者参考矩阵连乘的算法编写程序实现之。

但是，如果物品重量和背包载重为实数，那么子问题的最优解值 $f(j, X)$是 X ($0 \leqslant X \leqslant M$)的连续函数，上述方法便行不通了。下一节将介绍物品重量为实数的 0/1 背包的动态规划算法。

7.6.3　0/1 背包算法框架

1．求 0/1 背包的最优解值

虽然 $f(j, X)$是连续函数，所幸它是 X 的阶梯形单调非减函数。这一点可从 $f(j, X)$函数的递推式得证。对于例 7-8 利用式（7-25）递推求解过程如下：

（1）$$f(-1, X) = \begin{cases} -\infty & X < 0 \\ 0 & X \geqslant 0 \end{cases}$$

（2）$$f(0, X) = \begin{cases} -\infty & X < 0 \\ \max\{0, -\infty + 3) = 0 & 0 \leqslant X < 2 \\ \max\{0, 0+1\} = 1 & X \geqslant 2 \end{cases}$$

（3）$$f(1, X) = \begin{cases} -\infty & X < 0 \\ 0 & 0 \leqslant X < 2 \\ 1 & 2 \leqslant X < 3 \\ \max\{1, 0+2\} = 2 & 3 \leqslant X < 5 \\ \max\{1, 1+2\} = 3 & X \geqslant 5 \end{cases}$$

（4）$$f(2, X) = \begin{cases} 0 & X < 2 \\ 1 & 2 \leqslant X < 3 \\ 2 & 3 \leqslant X < 4 \\ \max\{2, 3, 4\} = 4 & 4 \leqslant X < 6 \\ \max\{3, 1+4\} = 5 & 6 \leqslant X < 7 \\ \max\{3, 2+4\} = 6 & 7 \leqslant X < 9 \\ \max\{3, 3+4\} = 7 & X > 9 \end{cases}$$

所以，$f(2, 6) = 5$。

上述递推求解过程容易用图 7-14 所示的图解法表示。图 7-14（a）为 $f(j, X)$函数的图像，图 7-14（b）为函数 $f(j-1, X-w_j) + p_j$ 的图像。将 $f(j-1, X)$在 X 轴上右移 w_j 个单位，然后上移 p_j

个单位就可得到 $f(j-1, X-w_j)+p_j$ 的图像。函数 $f(j, X)$ 是由 $f(j-1, X)$ 和 $f(j-1, X-w_j)+p_j$ 的函数曲线按 X 相同时取大值的方式生成的。

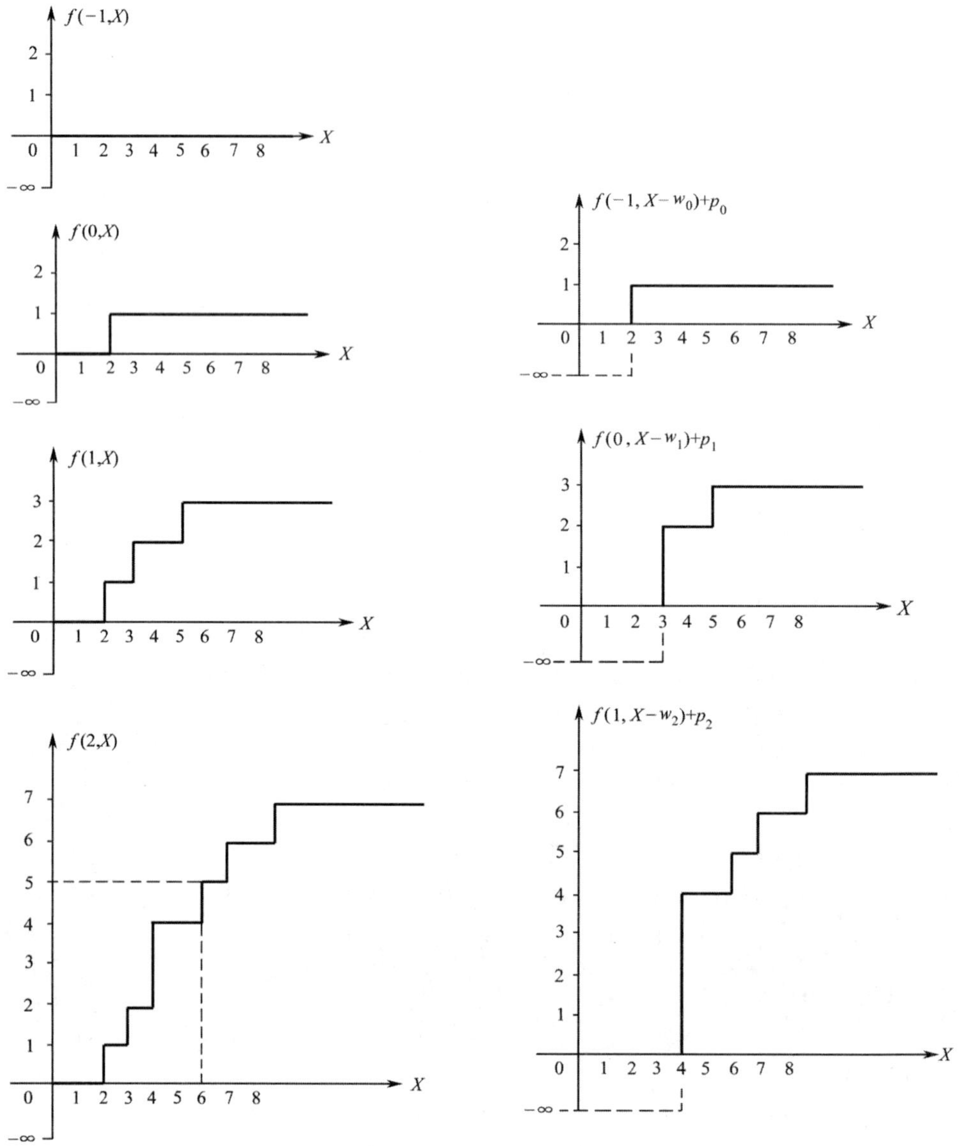

（a）$f(j,X)$ 的函数曲线　　（b）$f(j-1,X-w_j)+p_j$ 的函数曲线

图 7-14　例 7-8 背包问题的图解法

从图 7-14 中可见，函数 f 是阶梯形非减曲线，可以由一组阶跃点来描述。例如，$f(0, X)$ 可由两个阶跃点（0, 0）和（2, 1）唯一确定。在一般情况下，不论函数 $f(j, X)$ 或 $f(j, X-w_j)+p_j$ 都可由它们各自的全部阶跃点唯一确定。

现用 S^j 表示函数曲线 $f(j, X)$ 的全部阶跃点的集合，$S^j=\{(X_i, P_i)\mid$ 函数曲线 $f(j, X)$ 的全部阶跃点$\}$，$-1\leqslant j\leqslant n-1$，其中 $S^{-1}=\{(0,0)\}$。用 S_1^j 表示函数曲线 $f(j-1, X-w_j)+p_j$ 的全部阶跃点的集合，$S_1^j=\{(X_i, P_i)\mid$ 函数曲线 $f(j-1, X-w_j)+p_j$ 的全部阶跃点$\}$，$0\leqslant j<n-1$。

计算所有 S^j 和 S_1^j 的步骤如下：

（1）$S^{-1}=\{(0, 0)\}$，函数 $f(-1, X)$只有一个阶跃点；

（2）$S_1^j=\{(X, P)\,|\,(X-w_j, P-p_j)\in S^{j-1}\}$，也就是说，由集合 S^{j-1} 中的每个阶跃点(X, P)，得到集合 S_1^j 中的一个阶跃点$(X+w_j, P+p_j)$；

（3）S^j 是合并集合 $S^{j-1}\cup S_1^j$，并舍弃其中被支配的阶跃点和所有 $X>M$ 的阶跃点得到的。

设(X_1, P_1)和(X_2, P_2)是两个阶跃点，如果 $X_1<X_2$，$P_1>P_2$，则称(X_1, P_1)**支配**(X_2, P_2)，或(X_2, P_2)被(X_1, P_1)所支配。舍弃被支配的阶跃点的做法是容易理解的，因为从函数曲线 $f(j-1, X)$和 $f(j-1, X-w_j)+p_j$ 合成曲线 $f(j, X)$的做法就是对相同的 X 值取二者中较大的函数值。

例如，对于例 7-8 有

$S^{-1}=\{(0, 0)\}$，$S_1^0=\{(2, 1)\}$

$S^0=\{(0, 0), (2, 1)\}$，$S_1^1=\{(3, 2), (5, 3)\}$

$S^1=\{(0, 0), (2, 1), (3, 2), (5, 3)\}$，$S_1^2=\{(4, 4), (6, 5), (7, 6), (9, 7)\}$

$S^2=\{(0, 0), (2, 1), (3, 2), (4, 4), (6, 5)\}$

为了得到 S^2，需先将集合 S^1 和 S_1^2 合并。在合并后的集合中，因为阶跃点(4, 4)支配(5, 3)，所以应将(5, 3)舍弃。另外，还需舍弃所有 $X>M$ 的阶跃点(7, 6)和(9, 7)。从阶跃点集合 S^2 可知当 $M=6$ 时，最大收益是 $P=5$，这就是例 7-8 描述的 0/1 背包的最优解值。

2．求 0/1 背包的最优解

通过回溯方式，我们可以求得 0/1 背包的最优解$(x_0, x_1, \cdots, x_{n-1})$，其中，$x_j=1$ 表示将第 j 个物品装入背包，$x_j=0$ 表示第 j 个物品不装入背包。下面以例 7-8 为例，说明如何从最优解值，通过回溯得到最优解。

回溯过程从最优解值$(M, P)=(6, 5)$开始，只需判断(6, 5)是 S^1 和 S_1^2 之中哪一个集合的阶跃点，就可确定 $x_2=0$ 或 1。如果(6, 5)属于 S^1，表示 $x_2=0$，否则 $x_2=1$。本例中，$(6, 5)\in S_1^2$，所以 $x_2=1$。计算$(X-w_2, P-p_2)=(2, 1)$。继续回溯，因为$(2, 1)\in S^0$，故 $x_1=0$。再回溯，因为$(2, 1)\in S_1^0$，故 $x_0=1$。因此，本例的最优解为$(x_0, x_1, x_2)=(1, 0, 1)$。

3．0/1 背包的粗略算法

程序 7-9 为动态规划法求解 0/1 背包问题算法的粗略描述。

【程序 7-9】 0/1 背包算法的粗略描述

```
void DKP(float *p, float *w, int n, float M, float &P, int *x)
{
    S^-1={(0, 0)};
    for (i=0; i<n-1; i++){
        S1^i={(X, P)|(X-w_i, P-p_i)∈S^(i-1) and X≤M};
        S^i=MergerPurge(S^(i-1), S1^i);            //合并两集合，并从中舍弃应去除的阶跃点
    }
    (X_1, P_1)=S^(n-2) 中最后一个阶跃点;
    (X_2, P_2)=(X+w_(n-1), P+p_(n-1))，其中(X, P)是 S^(n-1) 中使得 X+w_(n-1)≤M 的最大的阶跃点;
    P=max{P_1, P_2};                              //P 为最优解值
    If (P_2>P_1)  x_(n-1)=1;
```

```
        else x_{n-1}=0;
        回溯确定 x_{n-2}, x_{n-3}, …, x_0;
    }
```

7.6.4　0/1 背包算法

为了实现上述 0/1 背包的动态规划算法，设计如下数据结构：

（1）使用由阶跃点的序偶（W, P）组成的一维数组 p，依次顺序存储集合 $S^0, S^1, \cdots, S^{n-1}$ 中的序偶；

（2）一维数组 b[i] ($0 \leqslant i < n$) 指示集合 S^i 在数组 p 中的起始序偶的下标。

图 7-15 是存储例 7-8 的阶跃点集合 S^0, S^1 和 S^2 的一维数组 p，b[i]指示 S^i 的起始位置。未保存 S^{-1}。位于 b[n] −1 处的 P 值即为最优解值。

	0	1	2	3	4	5	6	7	8	9	10	11	12	13
W	0	2	0	2	3	5	0	2	3	4	6			
P	0	1	0	1	2	3	0	1	2	4	5			
	↑ b[0]		↑ b[1]				↑ b[2]					↑ b[3]		

图 7-15　阶跃点集合的存储表示

在程序 7-10 中，结构 XP 定义一个阶跃点（X, P）。函数 Largest 在 S^{i-1} 中求使得 p[u].X+w[i] 不超过背包载重的最大下标 u。那么，由 S^{i-1} 生成 S^i 时，只需考虑 S^{i-1} 中下标不超过 u 的元素。函数 DKnap 返回最大收益，并保存计算中得到的数组 p 和 b 的值。变量 next 始终指示数组 p 中下一个空闲存储位置。

函数 DKnap 从 S^0 开始，以递推方式依次计算所有 $S^i(0 \leqslant i \leqslant n-1)$。在从 S^{i-1} 生成 S^i 时，对 S^{i-1} 中的一个序偶(p[j]. X，p[j].P)，需执行下列操作：

（1）生成 S_1^i 中的一个序偶(ww, pp) = (p[j]. X + w[i], p[j].P + pf[i])；

（2）将 S^{i-1} 中的所有 X<ww 的序偶都加入 S^i 中，这些序偶都不应清除；

（3）当 p[k]. X = ww 时，(p[k].X, p[k].P)是 S^{i-1} 中的序偶，以 p[k].P 和 pp 中较大的一个作为 pp 的新值，并考察序偶(ww, pp)是否被已加入 S^i 中的序偶所支配，若是则舍弃之，否则将其加入 S^i 中；

（4）舍弃 S^{i-1} 中所有在此时已能确定被支配的序偶，不将它们加入 S^i 中。

程序中，下标 k 指示集合 S^{i-1} 中的序偶与新生成的 S_1^i 的序偶(ww, pp)的比较，来决定集合 S^{-1} 中哪些序偶应复制到集合 S^i 中。请结合程序注释理解算法。

函数 DKnap 用于求 0/1 背包的最优解值。但为了最终得到最优解($x_0, x_1, \cdots, x_{n-1}$)，需在该算法执行中保存必要信息。本算法所保存的 p 和 b 信息可帮助我们构造最优解。程序 7-11 的函数 TraceBack(int*x)实现从 p 和 b 构造最优解 x。

【程序 7-10】　0/1 背包最优解值算法

```
struct XP
{
    float X, P;
};
template<class T>
```

```
class Knapsack
{
public:
      Knapsack(int sz, float cap, float *wei, T *prof);
        T DKnap(int *x);
        …
private:
      T DKnap();
      void TraceBack(int*x);
      int Largest(int low, int high, int i);
      float m, *w;
      XP *p;
      T *pf;
      int n, *b;
};
template<class T>
int Knapsack<T>::Largest(int low, int high, int i)
{
       int u=low-1;
       for (int j=low; j<=high; j++){
             float ww=p[j].X+w[i];
                 if(ww<=m) u=j;
       }
     return u;
}
template<class T>
T Knapsack<T>:: DKnap()
{
       float ww, pp;
       int next; b[0]=0;
       p[0].X=p[0].P=0.0; p[1].X=w[0]; p[1].P=pf[0];          //S^0
       int low=0, high=1;                                      //S^0的起止位置
       b[1]=next=2;                                            //数组p的下一个空闲位置
       for (int i=1; i<=n−1; i++) {                            //由S^(i-1)产生S^i
           int k=low;
           int u=Largest(low, high, i);
           for (int j=low; j<=u; j++) {                        //从S^(i-1)生成S_1^i，并合并成S^i
                 ww=p[j].X+w[i]; pp=p[j].P+pf[i];              //生成S_1^i中的一个阶跃点(ww, pp)
                 while ((k<=high) && (p[k].X<ww)) {            //复制S^(i-1)中的部分阶跃点到S^i中
                         p[next].X=p[k].X; p[next++].P=p[k++].P;
                 }
```

```
            if (k<=high && p[k].X==ww) if (pp<p[k].P) pp=p[k++].P;
            if (pp>p[next−1].P) {                    //若(ww, pp)不被支配，则加入 S^i 中
                p[next].X=ww; p[next++].P=pp;
            }
            while (k<=high && p[k].P<=p[next−1].P) k++;   //舍弃所有被支配的阶跃点
        }
        while (k<=high){                             //复制 S^(i-1) 中剩余阶跃点到 S^i 中
            p[next].X=p[k].X; p[next++].P=p[k++].P;
        }
        low=high+1; high=next-1; b[i+1]=next;        //S^(i+1) 的初始化
    }
    return p[next-1].P ;                             //返回最大收益
}
```

程序 7-11 利用数组 p 和 b 中的信息，从 ww = p[b[n] −1].X 开始，逐步生成解向量的 n 个分量 $x_{n-1}, x_{n-2}, \cdots, x_0$。

【程序 7-11】 0/1 背包最优解算法

```
template<class T>
void Knapsack<T>:: TraceBack(int*x )
{
    float ww=p[b[n] -1].X;
    for (int j=n-1; j>0; j--){
        x[j]=1;
        for (int k=b[j−1]; k<b[j]; k++)
            if(ww==p[k].X) x[j]=0;
        if(x[j]) ww=ww−w[j];
    }
    if(ww==0) x[0]=0; else x[0]=1;
}
```

7.6.5 性能分析

先讨论算法的空间复杂度。由于集合 S_1^i 由 S^{i-1} 生成，S_1^i 的序偶数不多于 S^{i-1} 的序偶数，故 $\left|S_1^i\right| \leqslant \left|S_1^{i-1}\right|$。又因为集合 S^i 是由 S_1^i 和 S^{i-1} 合并，并从其中清除所有被支配的序偶得来的，故 $\left|S^i\right| \leqslant 2\left|S_1^{i-1}\right|$。因此，在最坏情况下，$\left|S^0\right|=2$，$\sum_{i=0}^{n-1}\left|S^i\right| = \sum_{i=1}^{n} 2^i = O(2^n)$，即在最坏情况下，算法的空间复杂度是 $O(2^n)$。

下面请看算法的时间复杂度。由程序 7-10 可知，内层的 for 语句的迭代次数为 $\Theta\left(\left|S_1^{i-1}\right|\right)$，每一次迭代生成 S_1^{i-1} 中一个序偶。此外，同样在该内层 for 循环的迭代中，由变量 k 指示对 S^{i-1} 扫描一边，检查 S^{i-1} 中的序偶，舍弃被支配的序偶，并将其余的复制到 S^i 中，这种操作的时间为 $O(\left|S^{i-1}\right|)$。因此，总的执行时间为 $\Theta\left(\sum_{i=1}^{n}\left|S^{i-1}\right|\right)$。由于 $\left|S^{i-1}\right| \leqslant 2^i$，所以，计算这些 S^i 的总时间是

$O(2^n)$。这一结果似乎很令人失望。

但如果物品 w_i 和收益 p_i 都是整数，时间复杂度可以大为降低。这是因为 S^i 中的每个序偶（X, P）都是整数，且 $P \leqslant \sum_{j=0}^{i} p_j$，$X \leqslant M$。并且在任意 S^i 中所有序偶的 X 值和 P 值各不相同。因此，S^i 中序偶的 P 值可取 0, 1, …, $\sum_{j=0}^{i} p_j$ 个不同值，因此有 $\left|S^i\right| \leqslant 1+\sum_{j=0}^{i} p_j$。同理，$S^i$ 中序偶的 X 值可取 0, 1, …, $\min\{\sum_{j=0}^{i} w_j, M\}$ 个不同值，因此有 $\left|S^i\right| \leqslant 1+\min\{\sum_{j=0}^{i} w_j, M\}$。所以，在所有物品 w_i 和收益 p_i 都是整数的情况下，程序 7-10 的时间复杂度和空间复杂度都是 $O(\min\{2^n, n\sum_{j=0}^{n-1} p_j, nM\})$。

虽然由以上分析得到的算法效率并不理想，但实际上，对于 0/1 背包的多数实例，都能在合理的时间内求解。在很多情况下被支配而舍弃的序偶数目很可观，这就大大提高了问题求解的效率。此外，w_i 和 p_i 常常可视为整数，且 M 比 2^n 小得多。

7.6.6 使用启发式方法

使用启发式方法可进一步加速算法求解。设 L 是最优解的下界估计值，它使得 $f(n-1, M) \geqslant L$，并设剩余物品的总收益 $\text{ProfLeft}(i)=\sum_{j=i}^{n-1} p_j$，那么，如果序偶 $(X, P) \in S^i$，使得 $\text{ProfLeft}(i+1)+P<L$，则序偶（X, P）可以从 S^i 中清除。因为这些序偶不可能最终导致最优解值 $f(n-1, M)$。确定 L 值的最简单的方法是取 S^i 的最末序偶 (X, P) 中的 P 作为 L，因为此时，必定 $f(n-1, M) \geqslant P$。更接近最优解值的下界估计值是将 P 与某些剩余物品的收益值之和作为 L 的当前值。这种下界值估计方法将在以后讨论分支限界法时详细介绍。

例 7-9 设有 0/1 背包问题 $n=6$，$(w_0, w_1, \cdots, w_5)=(p_0, p_1, \cdots, p_5)=(100, 50, 20, 10, 7, 3)$，$M=165$。

因为本例中物品的重量和收益取相同值，故下面的讨论以单一量 P 代表序偶（X, P）。如果不使用启发式方法，程序 7-10 将生成如下 S^i，$0 \leqslant i \leqslant n-1$。

$S^0=\{0, 100\}$，

$S^1=\{0, 50, 100, 150\}$，

$S^2=\{0, 20, 50, 70, 100, 120, 150\}$，

$S^3=\{0, 10, 20, 30, 50, 60, 70, 80, 100, 110, 120, 130, 150, 160\}$，

$S^4=\{0, 7, 10, 17, 20, 27, 30, 37, 50, 57, 60, 67, 70, 77, 80, 87, 100, 107, 110, 117, 120, 127, 130, 137, 150, 157, 160\}$，

$S^5=\{0, 3, 7, 10, 13, 17, 20, 23, 27, 30, 33, 37, 40, 50, 53, 57, 60, 63, 67, 70, 73, 77, 80, 83, 87, 90, 100, 103, 107, 110, 113, 117, 120, 123, 127, 130, 133, 137, 140, 150, 153, 157, 160, 163\}$，

因此，$f(5, 165)=163$。

如果采用启发式方法，情况就好得多。由于将物品 0, 1, 3, 5 加入背包的总重量为 163，并不超载，显然这是原问题的一个可行解。如果令 $L=163$，则 $f(n-1, M) \geqslant L$ 必然成立。首先计算下列 ProfLeft 值如下：

ProfLeft(0) = 190；ProfLeft(1) = 90；ProfLeft(2) = 40；ProfLeft(3) = 20；

ProfLeft(4) = 10；ProfLeft(5) = 3；ProfLeft(6) = 0。

从 S^i 中清除所有使得 $P + \text{ProfLeft} < L$ 的序偶，得到：

$$S^0 = \{100\}，S^1 = \{150\}，S^2 = \{150\}，S^3 = \{160\}，S^4 = \{160\}，S^5 = \{163\}$$

例如，$120 \in S^2$，但 $\text{ProfLeft}(3) + 120 = 20 + 120 = 140 < 163$，故可以清除。又如，$157 \in S^4$，但 $\text{ProfLeft}(5) + 157 = 3 + 157 < 163$，故也应清除。

7.7　流水作业调度

7.7.1　问题描述

假定处理一个作业需要执行若干项不同类型的任务，每一类任务只能在某一台设备上执行。设一条流水线上有 n 个作业 $J = \{J_0, J_1, \cdots, J_{n-1}\}$ 和 m 台设备 $\text{P} = \{\text{P}_1, \text{P}_2, \cdots, \text{P}_m\}$。每个作业需依次执行 m 个任务，其中第 $j(1 \leqslant j \leqslant m)$ 个任务只能在第 j 台设备上执行。所谓依次执行，是指对任一作业，在第 $j-1$ 项任务完成前，第 j 项任务不能开始处理。且每台设备任何时刻只能处理一项任务。设第 i 个作业的第 j 项任务 T_{ji} 所需时间为 $t_{ji}(1 \leqslant j \leqslant \text{m}，0 \leqslant i < n)$。如何将这 $n \times m$ 个任务分配给 m 台设备，使得这 n 个作业都能顺利完成，这就是**流水线作业调度**（flow shop schedule）问题。

例 7-10　设有三台设备两个作业，每个作业包含三项任务。完成这些任务的时间由矩阵 $\boldsymbol{M}$ 给定，如图 7-16（a）所示。这两个作业的两种可能的调度如图 7-16（b）和（c）所示。

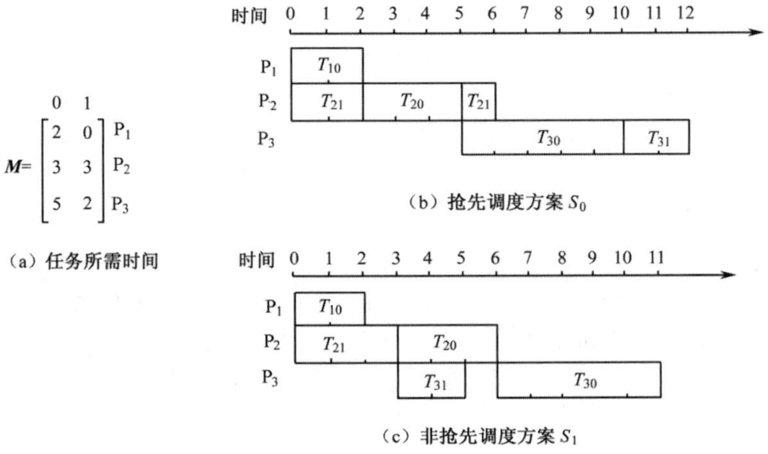

图 7-16　流水线作业调度

对于流水线上的作业调度，有两种基本的方式，一种是**非抢先调度**（nonpreemptive schedule），它要求在一台设备上处理一项任务，必须等到该任务处理完毕才能处理另一项任务。另一种是**抢先调度**（preemptive schedule），它允许暂时中断当前任务，转而先处理其他任务，随后再接着处理被暂时中断的任务。

作业 i 的完成时间 $f_i(S)$ 是指在调度方案 S 下，该作业的所有任务都已完成的时间。采用图 7-16（b）的抢先调度方案 S_0，作业 0 的完成时间为 $f_0(S_0) = 10$，作业 1 的完成时间为 $f_1(S_0) = 12$。采用图 7-16（c）的非抢先调度方案 S_1，作业 0 的完成时间为 $f_0(S_1) = 11$，作业 1 的完成时间为 $f_1(S_1) = 5$。

一种调度方案 S 的**完成时间** $F(S)$ 是指所有作业都完成的时间：

$$F(S) = \max_{0 \leqslant i < n} \{f_i(S)\} \tag{7-27}$$

平均流动时间（mean flow time）MFT(S)定义为：

$$\mathrm{MFT}(S)=\frac{1}{n}\sum_{i=0}^{n-1}f_i(S) \tag{7-28}$$

一组给定的作业的**最优完成时间**是 $F(S)$的最小值。用 OFT 表示非抢先调度最优完成时间，而 POFT 表示抢先调度最优完成时间。类似地，以 OMFT 表示非抢先调度最优平均完成时间，而以 POMFT 表示抢先调度最优平均完成时间。

对于 $m>2$，要得到具有 OFT 和 POFT 的调度方案是困难的，要得到具有 OMFT 的调度方案也是困难的。本节只讨论当 $m=2$ 时获得 OFT 的调度方案的算法，这就是**双机流水作业调度**问题。为方便起见，用 a_i表示 t_{1i}，b_i表示 t_{2i}，两者分别为作业 i 在第一台设备和第二台设备上的处理时间。双机流水作业调度描述为：设有 n 个作业的集合$\{0, 1,\cdots, n-1\}$，每个作业都有两项任务要求在两台设备 P_1 和 P_2 组成的流水线上完成加工。每个作业加工的顺序总是先在 P_1 上加工，然后在 P_2 上加工。P_1 和 P_2 加工作业 i 所需的时间分别为 a_i 和 b_i。流水作业调度问题要求确定这 n 个作业的最优加工顺序，使得从第一个作业在设备 P_1 上开始加工，到最后一个作业在设备 P_2 上加工完成所需的时间最少，即求使 $F(S)$有最小值的调度方案 S。

7.7.2　动态规划法求解

在两台设备的情况下，容易证明存在一个最优非抢先调度方案，使得在 P_1 和 P_2 上的作业完全以相同次序处理（若 $m>2$ 则不然），因此调度方案的好坏完全取决于这些作业在每台设备上的处理次序。当然，每个任务都应当在可能的时间尽早开始。直观上，一个最优调度应使 P_1 没有空闲时间，且 P_2 的空闲时间最少。在一般情况下，P_2 上会有设备闲置情况。

为简单起见，以下假定所有任务所需时间 $a_i>0$，$0\leqslant i<n$。事实上，如果允许任务处理时间等于 0 的作业，那么可以不考虑该作业，先对其余作业求最优调度的作业排列，然后将任务处理时间为 0 的作业以任意次序加在这一排列的前面。

从上面的分析可知，双机流水作业调度问题的可行解是 n 个作业的所有可能的排列，每一种作业排列代表一种调度方案。其目标函数是调度方案 S 的完成时间 $F(S)$。使 $F(S)$具有最小值的调度方案或作业排列是问题的最优解。

设全部作业的集合为 $N=\{0, 1,\cdots, n-1\}$。设$\sigma=(\sigma(0), \sigma(1), \cdots, \sigma(k-1))$是 k 个作业的一种调度方案，f_1 和 f_2 分别是在设备 P_1 和 P_2 上，按该调度方案处理 k 个作业的时间。从图 7-17 可知，在 P_1 完成前 k 个作业的处理后，设备 P_2 还需用 $t=f_2-f_1$ 时间去处理完前 k 个作业中没有处理完毕的作业，即在 t 时间之前，设备 P_2 不能开始处理以后的作业。设这些剩余的作业组成的作业集为 S，$S\subseteq N$ 是 N 的作业子集。令 $g(S, t)$为假定设备 P_2 直到 t 时间后才可使用的情况下，使用设备 P_1 和 P_2 处理 S 中作业的最优调度方案所需的最短时间。那么，流水作业调度问题的最优值为 $g(N, 0)$。下面证明最优性原理对这一问题成立。

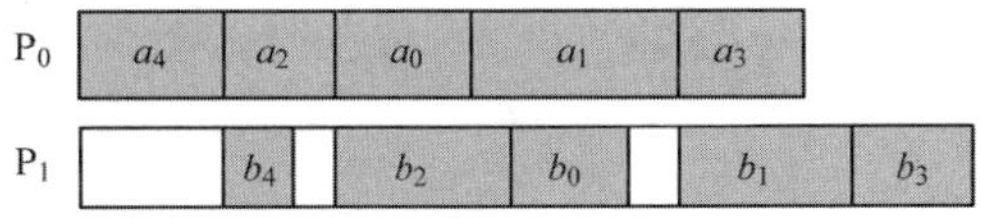

图 7-17　一种调度方案

定理 7-3　流水作业调度问题具有最优子结构的性质。

证明：设$\sigma=(\sigma(0), \sigma(1), \cdots, \sigma(n-1))$是所给定的 n 个流水作业的一个最优调度，它所需的加工时间 $g(N, 0)=a_{\sigma(0)}+g'(S, t)$，其中，$S=N-\{\sigma(0)\}$。设 $g(S, b_{\sigma(0)})$是当 $S=N-\{\sigma(0)\}$，$t=b_{\sigma(0)}$ 时的最优值，则有 $g'(S, t)=g(S, b_{\sigma(0)})$。

若不然，若 $g'>g(S, b_{\sigma(0)})$，则必有 $a_{\sigma(0)}+g(S, b_{\sigma(0)}) < a_{\sigma(0)}+g'$。这与$\sigma$是 N 的最优调度相矛盾，故有 $g'=g(S, b_{\sigma(0)})$。所以，流水作业调度问题具有最优子结构的性质。

由流水作业调度问题的最优子结构性质可知

$$g(N,0)=\min_{0\leqslant i<n}\{a_i+g(N-\{i\},b_i)\} \tag{7-29}$$

将式（7-29）推广到一般情况，对任意作业子集 S 和作业 i 有

$$g(S,t)=a_i+g(S-\{i],t'),\quad t'=b_i+\max\{t-a_i,0\} \tag{7-30}$$

式（7-30）建立了 $g(S, t)$与 $g(S-\{i\}, t')$之间的递推关系。

取 $t'=b_i+\max\{t-a_i, 0\}$是因为任务 b_i 在 $\max\{a_i, t\}$之前不能在设备 P_2 上处理，因此，当作业 i 处理完毕时，有 $f_2-f_1=b_i+\max\{a_i, t\}-a_i=b_i+\max\{t-a_i, 0\}$，$t'$决定了集合 $S-\{i\}$中的作业在 P_2 上可以开始处理的时间。

下面讨论 Johnson 不等式，以便设计求最优调度方案的 Johnson 算法。

设 R 是关于作业集合 S 的任一调度方案。假定设备 P_2 在 t 时间之后可使用，令 i 和 j 是在方案 R 下最先处理的两个作业。从式（7-30）有

$$g(S,t)=a_i+g(S-\{i\},b_i+\max\{t-a_i,0\})=a_i+a_j+g(S-\{i,j\},t_{ij}) \tag{7-31}$$

式中，

$$\begin{aligned} t_{ij}&=b_j+\max\{b_i+\max\{t-a_i,0\}-a_j,0\}\\ &=b_j+b_i-a_j+\max\{\max\{t-a_i,0\},a_j-b_i\}\\ &=b_j+b_i-a_j+\max\{t-a_i,a_j-b_i,0\}\\ &=b_j+b_i-a_j-a_i+\max\{t,a_i+a_j-b_i,a_i\}\end{aligned} \tag{7-32}$$

如果在调度方案的作业排列中，上述作业 i 和 j 满足 $\min\{b_i, a_j\}\geqslant\min\{b_j, a_i\}$，则称作业 i 和 j 满足 **Johnson 不等式**。

交换作业 i 和 j 的次序，得到另一种调度方案 R'，设其完成时间为 $g'(S, t)$，则有

$$g'(S,t)=a_i+a_j+g(S-\{i,j\},t_{ji}) \tag{7-33}$$

式中，

$$t_{ji}=b_j+b_i-a_j-a_i+\max\{t,a_i+a_j-b_j,a_j\} \tag{7-34}$$

假定 i 和 j 满足 Johnson 不等式，则有下列不等式

$$\begin{aligned} &\max\{-b_i,-a_j\}\leqslant\max\{-b_j,-a_i\}\\ &a_i+a_j+\max\{-b_i,-a_j\}\leqslant a_i+a_j+\max\{-b_j,-a_i\}\\ &\max\{a_i+a_j-b_i,a_i\}\leqslant\max\{a_i+a_j-b_j,a_j\}\\ &\max\{t,a_i+a_j-b_i,a_i\}\leqslant\max\{t,a_i+a_j-b_j,a_j\}\end{aligned} \tag{7-35}$$

所以，如果两个作业 i 和 j 不满足 Johnson 不等式，可交换它们的处理次序使之满足，这样做不会增加完成时间。

因此，存在一个最优作业调度，使得对于任意相邻的两个作业 i 和 j，作业 i 先于 j 处理，都有 $\min\{b_i,a_j\}\geqslant\min\{b_j,a_i\}$。进一步可知，一个调度方案$\sigma$是最优的当且仅当对任意 $i<j$，有

$$\min\{b_{\sigma(i)},a_{\sigma(j)}\}\geqslant\min\{b_{\sigma(j)},a_{\sigma(i)}\} \tag{7-36}$$

根据上面的讨论，可以设计下列作业排列方法。这样做能得到最优调度方案：

（1）如果 $\min\{a_0, a_1, \cdots, a_{n-1}, b_0, b_1, \cdots, b_{n-1}\}$是 a_i，则 a_i 应是最优排列的第一个作业；

（2）如果 $\min\{a_0, a_1, \cdots, a_{n-1}, b_0, b_1, \cdots, b_{n-1}\}$是 b_j，则 b_j 应是最优排列的最后一个作业；

（3）继续（1）和（2）的做法，直到完成所有作业的排列。

例 7-11　设 $n=4$，$(a_0, a_1, a_2, a_3) = (3, 4, 8, 10)$和$(b_0, b_1, b_2, b_3) = (6, 2, 9, 15)$。

设$\sigma = (\sigma(0), \sigma(1), \sigma(2), \sigma(3))$是最优作业排列。为了计算$\sigma$，先将任务按处理时间的非减次序排列成：

$$(b_1, a_0, a_1, b_0, a_2, b_2, a_3, b_3) = (2, 3, 4, 6, 8, 9, 10, 15)$$

然后依次检查序列中的每个任务。先选 b_1，将其加在最优作业排列的最后，故$\sigma(3) = 1$；再选 a_0，应加在最优作业排列的最前面，故$\sigma(0) = 0$；考察 a_1 和 b_0，因为作业 1 和 0 已调度，接着考察 a_2，应有$\sigma(1) = 2$，再考察 b_2 和 a_3，令$\sigma(2) = 3$。所以最优解为：$(\sigma(0), \sigma(1), \sigma(2), \sigma(3)) = (0, 2, 3, 1)$。可以验证当采取这一调度方案时，对于任意一对作业都满足 Johnson 不等式。

7.7.3　Johnson 算法

求解流水作业调度问题的 Johnson 算法具体描述如下。

（1）设 a[i]和 b[i]($0 \leqslant i < n$)分别为作业 i 在两台设备上的处理时间。建立由三元组（作业号，处理时间，设备号）组成的三元组表 d。其中，处理时间是指每个作业所包含的两个任务中时间较少的处理时间。例 7-11 的作业 0 的三元组为（0, 3, 0），作业 1 的三元组为（1, 2, 1）,……，如图 7-18（a）所示。

（2）对三元组表按处理时间排序，得到排序后的三元组表 d。如图 7-18（b）所示。

（3）对三元组表的每一项 d[i]($0 \leqslant i < n$)，从左右两端生成最优作业排列 c[j]($0 \leqslant j < n$)，c[j]是作业号。如果 d[i]的设备号为 1，则将作业 i 置于 c 的左端末尾，否则置于 c 的右端末尾。如图 7-18（c）所示，由两端向中间存放。

	作业号	处理时间	设备号
0	0	3	1
1	1	2	2
2	2	8	1
3	3	10	1

（a）三元组表

	作业号	处理时间	设备号
0	1	2	2
1	0	3	1
2	2	8	1
3	3	10	1

（b）按处理时间排序

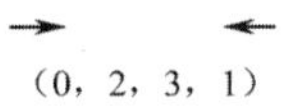

（c）最优作业排列

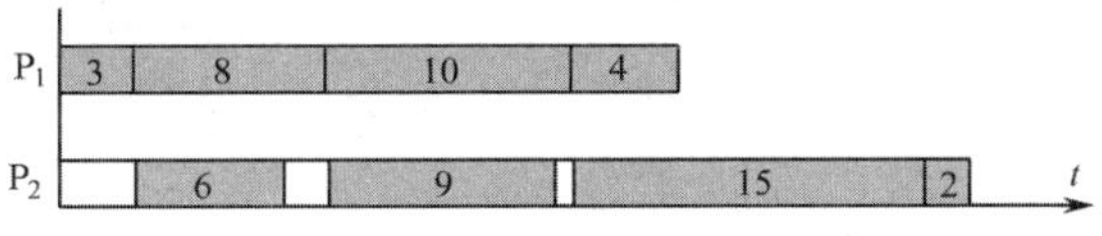

（d）最优调度方案

图 7-18　Johnson 算法

程序 7-12 是流水作业调度的 Johnson 算法。

【程序 7-12】　Johnson 算法

```
struct Triplet{                                          //三元组结构
    int operator <(Triplet b)const { return t<b.t;}
    int jobNo, t, ab;                                    //jobNo 为作业号，t 为处理时间，ab 为设备号
};
void FlowShop(int n, int *a, int *b, int *c)
{
    Triplet d[mSize]={{0, 0, 0}};
```

```
    for(int i=0; i<n; i++)                          //算法步骤（1），生成三元组表 d
        if(a[i]<b[i]) {
            d[i].jobNo=i; d[i].ab=0; d[i].t=a[i];
        }
        else {
            d[i].jobNo=i; d[i].ab=1; d[i].t=b[i];
        }
    Sort(d, n);                                     //算法步骤（2），任意排序算法
    int left=0, right=n-1;
    for (i=0; i<n; i++)                             //算法步骤（3），生成最优解
        if(d[i].ab= =0) c[left++]=d[i].jobNo;
        else c[right--]=d[i].jobNo;
}
```

Johnson 算法的时间取决于对作业集合的排序，因此，在最坏情况下算法的时间复杂度为 $O(n\log n)$，所需的空间复杂度为 $O(n)$。

本章小结

动态规划法是求解最优化问题的又一种重要的算法设计技术。动态规划法的基本要素是最优子结构和重叠子问题。一个问题的最优解具有最优子结构，便可用动态规划法求解。动态规划法同样运用问题分解思想，但与分治法不同的是它采用自底向上计算方式，共享子问题无须重复计算。备忘录方法是动态规划法的一个变种，它采用自顶向下直接递归的方式计算最优解，但与分治法不同的是，备忘录方法为每个已经计算的子问题建立了备忘录，从而避免了相同子问题的重复求解。

习题 7

7-1 写出对图 7-19 所示的多段图采用向后递推动态规划算法求解时的计算过程。

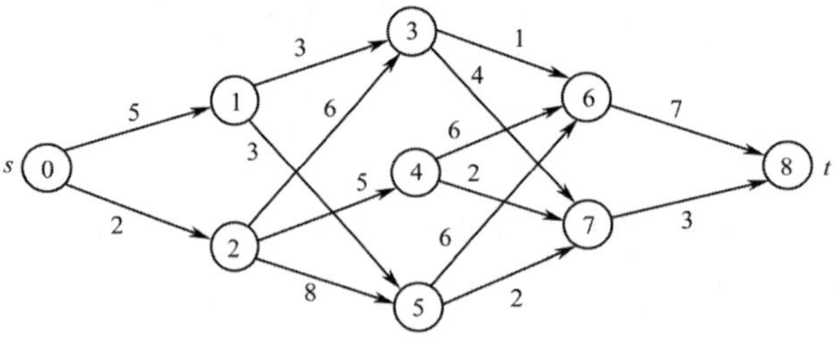

图 7-19 习题 7-1 的图

7-2 使用向前递推和向后递推两种方法，求图 7-19 所示的多段图中从 s 到 t 的最短路径及路径长度。

7-3 设多段图采用邻接矩阵存储，编写多段图问题的向后递推动态规划算法。

7-4 假定带权有向无环图（AOE 网）的顶点编号使得对图中任一边 $<u, v>$，有 $u<v$，编写一个算法求源点到汇点的关键路径。设采用邻接矩阵存储 AOE 网。

7-5 设有 4 个矩阵连乘积 ***ABCD***，设它们的维数分别为 ***A***:45×8，***B***:8×40，***C***:40×25，***D***:25×10，请求出它们的最优计算次序和计算量。

7-6 程序 1-4 是计算斐波那契数列的递归算法。请编写使用备忘录方法计算斐波那契数列的 C++函数。

7-7 动态规划法可用于计算二项式的系数：$C_n^m = C_{n-1}^{m-1} + C_{n-1}^m$。试设计一个动态规划算法计算二项式系数。分析算法的时间复杂度和空间复杂度。将这一算法与其他计算二项式系数的算法进行比较。

7-8 证明：当 $0 \leqslant m \leqslant n$ 时，$C_n^m = C_n^{n-m}$，说明如何应用这一公式计算二项式系数。写出 C++函数。

7-9 给定字符串 A= "xzyzzyx"和 B= "zxyyzxz"，使用 LCS 算法求最长公共子串，并给出一个最长公共子串。

7-10 试编写使用备忘录方法计算最长公共子序列的算法。

7-11 写一个类似于 LCS 的算法，它在 $O(m+n)$时间内构造最长公共子序列。该算法仅使用数组 c，而不使用数组 s，从而节省了存储空间。

7-12 如果只计算最长公共子序列的长度，而无须构造最优解，则只需保存两行元素就可计算最长公共子序列的长度。请改写程序 7-9 得到改进算法，使算法的空间复杂度为$\Theta(\min(m, n))$。

7-13 设有最优二叉搜索树实例为 $n = 4$，且(a_1, a_2, a_3, a_4) = (cout, float, if, while)，$p(1:4) = (0.05, 0.2, 0.1, 0.05)$和 $q(0:4) = (0.2, 0.1, 0.2, 0.05, 0.05)$。请使用函数 OBST 计算 $w(i, j)$，$r(i, j)$和 $c(i, j)$，并根据 r 的值构造该最优二叉搜索树。

7-14 设计一个算法，从 r 的值构造所求的最优二叉搜索树，二叉搜索树采用普通二叉树的二叉链表存储。

7-15 设有 0/1 背包实例$(w_0, w_1, w_2, w_3)=(10, 15, 6, 9)$，$(p_0, p_1, p_2, p_3) = (2, 5, 8, 1)$和 $M = 32$。试计算 S^i，$0 \leqslant i \leqslant 4$。另使用启发式方法再计算一次。

7-16 设有整数 0/1 背包问题，所有 w_i、p_i 和 M 均为正整数。试设计一个动态规划算法求解这一问题，使得算法的时间复杂度为$\Theta(nM)$。

7-17 设流水线调度的实例为 $n = 7$，$(a_0, a_1, \cdots, a_6) = (6, 2, 4, 1, 7, 4, 7)$，$(b_0, b_1, \cdots, b_6) = (3, 9, 3, 8, 1, 5, 6)$。请使用流水作业调度的 Johnson 算法求使完成时间最小的最优调度，并求该最小完成时间。

7-18 给定一个金额 y 和 n 种面值为 $d_0, d_1, \cdots, d_{n-1}$ 的硬币，其中 $d_1=1$。硬币数量不限。设计一个动态规划算法，求金额等于 y 且硬币数最少的找零方案，或指出该问题实例无解。分析你所设计的算法的时间复杂度和空间复杂度。

7-19 设$(d_0, d_1, d_2, d_3) = (1, 5, 7, 11)$和 $y = 20$。使用上题的算法求解这一找零问题实例。

7-20 设图 G = (V, E)是有 n 个顶点 m 条边的无向图，边 e 上的权值 $w(e) \geqslant 0$ 为实数。对任意给定的整数 k 和图中两个顶点 s 和 t，k-边最短路径定义为：一条从 s 到 t 的路径，路径上的边数不超过 k，且路径上所有边的权值之和最小。试设计一个时间复杂度为 $O(k(n+m))$的动态规划算法计算 k-边最短路径。

第8章 回 溯 法

在算法设计策略中，回溯法是比贪心法和动态规划法更一般的方法。对于这样一类问题，其解可表示成一个 n-元组（$x_0, x_1,\cdots, x_{n-1}$），求满足约束条件的可行解，或进一步求使目标函数取最大（或最小）值的最优解问题，其中许多问题都可以用回溯法求解。回溯法是一种通过搜索状态空间树来求问题的可行解或最优解的方法。回溯法使用约束函数和限界函数来压缩需要实际生成的状态空间树的结点数，从而大大节省问题求解时间。

8.1 一般方法

8.1.1 基本概念

使用贪心法和动态规划法求解的一类问题，它们的解都被表示成一个 ***n*-元组**（$x_0, x_1,\cdots, x_{n-1}$），其中每个分量 x_i 的值取自某个集合 S_i，所有允许的元组组成一个候选解集。问题描述中给出用于判定一个候选解是否可行解的**约束条件**，满足约束条件的候选解称为**可行解**。同时还给定一个数值函数称为**目标函数**，用于衡量每个可行解的优劣。使目标函数取最大（或最小）值的可行解称为**最优解**。

贪心法和动态规划法要求问题最优解具有最优子结构特性。贪心法求解还要求设计最优量度标准，但这并非易事。

对于一个解结构形式为 n-元组的问题，如果解的每个分量 x_i 取自一个有限集 S_i，无疑可使用穷举法求解。设 $|S_i|=m$，穷举法求解的最坏情况时间复杂度可达 $O(m^n)$。

例 8-1 （排序问题）对 n 个元素$(a_0, a_1,\cdots, a_{n-1})$进行排序，本质上是求元素下标$(0, 1,\cdots, n-1)$的一种排列 $X=(x_0, x_1,\cdots, x_{n-1})$，使得 $a_{x_i} \leqslant a_{x_{i+1}}$，$0\leqslant i< n-1$。

设 $n=3$，对(a_0, a_1, a_2)进行排序，可能的排列数目为 $3!=6$。对元素序列（13, 24, 09）进行排序，应有 $X=(x_0, x_1, x_2) = (2, 0, 1)$，对元素序列(24, 13, 09)的排序结果为 $X = (2, 1, 0)$。

为便于讨论，先定义下列与回溯法求解问题相关的术语。

（1）显式约束和解空间

使用回溯法求解的问题通常需要给出某些必须满足的约束条件。这些约束条件可分成两类：显式约束和隐式约束。回溯法要求问题解的结构具有元组形式：（$x_0, x_1,\cdots, x_{n-1}$），每个 x_i 从一个给定的集合 S_i 取值。例如，

$$x_i\geqslant 0，即 S_i=\{所有非负实数\}$$
$$x_i=0 或 1，即 S_i=\{0, 1\}$$
$$l_i\leqslant x_i\leqslant u_i，即 S_i=\{ b \mid l_i \leqslant b\leqslant u_i \}$$

这种用于规定每个 x_i 取值的约束条件称为**显式约束**（explicit constraint）。对给定的一个问题实例，显式约束规定了所有可能的元组，它们组成问题的候选解集，被称为该问题实例的**解空间**（solution space）。

（2）隐式约束和判定函数

隐式约束给出了判定一个候选解是否为可行解的条件。一般需要从问题描述的隐式约束出

发，设计一个**判定函数**（criterion function）$p(x_0, x_1,\cdots, x_{n-1})$，使得当且仅当 $p(x_0, x_1,\cdots, x_{n-1})$为真（true）时，$n$-元组$(x_0, x_1,\cdots, x_{n-1})$是问题实例的满足**隐式约束**（implicit constraint）的一个可行解。

对于例 8-1 的排序问题，一种观点将显式约束描述为：$x_i\in S_i$，$S_i=\{0, 1,\cdots, n-1\}$。此时，解空间的大小为 n^n。另一种观点将显式约束描述为：$x_i\in S_i$，$S_i=\{0, 1,\cdots, n-1\}$且 $x_i\neq x_j$，$i\neq j$，则解空间的大小为 $n!$。如果采用显式约束的第一种观点，则问题的隐式约束应为：$a_{x_i}\leqslant a_{x_{i+1}}$ $(0\leqslant i<n-1)$且 $x_i\neq x_j(i\neq j, 0\leqslant i, j<n)$。如果按照第二种观点，则问题的隐式约束为：$a_{x_i}\leqslant a_{x_{i+1}}$ $(0\leqslant i<n-1)$。

（3）最优解和目标函数

目标函数，也称**代价函数**（cost function），用来衡量每个可行解的优劣。使目标函数取最大（或最小）值的可行解为问题的最优解。

（4）问题状态和状态空间树

状态空间树（state space）是描述问题解空间的树形结构。图 8-1 所示是 n=3 的排序问题的一种状态空间树。树中每个结点称为一个**问题状态**（problem state）。如果从根到树中某个状态的路径代表一个作为候选解的元组，则称该状态为**解状态**（solution state）。图 8-1 中，所有的叶结点都是解状态。如果从根到某个解状态的路径代表一个作为可行解的元组，则称该解状态为**答案状态**（answer state）。图 8-1 中，假定（13, 24, 09）进行排序，结点 14 是该实例的答案状态。如果所求解的是最优化问题，还必须用目标函数衡量每个答案结点，从中找出使目标函数取最优值的最优答案结点。

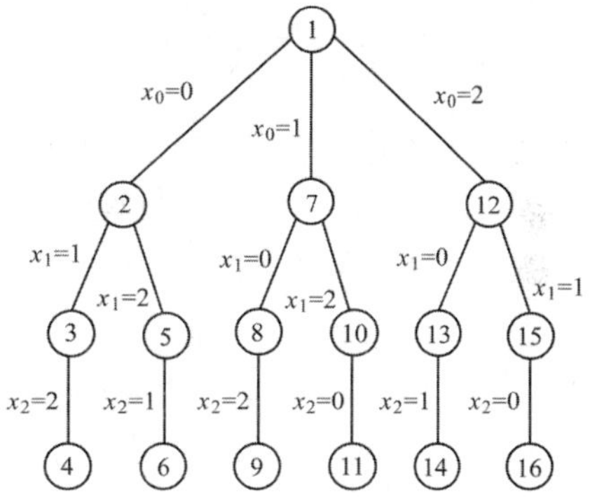

图 8-1　n=3 的排序问题状态空间树

8.1.2　剪枝函数和回溯法

如果问题的解空间可以用一棵状态空间树描述，那么通过搜索状态树可以寻找答案状态。最简单的做法是：使用某种树搜索方法，检查树中每个问题状态。如果是解状态，则用判定函数判定它是否是答案状态。对于最优化问题，在搜索过程中还需对每个答案结点计算其目标函数值，记录下其中最优者。深度优先搜索和广度优先搜索都可用于搜索状态空间树。这种遍历状态树的求解方法是问题求解的穷举法。

事实上，状态空间树并不需要事先生成，而只需在求解的过程中，随着搜索算法的进展，逐个生成状态空间树的问题状态结点。

为了提高搜索效率，在搜索过程中使用**约束函数**（constraint function），可以避免无谓地搜索那些已知不含答案状态的子树。如果是最优化问题，还可使用**限界函数**（bound function）剪去那些不可能包含最优答案结点的子树。约束函数和限界函数的目的相同，都是为了剪去不必要搜索的子树，减少问题求解所需实际生成的状态结点数，它们统称为**剪枝函数**（pruning function）。

使用剪枝函数的深度优先生成状态空间树中结点的求解方法称为**回溯法**（backtracking）；广度优先生成结点，并使用剪枝函数的方法称为**分枝限界法**（branch-and-bound）。本章讨论回溯法，分枝限界法是下一章的内容。

那么，究竟什么是约束函数呢？约束函数源于问题的约束条件。设 Y 是状态空间树中一个问题状态，从根到 Y 的一条路径代表正在构造中的 n-元组的一部分$(x_0, x_1,\cdots, x_k)$，不妨称之为**部分向量**（partial vector）。一个**约束函数**是关于部分向量的函数 $B_k(x_0, x_1,\cdots, x_k)$，它被定义为：如果可

以断定 Y 的子树上不含任何答案状态，则 $B_k(x_0, x_1,\cdots, x_k)$为 false，否则为 true。

例如，针对排序问题的实例（13, 24, 09），在图 8-1 的状态空间树中，使用约束函数 $B_1(x_0, x_1)$对结点 8 和结点 10 进行判断，结果应都为 false，表明无须生成以结点 8 和 10 为根的子树，这两个分枝都可剪掉。

正如大家所知，排序问题一般并不使用回溯法求解。使用回溯法求解 n 个元素的排序问题，最坏情况时间复杂度为 $O(n!)$，而已知的内排序算法的时间为 $O(n\log n)$或 $O(n^2)$。

回溯法本质上是一种以深度优先方式，逐一生成状态空间树中结点并检测答案结点的方法。与穷举搜索不同，回溯法使用约束函数，剪去那些可以断定不含答案状态的子树，从而提高算法效率。

设$(x_0, x_1,\cdots, x_{k-1})$是状态空间树上从根到某个问题状态 Y 的路径，令 $T(x_0, x_1,\cdots, x_{k-1})$表示 x_k 可取值的集合，它规定了结点 Y 有哪些孩子结点。对于 x_k 的每个值，$(x_0, x_1,\cdots, x_k)$是一条从根到 Y 的一个孩子 Z 的路径。若约束函数 $B_k(x_0, x_1,\cdots, x_k)$为真，则需要继续检测以 Z 为根的子树，否则，将不再生成以 Z 为根的子树。$T()$代表 x_0 所有可取值的集合。如果路径$(x_0, x_1,\cdots, x_{k-1})$到达某个叶结点 W，则 $T(x_0, x_1,\cdots, x_{k-1})$应为空集。

程序 8-1 是递归回溯算法的框架，程序 8-2 是它的迭代版本。由于叶结点孩子集合为空集合，因此对于有限状态空间树，算法必能终止。

【程序 8-1】 递归回溯法

```
Void RBacktrack(int k)
{//应以 RBacktrack(0)调用本函数
    for (每个 x[k], 使得 x[k]∈T(x[0], ···, x[k-1]) && (Bk(x[0], ···, x[k])){
        if ( (x[0], x[1], ···, x[k])是一个可行解)          //判定是否为可行解
                  输出 (x[0], x[1], ···, x[k]);              //输出可行解
        RBacktrack(k+1);                                   //深度优先进入下一层
        }
    }
}
```

【程序 8-2】 迭代回溯法

```
Void IBacktrack(int n)
{
    int  k=0;
    while (k>=0){
        if (还剩下尚未检测的 x[k]，使得 x[k]∈T(x[0], ···, x[k-1]) && Bk(x[0], ···, x[k])
        {
          if ( (x[0], x[1], ···, x[k])是一个可行解)        //考虑 x[k]的下一个可取值
              输出(x[0], x[1], ···, x[k]);
          k++;                                             //考虑下一层分量
        }
        else k--;                                          //回溯到上一层
    }
}
```

8.1.3 回溯法的效率分析

回溯法的时间通常取决于状态空间树上实际生成的那部分问题状态的数目。对于元组长度为 n 的问题实例，若其状态空间树中结点总数为 $n!$（或 2^n 或 n^n），则回溯算法的最坏情况时间复杂度可达 $O(p(n)n!)$（或 $O(p(n)2^n)$或 $O(p(n)n^n)$），这里 $p(n)$是 n 的多项式，是生成一个结点所需的时间。

尽管如此，回溯法对于不同实例，在计算时间上有很大的差异。经验表明，在很多情况下，对于具有大 n 值的实例，回溯算法的确可在很短时间内求得其解，因此回溯法不失为一种有效的算法设计策略。

那么，如何估计对于某个问题实例，采用回溯算法求解的大致时间呢？下面介绍一种用于估算回溯算法处理一个实例时，所实际生成的结点数的方法，称为**蒙特卡罗方法**（Monte Carlo）。这种估计方法的基本思想是在状态空间树中随机选择一条路径$(x_0, x_1,\cdots, x_{n-1})$。设 X 是这条随机路径上，代表部分向量$(x_0, x_1,\cdots, x_{k-1})$的结点，如果在 X 处不受限制的孩子数目是 m_k，则认为与 X 同层的其他结点不受限制的孩子数目也都是 m_k。也就是说，若不受限制的 x_0 取值有 m_0 个，则第 2 层上有 m_0 个结点（根是第一层）；若不受限制的 x_1 取值有 m_1 个，则第 3 层上有 m_0m_1 个结点；其余类推。由于认为在同一层上不受限制的结点数目相同，因此，整个状态空间树上将实际生成的结点数估计为

$$m = 1+m_0+m_0m_1+m_0m_1m_2+ \cdots \qquad (8\text{-}1)$$

程序 8-3 是一个估算 m 的算法：它从状态空间树的根结点出发，随机选择一条路径。集合 S 是未受限的 x_k 的取值，函数 Size 返回集合 S 的大小。函数 Choose 从集合 S 中为 x_k 随机选择一个值，生成一条随机路径。

【程序 8-3】 蒙特卡罗算法

```
int Estimate(SType* x)
{
    int k=0,m=1,r=1;
    do {
        SetType S={ x[k]| x[k]∈T(x[1],···,x[k−1]) && Bk(x[1],···,x[k] ==true)};
        if (!Size(S)) return m;
        r=r*Size(S);m=m+r;
        x[k]=Choose(S);k++;
    }while(1);
}
```

在下一节 n 个皇后问题的讨论中，你将看到如何使用这一方法估计回溯算法效率的示例。

8.2 *n*-皇后

8.2.1 问题描述

这是一个经典的组合问题。n-皇后问题要求在一个 $n\times n$ 的棋盘上放置 n 个皇后，使得它们彼此不受“攻击”。按照国际象棋的规则，一个皇后可以攻击与其处在同一行、同一列或同一斜线

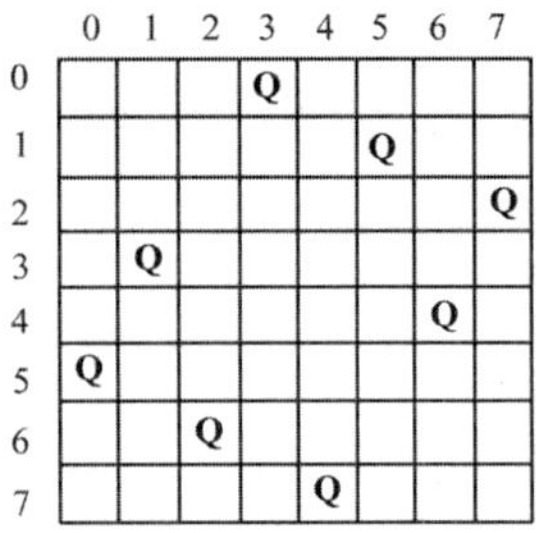

图 8-2 8-皇后问题的一个可行解

上的其他棋子，n-皇后问题要求寻找在棋盘上放置这 n 个皇后的方案，使得它们中任何两个都不在同一行、同一列或同一斜线上。图 8-2 所示是 8-皇后问题的一个可行解。

8.2.2 回溯法求解

一个问题能够用回溯法求解，首先，它的解具有 n-元组形式；其次，问题提供显式约束来确定状态空间树，并提供隐式约束来判定可行解；最后，应能设计有效的约束函数，缩小检索空间。

为了用回溯法求解 n-皇后问题，首先考虑问题解的结构形式。由于每个皇后不应在同一行上，不失一般性，假定将第 i 个皇后放在第 i 行上，这样，便可用 n-元组（$x_0, x_1,\cdots, x_{n-1}$）表示 n-皇后问题的解，其中 x_i 表示第 i 行的皇后所处的列号($0\leqslant x_i < n$)。

对于 n-皇后问题，其显式约束的一种观点是：$S_i=\{0, 1, \cdots, n-1\}$，$0\leqslant i<n$。相应的隐式约束为：对任意 $0\leqslant i, j<n$，当 $i\neq j$ 时，$x_i\neq x_j$ 且 $|i-j|\neq|x_i-x_j|$。此时的解空间大小为 n^n。另一种显式约束的观点是：$S_i=\{0, 1, \cdots, n-1\}$，$0\leqslant i<n$，且 $x_i\neq x_j(0\leqslant i, j<n, i\neq j)$。相应的隐式约束为：对任意 $0\leqslant i, j<n$，当 $i\neq j$ 时，$|i-j|\neq|x_i-x_j|$。与此相对应的解空间大小为 $n!$。

图 8-3 是 4-皇后问题的状态空间树，它采用第二种显式约束观点。图中每个叶结点都是解状态，从根到叶结点的路径代表一个作为候选解的元组，其余结点是代表**部分向量**的问题状态。解状态中包含答案状态 31 和 39。

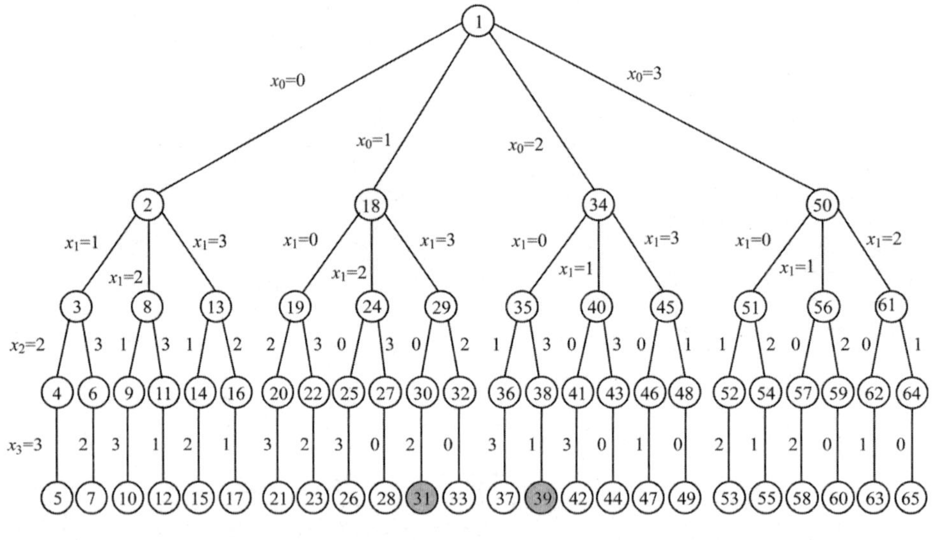

图 8-3 4-皇后问题状态空间树，结点按深度优先遍历编导

一般称这种用于确定 n 个元素的排列满足某些性质的状态空间树为**排列树**（permutation tree）。排列树有 $n!$个叶结点，遍历排列树的时间为$\Omega(n!)$。

最后来看约束函数的设计。约束函数从隐式约束产生：对 $0\leqslant i, j<k$，当 $i\neq j$ 时，要求 $x_i\neq x_j$ 且 $|i-j|\neq|x_i-x_j|$（此处采用显式约束的第一种观点）。

8.2.3 *n*-皇后算法

函数 Place 起着约束函数的作用。设已经生成了部分向量(x_0, x_1,⋯, x_{k-1})，并且这前 k 个皇后已分配的列号相互不发生冲突。现检查如果选择 $x_k=i$ 是否会引起冲突，即第 k+1 个皇后如果放在第 i 列，是否会因此而与前 k 个皇后在同一列或同一斜线上。请注意，程序 8-4 能够求 *n*-皇后问题的全部可行解。读者可自行修改这一程序，使之在求得第一个可行解后算法终止。

【程序 8-4】 *n*-皇后问题的回溯算法

```
bool Place(int k, int i,int* x)
{//判定两个皇后是否在同一列或在同一斜线上
    for (int j=0;j<k;j++)
        if ((x[j] = =i) || (abs(x[j]-i) = =abs(j-k))) return false;
    return true;
}
void NQueens(int k,int n,int *x)
{
    for (int i=0; i<n;i++) {                          //显式约束的第一种观点，x[k]=0,1,⋯,n-1
        if (Place(k,i,x)) {                           //约束函数
          x[k]=i;
          if (k= =n-1)    {
                for(i=0;i<n;i++)cout<<x[i]<<" ";      //输出一个可行解
                cout<<endl;
           }
           else NQueens(k+1,n,x);                     //深度优先进入下一层
        }
    }
}
void NQueens(int n,int *x)
{
    NQueens(0,n,x);
}
```

运行程序 8-4，对 4-皇后问题将得到两个可行解：(1, 3, 0, 2)和(2, 0, 3, 1)，如图 8-4 所示。

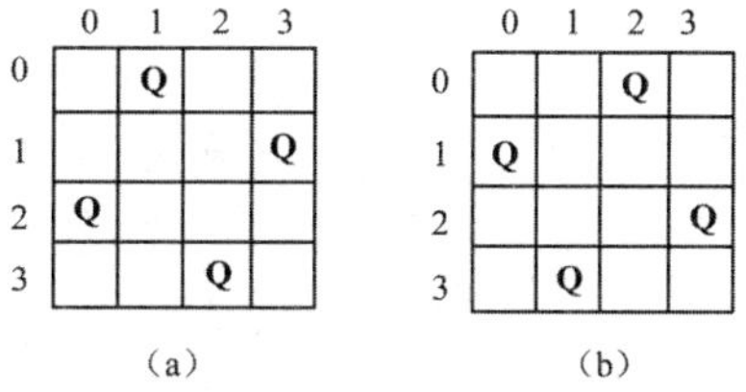

图 8-4　4-皇后问题的两个可行解

现在来看第一个可行解的产生过程。初始时，令所有 x_i=−1。先令 x_0=0，再从 x_1=0 开始检测，x_1=0 与 x_0=0 同列；令 x_1=1，与 x_0=0 同一斜线；令 x_1=2 可行。再令 x_2=0, 1, 2, 3 均与其他皇后发生冲突，故回溯到 x_1，令 x_1=3。此时 x_2=2 可行。但 x_3=0, 1, 2, 3 均不可行，必须回溯到 x_2，再回溯到 x_1，再回溯到 x_0，使 x_0=1。以后的步骤将得到第一个可行解(x_0, x_1, x_2, x_3)=(1, 3, 0, 2)。图 8-5 显示了 4-皇后问题得到第一个解的步骤。图 8-6 显示了 4-皇后问题在得到第一个答案状态时，实际生成的那部分状态空间树。图中，B 代表被限制的结点，ans 是第一个答案结点。

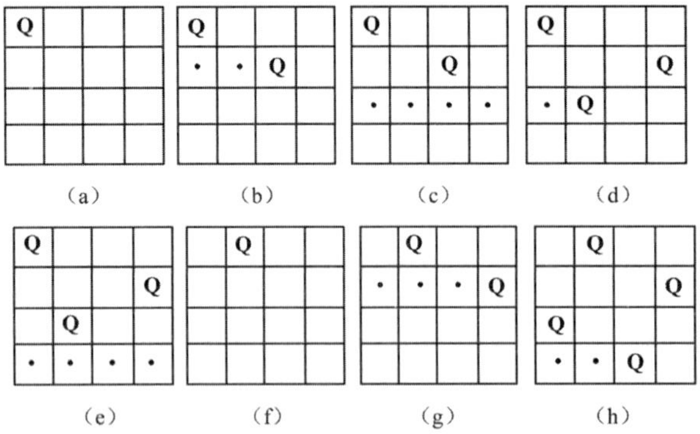

图 8-5 回溯法求 4-皇后问题的一个可行解

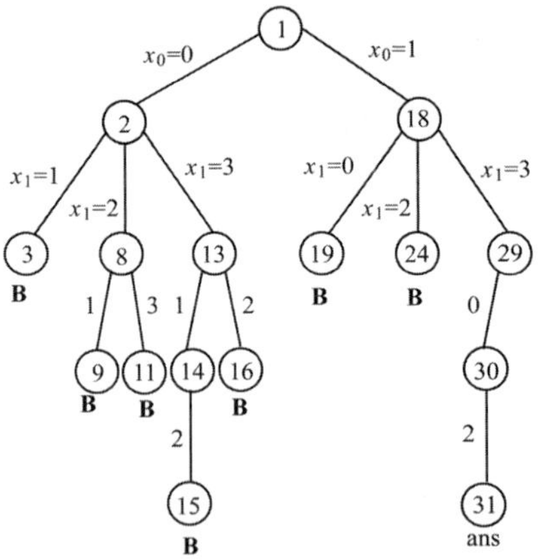

图 8-6 回溯法实际生成的状态空间树的部分

8.2.4 时间分析

假定使用程序 8-4 求解 8-皇后问题。运用蒙特卡罗方法可以估计实际生成的结点数。如果随机生成的 5 条路径分别为：(1, 3, 0, 2, 4)、(3, 5, 2, 4, 6, 0)、(0, 7, 5, 2, 6, 1, 3)、(0, 2, 4, 1, 3)和(2, 5, 1, 6, 0, 3, 7, 4)。这 5 次试验中不受限的结点数从图 8-7 可以得到。例如，对于路径（1, 3, 0, 2, 4），状态空间树上第 2 层的结点数（即 x_0 的取值）为 8，因为 $x_0=1$，所以 x_1 可取（相互不冲突）的列号只有 5 个，因为 $x_1=3$，故 x_2 可取的列号有 4 个……所以，选择这条路径，状态空间树上实际生成的问题状态数目为

$$1+8+8\times5+8\times5\times4+8\times5\times4\times3+8\times5\times4\times3\times2=1649$$

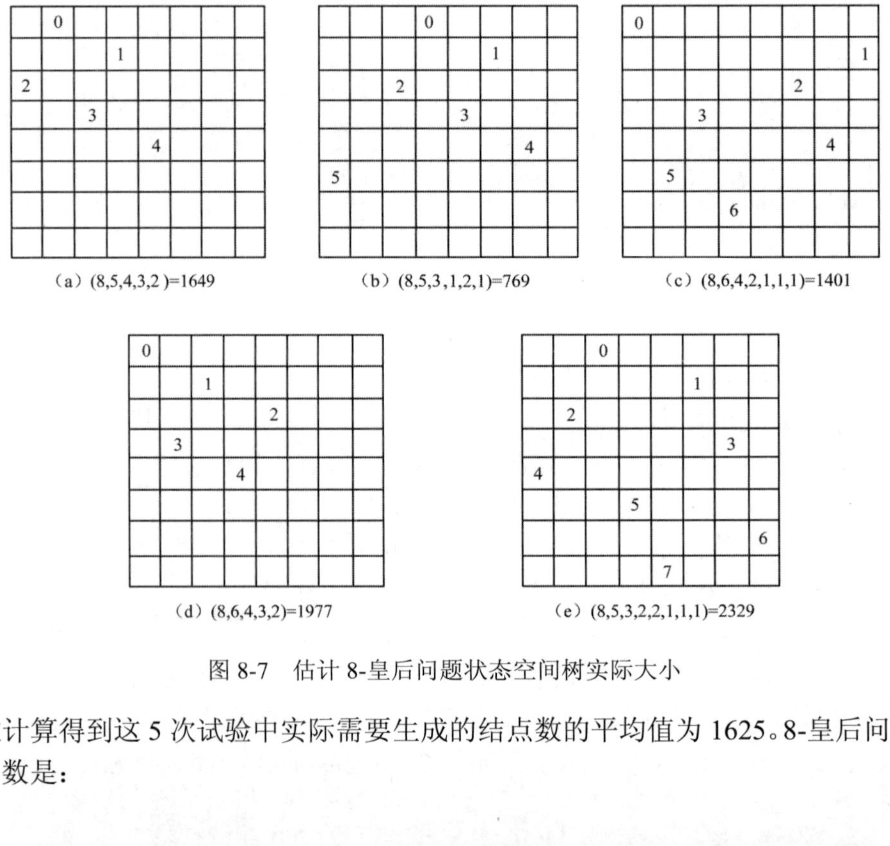

（a）(8,5,4,3,2)=1649　（b）(8,5,3,1,2,1)=769　（c）(8,6,4,2,1,1,1)=1401

（d）(8,6,4,3,2)=1977　（e）(8,5,3,2,2,1,1,1)=2329

图 8-7 估计 8-皇后问题状态空间树实际大小

可通过计算得到这 5 次试验中实际需要生成的结点数的平均值为 1625。8-皇后问题状态空间树的结点总数是：

$$1+\sum_{j=0}^{7}\prod_{i=0}^{j}(8-i)=109\,601 \tag{8-2}$$

因此，需要实际生成的结点数目大约占总结点数的 1.55%。

8.3 子集和数

8.3.1 问题描述

已知 n 个不同正数 $w_i(0\leqslant i\leqslant n-1)$的集合，求该集合的所有满足条件的子集，使得每个子集中的正数之和等于另一个给定的正数 M。例 8-2 是子集和数问题的一个实例。

例 8-2 设有 n=4 个正数的集合 $W=\{w_0, w_1, w_2, w_3\}=(11, 13, 24, 7)$和整数 M=31，求 W 的所有满足条件的子集，使得子集中的正数之和等于 M。

8.3.2 回溯法求解

对于子集和数问题，可采用两种不同的解结构形式：可变长度元组和固定长度元组。当采用可变长度元组表示解时，代表一个可行解的元组长度可以不同，成为一个 k-元组（$x_0, x_1,\cdots, x_{k-1}$），$0\leqslant k\leqslant n$。元组的每个分量的取值可以是元素值，也可以是选入子集的正数的下标。

例 8-2 有两个符合条件的子集：{11, 13, 7}和{24, 7}。可以直接以元素序列代表问题的解：(11, 13, 7)和(24, 7)。另一种更通常的做法是列出入选子集的元素下标，例如，以(0, 1, 3)和(2, 3)表示例 8-2 的两个可行解。如果采用这种形式的解，其显式约束可描述为：$x_i\in\{j|\, j$ 是整数且 $0\leqslant j<n\}$ 且 $x_i<x_{i+1}(0\leqslant i<n-1)$。加入条件 $x_i<x_{i+1}$ 可以避免产生重复子集现象，例如，(1, 2, 4)和(1, 4, 2)事实上是同一子集。隐式约束如下：

$$\sum_{i=0}^{k-1}w_{x_i}=M \tag{8-3}$$

图 8-8 是 n=4 的子集和数问题状态空间树。图中结点按深度优先次序编号，其中每个问题状态都是一个解状态，它代表一个候选解元组。

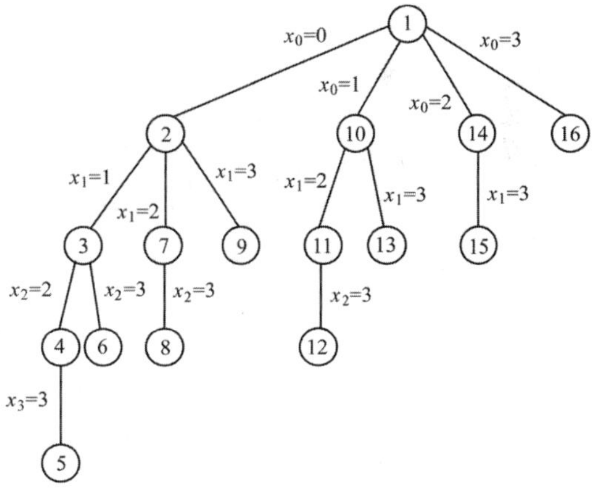

图 8-8　子集和数问题可变元组解的状态空间树

子集和数问题解结构的另一种形式是固定长度 n-元组($x_0, x_1,\cdots, x_{n-1}$)，$x_i\in\{0, 1\}$, $0\leqslant i<n$。x_i=0，表示 w_i 未选入子集；x_i=1，表示 w_i 入选子集。采用这种形式的解，其显式约束可描述为：$x_i\in\{0, 1\}(0\leqslant i<n-1)$。问题的隐式约束同样是选入子集的正数之和等于 M，即

$$\sum_{i=0}^{n-1}w_i x_i=M \tag{8-4}$$

图 8-9 是当解结构是固定长度元组时，子集和数问题的状态空间树（n=4）。图中结点按 D-检索编号（见第 4 章），每个叶结点是一个解状态，非叶结点代表部分向量。

一般称这种从 n 个元素的集合中找出满足某些性质的子集的状态空间树为**子集树**。子集树有 2^n 个解状态，遍历子集树的时间为$\Omega(2^n)$。

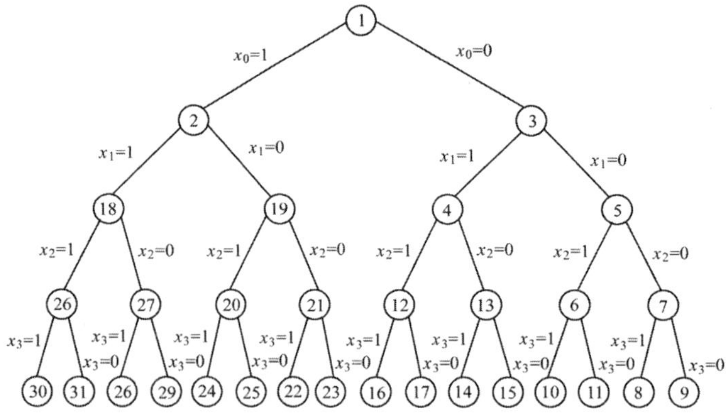

图 8-9　子集和数问题固定长度元组解的状态空间树

最后讨论子集和数的约束函数 B_k。假定采用固定长度元组的解结构，已经知道，若约束函数 $B_k(x_0, x_1,\cdots, x_k)$=true，则算法需要进入考察$(x_0, x_1,\cdots, x_k)$子树的过程，在本问题中，式（8-5）是一种容易想到的约束函数：

$$B_k(x_0, x_1,\cdots, x_k)=\text{true}，当且仅当\sum_{i=0}^{k-1} w_i x_i + \sum_{i=k}^{n-1} w_i \geqslant M \tag{8-5}$$

因为若式（8-5）不满足，也就是当剩余的正数全部加入子集后，子集中正数之和仍小于 M，自然表明部分向量$(x_0, x_1,\cdots, x_k)$不可能导致一个答案状态。

如果假定 n 个正数 w_i, $0\leqslant i\leqslant n-1$ 已经按非减次序排列，那么还可以在式（8-5）中添加式（8-6）的约束条件：

$$\sum_{i=0}^{k-1} w_i x_i + w_k \leqslant M \tag{8-6}$$

这一条件也很自然，因为，如果在子集中加入下一个待选的正数 w_k（它是剩余正数中的最小者），整个子集之和已大于 M，这显然意味着从剩余正数中选取任何其他正数，加入现有子集后都不可能使子集和数等于 M。

合并式（8-5）和式（8-6）的条件得到式（8-7）表示的约束函数：

$B_k(x_0, x_1,\cdots, x_k)$为 true，当且仅当

$$\sum_{i=0}^{k-1} w_i x_i + \sum_{i=k}^{n-1} w_i \geqslant M \quad 且 \quad \sum_{i=0}^{k-1} w_i x_i + w_k \leqslant M \tag{8-7}$$

8.3.3　子集和数算法

程序 8-5 是子集和数的 C++程序。函数定义如下：

```
void SumOfSub (float s,int k,float r,int* x,float m,float* w)
```

前置条件：$w_i\leqslant w_{i+1}(0\leqslant i< n-1)$, $s+r\geqslant m$ && $s+w_k\leqslant m\left(s=\sum_{i=0}^{k-1} w_i x_i, r=\sum_{i=k}^{n-1} w_i\right)$

后置条件：在以$(x_0, x_1,\cdots, x_k)$为根的子树上搜索答案状态。

函数 SumOfSub 的初始条件是 $s=0, r=\sum_{i=0}^{n-1} w_i \geqslant m$ 和 $w_0 \leqslant m$。虽然在程序 8-5 没有明显地测试是否 $k>n-1$，但事实上，根据此递归函数的前置条件，在进入第 k=$n-1$ 层时，总有 $s+w_{n-1}\leqslant m$

且 $s+r\geqslant m$，$r=w_{n-1}$，因此 $s+w_{n-1}=m$，否则，若其中之一条件不成立，不可能进入第 $k=n-1$ 层。所以，只需保证调用此函数的初始条件成立，函数总能终止。

【程序 8-5】 子集和数的回溯算法

```
void SumOfSub (float s,int k,float r,int* x,float m,float* w)
{
    x[k]=1;
    if (s+w[k] ==m) {                                      //得到一个可行解
        for (int j=0;j<=k;j++) cout<<x[j]<<' ';            //输出一个解
        cout<<endl;
    }
    else if (s+w[k]+w[k+1]<=m)
            SumOfSub(s+w[k],k+1,r-w[k],x,m,w);             //搜索左子树
    if ((s+r-w[k]>=m)&&(s+w[k+1]<=m)) {
        x[k]=0;
        SumOfSub(s,k+1,r-w[k],x,m,w);                      //搜索右子树
    }
}
void SumOfSub (int* x,int n,float m,float* w)
{
    float r=0;
    for(int i=0;i<n;i++) r=r+w[i];                         //计算 r = Σ(i=k..n-1) w[i]
    if(r>=m && w[0]<=m) SumOfSub(0,0,r,x,m,w);
}
```

例 8-3 设有 n=6 个正数的集合 W=(5, 10, 12, 13, 15, 18)和整数 M=30，求 W 的所有元素之和为 M 的子集。

对上面的实例执行 SumOfSub 函数，将实际生成如图 8-10 所示的状态空间树上的结点。图中 A、B 和 C 为三个答案状态，它们分别代表可行解：(1, 1, 0, 0, 1)、(1, 0, 1, 1)和(0, 0, 1, 0, 0, 1)。

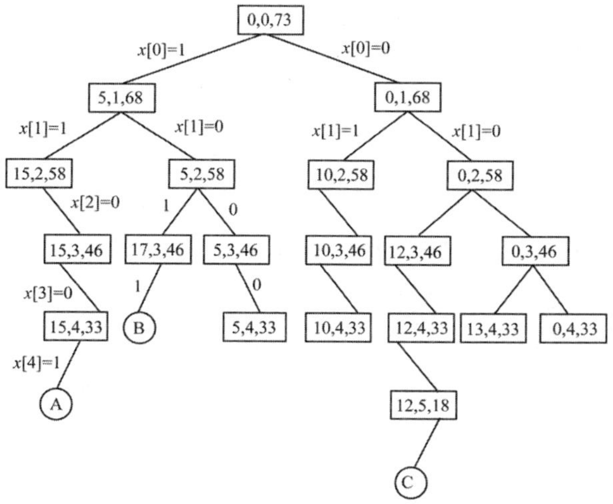

图 8-10 SumOfSub 所生成的状态空间树

8.4 图的着色

8.4.1 问题描述

已知无向图 G=(V, E)和 m 种不同的颜色，如果只允许使用这 m 种颜色对图 G 的结点着色，每个结点着一种颜色，问是否存在一种着色方案，使得图中任意相邻的两个结点都有不同的颜色。这就是 **m-着色判定问题**（m-colorability decision problem）。对给定的无向图 G，求对图 G 的结点着色所需的最少颜色数 m，使得图中任意两个相邻结点有不同的颜色。这被称为 **m-着色最优化问题**（m-colorability optimization problem），整数 m 称为图 G 的**着色数**(chromatic number)。图 8-11 是图着色的例子，该图可用三种颜色着色，结点边上的数字代表 0, 1, 2 三种颜色编号。

人们很早就证明用 5 种颜色足以对任意一幅地图着色，但却一直没找到一幅需要 4 种以上颜色才能着色的地图，由此引出了四色猜想。直到 1976 年这一猜想才由爱普尔（K.l.Apple）、黑肯（W.Haken）和考西（J.Koch）利用计算机得以证明，称为**四色定理**。

图 G 被称为**平面图**（planar graph）是指图 G 的所有结点和边都能用某种方式画在一个平面上，且没有任何两条边相交。一幅地图很容易用一个平面图 G 表示。将地图的每个区域用图 G 的一个结点表示，若两个区域相邻，则相应的两个结点用一条边连接起来。用平面图表示地图，就将地图的着色问题转换成了平面图的 4-着色判定问题。图 8-12 显示一幅地图和它对应的平面图表示。

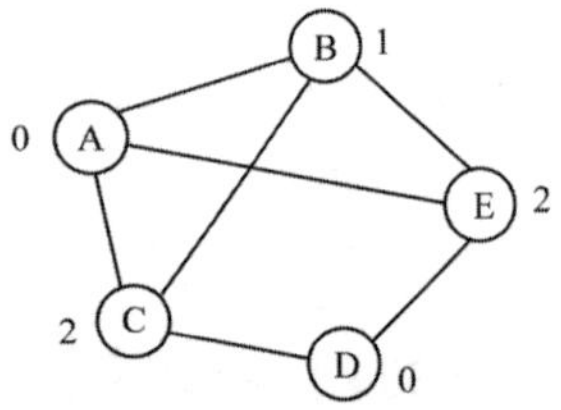

图 8-11　图着色的例子

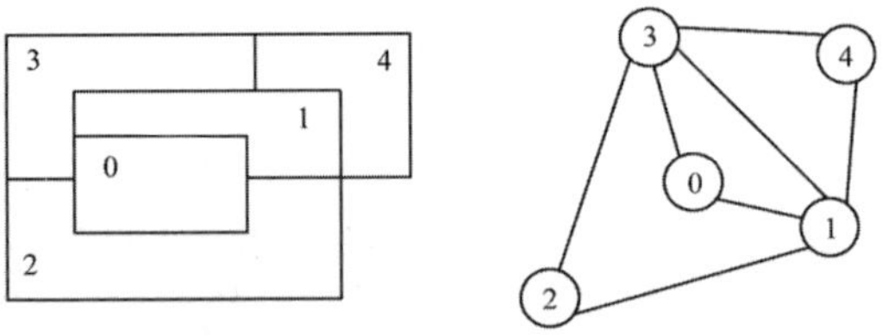

（a）一幅地图　　（b）地图对应的平面图

图 8-12　地图及其平面图

8.4.2 回溯法求解

设无向图 G=(V, E)采用如下定义的邻接矩阵表示：

$$a[i][j]=\begin{cases}1 & \text{如果}(i, j)\in E \\ 0 & \text{其他}\end{cases} \tag{8-8}$$

下面采用 n-元组$(x_0, x_1,\cdots, x_{n-1})$表示图 G 的 m-着色判定问题的解。每个 $x_i\in\{1, 2, \cdots, m\}$，$0\leqslant i<n$，表示结点 i 的颜色，这就是显式约束。x_i=0 表示没有可用的颜色。因此解空间的大小为 m^n。其隐式约束可描述为：如果边$(i, j)\in E$，则 $x_i\neq x_j$。

图 8-13 是 n=3，m=3 的图的 m-着色判定问题的状态空间树。

最后来看约束函数的设计。约束函数从隐式约束产生：对所有 i 和 j（$0\leqslant i, j<k, i\neq j$），若 $a[i][j]=1$，则 $x_i\neq x_j$。

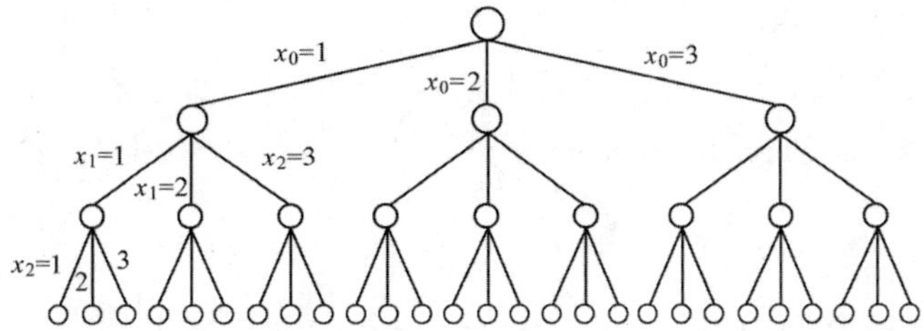

图 8-13　n=3，m=3 的图的 m-着色判定问题的状态空间树

8.4.3　图着色算法

类 MGraph 是采用邻接矩阵表示的图类（见程序 6-10）。程序 8-6 的函数 Coloring 可声明为该类的公有成员函数，递归函数 Coloring 和 NextValue 可声明为该类的私有成员函数。函数 Coloring 对一个给定的无向图 G 和 m，列出图中结点的所有可能的 m-着色方案。算法以深度优先方式生成状态空间树中的结点，寻找所有答案结点，即 m-着色方案。搜索中使用约束函数剪去不可能包含答案结点的分枝。图 8-14（b）显示对图 8-14（a）的无向图的所有可能的 3-着色方案，x_i 为颜色号，颜色从 1 开始编号。其可能的 3-着色方案如下：

$$(x_0, x_1, x_2, x_3) = (1, 2, 1, 3), (1, 3, 1, 2), (2, 1, 2, 3), (2, 3, 2, 1), (3, 1, 3, 2), (3, 2, 3, 1)。$$

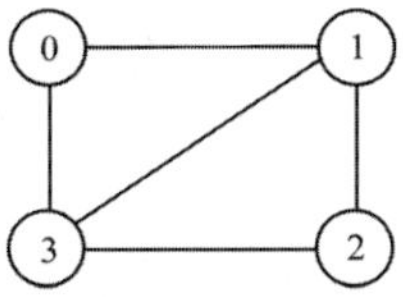

（a）4 个结点的图 G

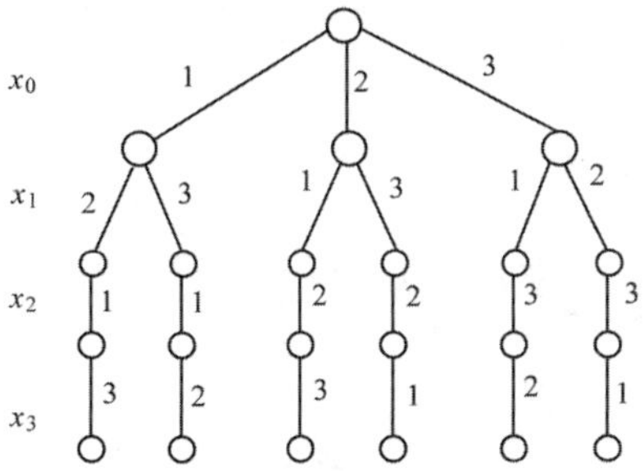

（b）图 G 所有可能的 3-着色方案

图 8-14　一个 4 个结点的图和所有可能的 3-着色方案

【程序 8-6】　图的 m-着色算法

```
template <class T>
void MGraph<T>::NextValue(int k,int m,int *x)
{ //本函数在[1,m]中为 x[k]确定一个值最小的，且不与其邻接点冲突的颜色
  //x[k]=0 表示没有可用颜色，颜色从 1 开始编号
    do {
        x[k]=(x[k]+1) % (m+1);                //尝试下一种颜色
        if (!x[k]) return;                    //没有可用颜色
        for (int j=0; j<k; j++)
                if (a[k][j] && x[k] = = x[j])    //若(i, j)是图的边，且相邻结点 k 和 j 颜色相同
                        break;                   //发生冲突，选下一种颜色
        if (j= =k) return;                    //成功选择一种颜色返回
    } while (1);
```

```
 }
template <class T>
void MGraph<T>:: mColoring(int k,int m,int *x)
 {
        do {
            NextValue(k,m,x);                       //为 x[k]分配颜色
            if (!x[k]) break;                       //x[k]=0 表示当前没有适当的颜色
            if (k == n-1) {                         //得到图 G 的一种 m-着色方案
                for (int i=0; i<n; i++) cout << x[i] << ' ';
                cout << endl;
            }
            else mColoring(k+1,m,x);                //已经对前 k 个结点分配了颜色，尝试其余结点
        } while(1);
}
template <class T>
void MGraph<T>:: mColoring(int m,int *x)
{
     mColoring(0,m,x);
}
```

8.4.4 时间分析

算法的计算时间上界可由状态空间树的结点数 $\sum_{i=0}^{n-1} m^i$ 确定。每个结点的处理时间即 NextValue 的执行时间为 O(mn)，因此总时间为：

$$\sum_{i=1}^{n} m^i n = n(m^{n+1} - m)/(m-1) = O(nm^n) \qquad (8\text{-}9)$$

8.5 哈密顿环

8.5.1 问题描述

已知图 G=(V, E)是一个 n 个结点的连通图。连通图 G 的一个**哈密顿环**（Hamiltonian cycle）是图 G 的一个回路，它经过图中每个结点，且只经过一次。一个哈密顿环是从某个结点 $v_0 \in V$ 开始，沿着图 G 的 n 条边环行的一条路径（$v_0, v_1, \cdots, v_{n-1}, v_n$），其中，$(v_i, v_{i+1}) \in E$ $(0 \leqslant i < n)$，它访问图中每个结点且只访问一次，最后返回开始结点，即除 $v_0 = v_n$ 外，路径上其余结点各不相同。并不是每个连通图都存在哈密顿环。

图 8-15 的图 G_1 包含一个哈密顿环：(0, 1, 7, 6, 5, 4, 3, 2, 0)，图 G_2 不包含哈密顿环。似乎没有一种容易的方法确定一个图是否存在哈密顿环。本节介绍求一个无向图或有向图的所有哈密顿环的回溯算法，算法输出全部不相同的环。

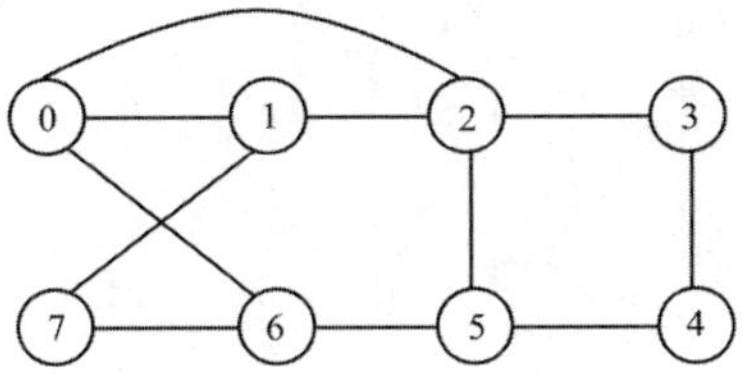

（a）图 G_1

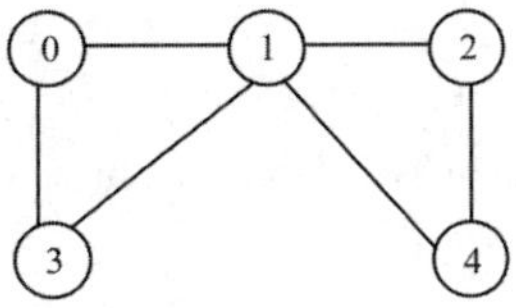

（b）图 G_2

图 8-15　图 G_1 包含哈密顿环，图 G_2 不含哈密顿环

8.5.2　哈密顿环算法

对于 n 个结点的图 G=(V, E)的哈密顿环问题，可采用 n-元组表示问题的解($x_0, x_1,\cdots, x_{n-1}$)。每个 $x_i\in\{0, 1,\cdots, n-1\}$, $0\leqslant i<n$，代表路径上一个结点的编号，这就是显式约束。因此解空间的大小为 n^n。其隐式约束可描述为：$x_i\neq x_j$（$0\leqslant i, j<n$, $i\neq j$），且$(x_i, x_{i+1})\in E$，$x_i, x_{i+1}\in V$（i=0, 1,⋯, n−2），又$(x_{n-1}, x_0)\in E$。

哈密顿环问题的分析和求解方法与图的 m-着色问题非常相似。程序 8-7 为哈密顿环回溯算法。算法所实现的两个同名函数 Hamiltonian 和函数 NextValue 都应声明为类 MGraph 的成员函数，其中非递归的 Hamiltonian 函数定义为该类的公有成员函数，其他两个函数作为该类的私有成员函数。值得注意的是 $x_0\equiv0$，这意味着应事先指定 $x_0=0$，这样做可以避免同一个环被重复多次打印。正因为如此，在公有函数 Hamiltonian 中，应以语句 Hamiltonian(1, x)调用私有递归函数，递归函数 Hamiltonian 实际计算哈密顿环。函数 NextValue 的功能是约束函数。它选择路径上的下一个结点 x_k，该结点应当与前 k 个已经选择的结点不相同，并且要求(x_{k-1}, x_k)是图中的边。尤其需要注意的是，对于最后一个结点 x_{n-1}，还需进一步要求$(x_{n-1}, x_0)\in E$，才能形成哈密顿环。不然，即使所选的 x_{n-1} 与前 n−1 个结点各不相同，只要$(x_{n-1}, x_0)\notin E$，那么，函数 NextValue 还需要为 x_{n-1} 另选下一个值。

因为图 8-15（a）是无向图，运行程序 8-7 将生成两个方向的哈密顿环：(0, 1, 7, 6, 5, 4, 3, 2, 0)和(0, 2, 3, 4, 5, 6, 7, 1, 0)。

【程序 8-7】　哈密顿环算法

```
template <class T>
void MGraph<T>::NextValue(int k,int *x)
{
    do {
        x[k]=(x[k]+1)% n;                          //下一个结点编号
        if (!x[k]) return;
            if (a[x[k-1]][x[k]]) {                 //(x[k-1], x[k])是否是图中一条边
            for (int j=0;j<k;j++)                  //检查与前 k 个结点是否相同
                if (x[j] = =x[k]) break;           //结点 x[k]与前 k 个结点有重复
            if (j= =k)                             //x[k]是当前可取的结点编号
                if ((k<n-1)||((k= =n-1) && a[x[n-1]][x[0]]))
                    return;
        }
    } while(1);
```

```
 }
template <class T>
void ExtMGraph<T>::Hamiltonian(int k,int *x)
{
        do {
            NextValue(k,x);                              //产生 x[k]的下一个值
            if (!x[k]) return;                           //x[k]=0 表示 x[k]已没有可取值
            if (k==n-1) {                                //输出一个哈密顿环
                for (int i=0; i<n; i++) cout<<x[i]<<' ';
                cout << "0\n";
            }
            else   Hamiltonian(k+1,x);                   //深度优先进入下一层
        } while (1);
}
template <class T>
void ExtMGraph<T>:: Hamiltonian(int *x)
{
     Hamiltonian(1,x);                                   //x[0]=0 为约定的起始结点
}
```

8.6 0/1 背包

前面所讨论的使用回溯法求解的问题：*n*-皇后问题、子集和数问题、*m*-图着色问题及哈密顿环问题有相同的特征，即问题的求解目标都是求满足约束条件的全部可行解。所有算法都使用约束函数剪去已能确信不含答案结点的子树。如果只求一个可行解，则只需对这些算法稍加修改，使得在求得第一个可行解后算法终止。0/1 背包和批处理作业调度问题是最优化问题，还需要使用限界函数剪去已能确信不含最优答案结点的子树。

8.6.1 问题描述

0/1 背包问题看似简单，但却是一个困难问题。所谓困难问题是指一般来说难以设计一个算法使得最坏情况时间为多项式。上一章已经介绍了 0/1 背包的动态规划算法，本节讨论 0/1 背包问题的回溯算法。

0/1 背包问题的形式化描述是：给定 $M>0$，$w_i>0$，$p_i>0$ $(0\leqslant i<n)$，要求一个 *n*-元组$(x_0, x_1,\cdots, x_{n-1})$，$x_i\in\{0, 1\}$，$0\leqslant i<n$，使得 $\sum\limits_{0\leqslant i<n} w_i x_i \leqslant M$ 且 $\sum\limits_{0\leqslant i<n} p_i x_i$ 最大。

8.6.2 回溯法求解

0/1 背包问题的解可用一个 *n*-元组表示：

$$X=(x_0, x_1,\cdots, x_{n-1}) \qquad x_i=0 \text{ 或 } 1\ (0\leqslant i<n)$$

式中，$x_i=1$ 表示将第 i 件物品装入背包，$x_i=0$ 表示该物品不装入背包。任何一种不超过背包载重能力的装载方法都是问题的一个可行解。所以，判定可行解的约束条件是：

$$\sum_{i=0}^{n-1} w_i x_i \leqslant M \qquad w_i > 0,\ x_i = 0 \text{ 或 } 1\ (0 \leqslant i < n) \tag{8-10}$$

最优化问题的目标函数用于衡量一个可行解是否为最优解。使收益最大的装载方案就是背包问题的最优解，所以，背包问题的最优解必须使下列目标函数取最大值：

$$\max \sum_{i=0}^{n-1} p_i x_i \qquad p_i > 0,\ x_i = 0 \text{ 或 } 1\ (0 \leqslant i < n) \tag{8-11}$$

0/1 背包问题的解空间由 2^n 个长度为 n 的元组组成，每个分量取值 0 或 1。这一情形与子集和数问题相同，因此，两者应有相同的解空间和状态空间树。已经知道，子集和数问题有两种可能的状态空间树，对应于固定长度元组和可变长度元组两种不同的解结构。同样地，0/1 背包也可生成这两种状态空间树。本节讨论采用固定长度元组解结构的 0/1 背包回溯算法，其状态空间树是一棵高度为 n+1 的满二叉树。

从前面的讨论可知，回溯法本质上是一种深度优先搜索状态空间树的算法，如果不引入剪枝函数，它是穷举算法。引入适当的限界函数使其成为一种启发式算法。

先看约束函数。约束函数剪去不含可行解的分枝，设背包的当前重量 $\text{cw}=\sum_{i=0}^{k-1} w_i x_i$，如果 $\text{cw}+w_k > M$，显然这一分枝应当剪去。因此，约束函数可定义为：

$$B_k(x_0,\ x_1,\cdots,\ x_k) = \text{true}，当且仅当 \sum_{i=0}^{k-1} w_i x_i + w_k \leqslant M \tag{8-12}$$

8.6.3 限界函数

0/1 背包问题是一个最优化问题，问题的最优解是使目标函数值最大的可行解。使用约束函数剪去的是不含可行解的子树，而使用限界函数可以进一步剪去那些不含最优解的分枝。

设 0/1 背包回溯算法当前位于状态空间树的结点 X 处，cw 是背包的当前重量，cp 是当前已装入背包的物品的总收益。如果背包的载重量为 M，则剩余载重是 M–cw，设此时还有编号为 k+1, k+2, …, n–1 的物品尚未考察。如果使用贪心法，计算以剩余载重和剩余物品构成的一般背包问题的最优解值，设该最大收益为 rp，那么，bp=cp+rp 便可作为以 X 为根的子树上所有可能的答案结点的目标函数值的上界。

图 8-16 中，设 Y 是 X 子树上由剩余载重和剩余物品组成的一般背包问题的最优解结点，即有 $\sum_{k+1\leqslant i<n} w_i y_i \leqslant M-\text{cw}$，且使得 $\text{rp}=\sum_{k+1\leqslant i<n} p_i y_i$ 最大。设 Z 是任一 0/1 背包的答案结点，显然 Z 的收益值 $\text{cp}+\sum_{k+1\leqslant i<n} p_i x_i$ 不可能超过 bp。因此，以 bp 作为结点 X 的上界函数值是合理的。使用上界函数对状态空间树中每个结点计算其上界值。

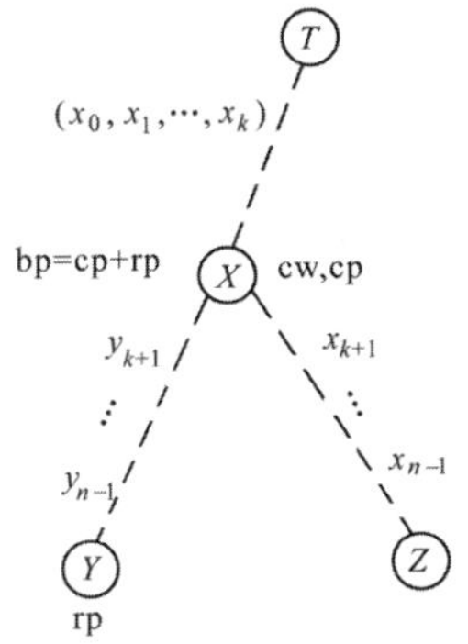

图 8-16 0/1 背包的上界函数

那么如何运用上界函数值作为剪去某棵子树的依据呢？可以采用与 7.6 节类似的方法，定义一个最优解值的下界估计值变量 L，L 的初值可以为 0。在算法执行中，一旦遇到一个答案结点，便计算该答案结点的收益值 fp。令 L=max{L, fp}，因此，L 始终保存迄今为止已经搜索到的答案结点中收益的最大值，0/1 背包的最优解值必定大于等于 L。对于状态空间树中任一结点 X，若其上界函数值 bp<L，则可以断定 X 子树上不含最优答案结点，可以剪去以 X 为根的子树。

例 8-4 设有 0/1 背包 n=8,$(w_0, w_1,\cdots, w_7) = (1, 11, 21, 23, 33, 43, 45, 55)$,$(p_0, p_1,\cdots, p_7)$=(11, 21, 31, 33, 43, 53, 55, 65)和 M=110。

图 8-17 是使用约束函数和上界函数实行剪枝后实际生成的状态空间树。图中结点边上的值是该结点的上界函数值。L 的初值为 0。在搜索到第一个答案结点 A 处，L 修改为 139。在答案结点 B、C 和 D 处，L 被先后修改为 149、151 和 159。对于搜索所遇到的每个结点，如果其上界函数的值小于 L，则该子树将被剪去。例如，图中在搜索到 D 以后，所有上界函数值小于 159 的子树均不再生成。最终得到该例的最优解值 159，结点 D 是最优解结点。最优解为(1, 1, 1, 0, 1, 1, 0, 0)。状态空间树的 2^9-1＝511 个结点中，算法仅实际生成了 35 个结点。

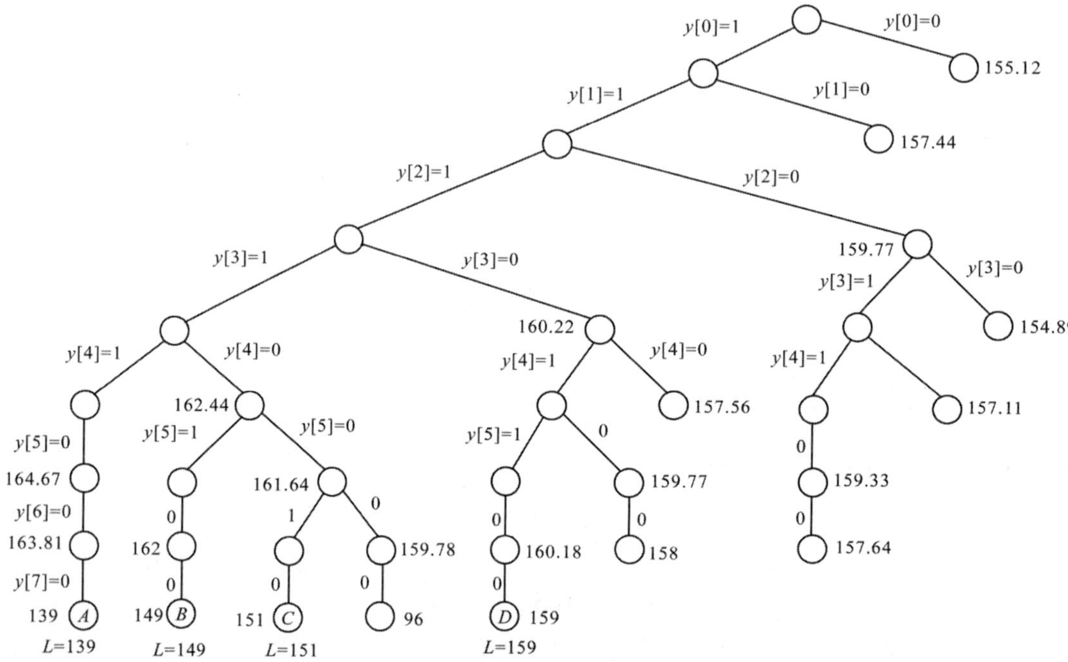

图 8-17　例 8-4 实际生成的状态空间树

8.6.4　0/1 背包算法

程序 8-8 为 0/1 背包的回溯算法，类 Knapsack 为背包类，Bound 是上界函数，函数 BKnapsack 实现 0/1 背包回溯算法。

【程序 8-8】　0/1 背包算法

```
template<class T>
class Knapsack
{
public:
    Knapsack(int mSize,T cap,T *wei,T *prof)
    T BKnapsack(int *x);
    …
protected:
   void BKnapsack(int k, T cp,T cw,T &fp,int*x,int *y);
   T Bound(int k,T cp, T cw);
```

```
    T m,*w,*p;                                          //要求 p[i]/w[i]≥p[i+1]/w[i+1]
    int n;
};
template<class T>
T Knapsack<T>:: Bound(int k,T cp, T cw)
{   //cp 是当前收益，cw 是当前背包重量，k 是当前待考察的物品编号
        T b=cp,c=cw;
        for (int i=k+1;i<n; i++) {
            c+=w[i];
            if (c<m) b+=p[i];
            else return (b+(1- (c-m)/w[i])*p[i]);
        }
        return b;
}
template<class T>
void Knapsack<T>::BKnapsack(int k, T cp,T cw,T &fp,int *x,int *y)
//cp 是当前收益，cw 是当前背包重量，k 是当前待考察的物品编号,要求 p[i]/w[i]≥p[i+1]/w[i+1]
//fp 是当前最大收益
{ //考察左孩子结点
      int j; T bp;
      if (cw+w[k]<=m){              //左子树需要重新计算约束函数，无须计算子树的上界函数
          y[k]=1;
          if (k<n-1) BKnapsack(k+1,cp+p[k],cw+w[k],fp,x,y);
          if(cp+p[k]>fp && k==n-1){
              fp=cp+p[k];                       //找到一个收益更高的 0/1 背包可行解
              for (j=0;j<=k;j++) x[j]=y[j];     //x[0], x[1],…, x[k]中保存对应于 fp 的可行解
          }
      }
      //考察右孩子结点
      if (Bound(k,cp,cw)>=fp){                  //对右孩子需重新计算上界函数
          y[k]=0;
          if (k<n-1) BKnapsack(k+1,cp,cw,fp,x,y);
          if(cp>fp && k==n-1){                  //找到一个收益更高的 0/1 背包可行解
              fp=cp;
              for (j=0;j<=k;j++) x[j]=y[j];     //x[0], x[1],…, x[k]中保存对应于 fp 的可行解
          }
      }
}
template<class T>
T Knapsack<T>:: BKnapsack(int *x)
{//一维数组 x 中返回 0/1 背包的最优解，函数返回最优解值
```

```
        int y[mSize]={0};T fp;
        BKnapsack(0,0,0,fp,x,y);
        return fp;
    }
```

8.7 批处理作业调度

8.7.1 问题描述

设有 n 个作业的集合{0, 1,···, n–1}，每个作业有两项任务，要求分别在两台设备 P_1 和 P_2 上完成。每个作业必须先在 P_1 上加工，然后在 P_2 上加工。P_1 和 P_2 加工作业 i 所需的时间分别为 a_i 和 b_i。作业 i 的完成时间 f_i(S)是指在调度方案 S 下，该作业的所有任务得以完成的时间，则 $\mathrm{MFT(S)}=\dfrac{1}{n}\sum_{i=0}^{n-1}f_i(\mathrm{S})$ 是采用调度方案 S 的平均完成时间。**批处理作业调度**（batch job schedule）问题要求确定这 n 个作业的最优作业调度方案使其 MFT 最小。这等价于求使得所有作业的完成时间之和 $\mathrm{FT(S)}=\sum_{i=0}^{n-1}f_i(\mathrm{S})$ 最小的调度方案。

例 8-5 设有三个作业和两台设备，作业任务的处理时间为$(a_0, a_1, a_2) = (2, 3, 2)$和$(b_0, b_1, b_2) = (1, 1, 3)$。这三个作业有 6 种可能的调度方案：(0, 1, 2), (0, 2, 1), (1, 0, 2), (1, 2, 0), (2, 0, 1), (2, 1, 0)，它们相应的完成时间之和分别是 19, 18, 20, 21, 19, 19。其中，最佳调度方案 S=(0, 2, 1)。在这一调度方案下，f_0(S)=3，f_1(S)=7，f_2(S)=8，FT=3+7+8=18。

8.7.2 回溯法求解

对于双机批处理作业调度问题，其可行解是 n 个作业所有可能的排列，每一种排列代表一种作业调度方案 S，其目标函数是 $\mathrm{FT(S)}=\sum_{i=0}^{n-1}f_i(\mathrm{S})$。使 FT(S)具有最小值的调度方案或作业排列是问题的最优解。

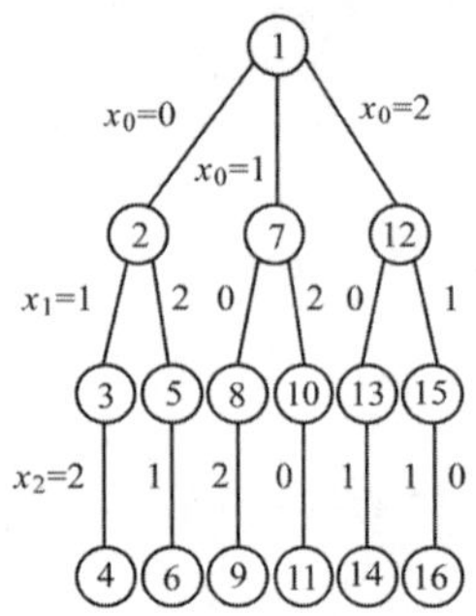

图 8-18 例 8-5 的状态空间树

从上一章的讨论已经知道，对于双机作业调度，存在一个最优非抢先调度方案，使得在 P_1 和 P_2 上的作业完全以相同次序处理。因此，批处理作业调度问题的状态空间树与 n-皇后问题类似，其解空间的大小为 n!。例 8-5 有图 8-18 所示的状态空间树结构。这是一棵排列树。

求解这一问题没有有效的约束函数，但可以使用最优解的上界值 U 进行剪枝。如果对于已经调度的作业子集的某种排列，所需的完成时间之和已经大于迄今为止所记录下的关于最优调度方案的完成时间之和的上界值 U，则该分枝可以剪去。

8.7.3 批处理作业调度算法

程序 8-9 为批处理作业调度的回溯算法。数组 y 保存当前的部分向量，迄今为止已经得到的完成时间之和最小的解向量保存在长度为 n 的一维数组 x 中，其值为 U。在状态空间树的每一状态结点处，对剩余作业生成各种可能的排列，并考察之。产生各种可能的排列的算法思想参见第

1 章程序 1-7。a 和 b 是一维数组，分别保存每个作业两个任务的执行时间。

【程序 8-9】 批处理作业调度算法

```
class BatchJob{
public:
      BatchJob(int sz, int *aa,int *bb,int up)
      {
            n=sz; U=up; f=f1=0;
            a=new int[n];b=new int[n];
            f2=new int[n];y=new int[n];
            for(int i=0;i<n;i++){
                  a[i]=aa[i];b[i]=bb[i];y[i]=i;
            }
      }
      int JobSch(int *x);                       //求最优调度方案和最小 FT 值
private:
      void JobSch(int i,int *x);                //递归函数
      int *a,*b,n,U,                            //保存输入数据
      f,f1,*f2,*y;                              //局部数据
};
void BatchJob::JobSch(int i,int *x)
{
      if (i==n) {
            for (int j=0; j<n;j++) x[j]=y[j];    //记录迄今为止的最优解
            U=f;
      }
      else
      for (int j=i;j<n;j++) {                   //考察剩余作业的各种可能排列
            f1+=a[y[j]];                        //第 i 个处理作业 j
            f2[i]=((f2[i-1]>f1)?f2[i–1]:f1)+b[y[j]];  //P2 执行必须在 f1+a[i]时间之后开始
            f+=f2[i];                           //累计作业 i 的完成时间 f2[i]
            if (f<U) {
                  Swap(y,i,j);
                  JobSch(i+1,x);
                  Swap(y,i,j);                  //准备选择新的排列
            }
            f1-=a[y[j]];f-=f2[i];               //恢复原来的 f 和 f1 值
      }
}
int   BatchJob::JobSch(int *x)
{//一维数组 x 保存最优作业调度方案，函数返回最小 FT
      JobSch(0,x);
```

```
        return U;
    }
```

本章小结

回溯法以深度优先次序生成状态空间树中的结点，并使用剪枝函数减少实际生成的结点数。回溯法是一种广泛适用的算法设计技术。只要问题的解是元组形式，可以用状态空间树描述，并采用判定函数识别答案结点，就能采用回溯法求解。回溯法使用约束函数剪去不含可行解的分枝。当使用回溯法求最优化问题时，需设计限界函数，用于剪去不含最优解的分枝。约束函数和限界函数通称为剪枝函数。回溯法的求解时间常因实例而异，其计算时间可用蒙特卡罗方法估算。

习题 8

8-1　简述下列名词：状态空间、显式约束、隐式约束、问题状态、解状态、答案状态、活结点、扩展结点、约束函数、剪枝函数。

8-2　程序 8-4 求 n-皇后问题的全部可行解，请修改这一程序，使之在求得第一个可行解后算法终止。

8-3　重新定义函数 Place，使得它或者返回下一个合法的列号或返回–1 表示没有不冲突的列号，并按这种做法改写程序 8-4 的 Place 和 NQeens 函数。

8-4　图 8-4 所示的两个可行解是对称的。观察表明 n-皇后问题的解的确存在这种对偶性。修改算法 NQeens，令 $x[0]=1, 2,\cdots,\lfloor n/2\rfloor$，使得只求其中不对称的那些解。

8-5　证明 n 个元素的所有可能的子集的集合大小为 2^n。

8-6　设有子集和数问题的实例 $W=(w_0, w_1,\cdots,w_6) = (5, 7, 10, 12, 15, 18, 20)$和 M=35。求 W 中元素之和等于 M 的所有子集。画出对于这一实例由 SumOfSub 算法实际生成的那部分状态空间树。

8-7　设 M=35，对于下列三组数据执行 SumOfSub，观察在计算时间上有何显著差别？

（1）$W = (5, 7, 10, 12, 15, 18, 20)$

（2）$W = (20, 18, 15, 12, 10, 7, 5)$

（3）$W = (15, 7, 20, 5, 18, 10, 12)$

8-8　设计一个回溯算法，使用可变长度状态空间树求解子集和数问题。

8-9　使用大小分别为 n=2, 3, 4, 5, 6, 7 的完全图作为输入实例执行 m-着色算法 mColoring。令 $m=n$ 和 $m=n/2$ 为颜色数。请对 n 和 m 的每个值列表表示算法所需的计算时间。

8-10　求使用回溯法求所有可能的哈密顿环的最坏情况时间复杂度。

8-11　请画出对图 8-15（a）所示的图执行求哈密顿环算法所实际生成的那部分状态空间树。

8-12　设有无向带权图 G = (V, E)，假定边上的代价为正数，试设计一个回溯算法求最小代价哈密顿环。哈密顿环的代价是该回路上所有边的代价之和。

8-13　设计一个回溯算法，它使用可变大小元组的状态空间树求解 0/1 背包的最优解。并以例 8-4 的实例为输入运行你所设计的算法，画出由此生成的那部分状态空间树。

8-14　（连续邮资问题）假定某国家发行了 n 种不同面值的邮票，并规定每个信封上最多只允许贴 m 张邮票。对给定的 n 和 m 的值，现要求一个信封上所贴邮票的邮资可以是某个区间[1, MaxPostage]的每个值，即所谓连续邮资。试设计一个回溯算法求使 MaxPostage 最大的邮票面值组合。例如，当 n=5 和 m=4 时，面值为(1, 3, 11, 15, 32)的 5 种邮票，可形成[1, 70]的最大连续邮资区间。

8-15　设有三个作业，两台设备，作业任务的处理时间为$(a_0, a_1, a_2) = (3, 4, 2)$和$(b_0, b_1, b_2) = (2, 3, 5)$。求作业的最佳调度方案及所有作业的最小完成时间和。

8-16　设有无向图 G=(V, E)，子集 $U \subseteq V$ 是图 G 的一个集团当且仅当对于图 G 的任意顶点 u, $v \in U$，有$(u, v) \in E$。U 是图 G 的一个完全子图，U 中顶点数是集团的规模。编写一个回溯算法求图 G 的最大集团。

8-17　设有无向图 G=(V, E)，子集 $U \subseteq V$ 是图 G 的一个顶点覆盖当且仅当对于图 G 的每一条边$(u, v) \in E$，至少有一个端点在 U 中。U 中顶点数是覆盖的规模。编写一个回溯算法求图 G 的最小顶点覆盖。

第 9 章　分枝限界法

通过搜索状态空间树的方法求问题答案的方法可分为两类：深度优先搜索（DFS）和广度优先搜索（BFS、D-检索）。如果在运用搜索算法时使用剪枝函数，便成为回溯法和分枝限界法。一般而言，回溯法的求解目标是在状态空间树上找出满足约束条件的所有解，而分枝限界法的求解目标则是找出满足约束条件的一个解，或是在满足约束条件的解中找出最优解。本章讨论分枝限界法。

9.1　一般方法

9.1.1　分枝限界法概述

采用广度优先产生状态空间树的结点，并使用剪枝函数的方法称为**分枝限界法**。按照广度优先的原则，一个活结点一旦成为扩展结点（E-结点）R 后，算法将依次生成它的全部孩子结点，并将它们一一加入活结点表，此时 R 自身成为死结点。算法从活结点表中另选一个活结点作为E-结点。

不同的活结点表形成不同的分枝限界法，分为：FIFO 分枝限界法、LIFO 分枝限界法和 LC 分枝限界法。顾名思义，FIFO 分枝限界法的活结点表是先进先出队列，LIFO 分枝限界法的活结点表是堆栈（即 D-检索），LC（least cost）分枝限界法的活结点表是优先权队列①。三种不同的活结点表，规定了从活结点表中选取下一个 E-结点的不同次序。LC 分枝限界法将选取具有最高优先级的活结点出队列，成为新的 E-结点。

例 9-1（4-皇后问题）本例考察使用 FIFO 分枝限界法求解 4-皇后问题。图 9-1 是采用 FIFO 分枝限界法求解 4-皇后问题时，实际生成的那部分状态空间树。比较图 8-6 和图 9-1 可以看到，对于 n-皇后问题，FIFO 分枝限界法并不占优势。

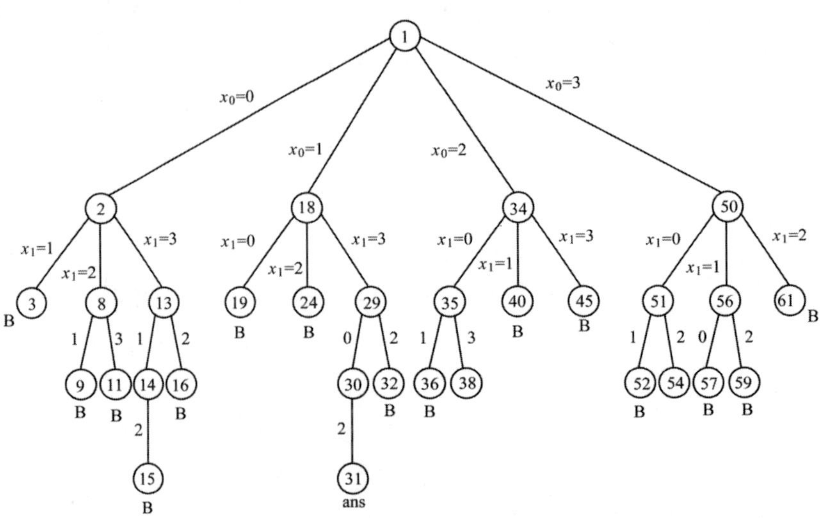

图 9-1　FIFO 分枝限界法求第一个解

① 元素加到优先权队列中的次序是无关重要的，但要求每次从优先权队列取出的元素必定是其中具有最高优先级的元素。

程序 9-1 是用分枝限界法求答案结点的算法框架。类型 Node 是状态空间树的结点类型。lst 是类型为 LiveList 的活结点表，它可以是 FIFO 队列、堆栈或优先权队列。请注意，lst 的元素类型是 Node<T>*，而不是 Node<T>，也就是说，活结点表中存放的是指向树中活结点的指针，而非活结点。函数 Append 和 Serve 是定义在 LiveList 上的两个队列函数。Append(x)将一个指向“树中新活结点”的指针 x 进队列，Serve(E)从活结点表中删除并返回一个指向新扩展结点的指针 E。算法体现了广度优先的特征，一个活结点一旦成为 E-结点后，立即生成它的全部孩子结点，逐一检测它们是否为答案结点，如果不是，则将指向它们的指针依次加入活结点表。

【程序 9-1】 分枝限界算法

```
template <class T>
struct Node{
    T cost;
    Node* parent;                   //状态空间树采用树的双亲表示法，parent 是指向其双亲的指针
};
template<class T>
void BranchBound(Node<T>* t)
{// t 是指向状态空间树的根结点指针
    LiveList<Node<T>* > lst(mSize);                //lst 为活结点表，表中元素为指针类型
    Node<T> *x,*E=t;                               //E 指向根结点 t
    do {//为方便起见，以下描述中不区分指针与其所指示的结点，用指针代表所指示的结点
        for(对结点 E 的每个不受限的孩子){
            x=new Node;x->parent=E;                //构造 E 的孩子结点 x
            if ( x 是一个答案结点 ){
                输出从 x 到 t 的一条路径；return;   //输出一个解后算法终止
            }
            lst.Append(x);                         //指向活结点的指针 x 进活结点表
        }
        if(lst.IsEmpty()){
                cout<<"没有答案结点"；return；      //搜索失败终止
        }
        lst.Serve(E);                              //从 lst 输出一个活结点为 E-结点
    }while（1）;
}
```

很显然，程序 9-1 在求得一个可行解后算法终止。LC 分枝限界法也可用于求解最优化问题。如果增加一个全局变量 cost，并在搜索中对每个可行解计算目标函数值，并记录迄今为止的最优值，最终可得到问题的最优解。

回溯法、FIFO 和 LIFO 分枝限界法从活结点表中选择一个活结点，作为新 E-结点的做法是盲目的，它们只是机械地按照 FIFO 或 LIFO 原则选取下一个活结点。使用 LC 分枝限界法可根据每个活结点的优先权进行选择。如果将一个问题状态的优先权定义为“在状态空间树上搜索一个答案结点所需的代价”，使得搜索代价小的活结点优先被检测，理论上应能较快搜索到一个答案结点。

回溯法和分枝限界法都可使用约束函数来剪去不含答案结点的分枝，并都可使用限界函数剪

去那些不含最优解的分枝。本节以下内容重点讨论运用 LC 分枝限界法求可行解的方法。在本章以后几节中，分枝限界法将被用于求解最优化问题。

9.1.2 LC 分枝限界法

采用 LC 分枝限界法时，为了尽快搜索到一个答案结点，需要对活结点使用一个“有智力的”评价函数作为优先权来选择下一个 E-结点。该评价函数通过衡量一个活结点的搜索代价，来确定哪个活结点能够引导尽快到达一个答案结点。

一个答案结点 X 的搜索代价 cost(X)定义为：从根结点开始，直到搜索到 X 为止所耗费的搜索时间。下面定义 4 个相关函数。

（1）代价函数 $c(\cdot)$

若 X 是答案结点，则 $c(X)$是从根结点到 X 的搜索代价；若 X 不是答案结点且子树 X 上不含任何答案结点，则 $c(X)=\infty$；若 X 不是答案结点但子树 X 上包含答案结点，则 $c(X)$等于子树 X 上具有最小搜索代价的答案结点的代价。假定图 9-2（a）的状态空间树上包含三个答案结点 A、B 和 C，其中 A 的搜索代价最小，B 次之，C 最大，则 $c(T)=c(X)=c(Y)=c(A)=\text{cost}(A)$，$c(Z)=c(B)=\text{cost}(B)$，$c(W)==c(Q)=c(C)=\text{cost}(C)$，$c(U)=c(V)=\infty$。

（2）相对代价函数 $g(\cdot)$

衡量一个结点 X 的相对代价一般有两种标准：① 在生成一个答案结点之前，子树 X 上需要生成的结点数目；② 在子树 X 上，离 X 最近的答案结点到 X 的路径长度。容易看出，如果采用标准①，总是生成最小数目的结点；如果采用标准②，则要成为 E-结点的结点只是由根到最近的那个答案结点路径上的那些结点。对于图 9-2（b）所示的状态空间树，设 A、B 和 C 是答案结点。若采用标准①，则 $g(X)=4$，$g(Y)=3$，$g(Z)=2$，于是算法将首先找到答案结点 C；若采用标准②，则 $g(X)=1$，$g(Y)=g(Z)=2$，于是算法将首先找到答案结点 A。

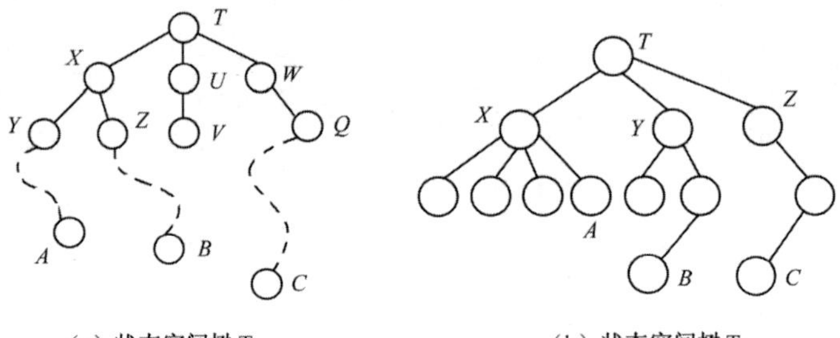

（a）状态空间树 T_1　　（b）状态空间树 T_2

图 9-2　状态空间树示例

然而，计算每个结点的代价和相对代价都是十分困难的，它们的计算难度不亚于求取答案结点，所以通常只能采用它们的估计值来构建评价函数，实现 LC 分枝限界算法。

（3）相对代价估计函数 $\hat{g}(\cdot)$

$\hat{g}(X)$作为 $g(X)$的估计值，用于估计结点 X 的相对代价，它是由 X 到达一个答案结点所需代价的估计函数。一般，假定 $\hat{g}(X)$满足如下特性：如果 Y 是 X 的孩子，则有 $\hat{g}(Y)\leqslant\hat{g}(X)$。

（4）代价估计函数 $\hat{c}(\cdot)$

$\hat{c}(X)$是代价估计函数，它由两部分组成：从根到 X 的代价 $f(X)$和从 X 到答案结点的估计代价 $\hat{g}(X)$，即 $\hat{c}(X)=f(X)+\hat{g}(X)$。一般而言，可令 $f(X)$等于 X 在树中的层次。

以代价估计函数 $\hat{c}(\cdot)$作为选择下一个扩展结点的评价函数，即总是选取 $\hat{c}(\cdot)$值最小的活结点为下一个 E-结点。这种搜索策略称为**最小成本检索**（least cost search），简称 **LC-检索**。LC 分枝限界法采取 LC 检索方法，以优先权队列作为活节点表，并以代价估计函数 $\hat{c}(\cdot)$作为选择下一个扩展结点的评价函数。LC 分枝限界法同样需要使用剪枝函数。

如果 $f(\cdot)\equiv 0$，则 $\hat{c}(X)=\hat{g}(X)$，LC-检索表现出深度优先搜索特性，成为 D-检索。但这种做法并不是很恰当，因为毕竟 $\hat{g}(X)$只是 $g(X)$的一个估计值，这种过分向纵深搜索有时并不能更快接近答案结点，甚至会偏离答案结点。对于图 9-2（a）所示的状态空间树，如果 $g(W)>g(X)$，但因为 $\hat{g}$ 是估计函数，故也许有 $\hat{g}(W)<\hat{g}(X)$，又因为一般有 $\hat{g}(Q)<\hat{g}(W)$，此时会导致在 Q 为根的子树上向纵深搜索，而偏离搜索代价最小的答案结点 A。为了不使算法过分偏向于纵深搜索，函数 $f(\cdot)$的介入是十分必要的。

如果 $\hat{g}(\cdot)\equiv 0$，且 $f(X)$等于 X 在树中的层次，则 LC-检索表现出宽度优先搜索特性，成为 FIFO 检索。一般要求 $f(\cdot)$是一个非降函数。

9.1.3　15 谜问题

15 谜问题叙述如下：在一个 4×4 的方形棋盘上放置了 15 块编了号的牌，还剩下一个空格。图 9-3 给出了 15 块号牌和一个空格的几种可能的排列形式。其中，图 9-3（c）所示的排列形式称为**目标排列**。棋盘上号牌的一次合法移动是指将位于空格四周（上、下、左、右）的一块号牌移入空格位置的四种移动方式。问题要求对于任意给定的一种**初始排列**，通过一系列的合法移动，将给定的初始排列转换成图 9-3（c）所示的目标排列。初始排列和目标排列是 15 谜问题的初始状态和目标状态。

1	3	4	15
2		5	12
7	6	11	14
8	9	10	13

（a）初始状态 1

1	2	3	4
5	6		8
9	10	7	11
13	14	15	12

（b）初始状态 2

1	2	3	4
5	6	7	8
9	10	11	12
13	14	15	

（c）目标状态

图 9-3　15 谜的排列

若从某个状态出发，经过一系列合法的号牌移动能够到达另一个状态，则称后者可由前者到达。并非所有可能的状态作为初始状态都能到达目标状态。一个 4×4 的棋盘有 $16!\approx 20.9\times 10^{12}$ 种不同的排列。对于任一给定的初始状态，它可以到达的其他状态只是其中的一半。因此，如果目标状态不包含在从某个初始状态出发可以到达的状态集合中，则该问题实例无解。定理 9-1 给出了一种简单的判定方法，对任意给定的状态，判断是否可由该状态经过一系列号牌移动到达目标状态。

假定棋盘上 16 个方格所在位置的编号与如图 9-3（c）所示的目标状态的牌号相同，即第 i 号牌所在的位置为 i，并设空格的编号为 16。设 Less(i)为满足下列情况的号牌的数目：这些号牌的牌号小于 i，但当前被放置在号牌 i 的位置之后。例如，图 9-3（a）中 Less(1)=0，Less(4)=1，Less(12)=6 等。

定理 9-1　对给定的初始状态，当且仅当 $\sum_{k=1}^{16}\text{Less}(k)+i+j$ 为偶数时，可以由此初始状态到达目标状态，其中，i 和 j 分别是空格在棋盘上的行和列下标。

通过计算 Less 的值可知，由图 9-3（a）的初始状态不能到达图 9-3（c）的目标状态，而从图 9-3（b）的初始状态可以到达该目标状态。

15 谜问题的状态空间树是以给定的初始状态为根结点的树。每个状态结点 X 的孩子是从状态 X 通过一次合法的移动可以到达的状态。由于事实上移动号牌和移动空格是等价的，因此，从父状态到子状态的一次转换可以视为空格的一次向上、下、左或右的合法移动。图 9-4 中树的根是图 9-3（b）所示的排列，该图给出了以此初始状态为根的状态空间树的最上面三层结点和第四层的部分结点。图中已经剪去了那些与双亲状态重复的孩子结点及其子树。

如果采用 FIFO 分枝限界法搜索图 9-4 所示的状态空间树，它将按图中结点编号的顺序逐一生成树中结点，直至到达结点 23 的目标状态。

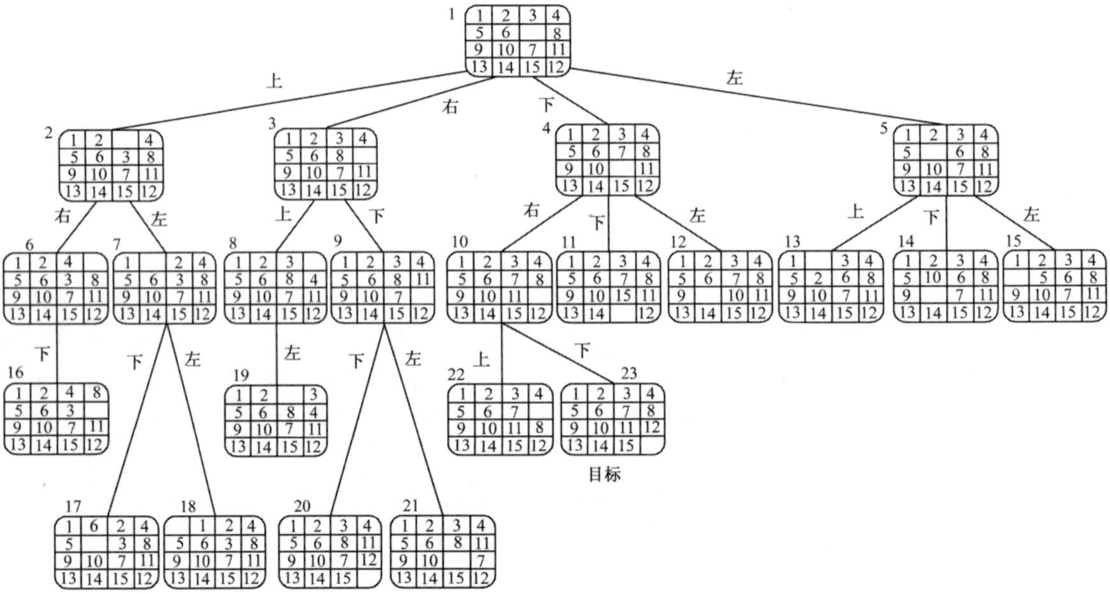

图 9-4　15 谜问题的部分状态空间树

如果采用深度优先生成状态空间树的方式，搜索从根结点开始，始终沿着树中最左边的那条路径搜索。从图 9-4 中可见，这会离目标 23 更远了。图 9-5 给出了深度优先搜索前 10 步所生成的结点。树中同样已剪去重复结点。

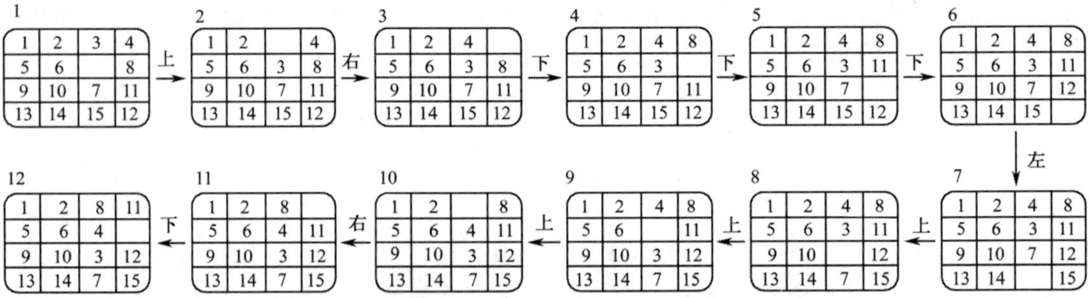

图 9-5　一种深度优先搜索的前 10 步

上述两种搜索方式，无论广度优先还是深度优先都是盲目的。如果对每个结点 X 赋予某种搜索代价 $c(X)$，不妨将一个答案结点的搜索代价定义为从根到该结点的路径长度，$c(\cdot)$的定义与前面相同，那么 $c(1)=c(4)=c(10)=c(23)=3$，其余结点的代价为∞。如果能够事先计算每个结点的 $c(\cdot)$值，则必然能够导致最高效的搜索过程。从根开始的搜索将剪去所有代价为∞的子树，直接沿着包含结点 1,4,10 的路径到达目标结点 23。但前面已经提到，快速计算每个结点代价函数 $c(\cdot)$几乎是不可能的。

对于 15 谜问题一种容易想到的代价估计函数可定义为：$\hat{c}(X)=f(X)+\hat{g}(X)$，其中，$f(X)$是从根到结点 X 的路径长度，$\hat{g}(X)$是不在其位的非空白牌数目。显然，这样定义的$\hat{g}(X)$值不会超过从 X 出发到达目标状态所需移动的牌数。因此，有$\hat{c}(X)\leqslant c(X)$。$\hat{c}(X)$是 $c(X)$的下界。

使用$\hat{c}(X)$的 LC 检索在图 9-4 的状态空间树上搜索目标结点。由于$\hat{c}(2)=\hat{c}(3)=\hat{c}(5)=1+4=5$，$\hat{c}(4)=1+2=3$，因此继根结点之后，结点 4 成为 E-结点。$\hat{c}(10)=2+1=3$，$\hat{c}(11)=\hat{c}(12)=2+3=5$，所以具有最小的$\hat{c}(\cdot)$值的结点 10 成为下一个 E-结点。接着生成结点 22 和 23，从而到达目标结点 23，搜索结束。可以看到，这种代价估计函数对于这一实例是十分有效的。如图 9-6 所示。

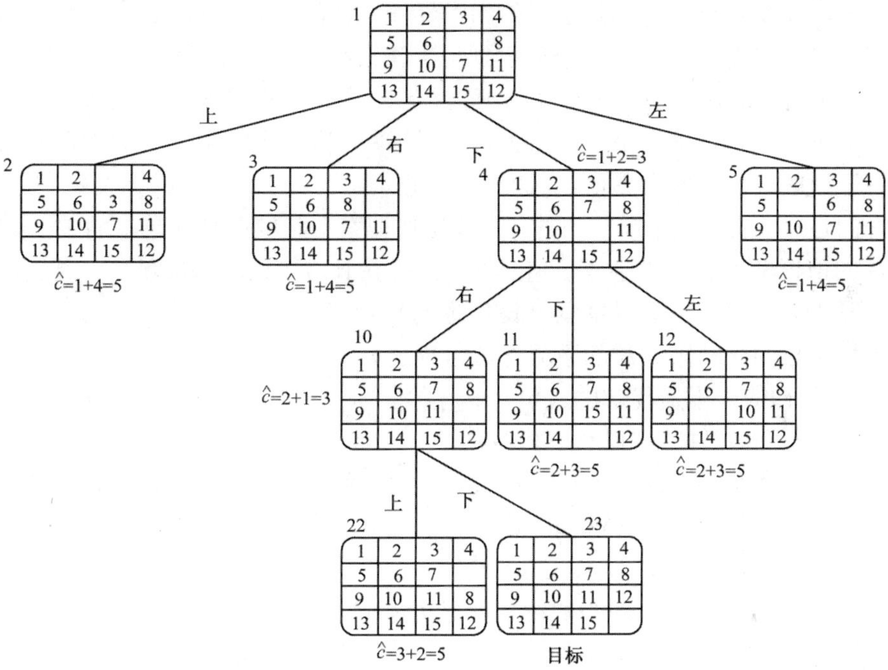

图 9-6　LC 检索实际生成的那部分状态空间树

9.2　求最优解的分枝限界法

分枝限界法的三种形式：FIFO 分枝限界法、LIFO 分枝限界法和 LC 分枝限界法，都可用于求解最优化问题。

9.2.1　上下界函数

当分枝限界法用于求最优解时，需要使用上下界函数作为限界函数。请注意，这里的上下界函数用于剪去不含最优解的分枝。下面再次使用代价函数的概念，但此处的代价函数不再是上一节的搜索代价，而是一个与最优化问题的目标函数有关的量。

定义 9-1　状态空间树上一个结点 X 的代价函数 $c(\cdot)$定义为：若 X 是答案结点，则 $c(X)$为 X 所代表的可行解的目标函数值；若 X 为非可行解结点，则 $c(X)=\infty$；若 X 代表部分向量，则 $c(X)$是以 X 为根的子树上具有最小代价的结点代价。显然，这样定义的 $c(X)$也是难以计算的，它的计算难度与求得问题最优解的难度相当。

定义 9-2　函数 $u(\cdot)$和$\hat{c}(\cdot)$分别是代价函数 $c(\cdot)$的上界和下界函数。对所有结点 X，总有

$\hat{c}(X) \leqslant c(X) \leqslant u(X)$。

上下界函数的作用是一种限界作用，也是一种剪枝函数。在求解最优化问题时，它可进一步压缩所需生成的状态空间树的结点数目。对于许多问题虽然不能确切求得 $c(X)$，但却能得到 $\hat{c}(X)$ 和 $u(X)$，使得 $\hat{c}(X) \leqslant c(X) \leqslant u(X)$。

假定目标函数取最小值时为最优解，那么算法需要一个上界变量，设为 U，它在算法执行中，记录迄今为止已知的关于最小代价的上界值。换句话说，最小代价答案结点的代价值不会超过 U。这就是说，对任意结点 X，若 $\hat{c}(X) > U$，则 X 子树可以剪枝。这是因为 $c(X)$是 X 子树上最小代价答案结点的代价，而 U 是整个树的最小代价的上界值，现有 $U < \hat{c}(X) \leqslant c(X)$，故可以断定 X 子树上不含最小代价答案结点。在算法已经搜索到一个答案结点之后，所有满足 $\hat{c}(X) \geqslant U$ 的子树 X 都可以剪除。但在这之前，以 $\hat{c}(X) \geqslant U$ 作为剪枝条件，会将最小答案结点误剪除掉。为了既能运用 $\hat{c}(X) \geqslant U$ 作为剪枝条件，又不至于误剪去包含最小答案结点的子树，可以对所有结点 X，使用 $u(X)+\varepsilon$ 作为该子树的最小代价上界值，ε是一个小量。

值得注意的是，U 的值是不断修改的，它根据在搜索中获取的越来越多的关于最小代价的上界信息，使 U 的值逐渐逼近该最小代价值，直至最终找到最小代价答案结点。显然，U 的值越接近最优解值，以 $\hat{c}(X) \geqslant U$ 作为条件的剪枝操作也越有效。

基于上下界函数的分枝限界法的限界方法可描述如下。

算法要求 U 的初值大于最优解的代价，并在搜索状态空间树的过程中不断修正 U 的值。对于某个结点 X，U 的值可以按下列原则修正：

（1）如果 X 是答案结点，cost(X)是 X 所代表的可行解的目标函数值，$u(X)$是该子树上最小代价答案结点代价的上界值，则 $U=\min\{\text{cost}(X), u(X)+\varepsilon, U\}$；

（2）如果 X 代表部分向量，则 $U=\min\{u(X)+\varepsilon, U\}$。

于是，算法可使用 $\hat{c}(X) \geqslant U$ 作为剪枝条件尽可能剪除多余分枝。

下面两节描述的 FIFO 分枝限界法和 LC 分枝限界法都假定根结点不是答案结点。算法描述中“对结点 E 的每个孩子 x”可以理解为：“依次生成状态空间树上结点 E 的所有满足约束条件的孩子结点 x”。

9.2.2 FIFO 分枝限界法

程序 9-2 的函数 FIFOBB 是采用 FIFO 队列为活结点表的分枝限界法，算法使用上下界函数进行剪枝，算法在队列 lst 为空时结束。函数 FIFOBB 返回指向答案结点的指针 ans 的值，状态空间树中从 ans 到 t 的路径是问题的最优解，变量 U 保存最优解值。类 Node 见程序 9-1。

【程序 9-2】 基于上下界函数的 FIFO 分枝限界法

```
template<class T>
Node<T>* FIFOBB(Node<T>* t,T& U)
{//t 是指向状态树根指针，U 的初值应大于最优解值，U 返回最优解值
 //函数返回答案结点指针 ans
    LiveList<Node<T>* > lst(mSize);                    //lst 为 FIFO 队列
    Node<T> *ans=NULL, *x, *E=t;                       //ans 指向答案结点，E 为扩展结点
    do {
        for(对结点 E 的每个孩子){                        //所有满足约束条件的孩子
            x=new Node;x->parent=E;                    //构造 E 的孩子结点 x
```

```
        if ( ĉ (x)<U){                            //未被限界函数剪枝的子树根 x
            lst.Append(x);                        //x 进队列
            if ( x 是一个答案结点  && cost(x)<U)  //x 为答案结点时修正 U
                if (u(x)+ε< cost(x)) U=u(x)+ε;
                else { U=cost(x);ans=x;}
            else if(u(x)+ε<U) U=u(x)+ε;           //x 为非答案结点时修正 U
        }
    }
    do{
        if(lst.IsEmpty()) return ans;             //若队列为空，则返回指针 ans
        lst.Serve(E);                             //从队列中取出活结点
    } while ( ĉ (E)≥U );                          //当 ĉ (E)<U 时，E 成为扩展结点
}while（1）;
}
```

9.2.3 LC 分枝限界法

与程序 9-2 的 FIFOBB 相比，程序 9-3 的函数 LCBB 采用优先权队列作为活结点表。两者的区别在于前者只有当活结点表为空时，算法才结束；后者以优先权队列为空或 $\hat{c}(X)\geqslant U$ 为算法终止条件。$\hat{c}(X)$作为结点 X 的优先权。

【程序 9-3】 基于上下界的 LC 分枝限界法

```
template<class T>
Node<T>* LCBB(Node<T>* t,T& U)
{
    LiveList<Node<T>* > lst(mSize);               //lst 为优先权队列
    Node<T> *ans=NULL,*x,E=*t;
    do {
      for( 对结点 E 的每个孩子){                   //所有满足约束函数的孩子
          x=new Node;x->parent=E;                 //构造 E 的孩子结点 x
          if ( ĉ (x)<U){                          //x 子树未被限界函数剪枝
              lst.Append(x);
              if ( x 是一个答案结点  && cost(x)<U) //x 为答案结点时修正 U
                  if (u(x)+ε< cost(x)) U=u(x)+ε;
                  else { U=cost(x);ans=x;}
              else if(u(x)+ε<U) U=u(x)+ε;         //x 为非答案结点时修正 U
          }
      }
      if(!lst.IsEmpty()){
          lst.Serve(E);                           //从队列中取出活结点 E
          if ( ĉ (E)≥U) return ans;               //若 ĉ (E)≥U，则算法结束
      }
      else return ans;                            //若队列为空，则算法结束
```

```
    }while（1）;
}
```

9.3 带时限的作业排序

9.3.1 问题描述

对于单处理机的带时限作业排序问题，如果每个作业具有相同的处理时间，则可以用贪心法求解。如果每个作业的处理时间允许不同，带时限的作业排序问题可描述为：设有 n 个作业和一台处理机，每个作业所需的处理时间、要求的时限和收益可用三元组（t_i, d_i, p_i），$0 \leqslant i < n$ 表示，其中，作业 i 的所需时间为 t_i，如果作业 i 能够在时限 d_i 内完成，将可收益 p_i，求使得总收益最大的作业子集 J。

例 9-1 设有带时限的作业排序实例：n=4，(p_0, d_0, t_0)=(5, 1, 1)，(p_1, d_1, t_1)=(10, 3, 2)，(p_2, d_2, t_2)=(6, 2, 1)和(p_3, d_3, t_3)=(3, 1, 1)，求使得总收益最大的作业子集 J。

9.3.2 分枝限界法求解

分析这一问题的解结构与子集和数类似，可以采用固定大小元组或者可变大小元组。下面我们采用可变大小元组（$x_0, x_1,\cdots, x_k$）表示解，x_i 为作业编号。问题的显式约束为：$x_i \in \{0, 1,\cdots, n-1\}$ 且 $x_i < x_{i+1} (0 \leqslant i < n-1)$，隐式约束为：对于选入子集 J 的作业（$x_0, x_1,\cdots, x_k$），存在一种作业排列使 J 中作业均能如期完成。问题的目标函数是作业子集 J 中所有作业所获取的收益之和 $\sum_{i\in J} p_i$，使得总收益最大的作业子集是问题的最优解。如果希望以最小值为最优解，则可以适当改变目标函数，将其改为未入选子集 J 的作业所导致的损失，即为：

$$\sum_{i=1}^{n} p_i - \sum_{i\in J} p_i = \sum_{i\notin J,\ i=1,2,\cdots,n} p_i$$

对于给定的作业子集，第 6 章的练习表明，即使作业的处理时间不同，定理 6-3 依然成立。这一定理使得对于一个作业子集，算法可以有效地判断是否存在一种排列，使得子集中的作业按该次序处理都不超期。

如果采用带上下界函数的分枝限界法求解这一问题，还必须设计上下界函数。设 X 是状态空间树上一个结点，J=$(x_0, x_1,\cdots, x_k)$是已入选的作业子集，它代表一条从根到 X 的路径。结点 X 的下界函数值定义为

$$\hat{c}(X) = \sum_{i\notin J,\, i<x_k} p_i \qquad (9\text{-}1)$$

$\hat{c}(X)$实际上是由作业子集$(0, 1,\cdots, x_k)$中，未能入选 J 的作业所造成的损失。它必定是最终损失的下界，即有 $\hat{c}(X) \leqslant c(X)$。结点 X 的上界函数可定义为

$$u(X) = \sum_{i\notin J,\, i=1,2,\cdots,n} p_i = \sum_{i\notin J,\, i<x_k} p_i + \sum_{i=(x_k+1),\cdots,n} p_i \qquad (9\text{-}2)$$

$u(X)$值由两部分组成：一是迄今为止未入选 J 的作业所造成的损失，二是假定作业 x_k 以后所有作业都未入选所造成的损失。显然，此值是在 X 处可以预计的最大损失，必有 $c(X) \leqslant u(X)$。

式（9-1）和式（9-2）定义的上下界函数必定满足：$\hat{c}(X) \leqslant c(X) \leqslant u(X)$。

图 9-7 为例 9-1 实例的可变大小元组表示的状态空间树。对于方形结点 X，$\hat{c}(X)=\infty$，代表

因不满足约束条件而被剪枝的子树。例如，结点 12 代表作业子集 $J=\{0, 1, 2\}$，不存在一种可能的作业排列，使得 J 中的作业都能如期完成，因此，结点 12 用方形结点表示。

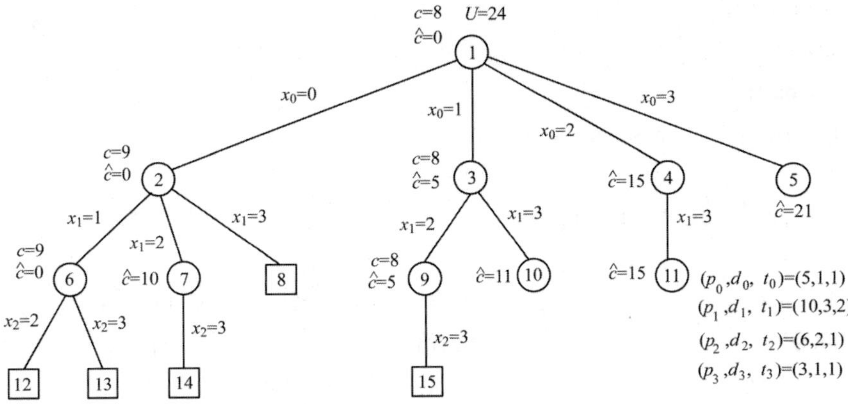

图 9-7　可变大小元级状态空间树

U 的初始值可以为∞或$\sum_{i=0}^{n-1} p_i+\varepsilon$。求解例 9-1，可令 $U=24+\varepsilon$，下面讨论时省略ε。

采用程序 9-2 的 FIFOBB 函数对图 9-7 的状态空间树进行搜索。首先由根结点 1 产生结点 2，3，4 和 5。由于 $u(2)=19, u(3)=14, u(4)=18, u(5)=21$，则 U 的值在生成结点 3 时被修改为 14。因为 $\hat{c}(4)$和 $\hat{c}(5)$的值均大于 $U=14$，所以结点 4 和 5 将因此被剪去（被限界）。按照 FIFO 原则，结点 2 将成为下一个 E-结点，生成其孩子 6，7 和 8。$u(6)=9$，因此 U 被修改成 9。于是结点 7 被剪去。结点 8 是不可行结点，也被剪去。结点 3 成为新的 E-结点，生成孩子结点 9 和 10。$U=u(9)=8$，$\hat{c}(10)=11$，结点 10 被剪去。下一个 E-结点为结点 6，但其两孩子结点 12 和 13 均不可行。结点 9 只有一个不可行孩子结点 15。此时队列为空，算法输出最优解 $J=(1, 2)$，其最小损失值为 8。

9.3.3　带时限作业排序算法

下面实现带时限的作业排序的 FIFO 分枝限界法。函数 FIFOBB 采用先进先出队列为活结点表。状态空间树的结点结构 Node 和活结点表的结点结构 qNode 参见程序 9-4。活结点表中的结点 qNode 中保存一个指针指向相应的 Node 类型结点。由于定理 6-3，程序 9-4 的函数 JSFIFOBB 具有程序 9-2 描述的算法框架，它要求作业事先已按时限的非减次序排列。读者结合该函数中的注释，应不难理解该算法。函数 JSFIFOBB 返回最优解值。函数 GenerateAns 根据函数 JSFIFOBB 所生成的状态空间树，产生问题的最优解（x[0], x[1],⋯, x[k]），k 是解向量的长度。函数 GenerateAns 在一维数组 x 中保存最优解向量，参数 k 返回可变长度解 x 的长度。函数 GenerateAns 的实现留作练习。假定作业按时限的非减次序排列，例 9-1 的作业将形成图 9-8 所示的状态空间树。请读者考虑执行程序 JSFIFOBB，图 9-8 的树中哪些结点将实际生成。

【程序 9-4】　带时限的作业排序

```
struct Node{                                  //状态空间树结点结构
    Node(Node* par,int k)
    {
        parent=par;j=k;
    }
    Node* parent;                             //指向该结点的双亲结点
```

```
    int j;                                  //该结点代表的解分量 x[i]=j
};
template<class T>
struct qNode{                               //活结点表中的活结点结构
    qNode(){}
    qNode(T p,T los,int sd,int k,Node* pt)
    {
        prof=p;loss=los;d=sd;ptr=pt;j=k;
    }
    T prof,loss;                            //当前结点 X 的下界函数 ĉ (X)=loss，上界函数 u(X)=24-prof
    int j,d;                                //当前活结点所代表的解的分量 x[i]=j，d 是迄今为止的时间
    Node* ptr;                              //指向状态空间树中相应的结点
};
template<class T>
class JS{
public:
    JS(T *prof,int *de,int *time,int size);
    T JSFIFOBB();                           //求最优解值
    void GenerateAns(int *x,int &k);        //一维数组 x 为最优解向量，k 中返回 x 的分量数
private:
    T *p,total;                             //p 为收益数组，total 初值为 n 个作业收益之和
    int *t,*d,n;                            //t 为作业处理时间数组，d 为按非减次序排列的作业时限数组
    Node *ans,*root;                        //root 指向状态空间树的根，ans 指向最优解答案结点
};
template<class T>
T JS<T>::JSFIFOBB ()
{
    Node *E,*child;
    Queue<qNode<T> > q(mSize);              //生成一个 FIFO 队列实例 q
    E=root=new Node(NULL,-1);               //构造状态空间树的根结点 root
    qNode<T> ep(0,0,0,-1,root),ec;          //ep 为扩展结点
    T U=total+epsilon                       //上界变量 U 赋初值，total 为作业收益和，epsilon 为小量
    while(1){
        T loss=ep.loss,prof=ep.prof; E=ep.ptr;          //loss 为已造成的损失，prof 为已获收益
        for (int j=ep.j+1;j<n;j++){                     //考察所有孩子
            if(ep.d+t[j]<=d[j] && loss<U) {
                child=new Node(E,j);                    //构造 E 的孩子结点
                ec.prof=prof+p[j];ec.d=ep.d+t[j];
                ec.ptr=child;ec.loss=loss;ec.j=j;
                q.Append(ec);                           //活结点进队列
                T cost=total-ec.prof;                   //计算上界函数值
```

```
                if(cost<U){
                    U=cost;ans=child;               //修改上界变量 U
                }
            };
            loss=loss+p[j];
        }
        do{
            if(q.IsEmpty()) return   total=U;
            ep=q.Front();q.Serve();                //选择下一个扩展结点
        }while(ep.loss>=U);
    }
}
```

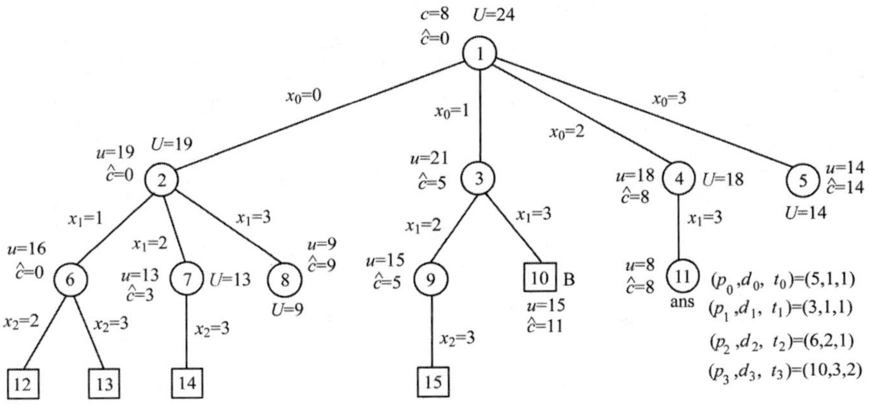

图 9-8 可变大小元组状态空间树（作业按时限非减次序排列）

如果采用 LC 分枝限界法进行求解，实际生成的状态空间树的结点与 FIFOBB 是不同的。请读者写出带时限的作业排序的 LCBB 算法，假定作业实现已按时限的非减次序排列，则程序 9-4 中算法每扩展一个活结点所需的时间是 O(1)。算法的执行时间取决于状态空间树上实际生成的结点数目。

9.4 0/1 背包

9.4.1 问题描述

前面已经讨论过一般背包和 0/1 背包两类问题。如果物品可以分割后部分装入背包，称为一般背包问题；如果物品不能分割，只能作为整体或者装入背包，或者不装入，称为 0/1 背包问题。一般背包问题可使用贪心法求解，0/1 背包可以用动态规划法、回溯法和分枝限界法求解。本节介绍 0/1 背包的分枝限界算法。

已知一个载重为 M 的背包和 n 件物品，第 i 件物品的重量为 $w_i(w_i>0)$，如果将第 i 件物品装入背包，将有收益 p_i ($p_i>0$，$0\leqslant i<n$)。现求一种最佳装载方案，使得总收益最大。这是一个典型的最优化问题。

例 9-2 设有载重能力为 M=15 的背包，4 件物品的重量为：$(w_0, w_1, w_2, w_3)=(2, 4, 6, 9)$，物

品装入背包的收益为：(p_0, p_1, p_2, p_3)=(10, 10, 12, 18)。这一 0/1 背包实例的解为（1, 1, 0, 1），总收益为 38。

9.4.2 分枝限界法求解

对 0/1 背包问题的解的结构、约束条件、目标函数和状态空间树的分析与使用回溯法时相同。求解 0/1 背包问题的一个关键问题是设计上下界函数。

（1）目标函数：$\text{cost}(X)=\sum_{i=0}^{n-1} p_i x_i$，这是一个求最大值的最优化问题。

（2）代价函数：若 X 是答案结点（叶结点），则 $c(X)=\text{cost}(X)$；若 X 是叶结点但非答案结点，则 $c(X)=-\infty$；若 X 是非叶结点，则

$$c(X)=\max\{c(\text{lChild}(X)), c(\text{rChild}(X))\}$$

（3）上下界函数：LBB(X)、UBB(X)。

设 $p(i)/w(i) \geqslant p(i+1)/w(i+1), 0 \leqslant i < n-1$，$X$ 是状态空间树上的结点，从根到 X 的部分向量为：$(x_0, x_1, \cdots, x_{k-1})$，背包的剩余载重为 cu。以 X 为根的子树可以看成背包载重为 cu，由剩余物品组成物品集的 0/1 背包的状态空间树。设 Z 代表子树 X 上一般背包问题的最优解（$z_k, z_{k+1}, \cdots, z_{n-1}$），ans 代表 0/1 背包的最优解$(x_k, x_{k+1}, \cdots, x_{n-1})$，$Y$ 代表 0/1 背包的任一可行解$(y_k, y_{k+1}, \cdots, y_{n-1})$，则必有

$$\sum_{k}^{n-1} p_i z_i \geqslant \sum_{k}^{n-1} p_i x_i \geqslant \sum_{k}^{n-1} p_i y_i \qquad (9\text{-}3)$$

式（9-3）给出了 0/1 背包可行解、0/1 背包最优解和一般背包最优解之间的关系。这是因为 0/1 背包是一般背包的特例，若 $\sum_{k}^{n-1} p_i z_i < \sum_{k}^{n-1} p_i x_i$，则（$z_k, z_{k+1}, \cdots, z_{n-1}$）不是一般背包问题的最优解。此外，因为$(x_k, x_{k+1}, \cdots, x_{n-1})$是 0/1 背包的最优解，而$(y_k, y_{k+1}, \cdots, y_{n-1})$只是 0/1 背包的一个可行解，$\sum_{k}^{n-1} p_i x_i \geqslant \sum_{k}^{n-1} p_i y_i$ 显然也是成立的。如图 9-9 所示。

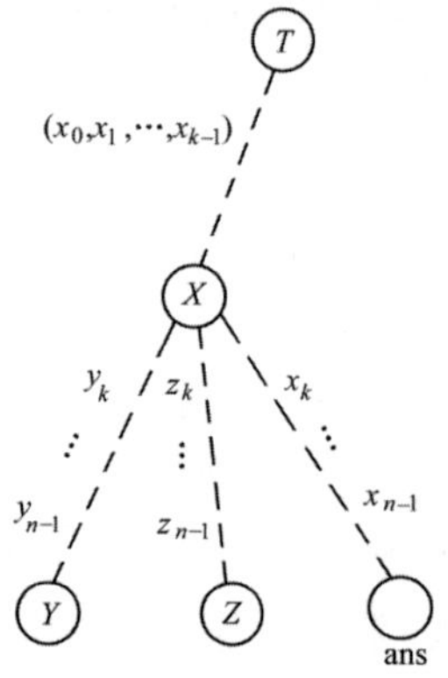

图 9-9　0/1 背包的上下界函数

这样，便得到了 0/1 背包问题的代价函数和上下界函数：

（1）代价函数：$\text{cost}(X)=\sum_{0}^{k-1} p_i x_i + \sum_{k}^{n-1} p_i x_i$。

（2）下界函数：$\text{LBB}(X)=\sum_{0}^{k-1} p_i x_i + \sum_{k}^{n-1} p_i y_i$，这是 X 子树上最大代价答案结点代价的下界估计值。

（3）上界函数：$\text{UBB}(X)=\sum_{0}^{k-1} p_i x_i + \sum_{k}^{n-1} p_i z_i$，这是 X 子树上最大代价答案结点代价的上界估计值。

0/1 背包问题的最优解是以目标函数取最大值为最优解。所以，与程序 9-2 和程序 9-3 使用的上界变量 U 不同，现在需要定义一个下界变量 L，它记录迄今为止，最大代价答案结点代价的下界值。这样，当生成某个结点 X 时，若 UBB(X)$<L$，则可剪去该 X 子树。在已经生成了至少一个答案结点的前提下，可以放心地剪去所有 UBB(X)$\leqslant L$ 的 X 子树。

L 的修正方式是：若是答案结点，则 $L=\max\{\text{cost}(X), L, \text{LBB}(X)-\varepsilon\}$；否则 $L=\max\{L, \text{LBB}(X)-\varepsilon\}$，其中，$\varepsilon$是一个小量。

9.4.3 0/1 背包算法

程序 9-5 定义了 3 个类 Node、pqNode 和 Knapsack。Knapsack 是背包类。Node 为状态空间树的结点类，其中，指针 parent 指向双亲结点，布尔变量 left=true 表示当前结点是其双亲的左孩子，否则是右孩子。pqNode 为优先权队列的元素类，其中，指针 ptr 指向状态空间树上相应的活结点 *X*，UBB 是 *X* 的上界值，作为该结点的优先权。

【程序 9-5】 类声明

```
struct Node{//状态空间树结点
    Node(Node* par,bool lft)
    {
        parent=par;left=lft;
    }
    Node* parent;              //指向双亲结点的指针
    bool left;                 //若当前结点是双亲的左孩子，则 left 为 true，否则为 false
};
template<class T>
struct pqNode{                 //活结点结构
    operator T()const {return UBB;}
    pqNode(){}
    pqNode(float cap,T prof,T ub,int lev,Node* p)
    {
        cu=cap;profit=prof;
        level=lev;UBB=ub;ptr=p;
    }
    float cu;                           //背包的剩余载重
    T profit,UBB;                       //已获收益 profit 和上界函数值 UBB
    int level;                          //当前结点的 level，根结点为 0
    Node *ptr;                          //指向状态空间树上相应的结点
};
template<class T>
class Knapsack{
public:
    Knapsack(T* prof,float* wei,float mm,int len); //对象初始化事项
    T LCBB();                                       //求最优解值
    void  GenerateAns(int *x);                      //产生最优解
private:
    void LUBound(T cp,float cw,int k,T& LBB,T& UBB);    //计算结点的上下界 UBB 和 LBB
    T* p;                               //一维数组 p 保存 n 个物品收益
    float* w,m;                         //一维数组 w 保存 n 个物品重量，m 为背包载重量
    int n;                              //物品数目
    Node* ans,* root;                   //指向状态空间树的根和最优解结点
};
```

程序 9-6 在状态空间树上某个结点 X 处，计算该结点的上下界函数。其中，$\mathrm{cp}=\sum_{i=0}^{k-1}\mathrm{p}[i]\mathrm{x}[i]$，$\mathrm{cw}=\mathrm{w}-\sum_{i-0}^{k-1}\mathrm{w}[i]\mathrm{x}[i]$，LBB 和 UBB 具有前面给定的含义。

【程序 9-6】 上下界函数

```
template <class T>
void Knapsack<T>::LUBound(T cp,float cw,int k,T& LBB,T& UBB)
{
    LBB=cp; float c=cw;                        //已获收益和剩余载重
    for (int i=k;i<n;i++){
        if(c<w[i]){
            UBB=LBB+c*p[i]/w[i];               //计算 UBB：一般背包的最优解值
            for(int j=i+1;j<n;j++)             //计算 LBB：任意一个可行解值
                if(c>=w[j]){
                    c=c-w[j];LBB=LBB+p[j];
                }
            return ;
        }
        c=c-w[i];LBB=LBB+p[i];
    }
    UBB=LBB;                                   //全部装入时，有 LBB=UBB
}
```

0/1 背包问题的基于上下界的 LC 分枝限界算法是程序 9-3 算法框架的具体化。由于 0/1 背包问题采用二叉树形式的状态空间树，与子集和数问题相同，每个结点只有左右两个孩子，广度优先在这里表现为分别考察一个 E-结点的左右孩子。请参照程序注释理解算法。

【程序 9-7】 0/1 背包问题的 LC 分枝限界法

```
template<class T>
T Knapsack<T>:: LCBB ()
{
    Node * child,* E;T LBB,UBB,L;ans=NULL;
    PrioQueue<pqNode<T> > pq(mSize);           //生成一个优先权队列实例
    root=new Node(NULL,false);                 //构造状态空间树的根结点
    E=root;
    LUBound(0,m,0,LBB,UBB);                    //计算 LBB 和 UBB
    pqNode<T> e(m,0,UBB,0,root);               //根结点成为正检测结点
    L=LBB-epsilon;                             //L 的初值为 LBB-epsilon
    do {
        int k=e.level;float cap=e.cu;T prof=e.profit;E=e.ptr;
        if ((k= =n) && (prof>L)){
            L=prof;ans=E;                      //记录答案结点，修正 L
        }
```

```
        else {
            if (cap>=w[k]){                                      //生成左孩子结点
                child=new Node(E,true);
                e.ptr=child;e.level=k+1;
                e.cu=cap-w[k];e.profit=prof+p[k];                //e.UBB 不变
                pq.Append(e);
            }
            LUBound(prof,cap,k+1,LBB,UBB);
            if (UBB>L){                                          //生成右孩子结点
                child=new Node(E,false);
                e.ptr=child;e.level=k+1;
                e.cu=cap;e.profit=prof;e.UBB=UBB;
                pq.Append(e);
                if (L<LBB-epsilon) L=LBB-epsilon;                //修改 L
            }
        }
        if(pq.IsEmpty()) return Zero;                            //Zero 为零收益常量
        pq.Serve(e);
    }while (e.UBB>L);
    return L;
}
```

图 9-10 给出了对例 9-2 的实例执行 LC 分枝限界法生成的那部分状态空间树。*K* 表示被剪枝的结点。树中结点进优先权队列的次序为 1, 2, 3, 4, 5, 6, 7, 8，出队列的次序为 1, 2, 4, 7, 8。*L* 的值在求得一个答案结点时或者在右孩子结点进队列前检查和修正。函数 LCBB 构造一棵以 root 为根的状态空间树，并搜索到最优解结点 ans，函数返回最大收益为 *L*。对于采用双亲表示法存储的状态空间树，已知根结点为 root，答案结点为 ans，不难实现函数 GenerateAns，返回代表最优解的元组 *x*。例 9-2 的最优解为 *x*=(1, 1, 0, 1)。

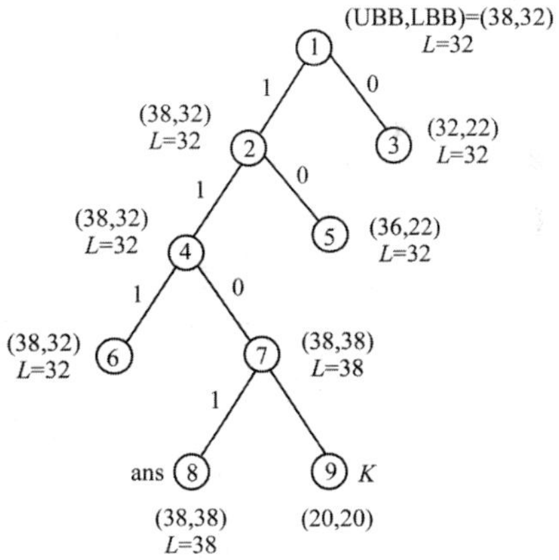

图 9-10　0/1 背包问题的状态空间树

9.5　旅行商问题

9.5.1　问题描述

旅行商问题（travelling salesperson）是一个看似简单，其实十分难解的著名难题之一，至今仍有许多人在研究它。此问题描述为：一个旅行商准备到 *n* 个村庄售货，他从 *A* 村出发经过其他 *n*–1 个村庄，又回到出发地 *A* 村，现要求一条最短路径，使得每个村庄都经过且仅经过一次。

9.5.2 分枝限界法求解

设带权有向图 $G=(V, E)$，$|V|=n$，表示连接 n 个村庄的道路交通图，边上的权值为两个村庄间的路程，$c[n][n]$是该图的邻接矩阵，下面也称**代价矩阵**。

旅行商问题的解是一条回路：$(x_0, x_1,\cdots, x_{n-1}, x_n)$，$x_0=x_n$，$0\leqslant x_i<n$；$x_i\neq x_j$，$i\neq j$ 且 $i, j\neq 0$ 或 n；$<x_i, x_{i+1}>\in E$，$0\leqslant i<n-1$。其状态空间树结构见图 9-11 的例子。图中采用的解结构形式为 $(x_1, x_2,\cdots, x_{n-1})$，这里假定 $x_0=x_n=0$。很显然，本问题的目标函数是路径长度。

一个问题适合用分枝限界法求解的关键是设计有效的上下界函数。设函数 $u(\cdot)$和 $\hat{c}(\cdot)$分别是代价函数 $c(\cdot)$的上界和下界函数，要求对状态空间树的每个结点 X，总有 $\hat{c}(X)\leqslant c(X)\leqslant u(X)$。

先考察下界函数设计。一种简单方式是将 $\hat{c}(X)$定义为从根到状态 X 的部分向量所代表的那段路径的长度。例如，图 9-11 中状态 6 所代表的部分向量为$(x_0, x_1, x_3)=(0, 1, 3)$，该路径上包含边<0, 1>、<1, 3>，路径长度为 6。图中没有列出起始顶点 0。

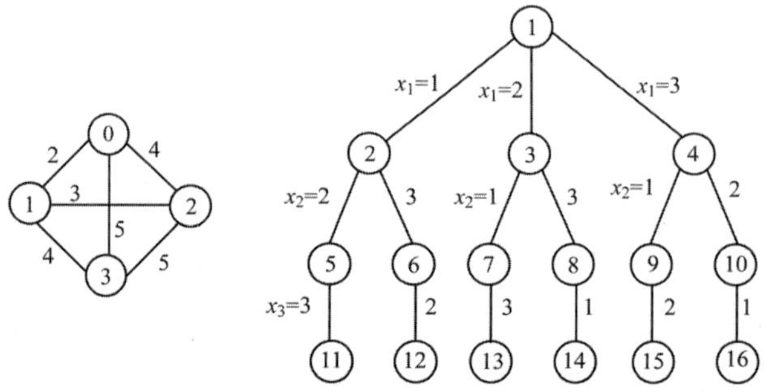

（a）图 G　　（b）状态空间树

图 9-11　图 G 及其状态空间树

一种更好的下界函数使用下面定义的归约代价矩阵。

1. 归约代价矩阵

定义 9-3　如果矩阵的一行（列）中至少包含一个零且其余元素均非负，则称此行（或列）已归约。

定义 9-4　如果一个矩阵的所有行和列均已归约，则称此矩阵为**归约矩阵**（reduced matrix）。

对矩阵的一行（列）进行归约，可以通过将该行（列）中的每个元素减去该行（列）的最小数进行，此最小数称为该行（列）的**约数**。通过逐行逐列的归约，可得到一个代价矩阵的归约矩阵。假定第 i 行的约数为 t_i $(0\leqslant i<n)$，第 j 列的约数为 r_j $(0\leqslant j<n)$，则所有行和列约数之和称为**矩阵约数**，设为 L，$L=\sum_{i=0}^{n-1}t_i+\sum_{j=0}^{n-1}r_j$。

例 9-3　设有向图如图 9-12 所示，其邻接矩阵（代价矩阵）及其归约矩阵如图 9-13 所示。其矩阵约数 $L=(10+2+2+3+4)+(1+0+3+0+0)=25$。

下面描述的矩阵归约过程可理解为对原有向图进行某种处理，使得边上的权值变小，但图的结构不变。

对第 i 行归约是将该行的每个元素减去该行的约数 t_i 得到新行。事实上，这相当于将顶点 i 的每一条出边（以顶点 i 为尾的边）上的权值都减去 t_i，并使得这些边上的新权值仍为非负值。由此得到一个与原图结构相同的新图，新图的代价矩阵是对原矩阵归约第 i 行后的结果矩阵。因为旅行商的任意一条周游路线，都需经过图中所有顶点，即必定到达顶点 i，然后再从顶点 i 出发到其他顶点。现将从顶点 i 出发的每一条边的权值都减少了 t_i，这必然使得每条周游路径长度都减少 t_i。

同理，归约第 j 列等价于对以顶点 j 为头的所有边的权值都减去该列的约数 r_j，得到一个与原图结构相同的有向图，但每条周游路径长度将因此都减少 r_j。

综合起来，从一个有向图的代价矩阵 $\boldsymbol{A}$ 通过归约，得到一个归约代价矩阵 $\boldsymbol{B}$，设矩阵约数为 L。矩阵 $\boldsymbol{B}$ 所代表的有向图与矩阵 $\boldsymbol{A}$ 有相同的结构，但后者的每条周游路径的长度均比前者减少 L，并且新图的所有边仍具有非负权值。

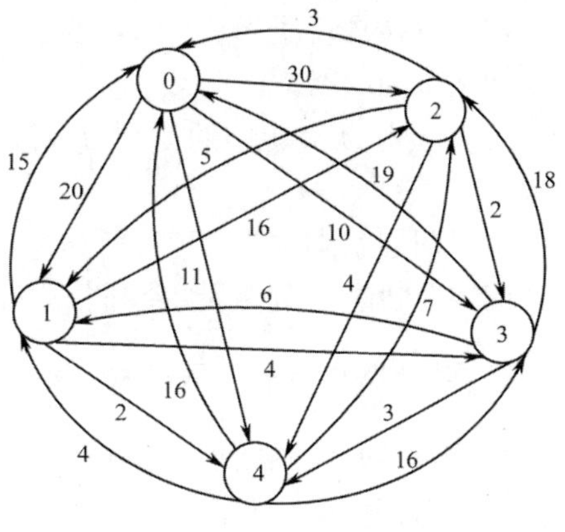

图 9-12　旅行商问题示例

例如，在图 9-12 中，(0, 1, 3, 2, 4, 0) 是一条周游路径，该路径上共包含 5 条边。经过归约，其归约矩阵[见图 9-13（c）]所代表的有向图具有与图 9-12 相同的结构（可能包括权值为 0 的边），但每条周游路径长度减少 25（矩阵约数）。

$$\begin{bmatrix} \infty & 20 & 30 & 10 & 11 \\ 15 & \infty & 16 & 4 & 2 \\ 3 & 5 & \infty & 2 & 4 \\ 19 & 6 & 18 & \infty & 3 \\ 16 & 4 & 7 & 16 & \infty \end{bmatrix} \quad \begin{bmatrix} \infty & 10 & 20 & 0 & 1 \\ 13 & \infty & 14 & 2 & 0 \\ 1 & 3 & \infty & 0 & 2 \\ 16 & 3 & 15 & \infty & 0 \\ 12 & 0 & 3 & 12 & \infty \end{bmatrix} \quad \begin{bmatrix} \infty & 10 & 17 & 0 & 1 \\ 12 & \infty & 11 & 2 & 0 \\ 0 & 3 & \infty & 0 & 2 \\ 15 & 3 & 12 & \infty & 0 \\ 11 & 0 & 0 & 12 & \infty \end{bmatrix}$$

（a）代价矩阵　　（b）逐行归约　　（c）逐列归约

图 9-13　代价矩阵及其归约矩阵

2．根的下界函数

由于归约代价矩阵是非负的，这意味着由归约代价矩阵所代表的周游路径长度仍有非负值，所以矩阵约数 L 的长度不大于原图的任意一条周游路径长度，可将 L 作为旅行商问题状态空间树根 R 的下界函数值，即 $\hat{c}(R)=L$，必有 $\hat{c}(R)\leqslant c(R)$，$c(R)$是图的最短周游路径的长度。此归约代价矩阵也作为根的归约代价矩阵，以下简称归约矩阵。

3．非叶状态的下界函数

由于旅行商问题采用固定长度元组解，只有叶结点是解状态结点，所以非叶状态代表部分向量。可以从双亲状态的归约矩阵计算孩子状态的归约矩阵，并同时得到孩子状态的下界函数。

设在状态空间树中，状态 P 是状态 X 的双亲，边 $\langle P, X\rangle$ 代表周游路线中的一条边 $\langle i, j\rangle$，i 和 j 是图 G 的两个顶点。例如，在图 9-11（b）的树中，状态 2 是状态 6 的双亲，边 $\langle 2, 6\rangle$ 是树中的边，它代表图 G 的边 $\langle 1, 3\rangle$，顶点 1 和 3 是图 G 的两个顶点。

设矩阵 $\boldsymbol{A}$ 和 $\boldsymbol{B}$ 分别是状态 P 和 X 的归约矩阵，X 是非叶状态，由 $\boldsymbol{A}$ 计算 $\boldsymbol{B}$ 的过程分两步进行。

（1）将矩阵 $\boldsymbol{A}$ 的第 i 行和第 j 列的所有元素及元素 $\boldsymbol{A}[j][0]$ 都置成∞后得到新矩阵 $\boldsymbol{A}'$，即令所有 $\boldsymbol{A}[i][k]=\infty$ 和 $\boldsymbol{A}[k][j]=\infty$，$0\leqslant k<n$，并令 $\boldsymbol{A}[j][0]=\infty$。

这是因为从状态 P 到状态 X 的边为 $\langle P, X\rangle$，这表明与其对应的图 G 的边 $\langle i, j\rangle$ 已选入从根到 X 的周游路径，所以，以 X 为根的子树上任意状态所代表的路径，都不应再包括任何从顶点 i 出发的边 $\langle i, k\rangle$；同理，也不会包含以顶点 j 为头的其他边。此外，由于在非叶状态结点 X 处，已表明该

路径上包含顶点 j，故边<j, 0>不应计入合法的周游路径。通过上述变换得到一个新矩阵 $\boldsymbol{A}'$。

这种变换体现了当边<i, j>已选入周游路径后，在问题状态 X 处（它代表部分元组）所做的减少搜索空间的努力。

（2）再对 $\boldsymbol{A}'$实施归约得到 $\boldsymbol{B}$，假定这一步归约的矩阵约数为 r，有

$$\hat{c}(X)=\hat{c}(P)+A[i][j]+r \tag{9-4}$$

由于问题状态 X 代表包含边<i, j>的周游路径，所以在该状态处对最小长度周游路径的下界估计应比在状态 P 处更精确一些，有 $\hat{c}(X)\geqslant\hat{c}(P)$。

4．叶状态结点的下界函数

如果 S 是叶状态结点，由于一个叶状态唯一确定一条周游路径，因此可用此周游路径长度作为结点 S 的代价值，即 $\hat{c}(S)=c(S)$。

5．下界函数计算方法

综上所述，下界函数的计算从图的邻接矩阵开始，使用矩阵归约和变换，得到旅行商问题的状态空间树上所有状态结点的归约矩阵和下界函数值。

（1）根结点 R 的归约矩阵是对邻接矩阵直接归约得到的，其下界函数 $\hat{c}(R)=L$，L 是矩阵约数。

（2）树中任意非叶状态 X 的归约矩阵 $\boldsymbol{B}$，可由其双亲状态 P 的归约矩阵 $\boldsymbol{A}$ 先变换成 $\boldsymbol{A}'$后，再归约得到 $\boldsymbol{B}$；X 的下界函数 $\hat{c}(X)=\hat{c}(P)+A[i][j]+r$，$r$ 是从 $\boldsymbol{A}'$归约到 $\boldsymbol{B}$ 的矩阵约数。

（3）叶状态 S 的下界函数 $\hat{c}(S)=c(S)$，$c(S)$为从根到 S 所确定的周游路径长度。

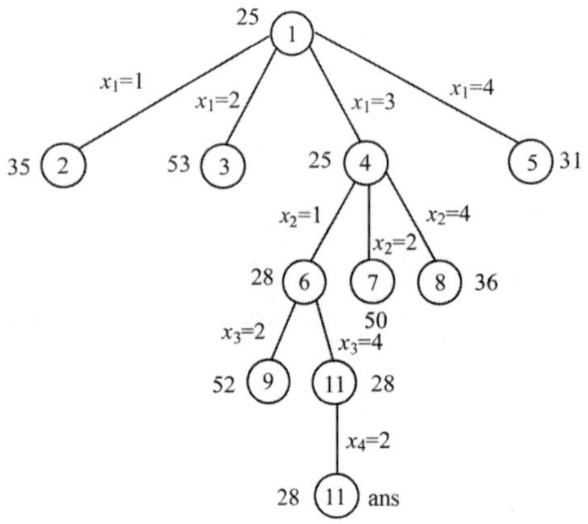

图 9-14　算法 LCBB 生成的状态空间树

6．上界函数

对于树中任何状态结点 X，令上界函数值 $u(X)=\infty$。

现使用 LC 分枝限界法求解图 9-12 的旅行商问题。图 9-14 给出了程序 9-3 的算法 LCBB 所生成的那部分状态空间树。状态结点边上的数字是该状态结点的下界函数值。

算法首先生成状态空间树的根结点 1，并有 $U=\infty$。接着生成结点 1 的所有孩子结点 2、3、4 和 5，依次进优先权队列，它们的下界函数值为优先权。结点 4 最先出队列成为 E-结点，算法接着生成结点 6，7 和 8。下一个出队列的结点为结点 6，并生成结点 6 的孩子 9 和 10。随后结点 10 出队列，生成结点 11。结点 11 是答案结点，根据 LC 分枝限界算法，将修改 $U=28$，下一个从优先权队列输出的结点是结点 5，其下界函数值为 31，此时已有 $\hat{c}(5)>U$，即 31＞28，算法结束。得到的最小代价周游路径为（0, 3, 1, 4, 2, 0），该路径长度为 28。

图 9-14 的状态空间树中各结点的归约矩阵如图 9-15 所示。对问题结点 3 的归约矩阵如图 9-16 所示。图 9-16（a）是结点 1 的归约矩阵。结点 1 是结点 3 的双亲结点，结点 1 到结点 3 的边代表有向图的边<0, 2>。为了计算结点 3 的归约矩阵和下界函数值，首先需将结点 1 的归约矩阵的第 0 行、第 2 列和元素 $a[2][0]$都置成∞，得到图 9-16（b）的矩阵；然后再对图 9-16（b）的矩阵进行归约，得到图 9-16（c）的矩阵，即结点 3 的归约矩阵。由于此时边<0, 2>的权为 17，本

次归约的矩阵约数为 11，且 $\hat{c}(1)=25$，因此，$\hat{c}(3)=25+17+11=53$。

$$\begin{bmatrix} \infty & 10 & 17 & 0 & 1 \\ 12 & \infty & 11 & 2 & 0 \\ 0 & 3 & \infty & 0 & 2 \\ 15 & 3 & 12 & \infty & 0 \\ 11 & 0 & 0 & 12 & \infty \end{bmatrix} \begin{bmatrix} \infty & \infty & \infty & \infty & \infty \\ \infty & \infty & 11 & 2 & 0 \\ 0 & \infty & \infty & 0 & 2 \\ 15 & \infty & 12 & \infty & 0 \\ 11 & \infty & 0 & 12 & \infty \end{bmatrix} \begin{bmatrix} \infty & \infty & \infty & \infty & \infty \\ 1 & \infty & \infty & 2 & 0 \\ \infty & 3 & \infty & 0 & 2 \\ 4 & 3 & \infty & \infty & 0 \\ 0 & 0 & \infty & 12 & \infty \end{bmatrix}$$

（a）根结点 1　（b）结点 2　（c）结点 3

$$\begin{bmatrix} \infty & \infty & \infty & \infty & \infty \\ 12 & \infty & 11 & \infty & 0 \\ 0 & 3 & \infty & \infty & 2 \\ \infty & 3 & 12 & \infty & 0 \\ 11 & 0 & 0 & \infty & \infty \end{bmatrix} \begin{bmatrix} \infty & \infty & \infty & \infty & \infty \\ 10 & \infty & 9 & 0 & \infty \\ 0 & 3 & \infty & 0 & \infty \\ 12 & 0 & 9 & \infty & \infty \\ \infty & 0 & 0 & 12 & \infty \end{bmatrix} \begin{bmatrix} \infty & \infty & \infty & \infty & \infty \\ \infty & \infty & 11 & \infty & 0 \\ 0 & \infty & \infty & \infty & 2 \\ \infty & \infty & \infty & \infty & 0 \\ 11 & \infty & 0 & \infty & \infty \end{bmatrix} \begin{bmatrix} \infty & \infty & \infty & \infty & \infty \\ 1 & \infty & \infty & \infty & 0 \\ \infty & 1 & \infty & \infty & 0 \\ \infty & \infty & \infty & \infty & \infty \\ 0 & 0 & \infty & \infty & \infty \end{bmatrix}$$

（a）结点 4　（e）结点 5　（f）结点 6　（g）结点 7

$$\begin{bmatrix} \infty & \infty & \infty & \infty & \infty \\ 1 & \infty & 0 & \infty & \infty \\ 0 & 3 & \infty & \infty & \infty \\ \infty & \infty & \infty & \infty & \infty \\ \infty & 0 & 0 & \infty & \infty \end{bmatrix} \begin{bmatrix} \infty & \infty & \infty & \infty & \infty \\ \infty & \infty & \infty & \infty & \infty \\ \infty & \infty & \infty & \infty & 0 \\ \infty & \infty & \infty & \infty & \infty \\ 0 & \infty & \infty & \infty & \infty \end{bmatrix} \begin{bmatrix} \infty & \infty & \infty & \infty & \infty \\ \infty & \infty & \infty & \infty & \infty \\ 0 & \infty & \infty & \infty & \infty \\ \infty & \infty & \infty & \infty & \infty \\ \infty & \infty & 0 & \infty & \infty \end{bmatrix}$$

（h）结点 8　（i）结点 9　（j）结点 10

图 9-15　图 9-14 结点的归约矩阵

$$\begin{bmatrix} \infty & 10 & 17 & 0 & 1 \\ 12 & \infty & 11 & 2 & 0 \\ 0 & 3 & \infty & 0 & 2 \\ 15 & 3 & 12 & \infty & 0 \\ 11 & 0 & 0 & 12 & \infty \end{bmatrix} \quad \begin{bmatrix} \infty & \infty & \infty & \infty & \infty \\ 12 & \infty & \infty & 2 & 0 \\ \infty & 3 & \infty & 0 & 2 \\ 15 & 3 & \infty & \infty & 0 \\ 11 & 0 & \infty & 12 & \infty \end{bmatrix} \quad \begin{bmatrix} \infty & \infty & \infty & \infty & \infty \\ 1 & \infty & \infty & 2 & 0 \\ \infty & 3 & \infty & 0 & 2 \\ 4 & 3 & \infty & \infty & 0 \\ 0 & 0 & \infty & 12 & \infty \end{bmatrix}$$

（a）结点 1 的归约矩阵　（b）置∞操作　（c）结点 3 的归约矩阵

图 9-16　结点 3 的归约矩阵

9.6　批处理作业调度

9.6.1　问题描述

第 8 章讨论了批处理作业调度问题的回溯算法。本节将介绍它的分枝限界算法。正如前面所描述的，设有 n 个作业的集合 $\{0, 1, \cdots, n-1\}$，每个作业有两项任务要求依次在两台设备 P_1 和 P_2 上完成，a_i 和 b_i 分别表示作业 i 在设备 P_1 和 P_2 上的处理时间。批处理作业调度问题是求得使所有作业的完成时间之和 $FT(S)=\sum_{i=0}^{n-1} f_i(S)$ 最小的调度方案。

9.6.2　分枝限界法求解

已经知道，这一问题的可行解是 n 个作业所有可能的排列，每一种排列代表一种作业调度方案 S，其目标函数是 $FT(S)=\sum_{i=0}^{n-1} f_i(S)$。使 FT(S)具有最小值的调度方案或作业排列是问题的最优解。批处理作业调度问题的状态空间树是一棵排序树，排序树上每个叶结点代表一个可行解的答案结点（见图 8-18）。为了使用分枝限界法求解这一问题，必须对状态空间树中结点定义适当的上下界函数，使其能够有效地进行剪枝，提高算法的效率。

设结点 X 是状态空间树上一个结点，它对应一个已经调度的作业子集 $J=\{0, 1,\cdots, k\}$。此时 J 中作业已经调度。$\sum_{i\in J} f_i(\mathrm{S})$ 为 J 中作业的完成时间之和，$\sum_{i\notin J} f_i(\mathrm{S})$ 为剩余作业的完成时间之和。每个叶结点代表的一种调度方案 S 的目标函数值 FS(S)，有

$$\mathrm{FT(S)} = \sum_{i\in J} f_i(\mathrm{S}) + \sum_{i\notin J} f_i(\mathrm{S})，\text{其中 } J=\{0, 1,\cdots, k\}$$

设 f_{1k} 是 J 中作业在设备 P_1 上的完成时间，f_{2k} 是 J 中作业在 P_2 上的完成时间。现有两种调度方案 S_1 和 S_2。在方案 S_1 下调度剩余作业，使得设备 P_1 没有任何空闲，在方案 S_2 下调度剩余作业，使得设备 P_2 没有任何空闲。

（1）先考虑方案 S_1。尚未安排的作业 $i(k<i<n)$在设备 P_1 上的完成时间为

$$f_{1k}+a_{k+1}+a_{k+1}+\cdots+a_i$$

作业 i 接着还需在 P_2 上处理所需时间为 b_i 的任务，因此，作业 i 的完成时间为

$$f_{1k}+a_{k+1}+a_{k+1}+\cdots+a_i+b_i$$

那么，所有剩余作业的完成时间之和 T_1 为

$$T_1 = \sum_{i=k+1}^{n-1} f_i(\mathrm{S}_1) = \sum_{i=k+1}^{n-1} [f_{1k} + (n-i)a_i + b_i] \tag{9-5}$$

（2）再看方案 S_2。所有剩余作业的完成时间之和 T_2 为

$$T_2 = \sum_{i=k+1}^{n-1} f_i(\mathrm{S}_2) = \sum_{i=k+1}^{n-1} [\max(f_{2k}, f_{1k} + \min_{i\notin J}\{a_i\}) + (n-i)b_i] \tag{9-6}$$

式中，f_{1k} 和 f_{2k} 分别为 J 中作业在设备 P_1 和 P_2 上处理完成的时间。那么第 k+1 个作业在设备 P_2 上可开始的时间至少为 $\max(f_{2k}, f_{1k} + \min_{i\notin J}\{a_i\})$。根据方案 S_2，设备 P_2 没有闲置时间。

不难理解，一般对于任意给定的调度方案 S，总有 $\sum_{i\notin J} f_i(\mathrm{S}) \geqslant T_1$ 和 $\sum_{i\notin J} f_i(\mathrm{S}) \geqslant T_2$，因此

$$\mathrm{FT(S)} \geqslant \sum_{i\in J} f_i(\mathrm{S}) + \max\{T_1,\ T_2\} \tag{9-7}$$

可以证明，当 $a_j \leqslant a_{j+1}(k<j<n-1)$时，$T_1$ 取得最小值 T_1'。同理，当 $b_j \leqslant b_{j+1}(k<j<n-1)$时，$T_2$ 取得最小值 T_2'。这一结论的证明留作练习。因此，可将结点 X 的下界 $\hat{c}(X)$定义为

$$\hat{c}(X) = \sum_{i\in J} f_i(\mathrm{S}) + \max\{T_1', T_2'\} \tag{9-8}$$

与回溯法相同，可以使用最优解的上界值 U 进行剪枝。如果对于已经调度的作业子集的某种排列，所需的完成时间和已经大于迄今为止所记录下的调度方案中最短完成时间之和 U，则该分枝应剪去。

9.6.3 批处理作业调度算法

程序 9-8 为批处理作业类及该类所使用的活结点结构。一个活结点的信息分成两部分，除下界函数值 LBB 外，其余信息都保存在结构 Node 中。结构 pqNode 是活结点表中的结点，其中包含 LBB 和一个指向相应的 Node 类型结点的指针。U 为上界变量。

函数 LBound 计算每个结点的下界函数值。若作业 i 当前已调度，则 y1[i]和 y2[i]为 true（真），否则为 false（假）。f1 为第 k 个作业在第一台设备的完成时间，k1, k2 分别是剩余的作业数目。sf2 为前 k+1 个作业累计完成时间之和。函数先计算 T_1'，然后计算 T_2'，最后返回结点的下界函数

值 sf2+max{ T_1' ， T_2' }。

函数 JobSch 为批处理作业调度的 LC 分枝限界算法。它使用优先权队列作为活结点表。在状态空间树的每一状态结点处，算法生成 $x[k]$的各种可能的取值。

【程序 9-8】 批作业类和活结点结构

```
struct Node{
    Node(int sz)
    {
        n=sz;x=new int[n];
        for(int i=0;i<n;i++) x[i]=i;
        k=f1=f2=sf2=0;
    }
    Node(Node e, int ef1,int ef2)
    { //e 是当前结点的双亲结点，ef1 和 ef2 是新结点的 f1 和 f2 值
        n=e.n;x=new int[n];
        for(int i=0;i<n;i++) x[i]=e.x[i];
        f1=ef1;f2=ef2;sf2=e.sf2+f2;k=e.k+1;
    }
    void Swap(int i,int j);
    int k,n,                        //已调度的作业数和作业总数
    f1,f2,                          //当前调度作业在两台设备上的最后完成时间
    sf2,                            //已调度的作业的累计完成时间之和
    *x;                             //当前的作业调度方案下，当前结点代表的部分解向量
};
struct pqNode{                      //活结点结构
    operator int()const {return LBB;}
    pqNode(){};
    pqNode(int lb,Node* p)
    {
        LBB=lb;ptr=p;
    }
    int LBB;                        //完成时间和的下界函数值
    Node* ptr;                      //ptr 指示相应的活结点
};
class BatchJob{
public:
    BatchJob(int sz, int *aa,int *bb)
    {
        n=sz;
        a=new int[n];b=new int[n];p=new int[n];
        for(int i=0;i<n;i++){
            a[i]=aa[i];b[i]=bb[i];
```

```
        }
        Sort(b,p,n);                    //p 为下标的一种排列，使得 b[p[i]]≤b[p[i+1]]
    }
    int JobSch(int *x);                 //分枝限界法求最优解，并返回最优解值
private:
    int LBound(Node e, int &f1,int &f2);    //计算 e 的一个孩子的下界函数值
    int *a,*b,                          //假定作业按 a 的非减次序排序
        n,*p;
};
```

【程序 9-9】 下界函数

```
int BatchJob::LBound(Node e, int &f1,int &f2)
    { //假定已调度的作业为 J=(x[0], x[1],…, x[k−1])，现考察第 x[k]
    bool *y1=new bool[n];
    for(int j=0;j<n;j++) y1[j]=false;
    for(j=0;j<=e.k;j++) y1[e.x[j]]=true;
    f1=e.f1+a[e.x[e.k]];                    //f1 为第 k 个作业在第一台设备上的完成时间
    f2=((f1>e.f2)?f1:e.f2)+b[e.x[e.k]];     //f2 为第 k 个作业在第二台设备上的完成时间
    int sf2=e.sf2+f2;
    int t1=0,t2=0,k1=n-e.k,k2=n-e.k,f3;
    for(j=0;j<n;j++)                        //按式（9-5）计算 T1'
        if(!y1[j]){
            k1--;
            if(k1==n-e.k-1) f3=(f2>f1+a[j])?f2:f1+a[j];
            t1+=f1+k1*a[j]+b[j];
        }
    for (j=0;j<n;j++)                       //按式（9-6）计算 T2'
        if(!y1[p[j]]){
            k2--;
            t2+=f3+k2*b[p[j]];
        }
    delete y1;
    return sf2+((t1>t2)?t1:t2);             //返回下界 sf2+max{ T1', T2' }
}
```

【程序 9-10】 批处理作业调度 LCBB 算法

```
int BatchJob::JobSch(int *x)
{
    Node *e=new Node(n); pqNode pe(0,e);
    int LBB,f1,f2,U=maxint;
    PrioQueue<pqNode > q(mSize);            //生成一个优先权队列实例
    do {
        e=pe.ptr;
```

```
            if ((e->k==n) && (e->sf2<U)){
                U=e->sf2;
                for(int i=0;i<n;i++) x[i]=e->x[i];              //求得一个（更优的）解
                delete[] e;
            }
            else {
              for (int j=e->k;j<n;j++) {
                Swap(e->x[e->k],e->x[j]);                        //产生各种排列
                LBB=LBound(*e,f1,f2);                            //计算下界函数值
                if(LBB<U){
                    Node* child=new Node(*e,f1,f2);              //扩展一个活结点
                    pqNode pc(LBB,child);                        //相应的优先权队列的结点
                    q.Append(pc);                                //活结点进优先权队列
                }
                Swap(e->x[j],e->x[e->k]);
              }
              delete[]e;                                         //删除死结点
            }
            if(q.IsEmpty()) return 0;
            q.Serve(pe);
        }while (pe.LBB<U);
        return U;                                                //返回最优解值
    }
```

本章小结

分枝限界法可以用于求可行解，也可以求最优解。使用分枝限界法求最优化问题要求为状态空间树的每个结点适当地定义上下界函数，并记录迄今为止求得的最优解值。利用这两者通常可有效地减少搜索到最优答案结点的时间。

习题 9

9-1　实现带时限的作业排序的函数 GenerateAns。

9-2　设有带时限的作业排序问题实例$(p_1, p_2,\cdots, p_5) = (6, 3, 4, 8, 5)$，$(t_1, t_2,\cdots, t_5) = (2, 1, 2, 1, 1)$和$(d_1, d_2,\cdots, d_5) = (3, 1, 4, 2, 4)$。求问题的最优解及对应于最优解的收益损失。画出 JSFIFOBB 算法实际生成的那部分状态空间树。

9-3　画出当采用 LC 分枝限界算法求解上题中给定的带时限作业排序实例时，实际生成的那部分状态空间树。

9-4　改写程序 9-4 带时限的作业排序程序为 LC 分枝限界算法。

9-5　写一个 LIFO 分枝限界算法实现带时限的作业排序，假定采取固定大小元组的状态空间树。

9-6　画出对例 9-2 的 0/1 背包实例执行 FIFO 分枝限界法所实际生成的那部分状态空间树。

9-7 假定采取可变大小元组解结构，画出对例 9-2 的 0/1 背包实例执行 LC 分枝限界法所实际生成的那部分状态空间树。

9-8 设有 0/1 背包问题实例 n=5，对于以下两种情况：

（1）$(p_1, p_2,\cdots, p_5) = (10, 15, 6, 8, 4)$，$(w_1, w_2,\cdots, w_5) = (4, 6, 3, 4, 2)$和 m=12；

（2）$(p_1, p_2,\cdots, p_5) = (w_1, w_2,\cdots, w_5) = (4, 4, 5, 8, 9)$和 m=15。

分别求问题的最优解和最优解值，并画出采用 LC 分枝限界算法实际生成的那部分状态空间树。

9-9 设有旅行商问题实例由如下代价矩阵定义：

$$\begin{bmatrix} \infty & 7 & 3 & 12 & 8 \\ 3 & \infty & 6 & 14 & 9 \\ 5 & 8 & \infty & 6 & 18 \\ 9 & 3 & 5 & \infty & 11 \\ 18 & 14 & 9 & 8 & \infty \end{bmatrix}$$

（1）求此代价矩阵的归约矩阵；

（2）画出使 LC 分枝限界算法生成的那部分状态空间树，标出每个结点的 $\hat{c}$；

（3）给出状态空间树上每个结点对应的归约矩阵。

9-10 对下列旅行商代价矩阵，按习题 9-12 要求计算。

$$\begin{bmatrix} \infty & 11 & 10 & 9 & 6 \\ 8 & \infty & 7 & 3 & 4 \\ 8 & 4 & \infty & 4 & 8 \\ 11 & 10 & 5 & \infty & 5 \\ 6 & 9 & 5 & 5 & \infty \end{bmatrix}$$

9-11 设有批处理作业调度实例 n=3，$(a_0, a_1, a_2) = (2, 3, 1)$，$(b_0, b_1, b_2) = (3, 2, 1)$，请给出所有可能的调度方案。求运行程序 JobSch 得到的最优调度方案 S 和所有作业最小完成时间和 FT(S)。

9-12 画出上题的实例的状态空间树。对树中每个结点计算下界函数值。画出算法实际生成的那部分状态空间树。

9-13 装载问题描述如下：设有 n 个集装箱和两艘轮船，其中集装箱 i 的重量为 w_i, $1\leqslant i\leqslant n$，两艘轮船载重分别为 C_1 和 C_2，且 $\sum_{i=1}^{n} w_i \leqslant C_1 + C_2$ 。装载问题要求确定是否存在一种合理的装载方案可将这 n 个集装箱装上这两艘轮船。例如，n=3，C_1=C_2=50，且$(w_1, w_2, w_3) = (10, 40, 40)$，则存在一种装法可装完三个集装箱。但如果$(w_1, w_2, w_3) = (20, 40, 40)$，则不存在任何可行的装载方案能装完三个集装箱。

（1）证明如果给定的实例有解，则采取首先将第一艘轮船尽可能装满，然后再将剩余集装箱装在第二艘轮船的方案可以得到一个最优装载方案；

（2）设计一个 FIFO 分枝限界法求解上述装载问题。

9-14 设有无向图 G=(V, E)，子集 $U\subseteq V$ 是图 G 的一个顶点覆盖当且仅当对于图 G 的每一条边$(u, v)\in E$，至少有一个端点在 U 中。U 中顶点数是覆盖的规模。编写一个分枝限界算法求图 G 的最小顶点覆盖。

9-15 设有无向图 G=(V, E)，子集 $U\subseteq V$ 是图 G 的一个集团当且仅当对于图 G 的任意顶点 u, $v\in U$，有$(u, v)\in E$。U 是图 G 的一个完全子图，U 中顶点数是集团的规模。编写一个分枝限界算法求图 G 的最大集团。

第 3 部分　求解困难问题

第 10 章　NP 完全问题

本章讨论 NP 难度和 NP 完全问题。许多至今未找到多项式时间算法的问题被证明是 NP 完全问题。现有的研究成果表明，如果能对任意一个 NP 难度问题得到它的多项式时间算法，那么，所有 NP 完全问题都存在多项式时间解。在库克（Cook）证明了可满足性问题是 NP 完全的之后，最大集团、顶点覆盖及图着色数等一系列判定问题也都被证明是 NP 完全的。

10.1　基本概念

前面讨论了许多算法，其中许多是多项式时间算法，即对规模为 n 的输入，它们在最坏情况下的运行时间为 $O(n^k)$，k 是某个常数。但并非所有的问题都存在多项式时间算法。由回溯法和分枝限界法所生成的算法，其最坏情况时间大都为指数阶。例如，对于旅行商问题和 0/1 背包问题等，目前已知的求解这类问题的算法都是指数时间的。

一般，将能在多项式时间内求解的问题视为**易处理问题**（tractable problem），而将至今尚未找到多项式时间算法求解的问题视为**难处理问题**（intractable problem）。对于指数时间算法，算法的运行时间将随问题规模急剧增加。当问题规模较大时，往往就失去了实用性。一般认为，只有得到了一个问题的多项式时间算法，才被视为“很好地解决了”这个问题。如果一个问题困难到不可能在多项式时间内求解，那么就认为这个问题是“难解的”。因此，人们一直在努力寻求，希望能找到求解这一类问题的更有效算法。令人遗憾的是，对于这一类难解问题，人们至今仍未能得到它们的多项式时间算法。

为了求解这一类问题，可以采用迂回的做法。一种是采用启发式方法，如上一章介绍的分枝限界法。虽然启发式算法的最坏情况时间仍为指数阶，但对于大多数实例，常有令人满意的运行时间。0/1 背包问题的分枝限界法就是一个十分成功的算法。另外还可采用随机算法、近似算法或其他类型的新算法。

对于前面提到的难解问题，虽然至今尚未有人给出它们的多项式时间算法，但也同样未能证明对于此类问题不存在多项式时间算法。经过研究，人们发现这类难解问题在计算上是相关的，被称为 NP 难度或 NP 完全问题。关于这类问题的有意义的结论是：一个 NP 完全问题可以在多项式时间内求解，当且仅当所有其他的 NP 完全问题都可以在多项式时间内求解。如果任意一个 NP 难度问题存在一个多项式时间算法，那么，所有 NP 完全问题都可以在多项式时间内求解。

此外还有一类问题被称为**不可判定**（undecidable）的，无论消耗多少计算机时间和空间也不能求解。例如，所谓的“停机”问题就是不可解的。有人已经证明不可能设计一个算法来判定：一个给定的计算机程序，当它在某种输入下运行时该程序是否会终止。这类问题由于不存在任何算法，它们是在另一种意义下难解的。本章不涉及这一议题。

10.1.1 不确定算法和不确定机

为研究 NP 难度和 NP 完全问题，需要引入不确定算法的概念。为便于研究，先假定一种运行不确定算法的抽象计算模型，该抽象机除包含 2.1.3 节的抽象机模型的基本运算外，最根本的区别在于它新增了 3 个函数。

（1）Choice(S)：任意选择集合 S 的一个元素。

（2）Failure()：发出不成功完成信号后算法终止。

（3）Success()：发出成功完成信号后算法终止。

例 10-1 在 n 个元素的数组 a 中查找给定元素 x，如果 x 在其中，则确定使 a[j]= =x 的下标 j，否则输出−1。程序 10-1 是用上述语言描述的求解这一问题的不确定算法。

【程序 10-1】 不确定搜索算法

```
void Search(int a[],T x)
{
    int j=Choice(0,n-1);                    //从{0,1,…, n-1}中任意选取一个值
    if(a[j]= =x) {
        cout<<j;Success();                  //不确定算法成功终止
    }
    cout<<-1;Failure();                     //不确定算法失败终止
}
```

我们希望这种包含 Choice 函数的算法能按如下既定方式执行：若算法执行中需做出一系列的 Choice 函数选择，当且仅当对于 Choice 的任何一组选择都不会导致成功信号时，此算法在 O(1) 时间不成功终止；否则，只要存在一组选择能够导致成功时，算法总能采取该组选择使得算法成功终止。形象地说，如果一个判定问题实例的解为真，似乎 Choice 函数每一次总能在 O(1)时间内做出导致成功的正确选择。函数 Success、Failure 和 Choice 的执行时间都为 O(1)。包含不确定选择语句，并能按上述方式执行一个算法的机器称为**不确定机**（non deterministic machine）。在不确定机上执行的算法称为**不确定算法**（non deterministic algorithm）。

从直觉上看，这种机器不大可能实际存在。为了理解这种不确定机的执行方式，可以借助不受限制的并行计算做比喻。在不确定机上执行一个不确定算法，每当 Choice 函数进行选择时，不确定机就好像为此复制了多个程序副本，每一种可能的选择产生一个副本，所有这些副本同时执行。一旦其中一个副本成功完成，将立即终止所有其他副本的计算。此外，不确定机能及时判断算法的某次执行不存在任何导致成功完成的选择，并使算法在一个单位时间内输出“不成功”信息后终止。如果存在至少一种成功完成的选择，一台不确定机总能做出最佳选择，以最短的程序步数完成计算，并成功终止。显然，这种机器是虚构的，是一种概念性计算模型。

例 10-2 将 n 个元素的序列排成有序序列。

这是大家熟知的排序问题，程序 10-2 给出了排序问题的不确定算法。

【程序 10-2】 不确定排序算法

```
void NSort(int a[],int n)
{
    int b[mSize],i,j;
    for (i=0;i<n;i++) b[i]=0;               //将 b 初始化为 0
    for (i=0;i<n;i++){                      //将每个 a[i]存放在一个空闲的 b[j]中
```

```
        j=Choice(0,n-1);                        //任意选择一个下标 j
        if( b[j]) Failure();                    //若 b[j]≠0，则算法失败终止
        b[j]=a[i];                              //将 a[i]赋给 b[j]
    }
    for (i=0;i<n-1;i++)                         //验证 b 中元素是否已经有序
        if( b[i]>b[i+1]) Failure();             //只要两个元素逆序，则失败终止
    for (i=0;i<n;i++)cout<<b[i]<<' ';
    cout<<endl;Success();                       //Choice 函数的 n 次正确选择，使算法成功终止
}
```

下面给出不确定算法时间复杂度的概念。

定义 10-1 （不确定算法时间复杂度）一个不确定算法所需的时间是指对任意一个输入，当存在一个选择序列导致成功完成时，达到成功完成所需的最少程序步。在不可能成功完成的情况下，所需时间总是 O(1)。

根据上述定义，程序 10-1 的不确定搜索算法的时间复杂度为 O(1)。如果元素 x 在数组中，Choice 函数总能在 O(1)时间内选中使得 a[j]==x 的下标 j，并发出成功信号后终止；否则算法在 O(1)时间失败终止。对于程序 10-2 的不确定排序算法，必定存在对 b 中下标的 n 次恰当选择，使得能将每个 a[i]恰好保存在一个空闲的 b[j]处，并且进一步确保 b 中元素排成有序序列，从而能顺利通过随后的有序性验证，导致成功终止。因此，此不确定算法的时间复杂度是 O(n)。我们已经知道，确定的排序算法的时间复杂度为Ω($n$log$n$)。

一个只要求产生“0”或“1”作为输出的问题称为**判定问题**（decision problem）。求解一个判定问题的不确定算法具有如下特性：只有当不存在任何一个选择序列能够导致成功完成时，算法失败终止；否则算法成功终止。

尽管现实中许多问题并不以判定问题的形式出现，但许多最优化问题都可以得到与其相对应的判定问题，并且两者间往往存在计算上的相关性。在很多情况下，两者的关系是：一个判定问题能够在多项式时间内求解，当且仅当它相应的最优化问题可以在多项式时间内求解。而在另一些情况下，两者的关系至少可以是：如果判定问题不能在多项式时间内求解，那么它相应的最优化问题也不能在多项式时间内求解。

例 10-3 （最大集团及其判定问题）无向图 G=(V, E)的一个完全子图称为该图的一个**集团**（clique）。集团的规模用集团的顶点数衡量。最大集团问题是确定图 G 的最大集团规模的问题。最大集团判定问题（G, k）是对给定正整数 k，判定图 G 是否存在一个规模至少为 k 的集团。

可以断言，如果最大集团问题能在多项式 O($g(n)$)时间内求解，当且仅当其对应的判定问题能在多项式 O($f(n)$)时间内求解，这里 n 是图 G 的顶点数。这是因为，一方面，只需以 k=1,2,⋯, n，最多 n 次调用最大集团判定算法，便可求得最大集团的大小，于是有 O($g(n)$)=O($nf(n)$)。另一方面，可以使用求解最大集团问题的算法，求得最大集团的规模为 k'。若 $k'\geqslant k$，则最大集团判定问题的解为“1”，否则为“0”。显然有 O($f(n)$)=O($g(n)$)。

【程序 10-3】 最大集团判定问题不确定算法

```
void Clique（int g[][mSize],int n,int k）
{
    S=φ;
    for(int i=0;i< k;i++){                      //选择 k 个顶点
```

```
            int t=Choice(0,n-1);                    //任意选择一个顶点 t
            if (t∈S) Failure();                     //若顶点 t 已经在 S 中，则失败终止
            S=S∪{t};
        }
        for ( 对所有(i,j)，i∈S，j∈S 且 i≠j)         //验证此 k 个顶点是否形成完全子图
            if((i,j)∉E) Failure();                  //若(i, j)∉E，则表明 S 不是图 G 的集团
        Success();
    }
```

因为验证 S 是否是图 G 的一个大小为 k 的集团所需的时间为 $O(k^2)$，因此不确定算法的时间复杂度为 $O(k^2)=O(n^2)$。

10.1.2 可满足性问题

在数理逻辑中，设 $x_1, x_2,\cdots, x_n$，表示布尔变量，$\overline{x_i}$ 表示 x_i 的非，一个变量和它的非都称为**文字**。一个**命题公式**是由文字及逻辑运算符“与（∧）”和“或（∨）”构成的表达式。

如果一个公式具有逻辑与形式：$C_1\wedge C_2\wedge\cdots\wedge C_k$，其中，每个 C_i 称为子句，它们都是逻辑或形式：$l_{i1}\vee l_{i2}\vee\cdots\vee l_{ip}$，每个 l_{ij} 是文字，则将这种形式的公式称为**合取范式**（conjunctive normal form, CNF）。如果一个公式具有逻辑或形式：$C_1\vee C_2\vee\cdots\vee C_k$，其中，每个子句 C_i 是文字的逻辑与：$l_{i1}\wedge l_{i2}\wedge\cdots\wedge l_{iq}$，则称这种形式的公式为**析取范式**（disjunctive normal form, DNF）。例如，公式$(x_1\vee \overline{x_2})\wedge(x_2\vee x_3)$是一个合取范式，公式$(x_1\wedge \overline{x_2})\vee(x_2\wedge x_3)$是一个析取范式。

例 10-4　可满足性问题（satisfiability problem）是一个判定问题，它确定对于一个给定的命题公式，是否存在布尔变量的一种赋值（也称真值指派）使该公式为真。CNF 可满足性是指判定一个 CNF 公式的可满足性。

例如，公式$(x_1\vee x_2\vee \overline{x_3})\wedge(\overline{x_1}\vee \overline{x_2}\vee \overline{x_3})\wedge(x_1\vee \overline{x_2})\wedge(\overline{x_1}\vee \overline{x_2})$是可满足的，只需令 $x_1=1, x_2=0, x_3=0$，有$(1\vee 0\vee 1)\wedge(0\vee 1\vee 1)\wedge(1\vee 1)\wedge(0\vee 1)=1$。而公式$(x_1\vee x_2)\wedge(x_1\vee x_3)\wedge(x_2\vee x_3)\wedge(\overline{x_1}\vee \overline{x_2})\wedge(\overline{x_1}\vee \overline{x_3})\wedge(\overline{x_2}\vee \overline{x_3})$不是可满足的。

直觉上，可满足性问题不太可能存在多项式时间的确定算法。因为粗略考虑，对于一个具有 n 个布尔变量的公式，有 2^n 种可能的赋值。假定公式的长度是关于 n 的多项式，则检查每一种可能的赋值都需要多项式时间。程序 10-4 给出可满足性问题的不确定算法。

【程序 10-4】　可满足性问题的不确定算法

```
void Eval(CNF E,int n)
{
    int x[mSize];
    for(int i=1;i<=n;i++)                   //O(n)
        x[i]=Choice(0,1);                   //为变量 x[i]赋 0 或 1 值
    if(E(x,n)) Success();                   //O(e),e 是公式 E 的长度
    else Failure();
}
```

因为对 n 个布尔变量赋值需要 $O(n)$时间；对布尔变量的一种赋值，计算公式 $E(x, n)$的时间为 $O(e)$，e 是公式长度。所以，可满足性问题的不确定算法 Eval 的时间为 $O(n+e)$。

10.1.3 P 类和 NP 类问题

定义 10-2 （P 类和 NP 类）P 是所有可在多项式时间内用确定算法求解的判定问题的集合。NP 是所有可在多项式时间内用不确定算法求解的判定问题的集合。

因为确定算法只是不确定算法当 Choice 函数只有一种选择时的特例，所以有 $P \subseteq NP$。但计算机科学界至今无法断定是否 $P=NP$ 或者 $P \neq NP$。

定义 10-3 （多项式约化）令 Q_1 和 Q_2 是两个问题，如果存在一个确定算法 A 求解 Q_1，而算法 A 以多项式时间调用另一个求解 Q_2 的确定算法 B。若不计 B 的工作量，算法 A 是多项式时间的，则称 Q_1 **约化**（reduced to）为 Q_2，记为 $Q_1 \propto Q_2$。

这就是说，求解 Q_1 的确定算法是通过调用求解 Q_2 的确定算法完成的，Q_1 算法自身及对 Q_2 算法实施的调用过程所需的时间都是多项式时间的，那么，只要对问题 Q_2 存在多项式时间求解算法，问题 Q_1 就能在多项式时间内得以求解。

对于约化存在下列性质。

性质 10-1 若 $Q_1 \in P$，$Q_2 \propto Q_1$，则有 $Q_2 \in P$。

性质 10-2 若 $Q_1 \propto Q_2$，$Q_2 \propto Q_3$，则 $Q_1 \propto Q_3$。

根据定义容易证明上面两个性质。从性质 10-2 可知约化具有传递性。

10.1.4 NP 难度和 NP 完全问题

有一类问题看起来很难有多项式时间确定算法，这类问题中的许多问题已被证明可归入 NP 难度类。

定义 10-4 （NP 难度）对于问题 Q 以及任意问题 $Q_1 \in NP$，都有 $Q_1 \propto Q$，则称 Q 是 NP **难度**（NP hard）的。

定义 10-5 （NP 完全）对于问题 $Q \in NP$，Q 是 NP 难度的，则称 Q 是 NP **完全**（NP complete）的。

上面定义表明一个问题是 NP 难度的，但不一定是 NP 完全的。一个 NP 难度问题，如果不是 NP 类问题，则不是 NP 完全的。所有 NP 完全问题都是 NP 难度的，反之不然。由性质 10-1 和 NP 难度问题的定义可知，只要对任何一个 NP 难度问题 Q，找到了它的多项式时间算法，那么，可以断定所有 NP 类问题都能在多项式时间内求解，因为所有 NP 类问题都能约化到问题 Q。然而，目前尚无任何一个 NP 难度问题具有多项式时间算法。有人猜测，NP 难度问题不存在多项式时间算法，但遗憾的是至今也无人能证明这一点。

学习这方面知识的现实意义在于，如果一个问题已经证明是 NP 难度的，恐怕很难指望能找到一个多项式时间的有效算法。如果所求问题的实例规模较大，那么明智的做法是选择其他算法设计策略，如采用启发式算法、随机算法和近似算法等。

那么，如何确定某个问题 Q 是否是 NP 难度的？一般的证明策略由以下两步组成：

（1）选择一个已经证明是 NP 难度问题 Q_1；

（2）求证 $Q_1 \propto Q$。

由于 Q_1 是 NP 难度的，因此所有 NP 类问题都可约化到 Q_1，根据约化的传递性，任何 NP 类问题都可约化到 Q，所以 Q 是 NP 难度的。

如果进一步表明 Q 本身是 NP 类的，则问题 Q 是 NP 完全的。

10.2 Cook 定理和证明

10.2.1 Cook 定理

斯蒂芬·库克（Steven Cook）于 1971 年证明了第一个 NP 完全问题，称为 Cook 定理。Cook 定理表明可满足性问题是 NP 完全的。CNF 可满足性问题也被证明是 NP 完全的。自从 Cook 证明了可满足性问题是 NP 完全的之后，迄今为止至少有 300 多个问题被证明是 NP 难度问题，但尚未证明其中任何一个是属于 P 的。

定理 10-1 （Cook 定理）可满足性问题在 P 中，当且仅当 P=NP。

定理 10-2 CNF 可满足性问题是 NP 完全的。

10.2.2 简化的不确定机模型

在证明 Cook 定理之前，先对不确定机模型和不确定算法的形式进行某些简化或限制。所有下列这些简化或限制都不会改变所求解的问题在 NP 或 P 的类别。简化的不确定机及其语言模型描述如下。

（1）执行算法的机器是面向字的，每个字长为 *w* 位。执行一次单字长的加、减或乘运算的时间相等，都是一个单位时间。如果一个运算的操作数长度超过一个字，则该运算的时间按最长的操作数所需的时间单位来计算。

（2）算法不包含 cin 和 cout 这样的输入和输出语句，所有输入通过算法的输入参数进行。为每个输入定义一个输入参数。

（3）算法只允许一维数组和简单变量，不使用常量。算法中的常量可以用输入参数来代替，将这些参数加到算法的参数表中。要求算法中的一维数组的下标必须是大于 0 的整型简单变量，并假定数组元素依次存储在相连的字中。要求所有变量都是整型或布尔型的，它们的初值为 0 或 false。

（4）算法只允许使用简单表达式，简单表达式最多包含一个运算符且所有操作数都是简单变量。例如，–B，B+C，D or E，F 都是合法的简单表达式。算法只允许使用如下形式的赋值语句：

① <简单变量>←<简单表达式>

② <数组变量>←<简单变量>

③ <简单变量>←<数组变量>

④ <简单变量>←Choice(*S*)，其中 *S* 是一个有限集合

显然，如果一个表达式不属于上述四种类型之一，可以用一组上述类型的赋值语句来替代。当一个传统的赋值语句用有限个上述类型的赋值语句来替代时，不会改变算法的 NP 类别。

（5）假定算法有 *m* 条语句，算法的语句从 1 到 *m* 编号，每条语句有唯一语句标号。除上面允许的赋值语句外，算法只允许使用下列 4 种语句。

① GoTo k，其中 k 是语句标号。

② If(c)GoTo k，其中 c 是简单布尔变量（不能为数组变量），k 是语句标号。

传统的循环语句 for、while 和 do-while 可以使用转移语句和条件转移语句来改写，相信这已为读者所知。

③ Success()，Failure()，它们是终止语句。

④ 算法允许包含类型和数组的声明语句，但它们仅对分配存储空间、确定变量和数组存储地址有用，在算法运行时并不执行。因此，在将算法翻译成命题公式 *Q* 时不必考虑这些语句。

（6）对任意长度为 n 的输入，设算法的执行时间不超过多项式 $p(n)$个时间单位，那么，由第 1 项对时间复杂度的假设，算法每一步最多改变一个字的内容。因此算法最多使用 $p(n)+n$ 个字的存储空间，其中 n 个字作为输入参数。可以限定算法使用存储地址为 $1\sim p(n)+n$ 个字，这一限制不会改变算法的 P 或 NP 的类别。图 10-1 表示算法从时刻 t_0 开始执行，最多执行 $p(n)$步，每一步最多改变一个存储单元的值。假定地址为 $1,2,\cdots,n$ 的存储单元保存输入参数，在 $n+1\sim p(n)+n$ 个存储单元为算法执行中可能需要使用的单元。

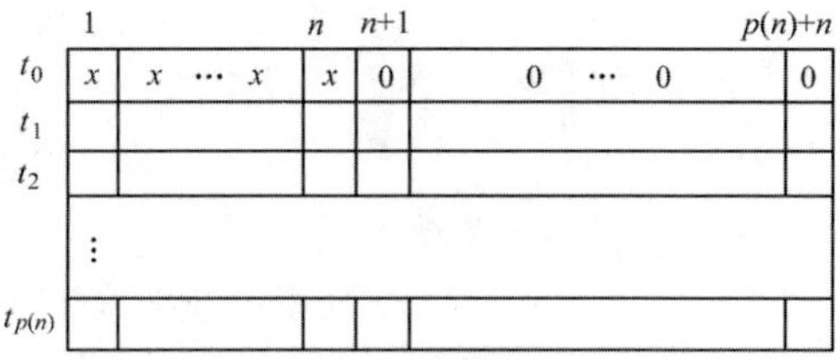

图 10-1　算法所需的存储单元

10.2.3　证明 Cook 定理

证明（定理 10-1 和定理 10-2）：从例 10-4 和程序 10-4 已知，可满足性问题在 NP 中。若 P=NP，则可满足性问题必然在 P 中。余下需证明的是“若可满足性问题在 P 中，则 P=NP”。证明思路如下。

设 X 是任意一个 NP 类问题，A 是求解 X 的一个多项式时间不确定算法，I 是 A 的任意给定的输入。如果能够设法在多项式时间内从算法 A 和输入 I 构造一个公式 Q(A, I)，并且使得 Q 是可满足的，当且仅当在输入为 I 的情况下算法 A 成功终止，那么，就得到了求解问题 X 的一种确定算法：先从不确定算法 A 和输入 I 构造公式 Q，再通过判定 Q 的可满足性来判定算法 A 在输入 I 时是否成功终止。如果从算法 A 和输入 I 来构造 Q 的时间是多项式的，并且判定 Q 的可满足性的时间也是多项式的，那么问题 X 必然可在多项式时间内求解。因为 X 是 NP 类的任意一个问题，所以，若可满足性问题在 P 中，则 P=NP。

下面讨论如何从一个不确定算法 A 和输入 I 来构造一个公式 Q(A, I)。对于所构造的公式 Q(A, I)，要求 Q 是可满足的，当且仅当在输入 I 下，算法 A 的计算成功终止。我们先定义两组布尔变量，再考察公式 Q 的结构，最后讨论子公式的构造方法。

1．两组布尔变量

公式 Q 中使用下面描述的两组布尔变量。

（1）表示存储单元状态的布尔变量

设 $B(i, k, t)$为布尔变量，$1\leqslant i\leqslant p(n)+n$，$1\leqslant k\leqslant w$，$0\leqslant t\leqslant p(n)$，其中 n 是输入长度，w 是一个字的位数，$p(n)$是算法 A 执行的程序步数。$B(i, k, t)$的值为 0 或 1，用以描述在算法 A 执行的第 t 步上存储空间的第 i 字的第 k 位的二进制值。每个字自右向左编号，最右位的编号为 1。共有 $w\times p(n)\times(p(n)+n)$个这样的布尔变量。公式 Q 应如此构造，在使 Q 为真的任意一种真值指派中，当且仅当在算法 A 以输入为 I 的某次成功计算中，当第 t 步上，存储空间的第 i 个字的第 k 位为 1 时，则 $B(i, k, t)$为真。

（2）表示语句执行状态的布尔变量

设 $S(j, t)$为布尔变量，$1\leqslant j\leqslant m$，$0\leqslant t\leqslant p(n)$，其中 m 是算法 A 包含的语句条数，$p(n)$是算法 A 执行的程序步数。$S(j, t)=1$ 描述在算法执行的第 t 步上执行标号为 j 的语句。在算法执行的任意时刻有且仅有一条语句处于执行状态。共有 $m\times p(n)$个这样的布尔变量。公式 Q 应如此构造，在使 Q 为真的任意一种真值指派中，当且仅当在算法 A 以输入为 I 的某次成功计算中，当第 t 步上所执行的是语句 j 时，则 $S(j, t)$为真。

2. 公式 Q 的结构

公式 Q 由下列 6 个子公式组成：

$$Q(\mathrm{A}, \mathrm{I})=C \wedge D \wedge E \wedge F \wedge G \wedge H \qquad (10\text{-}1)$$

这些子公式产生的断言如下。

（1）公式 C：存储空间的初始状态反映算法的特定输入 I，其余单元都为 0。

（2）公式 D：算法从第一条语句开始执行。

（3）公式 E：算法执行的任何时刻有且仅有一条语句在执行。

（4）公式 F：算法按各种语句的语义，正确地将控制转移到下一条语句。

若 $S(j, t)$为真，且第 j 条语句是 Success 或 Failure 语句，则必有 $S(j, t+1)$为真。若第 j 条语句为赋值语句，则 $S(j+1, t+1)$为真。若第 j 条语句是 GoTo k 语句，则必有 $S(k, t+1)$为真。若第 j 条语句是 If (c) GoTo k 语句，则若条件 c 为真，有 $S(k, t+1)$为真，否则 $S(j+1, t+1)$为真。

（5）公式 G：存储空间的状态按所执行语句的语义正确改变。若第 t 步执行的不是赋值语句，则 $B(i, k, t)$与 $B(i, k, t-1)$相同。若第 t 步执行一条赋值语句，且赋值语句的左边是变量 X，则只有 X 所在的存储单元可以改变，该存储单元的新值由赋值语句的右部决定。

（6）公式 H：算法 A 在 $p(n)$时刻执行 Success 语句，计算成功终止。

可以看到，公式 C 与特定输入 I 有关，公式 F 和公式 G 与简化的不确定机所允许的语句的语义有关，也和算法 A 包含的特定的语句序列有关。

3. 构造子公式

下面讨论各子公式的构造方法，同时还表明所有子公式均可在多项式时间内，运用布尔恒等式转换成 CNF，并且这种转换仅使其长度增加一个不依赖于 n 的量（但与 w 和 m 有关）。这使得在证明可满足性问题是 NP 完全的同时，也证明了 CNF 可满足性是 NP 完全的。

（1）公式 C 用以陈述存储空间在时间 t=0 时，除存放输入参数的单元具有输入 I 的值，其余单元的值均为 0。

$$C=\bigwedge_{\substack{1 \leqslant i \leqslant p(n)+n \\ 1 \leqslant k \leqslant w}} T(i, k, 0) \qquad (10\text{-}2)$$

$T(i, k, 0)$的值是文字，它或者是 $B(i, k, 0)$，或者是$\overline{B}(i, k, 0)$。对于给定的输入 I，若第 i 字的第 k 位为 1，则令 $T(i, k, 0)= B(i, k, 0)$，否则令 $T(i, k, 0)=\overline{B}(i, k, 0)$。其余存储单元 $T(i, k, 0)=\overline{B}(i, k, 0)$，$n+1\leqslant i\leqslant p(n)+n$。因此，公式 C 为真，当且仅当存储空间中从 1 到 n 个字都具有输入 I 的值，其余单元都为 0（或 false）。公式 C 由输入 I 唯一确定，且 C 是 CNF 形式。如果以公式中包含的文字数计算公式的长度，则 C 的长度为 $O(wp(n))$。

（2）公式 D 用以表达算法 A 从第 1 条语句开始执行。

$$D=S(1,1) \wedge \overline{S}(2,1) \wedge \cdots \wedge \overline{S}(m, 1) \qquad (10\text{-}3)$$

很显然，公式 D 为真，当且仅当在时刻 t=1，执行的是标号为 1 的语句，其他语句此时都不执行。与 C 相同，D 已经是 CNF 形式的。D 的长度为 m。

（3）公式 E 断言在算法 A 执行的任意一步中，有且仅有一条语句处于执行状态。每个 E_t 描述在算法的第 t 步上[$1\leqslant t\leqslant p(n)$]，布尔变量 $S(j, t)$中有且仅有一个为真，$1\leqslant j\leqslant m$。

$$E=\bigwedge_{1 \leqslant t \leqslant p(n)} E_t \qquad (10\text{-}4)$$

$$E_t = [S(1,t) \vee S(2,t) \vee \cdots \vee S(m,t)] \wedge \left[\bigwedge_{\substack{1 \leqslant j \leqslant m \\ 1 \leqslant k \leqslant m \\ j \neq k}} (\overline{S}(j,t) \vee \overline{S}(k,t) \right] \tag{10-5}$$

可以验证，若存在任意两个变量 $S(j, t)$和 $S(k, t)$ ($j \neq k$, $1 \leqslant j \leqslant m$, $1 \leqslant k \leqslant m$)同时为真，则 E_t 为假；或者若所有 $S(j, t)$ ($1 \leqslant j \leqslant m$)都为假，则 E_t 为假。也就是说，对任意 t，$S(j, t)$ ($1 \leqslant j \leqslant m$)中恰好有一个为真时，$E_t$ 为真。公式 E 是 CNF 形式的。每个 E_t 的长度是 $O(m^2)$，故 E 的长度为 $O(m^2 p(n))$。

（4）公式 F 为：

$$F = \bigwedge_{\substack{1 \leqslant t \leqslant p(n) \\ 1 \leqslant i \leqslant m}} \left(\bigwedge F_{i,t} \right) \tag{10-6}$$

每个 $F_{i,t}$ 断言语句 i 在时刻 t 可以不执行；如果在时刻 t 执行语句 i，则 t+1 时刻执行的语句由语句 i 的语义正确决定。

$$F_{i,t} = \overline{S}(i,t) \vee L \tag{10-7}$$

其中，L 定义如下。

① 若语句 i 是 Success 或 Failure，则 L 为 $S(i, t+1)$。因此，一旦执行这两条语句之一，算法将始终不断地执行该语句。

② 若语句 i 是 GoTo k，则 L 是 $S(k, t+1)$，这表示下一时刻将执行标号为 k 的语句。

③ 若语句 i 是 If (x) GoTo k，设变量 x 存储在第 j 字中，则 L 为：

$$B(j,1,t-1) \wedge S(k,t+1) \vee (\overline{B}(j,1,t-1) \wedge S(i+1,t+1)) \tag{10-8}$$

下一条是否转移到标号为 k 的语句，或顺序执行标号为 t+1 语句，取决于第 j 字在 t–1 时刻的值。此处假定只有当 x 的第 1 位为 1 时，x 为真。

④ 若语句 i 是赋值语句，则 L 是 $S(i+1, t+1)$，这表示下一时刻将顺序执行标号为 i+1 的语句。

在上述几种 L 的表示形式中，除式（10-8）外都是 CNF 的。式（10-8）可以运用如下布尔恒等式：

$$a \vee (b \wedge c) \vee (d \wedge e) \equiv (a \vee b \vee d) \wedge (a \vee c \vee d) \wedge (a \vee b \vee e) \wedge (a \vee c \vee e) \tag{10-9}$$

转换成 CNF 形式的。L 和 $F_{i,t}$ 的长度是常数，于是 F 的长度为 $O(m\,p(n))$。

（5）公式 G 为：

$$G = \bigwedge_{\substack{1 \leqslant t \leqslant p(n) \\ 1 \leqslant i \leqslant m}} \left(\bigwedge G_{i,t} \right) \tag{10-10}$$

每个 $G_{i,t}$ 断言语句 i 在 t 时刻可以不执行；若 t 时刻执行语句 i，则存储空间的 $p(n)+n$ 个字在第 t 步后的值，必定正确反映了从第 t–1 时刻存储空间状态，执行语句 i 后应有的结果。

$$G_{i,t} = \overline{S}(i,t) \vee M \tag{10-11}$$

其中，M 的定义如下。

① 若语句 i 是非赋值语句，则执行语句 i 后存储空间状态不变，所以 M 为

$$\bigwedge_{\substack{1 \leqslant j \leqslant w \\ 1 \leqslant k \leqslant p(n)+n}} \left\{ \left[B(k,j,t-1) \wedge B(k,j,t) \right] \vee \left[\overline{B}(k,j,t-1) \wedge \overline{B}(k,j,t) \right] \right\} \tag{10-12}$$

式（10-11）中的 $G_{i,t}$ 可以运用如下布尔恒等式：

$$z \vee (x \wedge s) \vee (\overline{x} \wedge \overline{s}) \equiv (x \vee \overline{s} \vee z) \wedge (\overline{x} \vee s \vee z) \tag{10-13}$$

转换成 CNF 形式。$G_{i,t}$ 的长度为 $O(wp(n))$。

② 若语句 i 是赋值语句：a=b+c，则执行该语句后，除变量 a 的存储单元外，其余存储单元的内容不变。不妨假定变量 a、b 和 c 分别存储在第 y、v 和 z 字中，那么，

$$M=M_1 \wedge M_2 \tag{10-14}$$

M_1 断言执行语句 i 后，除 y 外，其余存储单元的值不改变。

$$M_1=\bigwedge_{\substack{1\leqslant k\leqslant p(n)+n\\ k\neq y,1\leqslant j\leqslant w}}\left[B(k,j,t-1)\wedge B(k,j,t)\right]\vee\left[\overline{B}(k,j,t-1)\wedge\overline{B}(k,j,t)\right] \tag{10-15}$$

M_2 断言执行语句 i 后，y 的值为 v+z。为了表达 M_2，还需要 w 个附加位 $C(j, t)$表示进位的状态，$1\leqslant j\leqslant w$。执行语句 i 后，y 的第 1 位 $B(y, 1, t)$及进位 $C(1, t)$的值分别为：

$$B(y,1,t)=B(v,1,t-1)\oplus B(z,1,t-1)$$
$$C(1,t)=B(v,1,t-1)\wedge B(z,1,t-1)$$

第 y 字的其他各位 $B(y, j, t)$及进位 $C(j, t)$的值可描述为：

$$\begin{aligned}&B(y,j,t)=B(v,j,t-1)\oplus B(z,j,t-1)\oplus C(j-1,t)\\&C(j,t)=(B(v,j,t-1)\wedge B(z,j,t-1))\vee(B(v,j,t-1)\wedge C(j-1,t))\vee\\&\qquad(B(z,j,t-1)\wedge C(j-1,t))\end{aligned} \tag{10-16}$$

式中，符号⊕表示异或运算（按位加），$a\oplus b$ 为真，当且仅当 a 和 b 中仅有一个为真。请看下列等式：

$$a\oplus b\equiv(a\vee b)\wedge(\overline{a\wedge b})\equiv(a\vee b)\wedge(\overline{a}\vee\overline{b}) \tag{10-17}$$

最后，还要求 $C(w, t)$为假，即没有溢出。

式（10-18）的 M_2 是式（10-16）的命题公式。

$$\begin{aligned}M_2=\bigwedge_{1\leqslant j\leqslant w}&\left[B(y,j,t)\wedge \mathrm{Byjt}\right]\vee\left[\overline{B}(y,j,t)\wedge\overline{\mathrm{Byjt}}\right]\wedge\\&\left[(C(j,t)\wedge \mathrm{Cjt})\vee(\overline{C}(j,t)\wedge\overline{\mathrm{Cjt}})\right]\end{aligned} \tag{10-18}$$

式中，

$$\mathrm{Byjt}=\begin{cases}B(v,1,t-1)\oplus B(z,1,t-1)\\ B(v,j,t-1)\oplus B(z,j,t-1)\oplus C(j-1,t) & 1<j\leqslant w\end{cases}$$
$$\mathrm{Cjt}=\begin{cases}B(v,1,t-1)\wedge B(z,1,t-1)\\ (B(v,j,t-1)\wedge B(z,j,t))\vee(B(v,j,t-1)\wedge C(j-1,t))(B(z,j,t-1)\wedge C(j-1,t)) & 1<j\leqslant w\end{cases} \tag{10-19}$$

式（10-18）可以转换成 CNF，故式（10-11）的长度为 $O(wp(n))$。

③ 若语句 i 是赋值语句：y←Choice(S)，其中 S={s_1,s_2⋯, s_k}，变量 y 由字 y 代表。

$$M=\bigvee_{1\leqslant j\leqslant k}M_j \tag{10-20}$$

式中，M_j 断言 $y=s_j$。下式表明当且仅当 $y=s_j$ 时，M_j 为真。

$$M_j=a_1\wedge a_2\wedge\cdots\wedge a_w$$

$$a_h=\begin{cases}B(y,h,t) & 若s_j的第h位是1\\ \overline{B}(y,h,t) & 若s_j的第h位是0\end{cases} \tag{10-21}$$

使用类似分析，可以写出当语句 i 为其他类型赋值语句，或者当赋值语句的右部简单表达式包含其他运算符时的公式。这些公式都可转换成 CNF。详细分析表明，在所生成的所有公式 M

中，文字数最多的公式包含 $O(wp^2(n))$个文字，故 G 的长度为 $O(mwp^3(n))$。

（6）公式 H 描述算法成功终止。令 $i_1, i_2, \cdots, i_k$ 为对应于算法 A 中所有 Success 的语句编号，当且仅当 H 为真，算法成功终止。

$$H=S(i_1,\ p(n))\vee S(i_2,\ p(n))\vee\cdots\vee S(i_k,\ p(n)) \qquad (10\text{-}22)$$

式（10-22）表示时刻 $p(n)$所执行的语句是标号为 $i_1, i_2, \cdots, i_k$ 中的任意一个 Success 语句。

从上面讨论的各子公式所代表的断言可知：公式 $Q= C\wedge D\wedge E\wedge F\wedge G\wedge H$ 是可满足的，当且仅当在输入 I 下算法 A 的计算成功终止。

4．构造 Q 的时间分析

构造 Q 的时间是由算法 A 和输入 I 生成由布尔变量和运算符组成的 Q 的时间。首先来看公式 Q 的长度。公式 C 含有 $O(wp(n))$个文字，公式 D 含有 m 个文字，公式 E 含有 $O(m^2p(n))$个文字，公式 F 含有 $O(mp(n))$个文字，公式 G 含有 $O(mwp^3(n))$个文字，公式 H 含有 m 个文字，因此，公式 Q 总共含有 $O(mwp^3(n))$个文字。

在公式 Q 中用到的不同布尔变量有 B，S 和 C，因此，不同的文字总数 $N=O(wp^2(n)+mp(n))$。假定 w 和 m 是常量，对文字命名（编码），其长度为 $O(\log N)=O(\log(wp^2(n)+mp(n)))=O(\log n)$，即每个文字的名称（编码）至少需要 $O(\log n)$位。因为 $p(n)$至少为 n，故 Q 的总长度为 $O(p^3(n)\log n)=O(p^4(n))$。所以，从算法 A 和输入 I 构造 Q 的时间是多项式 $O(p^3(n)\log n)$的。

这就是说，对任意一个求解 NP 问题的不确定算法 A 和输入 I，都可在多项式时间内构造一个公式 Q(A, I)，使得 Q 是可满足的当且仅当算法 A 在输入 I 成功终止。换句话说，NP 中任意一个问题都可约化到可满足性问题。而由于可满足性∝可满足性，且可满足性问题在 NP 中，可满足性问题是 NP 完全的。显然，如果可满足性问题存在确定的多项式时间算法，NP 类所有问题都存在确定的多项式时间算法。定理 10-1 得证。

从 Q 的构造过程可知，很容易得到 Q 的 CNF 形式，因此可满足性可约化到 CNF 可满足性，即可满足性∝CNF 可满足性，定理 10-2 得证。

10.3　一些典型的 NP 完全问题

本节通过证明一组 NP 完全问题，介绍如何证明一个猜想可能是 NP 难度的问题确实属于这一类的方法。证明一个问题 Q 是 NP 难度（或 NP 完全）问题的具体步骤如下：

（1）选择一个已知其具有 NP 难度的问题 Q_1；

（2）证明能够从 Q_1 的一个实例 I_1，在多项式时间内构造 Q 的一个实例 I；

（3）证明能够在多项式时间内从 I 的解确定 I_1 的解。

（4）从（2）和（3）可知，Q_1∝Q；

（5）由（1）和（4）及约化的传递性得出所有 NP 类问题均可约化到 Q，所以 Q 是 NP 难度的；

（6）如果 Q 是 NP 类问题，则 Q 是 NP 完全的。

10.3.1　最大集团

例 10-3 描述了最大集团判定问题，程序 10-3 是求解这一问题的多项式时间不确定算法，表明这是一个 NP 类问题。下面证明这一问题是 NP 完全的。

定理 10-3 CNF 可满足性∝最大集团判定问题。

证明 分两步证明这一定理：首先寻找一种方法，它能在多项式时间内，从任意给定的 CNF 公式 F 构造一个无向图 $G=(V, E)$；然后证明，F 是可满足的，当且仅当 G 有一个规模至少为 k 的集团。根据约化的定义，我们便证明了：CNF 可满足性∝最大集团判定问题。

第一步：以任意给定的 CNF 公式 F 为输入，构造一个相应的无向图 G，并且这种构造能够在多项式时间内完成。

令 $F=\bigwedge_{1\leqslant i\leqslant k} C_i$ 是一个 CNF 形式的命题公式，$x_i(1\leqslant i\leqslant n)$是 F 中的变量。由 F 生成一个无向图 $G=(V, E)$的方法为：$V=\{<\sigma, i> \mid \sigma$ 是子句 C_i 的一个文字$\}$，$E=\{(<\sigma, i>,<\delta, j>) \mid i \neq j$ 且$\sigma \neq \overline{\delta}\}$。参见例 10-5 和图 10-2。

第二步：如果能够证明 F 是可满足的，当且仅当 G 有一个规模至少为 k 的集团，那么，我们便证明了 CNF 可满足性问题可以约化到最大集团判定问题。下面从两个方面证明此结论。

一方面，若 F 是可满足的，则必定存在对 n 个布尔变量的一种赋值，使得每个子句 C_i 中至少有一个文字为真。设 $S=\{<\sigma_1, 1>, <\sigma_2, 2>, \cdots, <\sigma_k, k>\}$是图 G 中顶点的子集，其中，$\sigma_i$是子句 C_i 中为真的任一文字，显然，对于子集 S 中任意两个顶点$<\sigma_i, i>$和$<\sigma_j, j>$，由于σ_i和σ_j都为真，因而有 $\sigma_i \neq \overline{\sigma}_j\ (i\neq j)$。根据图的构造方法，子集 S 中的任意一对顶点间应有边相连，从而形成完全图，即 S 是图 G 的规模为 k 的集团。这就证明了如果 F 是可满足的，那么图 G 中必定存在规模至少为 k 的集团。

另一方面，若 G 有一个规模至少为 k 的集团 $G'=(S, E')$，设 $S=\{<\sigma_1, 1>, <\sigma_2, 2>,\cdots, <\sigma_k, k>\}$是集团的顶点集合，则必有$\sigma_i\neq \overline{\sigma}_j\ (i\neq j)$；若不然，则顶点$<\sigma_i, i>$和$<\sigma_j, j>$之间没有边，$S$ 不是集团。于是，便可对 S 中的所有文字赋真值，对不属于 S 的变量可取任意值。布尔变量的这组赋值使得 F 的每个子句 C_i 中至少有一个文字为真，从而使 F 为真。这也就是说，若图 G 有一个规模至少为 k 的集团，则必定存在一种布尔变量赋值，使命题公式 F 为真，即 F 是可满足的。

这就证明了 CNF 可满足性∝最大集团判定问题，所以最大集团判定问题是 NP 难度的。因为最大集团判定问题是 NP 点问题，所以它也是 NP 完全的。

例 10-5 设有命题公式 F，$F=C_1 \wedge C_2=(x_1 \vee x_2 \vee x_3)\wedge(\overline{x}_1 \vee \overline{x}_2 \vee \overline{x}_3)$，则由上面定义构造的图 $G=(V, E)$如图 10-2 所示。

本例的命题公式 F 有 $k=2$ 个子句。如果令 x_1=true，x_2=false，则 F=true。这就是说，F 是可满足的。从图 G 中可见，它包含规模 $k=2$ 的完全图（集团）。

10.3.2 顶点覆盖

例 10-6 （顶点覆盖判定问题）对于无向图 $G=(V, E)$，集合 $S\subseteq V$，如果 E 中所有边都至少有一个顶点在S中，则称S是图G的一个顶点覆盖。覆盖的规模是S中顶点的数目$|S|$。**顶点覆盖**（vertex cover）问题是指求图 G 的最小规模的顶点覆盖，而顶点覆盖判定问题是确定图 G 是否存在规模至多为 k 的顶点覆盖。

对于图 10-3 所示的无向图 G，$S_1=\{1, 3\}$和 $S_2=\{0, 2, 4\}$分别是图 G 的顶点覆盖，S_1 是最小覆盖，其规模为 2。

定理 10-4 表明最大集团判定问题可约化到顶点覆盖判定问题。不难设计出顶点覆盖判定问题的多项式时间不确定算法，所以它属于 NP 类。由于最大集团判定问题是 NP 完全的，故顶点覆盖判定问题也是 NP 完全的。

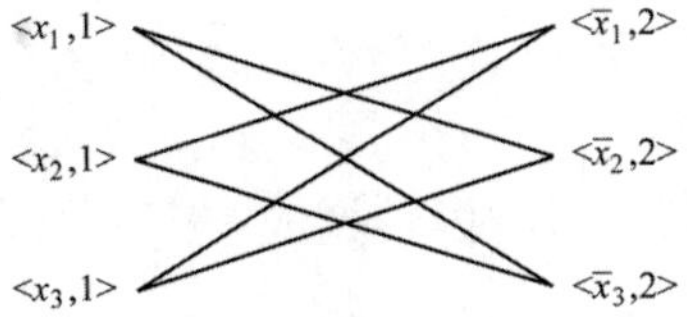

图 10-2　集团判定问题示例

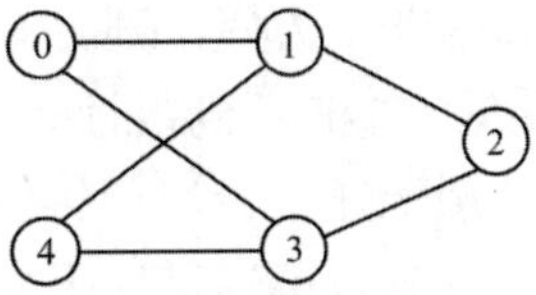

图 10-3　顶点覆盖判定问题示例

定理 10-4　最大集团判定问题$\propto$顶点覆盖判定问题。

证明：分两步证明这一结论。

第一步：以最大集团判定问题的任一实例(G, k)，G=(V, E)，k 为正整数，来构造一个顶点覆盖判定问题的实例(G′, $n-k$)，G′=(V, $\bar{E}$)，$n=|V|$，$\bar{E}=\{(u, v)\ |u\in V, v\in V$ 且$(u, v)\notin E\}$。换句话说，假定将 V 中顶点组成完全图，则将其中不属于 E 的那部分边作为图 G′中的边。显然，此构造过程所需时间是 n 的多项式。

第二步：分两方面证明“图 G 有一个规模至少为 k 的集团，当且仅当图 G′有一个规模至多为 $n-k$ 的结点覆盖”。

一方面，先证明：若图 G 有一个规模至少为 k 的集团 S，则图 G′有一个规模至多为 $n-k$ 的结点覆盖 S'，$S'=V-S$。

反证法：若 G′不能被 S'中的顶点所覆盖，则必定存在边$(u, v)\in\bar{E}$，顶点 u 和 v 均不在 S'中，而在 S 中。这与 S 是图 G 的一个集团相矛盾。所以，S'必定是图 G′的顶点覆盖。并且若$|S|\geqslant k$，则$|S'|\leqslant n-k$。

另一方面，需证明：若 G′有一个规模至多为 $n-k$ 的结点覆盖 S'，则 G 有一个规模至少为 k 的集团 S，$S=V-S'$。

反证法：若 S 不是完全图，则 S 中至少有一对顶点 $u\in S$，$v\in S$ 之间缺少边，该边(u, v)应属于$\bar{E}$，S'未覆盖此边。这与 S'是 G′的顶点覆盖相矛盾。因此，S 必为完全图。若$|S'|\leqslant n-k$，则$|S|\geqslant k$。

由于 G′可以在多项式时间内从 G 得到，并且结论“G 有一个规模至少为 k 的集团当且仅当 G′有一个规模至多为 $n-k$ 的顶点覆盖”成立。因此，最大集团判定问题$\propto$顶点覆盖判定问题，顶点覆盖判定问题是 NP 难度的。

10.3.3　三元 CNF 可满足性

例 10-7　(3SAT) 三元 CNF 可满足性问题是指在一个 CNF 公式 F 中，每个子句包含恰好三个文字时的可满足性问题。证明定理 10-5 之前，先给出关于可满足性的如下若干结论。

(1) λ是可满足的，当且仅当公式$f=(\lambda\vee y_1\vee y_2)\wedge(\lambda\vee\bar{y}_1\vee y_2)\wedge(\lambda\vee y_1\vee\bar{y}_2)\wedge(\lambda\vee\bar{y}_1\vee\bar{y}_2)$是可满足的。其中，$\lambda$是公式，$y_1$ 和 y_2 是变量。

由于 $y_1\neq\bar{y}_1$，$y_2\neq\bar{y}_2$，故$(y_1\vee y_2)$，$(\bar{y}_1\vee y_2)$，$(y_1\vee\bar{y}_2)$和$(\bar{y}_1\vee\bar{y}_2)$这 4 项中至少有一项为假。所以，λ是可满足的，当且仅当公式 f 是可满足的。

(2) $\lambda_1\vee\lambda_2$ 是可满足的，当且仅当公式$f=(\lambda_1\vee\lambda_2\vee y)\wedge(\lambda_1\vee\lambda_2\vee\bar{y})$是可满足的。

由于 $y\neq\bar{y}$，两者之一为假。所以，$\lambda_1\vee\lambda_2$ 是可满足的，当且仅当公式 f 是可满足的。

(3) $f_1\vee f_2$ 是可满足的，当且仅当公式$f=(f_1\vee y)\wedge(f_2\vee\bar{y})$是可满足的，$f_1$ 和 f_2 是公式，y 是变量，并且 y 不出现在 f_1 和 f_2 中。

一方面，若 $f_1\vee f_2$ 是可满足的，则必有 f_1 或 f_2 为真。若 f_1 为真，可令 y 为假，则 f 可满足；否则，若 f_2 为真，可令 y 为真，则 f 可满足。另一方面，若 f 是可满足的，因为 $y\neq\bar{y}$，若 y 为真，

则必有 f_2 为真，若 y 为假，则必有 f_1 为真。即无论 y 为何值，只有 $f_1 \vee f_2$ 为真时，f 才为真。

定理 10-5 CNF 可满足性∝三元 CNF 可满足性。

证明：使用上述结论，可将任意一个 CNF 公式在多项式时间内转换成一个三元 CNF 公式，且这种转换能够维持可满足性不变。

设 $f=C_1 \wedge C_2 \wedge \cdots \wedge C_k$ 是任意一个 CNF 公式，可利用上述结论减少或增加子句中的文字，使得每个 C_i 中都有且仅有三个文字，从而成为一个三元 CNF 公式。

（1）若某个 C_i 只包含一个文字，设 $C_i=x$，则可代之以公式 $(x \vee y_1 \vee y_2) \wedge (x \vee \overline{y}_1 \vee y_2) \wedge (x \vee y_1 \vee \overline{y}_2) \wedge (x \vee \overline{y}_1 \vee \overline{y}_2)$，且可满足性不变。

（2）若某个 C_i 包含两个文字，设 $C_i=x_1 \vee x_2$，则可代之以公式 $(x_1 \vee x_2 \vee y) \wedge (x_1 \vee x_2 \vee \overline{y})$，且可满足性不变。

（3）若某个 $C_i=x_1 \vee x_2 \vee \cdots \vee x_j$ 包含超过三个文字，应使其减少为三个文字。令 $f_1=x_1 \vee x_2$，$f_2=x_3 \vee x_4 \vee \cdots \vee x_j$，将子句 C_i 改造成两个子句 $(x_1 \vee x_2 \vee y)$ 和 $(x_3 \vee x_4 \vee \cdots \vee x_j \vee \overline{y})$。前者已是三元 CNF 公式，后者比 C_i 少一个文字。继续这种变换，直到每个子句只有三个文字为止。

一个 CNF 公式可以按上述做法转换成仅包含三个文字的合取范式，其转换时间是公式长度的多项式。并且我们也看到，每一种转换都能保持转换前后的可满足性不变。因此，CNF 可满足性∝三元 CNF 可满足性，故三元 CNF 可满足性问题是 NP 完全的。

10.3.4 图的着色数

例 10-8（图着色数判定问题）对给定的无向图 G 着色，是指对图中任何两个相邻顶点都分配不同颜色。图的着色问题是求对给定无向图着色所必需的最少颜色种类，而图着色判定问题是确定能否使用 k 种颜色对一个给定的无向图着色的问题。

定理 10-6 三元 CNF 可满足性∝着色数判定问题。

证明：仍然分两步证明这一结论。

第一步：以三元 CNF 可满足性问题的任意一个实例公式 F 为输入，构造一个着色数判定问题的实例 (G, k)，其中 $G=(V, E)$ 为无向图，k 为正整数。

设 $L=\{x_1,\cdots, x_n, \overline{x}_1,\cdots,\overline{x}_n\}$ 是文字的集合，不妨设 $n>3$。如果 $n\leqslant 3$，则可以通过对 x_1, x_2 和 x_3 的 8 种可能的赋值，计算 F 的值来判定 F 是否可满足。设 $F=C_1 \wedge C_2 \wedge \cdots \wedge C_k$ 是 L 上的三元 CNF 公式，其中每个子句只有三个文字。从 F 构造无向图的方法定义为：

$$V=\{x_1, x_2,\cdots, x_n\} \cup \{\overline{x}_1, \overline{x}_2, \cdots, \overline{x}_n\} \cup \{C_1, C_2,\cdots, C_k\} \cup \{y_1, y_2,\cdots, y_n\}$$

总共 $3n+k$ 个顶点，其中 $y_1, y_2,\cdots, y_n$ 是引入的辅助顶点。

$E=\{(x_i, \overline{x}_i), 1\leqslant i\leqslant n\} \cup$ //x_i 与 $\overline{x}_i$ 相邻接

$\{(y_i, y_j) \mid i \neq j\} \cup$ //$\{y_1, y_2,\cdots, y_n\}$ 形成完全子图

$\{(y_i, x_j) \mid i \neq j\} \cup$ //y_i 与 $x_j (i\neq j)$ 相邻接

$\{(y_i, \overline{x}_j) \mid i \neq j\} \cup$ //y_i 与 $\overline{x}_j (i\neq j)$ 相邻接

$\{(x_i, C_j) \mid x_i \notin C_j\} \cup$ //C_j 与不在其中的文字 x_i 相邻接

$\{(\overline{x}_i, C_j) \mid x_i \notin C_j\}$ //C_j 与不在其中的文字 $\overline{x}_i$ 相邻接

这一构造过程是多项式时间的。

第二步：从两方面证明“三元 CNF 公式 F 是可满足的，当且仅当图 G 是 $n+1$ 可着色的。”

一方面，需证明：若 F 是可满足的，则图 G 是 n+1 可着色的。由于 $F=C_1 \wedge C_2 \wedge \cdots \wedge C_k$ 是可满足的，F 的每个子句 C_j 中至少一个文字为真，设 λ_i 是 C_j 中某个为真的文字，λ_i 可为 x_i 或 $\overline{x}_i$。因此，可以设计如下 n+1 着色方案（设 n+1 种颜色的编号为 1～n+1）：

（1）对每个顶点 y_i 分配一种颜色 i；

（2）对顶点 λ_i 分配颜色 i，对顶点 $\overline{\lambda}_i$ 分配颜色 n+1；

（3）若 $\lambda_i \in C_j$，λ_i 为真，对顶点 C_j 分配颜色 i。

上述使用 n+1 种颜色对图中顶点着色的方案是可行的。因为按这种方案对顶点 y_i、λ_i 和 C_j 分配颜色，能够保证任意一对相邻接顶点的颜色都不相同。这就证明了若 F 是可满足的，则图 G 是 n+1 可着色的。

另一方面，需证明：若图 G 是 n+1 可着色的，则 F 是可满足的。由于图 G 是 n+1 可着色的，则

（1）因为顶点子集 $\{y_1, y_2, \cdots, y_n\}$ 形成完全子图，所以，每个顶点 y_i 的颜色必定不同，不妨假定对 y_i 分配的颜色是 i。

（2）因为顶点 y_i 与所有顶点 x_j 和 $\overline{x}_j\,(i \neq j)$ 都相邻接，又因为 x_i 和 $\overline{x}_i$ 相邻，两者不能取相同颜色，所以，可以肯定，每对顶点 x_i 和 $\overline{x}_i$ 中，只能有一个文字可取 y_i 的颜色 i，而另一个文字的颜色只能是 n+1。不妨设 λ_i 是 x_i 和 $\overline{x}_i$ 二者中与 y_i 有相同颜色 i 的文字，$\overline{\lambda}_i$ 有颜色 n+1。

（3）所有顶点 C_j 都不可能着色 n+1。这是因为，每个子句有三个文字，对每个子句 C_j 而言，在 n（n>3）个布尔变量中，至少有一个变量的两个文字都不属于该子句。设 $x_i, \overline{x}_i \notin C_j$。顶点 C_j 与它们二者都相邻。因为 x_i 和 $\overline{x}_i$ 之一必定有颜色 n+1，所以，顶点 C_j 不可能着色 n+1。它只能取某个文字 $\lambda_i \in C_j$ 的颜色 i，且 $i \neq n+1$。

设 $\lambda_p \in C_i$ 和 $\lambda_q \in C_j$，顶点 C_i 和 C_j 分别与顶点 λ_p 和 λ_q 有相同的颜色，且都不为 n+1，因而有 $\lambda_p \neq \overline{\lambda}_q$。这就是说，可以令所有与 C_j 有相同颜色的文字为真，这组变量赋值可使每个 C_j 都为真，从而使 F 为真。其余布尔变量可赋任意值。这就证明了若图 G 是 n+1 可着色的，那么 F 是可满足的。

综上所述，我们可在多项式时间内从三元 CNF 可满足性问题的任意一个实例公式 F，构造一个图着色数问题的实例无向图 $G=(V, E)$，并且三元 CNF 公式 F 是可满足的，当且仅当图 G 是 n+1 可着色的，所以，三元 CNF 可满足性∝着色数判定问题，容易证明，着色数判定问题是 NP 点的，故着色数判定问题是 NP 完全的。

10.3.5 有向哈密顿环

例 10-9（有向哈密顿环问题）有向图 $G=(V, E)$ 中的一个哈密顿环是一个长度为 $|V|$ 的有向回路，它恰好经过图中每个结点一次后再回到起始结点。这里的长度是指回路上边的数目。有向哈密顿环问题是判定给定的图 G 是否存在一个有向哈密顿环。

例如，图 10-4 所示有向图存在一个有向哈密顿环 1, 2, 3, 4, 5, 1。如果删除图中的边<5,1>，则此图便不再包含有向哈密顿环。

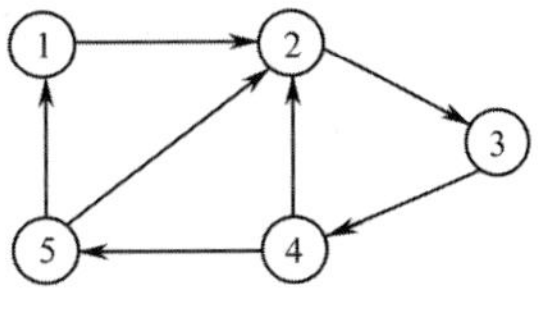

图 10-4　有向哈密顿环示例

定理 10-7　CNF 可满足性问题∝有向哈密顿环问题。

证明：证明分成两步：以多项式时间从命题公式 F 构造一个有向图 G；证明 F 是可满足的，当且仅当图 G 存在一个有向哈密顿环。

第一步：从命题公式 F 构造有向图 G。令 F 是 CNF 形式的命题公式。下面设法从 F 构造一

个有向图 G=(V, E)，使得 F 是可满足的，当且仅当图 G 存在一个有向哈密顿环。下面以例 10-10 为例说明构造过程。

例 10-10　设 $F=C_1\wedge C_2\wedge C_3\wedge C_4$，其中，

$$\begin{aligned}
C_1 &= x_1 \vee \overline{x}_2 \vee x_4 \vee \overline{x}_5 \\
C_2 &= \overline{x}_1 \vee x_2 \vee x_3 \\
C_3 &= \overline{x}_1 \vee \overline{x}_3 \vee x_5 \\
C_4 &= \overline{x}_1 \vee \overline{x}_2 \vee \overline{x}_3 \vee x_4 \vee \overline{x}_5
\end{aligned} \tag{10-23}$$

一般，可假定 F 有 k 个子句 $C_1, C_2,\cdots, C_k$ 和 n 个变量 $x_1, x_2,\cdots, x_n$。可以生成一个 k 行 $2n$ 列的二维数组 a。第 i 行表示子句 C_i，每个变量 x_j 的两个文字 x_j 和 $\overline{x}_j$ 形成数组中相邻两列。当且仅当 x_j 或 $\overline{x}_j$ 是 C_i 的一个文字，a[i][j]='*'。图 10-5（a）所示为例 10-10 的 F 生成的数组。以数组中的*为结点，按图 10-5（b）所示的方式添加边。将 x_j 和 $\overline{x}_j$ 两列连接起来，并在上下两端各添加一个结点 u_j 和 v_j，并添加边<u_j, v_{j+1}>，$1\leqslant j<n$。此外，在数组的最右边加一列，并在该列的第 i 行添加结点ⓘ，序偶<$i, i+1$>，$1\leqslant i<k$ 也是边。得到图 10-5（b）的有向图。

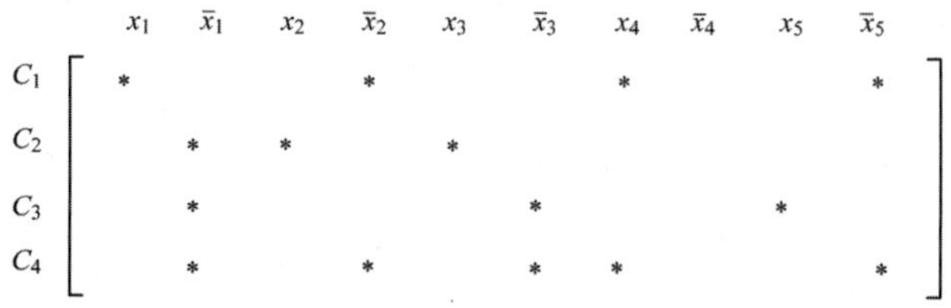

（a）数组结构

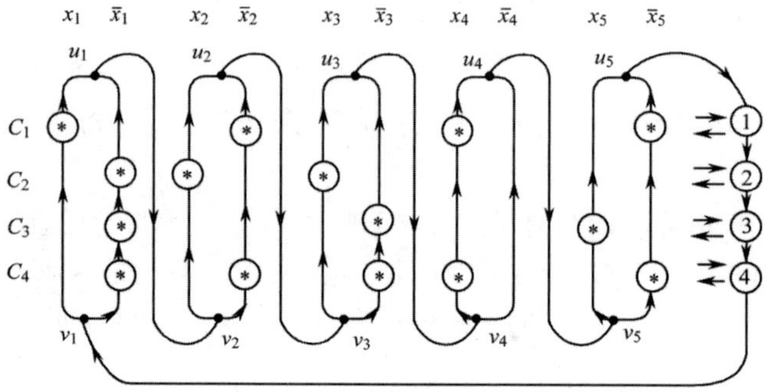

（b）生成的图 G

图 10-5　公式的数组结构

事实上，图 10-5（b）中每个⊛和ⓘ结点并非是单个结点，它们分别代表一个子图。为了最终完成此图，每个⊛结点需用图 10-6（a）的子图取代。用子图取代 x_2 和 $\overline{x}_2$ 列的⊛结点后的图如图 10-6（b）所示。每个ⓘ结点需用 10-7（a）的子图取代。图中 A_i 是入口结点，B_i 是出口结点。图 10-5（b）中的边<1, 2>在 10-7（b）的子图中为<B_1, A_2>，即从结点①出口，进入结点②。一般地，<i, i+1>就是子图中的<B_i, A_{i+1}>。边<u_n, 1>就是<u_n, A_1>，边<k, v_1>是<B_k, v_1>。图 10-7（b）中ⓘ结点由图 10-7（a）的子图取代。图 10-7（a）子图的一条边 $R_{i,\ a}$→⊛→$R_{i,\ a+1}$ 是指与 C_i 行中的一个子图⊛相连接。入边是<$R_{i,\ 1}$, 1>，出边是<3, $R_{i,2}$>。这就完成了从命题公式构造图 G 的过程。仔细观察可知，这一过程是在多项式时间内完成的。

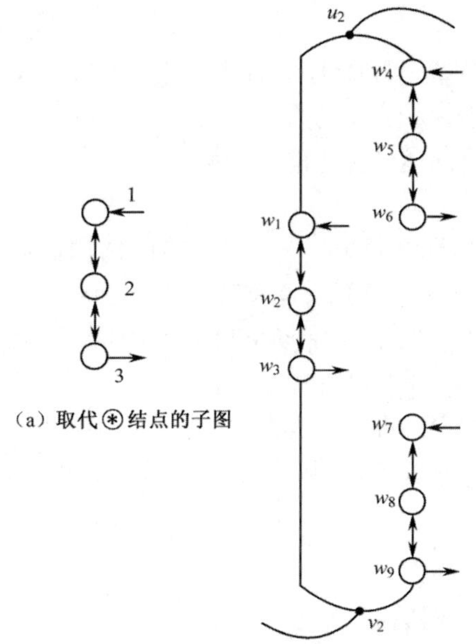

（a）取代⊛结点的子图

（b）插入第 2 对列后

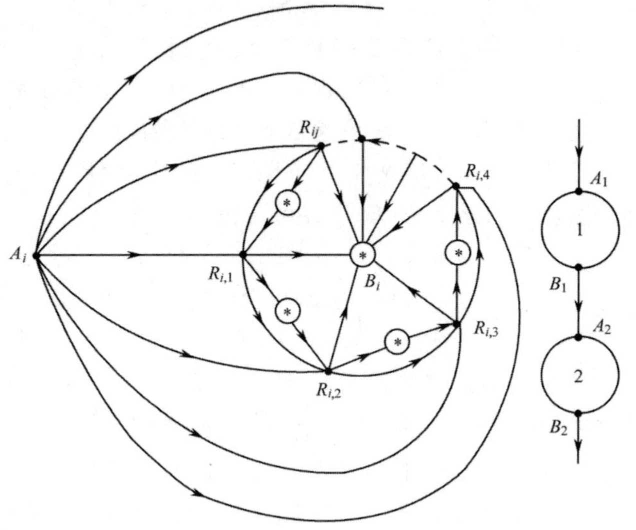

（a）ⓘ结点的子图

（b）弧 <1,2>

图 10-6　取代⊛结点的子图及插入第 2 对列后

图 10-7　取代ⓘ结点的子图

第二步：从两方面证明“F 是可满足当且仅当图 G 存在一个有向哈密顿环。”

一方面，需证明：若 F 是可满足的，则图 G 存在一个有向哈密顿环。令 S 是使 F 为真的一组真值指派。那么图 G 存在一个哈密顿环：$(v_1, u_1, v_2, u_2,\cdots, u_n, A_1, R_{11}, R_{12},\cdots, R_{1j}, B_1, A_2,\cdots, v_1)$。该环从 v_1 开始，经过 u_1 到 v_2，再到 $u_2,\cdots, u_n$ 到 A_1，经 $R_{11}, R_{12},\cdots, R_{1j}$ 到 $B_1, A_2\cdots$，最后回到 v_1。其中 R_{1j} 的 j 是子句 C_1 中文字数目。

需要注意的是：第一，在由 v_j 向上行进到 u_j 时，若 x_j 在 S 中为真，则此环从 x_j 这一列向上行进，否则从 $\overline{x}_j$ 这一列向上行进；第二，在由任一子图ⓘ的 $R_{i,a}$，行进到 $R_{i,a+1}$ 的过程中，当且仅当某个⊛子图的结点尚未包括在从 v_1 到 $R_{i,a}$ 的路径上时，才转移到第 i 行的该⊛子图。若 C_i 有 j 个文字，则ⓘ子图最多允许转移到 j–1 个⊛子图，这是因为 C_i 中至少有一个文字为真，在环的路径向上行进时，必然已经通过了与为真的文字相对应的列中的⊛子图。这就证明了 F 是可满足的，图 G 存在一个有向哈密顿环。

另一方面，需证明：若图 G 存在一个有向哈密顿环，则 F 是可满足的。从图 G 的任一哈密顿环上的结点 v_1 开始，由于⊛子图的结构，这样的环必定只从每对文字 x_j 和 $\overline{x}_j$ 中的一列向上行进。另外，从 v_1 开始的环在到达 u_n 之前，每一行必须至少经过一个⊛子图，且此子图必定在向上行进时经过的。因为在ⓘ子图从 A_i 到 B_i 的路径上至少有一个⊛不经过，否则就不会形成哈密顿环。因此对从 v_j 向上行进到 $u_j(1\leqslant j\leqslant n)$的列的文字赋予真值，从而得到一组真值指派使得 F 为真。证毕。

10.3.6　恰切覆盖

例 10-11　（恰切覆盖问题）给定一个元素的有限集合 X，以及 X 的集合族 $F=\{S_1, S_2,\cdots, S_k\}$，确定是否存在互不相交的集合所组成的子集合 $T\subseteq F$，使得

$$\bigcup_{S_i\in T} S_i = \bigcup_{S_i\in F} S_i = \{u_1, u_2, \cdots, u_n\} \tag{10-24}$$

这一问题称为**恰切覆盖**（exact cover）。

例 10-12 设 $X=\{1,2,3,4,5\}$，$F_1=\{\{1,3\},\{2,3,4\},\{2,4\},\{5\}\}$，$F_2=\{\{1,3\},\{2,4\},\{2,4\},\{3,5\}\}$。$(X, F_1)$存在一个恰切覆盖 $T_1=\{\{1,3\},\{2,4\},\{5\}\}$，但$(X, F_2)$不存在恰切覆盖。

可以证明 3-可着色问题是 NP 完全的，下面证明 3-可着色问题$\propto$恰切覆盖问题。

定理 10-8 3-可着色问题$\propto$恰切覆盖问题。

证明：证明分成两步：对于给定的图 $G=(V, E)$可在多项式时间内构造一个相应的恰切覆盖问题的实例（X, F）；图 G 是 3-可着色的，当且仅当（X, F）存在一个恰切覆盖。

第一步：先看如何从给定的图 $G=(V, E)$，构造一个相应的恰切覆盖问题的实例（X, F）。

设（X, F）是图 $G=(V, E)$对应的恰切覆盖问题的实例，可令元素集合 X 为

$$X=V\cup\{(e,\ \text{red})\mid e\in E\}\cup\{(e,\ \text{green})\mid e\in E\}\cup\{(e,\ \text{blue})\mid e\in E\} \tag{10-25}$$

可见在集合 X 中，图 G 的每个顶点有一个对应的元素，每条边有三个对应的元素（e, red），（e, green）和（e, blue），所以$|X|=|V|+3|E|$。

由 X 中元素按下列方式形成 X 的如下两类集合：

$$C_{v,\ \text{color}}=\{v\}\cup\{(e,\text{color})\mid \text{边 } e \text{ 与结点 } v \text{ 相关联}\}$$

和

$$D_{e,\ \text{color}}=\{(e,\text{color})\} \tag{10-26}$$

例 10-13 设无向图 $G=(V, E)$, $V=\{1, 2, 3, 4\}$, $E=\{(1, 2), (1, 3), (2, 3), (3, 4)\}$。

令 X={1, 2, 3, 4, (1, 2, red), (1, 2, green), (1, 2, blue), (1, 3, red), (1, 3, green), (1, 3, blue), (2, 3, red), (2, 3, green), (2, 3, blue), (3, 4, red), (3, 4, green), (3, 4, blue)}，共有 4+4×3=16 个元素。根据式（10-26）可构造集合 $C_{1,\ \text{red}}=\{1, (1, 2, \text{red}), (1, 3, \text{red})\}$，$D_{(1, 2),\ \text{red}}=\{(1, 2, \text{red})\}$等。

F 是由 $C_{v,\text{color}}$ 和 $D_{e,\text{color}}$ 两类集合构成的集合族：

$$F=\{C_{v,\text{color}}\mid v\in V,\ \text{color} = \text{red, green, blue}\}\cup$$
$$\{D_{e,\text{color}}\mid e\in E,\ \text{color} = \text{red, green, blue}\} \tag{10-27}$$

很明显，按上述方法从一个图 G 构造一个恰切覆盖实例（X, F）的过程可在多项式时间内完成。

第二步：分两方面证明“图 G 是 3-可着色的当且仅当（X, F）存在一个恰切覆盖。”

一方面，需证明：若图 G 是 3-可着色的，则（X, F）存在一个恰切覆盖。

因为图 G 是 3-可着色的，则对于每个结点 $v\in V$，设 color(v)$\in$\{red, green, blue\}为结点 v 的颜色，必定对所有的 $e=(u, v)\in E$，color(u)$\neq$color(v)。可采用如下方法得到（X, F）的一个恰切覆盖 $T=T_1\cup T_2$，其中：

$$T_1=\{C_{v,\ \text{color}}(v)\mid v\in V\}$$

$$T_2=\{D_{e,\ \text{color}}\mid \text{有未包含在 } T_1 \text{ 中的元素}(e,\text{color})\}$$

由于 T_2 中没有重复元素，T_1 中每个 v，$v\in V$ 只属于唯一的集合 $C_{v,\ \text{color}}(v)$，并且对于 T_1 中任意两个元素（$e(u, v)$, color(u)）和（$e(v, u)$, color(v)），color(u)$\neq$color(v)，所以这两个元素不是相同元素。因此 $T=T_1\cup T_2$ 的确是（X, F）的一个恰切覆盖。

另一方面，需证明：若（X, F）存在一个恰切覆盖，则图 G 是 3-可着色的。

由于（X, F）存在一个恰切覆盖，设为 T，则在 T 中对于每个 v，$v\in V$，有且仅有唯一的集合 $C_{v,\text{color}}$。因为如果对每个 v，T 中包含两个集合 $C_{v,\text{color1}}$ 和 $C_{v,\text{color2}}$，则 T 中必然包含相同的两个元素 v。这样 T 就不是一个恰切覆盖。因此可使用该唯一的 $C_{v,\ \text{color}}$ 的 color 为结点 v 着色，每个结点有一种颜色。同样由于 T 是一个恰切覆盖，其中不会包含元素（e, color(u)）和（e, color(v)），$e=(u, v)$，两者有相同颜色 color(u)=color(v)。所以图 G 是 3-可着色的。

10.3.7 子集和数

例 10-14 （子集和数）设有 n 个整数 $A=\{a_1, a_2,\cdots, a_k\}$ 和一个目标整数 M，判定是否存在 A 的一个子集 $B\subseteq A$，使得 B 中整数之和为 M。这里讨论的子集和数问题是一个判定问题。

定理 10-9 恰切覆盖问题∝子集和数问题。

证明：这一问题证明的关键是将恰切覆盖问题（X, F）的每个集合转换成子集和数问题的一个数字，用一个数字表示一个集合时，可以将数字视为一堆比特（bit）的集合，一个比特代表集合的一个元素。

设有恰切覆盖问题（X, F），$F=\{S_1, S_2,\cdots, S_k\}$，判定是否存在 F 的子集 T，对任意两个集合 $S_i, S_j\in T$，有 $S_i\cap S_j=\varnothing$，使得 $T\subseteq F$，并有：

$$\bigcup_{S_i\in T} S_i = \bigcup_{S_i\in F} S_i = \{u_1, u_2, \cdots, u_n\}$$

可通过下列方法将恰切覆盖问题转换成子集和数问题（A, M），其中 $A=\{a_1, a_2,\cdots, a_k\}$ 为 k 个数，$a_j=\sum_{i=1}^{n}\varepsilon_{ji}(k+1)^{i-1}$，若 $u_i\in S_j$，则$\varepsilon_{ji}=1$，否则$\varepsilon_{ji}=0$；$M=\sum_{i=0}^{n-1}(k+1)^i$。可见，若 $u_i\in S_j$，则 u_i 对 a_j 的贡献值为 $(k+1)^{i-1}$。参见例 10-15。

很显然，（X, F）存在恰切覆盖 T，当且仅当子集和数问题（A, M）存在和为 M 的子集。这是因为若（X, F）存在恰切覆盖 T，则每个 u_i，必定属于某个集合 $S_j\in T$，且仅属于一个集合，因此对每个 i，有且仅有一个$\varepsilon_{ji}=1$。

由于从恰切问题的实例生成子集和数问题的实例是多项式时间的，所以恰切覆盖问题∝子集和数问题。容易得到子集和数问题的多项式时间不确定算法，因而它是 NP 类问题，子集和数判定问题是 NP 完全的。

例 10-15 设有恰切覆盖问题实例（X, F），$S_1=\{1, 2\}$，$S_2=\{3\}$，$S_3=\{1, 3\}$，$S_4=\{2, 3\}$，$F=\{S_1, S_2, S_3, S_4\}$。现将其转换成相应的子集和数问题实例。因为 $k=4$，$S_1=\{1, 2\}$，故$(\varepsilon_{11}, \varepsilon_{12}, \varepsilon_{13}, \varepsilon_{14})=(1, 1, 0, 0)$，$a_1=5^0+5^1=6$。同样可计算得到 $a_2=5^2=25$，$a_3=5^0+5^2=26$，$a_4=5^1+5^2=30$，$M=5^0+5^1+5^2=31$。

对于这一实例(X, F)存在恰切覆盖 $T=\{S_1, S_2\}$。其相应的子集和数问题也存在子集$\{a_1, a_2\}=\{6, 25\}$，有 $a_1+a_2=M=31$。请考虑，假如 $F_1=\{\{3\}, \{1, 3\},\{2, 3\}\}$，则（$X, F_1$）是否存在恰切覆盖？其相应的子集和数问题实例如何？是否有解？

10.3.8 分划问题

许多问题都要使用分划问题，分划问题是 NP 难度的。

例 10-16 （分划问题）对于给定的具有 n 个整数的集合 $S=\{e_1, e_2,\cdots, e_n\}$，判定是否存在一个分划 $S=\{S_1, S_2\}$，使得 $\sum_{e_j\in S_1} e_j = \sum_{e_j\in S_2} e_j$。这里的集合是指多重集合，即集合中允许包含相同元素。

定理 10-10 子集和数问题∝分划问题。

证明：设 $A=\{a_1, a_2,\cdots, a_n\}$ 和 M 是子集和数问题的一个实例，S 是分划问题的实例。令 $S=A\cup\{p=M+1, q=s+1-M\}$，其中 $s=\sum_{i=1}^{n}a_i$。不妨假定 $M\leqslant s$，不然可以马上断定 A 中不存在和为 M 的子集。事实上，集合 S 仅仅比集合 A 多了两个新元素 p 和 q。

现在的问题是能否将集合 S 分划成两个子集，使得其中一个子集中的元素之和等于另一个子集的元素之和。在两个集合的分划中，元素 p 和 q 不可能同时出现在同一个集合中，因为两者之和为 $s+2$，大于其他所有元素之和。假定 $S=\{S_1, S_2\}$，其中 $S_1=\{p\}\cup X$，$S_2=\{q\}\cup Y$。这种方式也

将 A 分划成两个子集 X 和 Y。

S 存在分划 $\{S_1, S_2\}$，当且仅当

$$
\begin{aligned}
& p + \sum_{a_i \in X} a_i = q + \sum_{a_i \in Y} a_i \\
& \Leftrightarrow M + 1 + \sum_{a_i \in X} a_i = s + 1 - M + \sum_{a_i \in Y} a_i \\
& \Leftrightarrow \sum_{a_i \in Y} a_i = M
\end{aligned}
\tag{10-28}
$$

换言之，S 有一个两集合分划，当且仅当 A 有一个和为 M 的子集 Y。又因为 S 可在多项式时间内由 A 和 M 得到，所以子集和数问题∝分划问题。

还可以证明分划问题∝0/1 背包问题，分划问题∝带时限的作业排序问题。所以这些问题也都是 NP 难度问题。还有其他问题，例如，分划问题∝最小完成时间不抢先调度问题，分划问题∝最小完成时间抢先流水调度问题，分划问题∝最多程序存储问题等，它们也都是 NP 难度的。

本章小结

Cook 定理证明了（CNF）可满足性问题是 NP 完全的，所有 NP 类问题都可约化到可满足性问题。CNF 可满足性∝最大集团判定问题∝顶点覆盖判定问题，CNF 可满足性∝3 元 CNF 可满足性∝图着色数判定问题∝恰切覆盖问题∝子集和数问题∝分划问题，CNF 可满足性∝有向哈密顿环问题。还可以证明子集和数问题∝0/1 背包问题，有向哈密顿环问题∝旅行商问题，分划问题∝非抢先调度最小完成时间，顶点覆盖问题∝集合覆盖问题等。

NP 难度和 NP 完全问题是一类至今尚未有人找到多项式时间解法的问题，研究它们，可指导算法设计。如果一个问题一经证明是 NP 难度的，可不必致力于寻找多项式时间算法，而采取其他多种算法设计策略，例如，启发式算法、局部寻优、随机算法和近似算法都是很好的选择。此外还可采用演化算法、神经网络等问题求解的新方法。

习题 10

10-1　什么是不确定机器？什么是不确定算法？如何分析不确定算法的时间？

10-2　给定两个集合 S_1 和 S_2，检查这两个集合是否有公共元素的问题称为互斥集问题。请设计一个 O(1)时间不确定算法求解此问题。

10-3　给定一个有 n 个元素的序列，各不相同元素问题是检查该序列中是否存在相同元素。请设计一个不确定算法求解此问题，并分析其时间复杂度。

10-4　设计一个时间复杂度为 O(n)的求解子集和数问题的不确定算法。

10-5　设计一个求解恰切覆盖问题的不确定算法，并分析其时间复杂度。

10-6　什么是 P 类和 NP 类问题？什么是多项式约化？

10-7　什么是 NP 难度和 NP 完全问题？

10-8　简述证明一个问题可约化到另一个问题的一般步骤。

10-9　证明集团最优化问题∝集团判定问题。

10-10　证明或否定：如果存在多项式时间算法将一个 CNF 布尔公式转换成一个等价的 DNF 公式，则 P=NP。

10-11　对于哈密顿环问题、顶点覆盖问题和最大集团问题，分别构造结果为“是”和“否”

的实例各一个。

10-12　斯坦纳树（Steiner Trees）问题是指，给定图 G=(V, E)，顶点 V 的一个子集 V' 及整数 k，问是否存在图 G 的树形子图，它除了包含 V' 的全部顶点以外，最多只需再添加图 G 中的 k 个顶点。

（1）说明斯坦纳树问题是 NP 类问题；

（2）证明顶点覆盖问题$\propto$斯坦纳树问题。

10-13　无向图 G=(V, E)的一条哈密顿路径是从顶点 i 到 j 的一条简单路径，它包含图中全部顶点，且只出现一次。试证明哈密顿环问题$\propto$哈密顿路径问题。

10-14　证明带时限的作业排序问题（见 9.3 节）是 NP 难度的。

10-15　证明图的 3-可着色问题是 NP 完全的。

10-16　设有 n 个作业$\{1, 2,\cdots, n\}$，作业 i 的处理时间为 t_i，时限为 d_i，但每个作业 i 必须等到 r_i 时间才能开始处理。“判定是否全部作业可以在一台处理机上完成处理而不超期”是一个 NP 完全问题，证明这一结论。

10-17　设有无向图 G 和整数 k，问是否存在一个简单回路至少包含 k 个顶点。此问题被称为**最长路径问题**（longest path）。

（1）说明这是一个 NP 类问题；

（2）证明这是一个 NP 完全问题。

10-18　设有无向图 G 和整数 k，问是否存在图 G 的最小代价生成树，使得每个顶点的度至多为 k。这一问题被称为**度有界的生成树**（bounded degree spanning tree）。

（1）说明这是一个 NP 类问题；

（2）证明这是一个 NP 完全问题。

10-19　设有 0/1 背包问题描述如下：给定代表 n 个物品重量的正整数序列（$a_1, a_2,\cdots, a_n$）和背包载重 c，求解 $X=$（$x_1, x_2,\cdots, x_n$），x_i=0 或 1，使得满足$\sum_{i=1}^{n} a_i x_i = c$ 。

（1）给出它的不确定算法，分析该算法的不确定时间复杂度。

（2）证明分划问题$\propto$0/1 背包问题。

第11章 随机算法

前面讨论的各种确定算法的计算步骤是确定的。本章讨论随机算法，这类算法允许在算法执行中随机地选择下一个计算步，通常根据随机数发生器的输出进行选择。随机选择往往比最优选择省时。随机算法在许多应用中能很大程度地降低算法的计算复杂度。

11.1 基本概念

11.1.1 随机算法概述

什么是随机算法？非形式地，一个**随机算法**（randomized algorithm）是指需要利用随机数发生器的算法，算法执行的某些选择依赖于随机数发生器所产生的随机数。由于一个随机数发生器的输出，对于算法的某一次执行而言是不可预见的，因而对所求解问题的同一实例，使用同一随机算法的两次求解，可能得到不同的结果。所需的计算时间也会有很大差别。这是随机算法的一个基本特征。随机算法的优势在于这类算法简单而效率较高。

11.1.2 随机数发生器

随机数在随机算法中有着重要作用。真正的随机数是不可能用计算机生成的，由计算机算法生成的都是在一定程度上随机的，是伪随机数。

最简单的伪随机数序列可使用**线性同余法**（linear congruential method）产生，即

$$\begin{cases} x_0 = d \\ x_n = (ax_{n-1} + c) \bmod m \qquad n = 1,2,\cdots \end{cases} \tag{11-1}$$

式中，$m>0$，$0 \leqslant a < m$，$0 \leqslant c < m$，$0 \leqslant d < m$。m 是模，a 是乘数，c 是增量，d 称为该随机序列的种子。当 a, c, m 给定后，不同的 d 将产生不同的随机数序列。如何选择 a, c 和 m 使得产生的随机数序列的"随机"性能较好？这是随机数理论研究的内容，已超出本书的范围。但从直观上看，m 应取得充分大，因为由线性同余法产生的随机数的范围最多是 $0, 1, \cdots, m-1$。另外应取 $\gcd(m, a)=1$，通常取 m 为素数。构造随机数发生器的方法很多，我们在此不做进一步讨论。

11.1.3 随机算法分类

随机性以不同形式应用于随机算法中，随机算法通常分成4类：**数值随机算法**，**蒙特卡罗算法**，**拉斯维加斯算法**和**舍伍德算法**。

数值随机算法（numerical randomized algorithm）用于求数值问题的近似解。有许多数值计算问题，常常难以甚至不能求得它们的精确解，而使用数值随机算法能在适度时间内，得到精度令人满意的近似解。在一般情况下，近似解的精度随计算时间的增加而提高。

非数值问题和组合问题往往要求得到问题的准确解，近似解对问题是无意义的。例如，一个判定问题的答案为"是"或"否"，二者必居其一，不存在求近似解的问题。又如，求一个整数的因子问题，必须列出该整数的因子，整数的近似因子也毫无价值。

蒙特卡罗算法（Monte Carlo-algorithm）用于求问题的准确解。蒙特卡罗算法不保证所求得

的解是正确的，也就是说，蒙特卡罗算法求得的解有时是错误的。不过，由于可以设法控制这类算法得到错误解的概率，并且因为它的简单高效，使其成为很有价值的一类随机算法。在一般情况下，蒙特卡罗算法求得正确解的概率随计算时间的增加而增大。但其不能确保解的正确性，而且通常无法有效地判断所求得的解究竟是否正确，这是蒙特卡罗算法的缺陷。

拉斯维加斯算法（Las Vegas-algorithm）求得的解总是正确的，但有时拉斯维加斯算法可能始终找不到解。使用拉斯维加斯算法求解同一问题的同一实例，能够得到相同的结果，但算法的执行时间会不一样。与蒙特卡罗算法相似，在一般情况下，求得正确解的概率随计算时间的增加而增大。因此，为了减少求解失败的概率，可以使用一个拉斯维加斯算法对同一实例，重复多次执行该算法。

舍伍德算法（Sherwood-algorithm）总能求得问题的正确解。当一个确定性算法在最坏情况下的计算复杂度与其在平均情况下的计算复杂度两者相差较大时，可以在这个确定算法中引入随机性将它改造成一个舍伍德算法，用来消除或减少问题的不同实例之间的这种在计算时间上的差别。舍伍德算法的精髓不是避免算法的最坏情况行为的发生，而是设法消除这种最坏行为与特定实例之间的关联性。

随机算法有时也称**概率算法**（probabilistic algorithm），但也有人对两者这样区分：如果取得结果的途径是随机的，则称为随机算法，如拉斯维加斯算法；而如果取得的解是否正确存在随机性，称为概率算法，如蒙特卡罗算法。本书中统一称为随机算法。

下面，我们将通过若干应用实例分别介绍拉斯维加斯算法、蒙特卡罗算法和舍伍德算法。

11.2　拉斯维加斯算法

拉斯维加斯算法在执行中所做出的选择依赖于随机数发生器，如果算法能够得到问题的解，那么拉斯维加斯算法求得的解是正确的。但有时，拉斯维加斯算法的随机决策有可能导致算法不能找到问题的解。此时，需要对同一实例再次独立调用该算法，多次重复可以降低求解失败的概率。下面以标识集合中重复元素的问题为例，介绍拉斯维加斯算法的一般做法。

11.2.1　标识重复元素算法

例 11-1　（标识重复元素问题）设有 n 个元素保存在一维数组 a 中，其中有 $n/2$ 个元素各不相同，而另外 $n/2$ 个元素有相同值。也就是说，总共有$(n/2)+1$ 种不同的元素值。现要求找出其中那个重复元素。

假定使用一个高性能的随机数发生器，它能够保证从[0, $n-1$]个下标中选取每一个值的概率是相等的，为 $1/n$。程序 11-1 为标识重复元素的随机算法，它属于拉斯维加斯算法一类。算法十分简单，它使用随机数发生器，选择两个下标 i 和 j，如果 $i!=j$，且 a[i]==a[j]，则算法成功终止。但算法也可能在运行很长时间后仍不能找到重复元素，此算法在找到重复元素前不会终止。由于此算法如果终止，总能得到正确结果，所以它是一个拉斯维加斯算法。函数 rand()是 C++提供的随机数发生器，它返回产生的伪随机数。

【程序 11-1】　标识重复元素的拉斯维加斯算法

```
template <class T>
int Repeated Element(T a[],int n,T& x)
{
    while(1){
```

```
            int i=rand()% n;int j=rand()% n;
            if ((i!=j)&&(a[i]= =a[j])) {
                x=a[i];return i;
            }
        }
    }
```

11.2.2 性能分析

正如我们使用大 O 记号表示确定算法的运行时间，Õ记号用于反映拉斯维加斯算法的运行时间。

定义 11-1 （Õ记号）如果存在一个正常数 c，使得对输入规模为 n 的问题实例，拉斯维加斯算法的运行时间，以大于等于$1-\frac{1}{n^{\alpha}}$的概率不大于 $c\alpha g(n)$，则称该拉斯维加斯算法具有时间界 Õ$(g(n))$。

定理 11-1 程序 11-1 的拉斯维加斯算法的执行时间是Õ$(\log n)$。

证明：首先需要确定样本空间的大小。我们看到，算法在 while 循环的任意一次迭代中，随机获取两个下标 i 和 j，其样本空间的大小为 n^2。只有当本次选择的 i 和 j（$i\neq j$）恰好是两个重复元素的下标时，算法终止，所以共有 $n/2(n/2-1)$种可能的情况。因此，对两个下标值的一次选择导致算法成功终止的概率为：

$$p=\frac{n/2(n/2-1)}{n^2}=\frac{1}{4}-\frac{1}{2n} \tag{11-2}$$

如果要求算法经一次迭代便终止的概率大于等于 1/5，即

$$\begin{aligned}&1/4-1/2n\geqslant 1/5\\&\Rightarrow 1/4-1/5\geqslant 1/2n\\&\Rightarrow 1/10\geqslant 1/n\\&\Rightarrow n\geqslant 10\end{aligned}$$

换句话说，当 $n\geqslant 10$ 时，上述算法在一次迭代中不能终止的概率小于 4/5。那么，如果执行 10 次循环，则算法不会终止的概率小于$(4/5)^{10}<0.1074$；如果执行 100 次，则算法不会终止的概率小于$(4/5)^{100}<2.04\times 10^{-10}$。这意味着几乎可以断定，此算法会在循环 100 次内终止。

如果采用确定算法，则当 $n=2\times 10^6$ 时，其在最坏情况下的运行时间至少需要 $n/2+2$ 程序步，这是相当可观的。但拉斯维加斯算法几乎肯定可在 100 个程序步内终止。

在一般情况下，拉斯维加斯算法在 k 次迭代中不终止的概率小于$(4/5)^k$。令 $k=c\alpha\log n$，c 是常数，则

$$(4/5)^k=(4/5)^{c\alpha\log n}=n^{-c\alpha\log(5/4)} \tag{11-3}$$

当取 $c\geqslant 1/\log(5/4)$时，有

$$n^{-c\alpha\log(5/4)}<n^{-\alpha} \tag{11-4}$$

这就是说，此算法在 $k=c\alpha\log n$ 步内不终止的概率小于 $n^{-\alpha}$，或者说，算法以大于等于$1-n^{-\alpha}$ 的概率，会在 $k=c\alpha\log n$ 步内终止。所以，$g(n)=\log n$，即程序 11-1 算法的时间复杂度为Õ$(\log n)$。

对于标识重复元素问题，存在许多确定算法。例如，可以对元素集合进行排序，从前面章节已知，排序所需的时间为$\Omega(n\log n)$。另一种可能的方法是，将此数组元素分成$\lceil n/3\rceil$ 组，其中每

组包含 3 个元素（最后一组可以不足 3 个元素）。在每组中查找重复元素，其中至少有一组包含重复元素。这一确定算法的时间为$\Theta(n)$。求解标识重复元素问题的任意确定算法，在最坏情况下至少需要执行$(n/2)+2$ 次元素间的比较。这是因为，一个精心实际的算法会遇到这样的最坏输入实例：算法前 $n/2+1$ 步考察的元素都不相同，直到考察第 $n/2+2$ 个元素时，才能确定哪个是重复元素。

11.3 蒙特卡罗算法

拉斯维加斯算法对于相同的输入总是产生相同的输出。算法的执行时间取决于随机数发生器的输出，可能很快，也可能很慢。蒙特卡罗算法对于相同的输入，算法的结果可能不同。

考虑一个判定问题，其答案只是“是”和“否”。如果使用蒙特卡罗算法来求解这样一个问题，算法可能由于随机数发生器的不同输出而得到错误的结果。因此，应要求蒙特卡罗算法得到不正确结果的概率很低才行。在执行时间上，对于同一输入，蒙特卡罗算法的计算时间一般变化不大。

11.3.1 素数测试问题

在很多应用领域（如密码学）中需要找到大的素数。幸运的是，大素数并不很少。素数定理指出一个随机选取的整数 n 是素数的概率约为 $1/(\ln n)$。因此为了找到一个大小与 n 相当接近的素数，大约需要检查 n 附近的 $\ln n$ 个整数。例如，为了找出一个 100 位的素数，大致需要对 $\ln 10^{100}\approx 230$ 个随机选取的 100 位长度的整数进行素数性测试。当然，可以只测试奇数，将需测试的整数数目减少一半。

素数测试（prime testing）问题是指对给定的大奇数 n，测试它是否为素数。

11.3.2 伪素数测试

一个大于 1 的整数，如果其只能被 1 和本身整除，则称为素数，否则称为合数。下面不加证明地给出数论的费马小定理。本节涉及的某些数论概念和定理将在 13.2 节“数论初步”中介绍，更详细的内容可见文献[2]。

定理 11-2 （**费马小** Fermat little 定理）若 n 是素数，则对所有整数 $0<a<n$，应有

$$a^{n-1}\equiv 1 \bmod n \tag{11-5}$$

费马小定理表明，如果 n 是素数，则式（11-4）成立，反之不然。

定义 11-2 若 n 为合数，且 $a^{n-1}\equiv 1 \pmod n$，则称 n 是一个基于 a 的**伪素数**（pseudo-prime）。

为了判定任意给定的正数 n 是否为素数，可利用费马小定理，对某个整数 $a(0<a<n)$，计算 $y=a^{n-1} \bmod n$。若 $y\neq 1$，则可以肯定 n 不是素数；若 $y=1$，则 n 可能是素数，也可能是合数。例如，341 是基于 2 的最小伪素数。因为当 $a=2$ 时，有 $2^{340}\equiv 1 \bmod 341$；但当 $a=3$ 时，有 $3^{340}\equiv 56 \pmod{341}$。所以，341 是合数。

为了提高测试的准确性，往往取多个整数 a，$0<a<n$，判定 $a^{n-1}\equiv 1 \pmod n$ 是否成立。但是遗憾的是，对于某些合数 n，即使对所有整数 $0<a<n$ 进行测试，总有 $a^{p-1}\equiv 1 \bmod n$，但它们并不是素数，这些合数被称为 **Carmichael 数**。前 3 个 Carmichael 数是 561，1105 和 1729。这种数非常少，在 $1\sim 10^8$ 之间，只有 255 个 Carmichael 数。只有 Carmichael 数满足费马小定理的条件，但它们是合数。

为了利用费马小定理测试一个素数，需要快速计算 a^{n-1} mod n。程序 11-2 的函数 ModExp 采用重复平方的方法快速计算 a^{n-1} mod n。这种方法与单纯计算 a^{n-1} 类似。函数 PseudoPrime 测试 n 是否为素数或基于 a 的伪素数。它调用函数 ModExp 计算 a^{n-1} mod n 的值。如果计算结果不等于 1，则函数返回 false，否则返回 true。函数 ModExp 的执行时间为 O(log n)。

【程序 11-2】 伪素数测试

```
int ModExp(int a,int n)
{
    int y=1,m=n-1,z=a;
    while(m>0){
        while (m%2==0){
            z=(z*z)%n;m/=2;
        }
        m--;
        y=(y*z)%n;
    }
    return y;
}
bool PseudoPrime(int a,int n)
{
    if(ModExp(a,n)!=1)return false;          //n 必定是合数
    else return true;                        //n 是素数或基于 a 的伪素数
}
```

11.3.3 米勒-拉宾算法

已经知道不满足费马小定理的奇数必定是合数，但 Carmichael 数虽然满足费马小定理，却不是素数。定理 11-3 有助于检测 Carmichael 数的合数性。

定理 11-3 （二次探测定理）如果 n 是一个素数，且 $0<x<n$，则方程 $x^2\equiv 1 \pmod n$有且仅有两个解为 $x=1$ 和 $x=n-1$。

这就是说，如果方程 $x^2\equiv 1 \pmod n$存在不为 1 或 $n-1$ 的根，则 n 必定是合数。费马小定理和定理 11-3 是测试一个给定的整数是否为合数的依据。

素数测试的蒙特卡罗算法使用多个随机数 $a(0<a<n)$，一方面判定 $a^{n-1}\equiv 1 \pmod n$是否成立，如果不成立则可以肯定 n 不是素数。为了减少蒙特卡罗算法得到错误解的可能，可以增加二次探测，如果对某个 x，有$(x*x)\%n==1$ && $x\neq 1$ && $x\neq n-1$，则 n 是合数。

程序 11-3 的函数 Witness 在计算 a^{n-1} mod n 的同时，使用二次探测定理检查 n 的合数性。使函数 Witness 返回 true 的 a 被称为 n **合数性的目击者**（witness of compositeness）。

程序 11-4 函数 Miller-Rabin 是一种蒙特卡罗算法，它使用 alpha*log(n)个随机数 a，$0<a<n$，调用函数 Witness 来测试给定的整数 n 是否为合数。如果函数 Witness 返回值为 false，则 n 必定为合数；如果函数 Witness 返回值为 true，则 n 以高概率为素数。这一素数测试算法称为**米勒-拉宾**（Miller-Rabin）算法。

【程序 11-3】 合数性检测

```
bool Witness(int a,int n)
```

```
{
    int y=1,m=n-1,z=a;
    while(m>0){
        while (m%2==0){
            int x=z;
            z=(z*z)%n; m/=2;
            if((z==1)&&(x!=1)&&(x!=n-1)) return true;        //必定为合数
        }
        m--;
        y=(y*z)%n;
    }
    if (y==1) return false;                                  //以高概率为素数
    return true;                                             //必定是合数
}
```

【程序 11-4】 素数测试的蒙特卡罗算法

```
bool MillerRabin(int n,int alpha)
{
    int q=n-1;
    for (int i=1;i<=alpha*log(n);i++){
        int a=rand()%q+1;                                    //随机选取 a
        if(Witness(a,n)) return false;                       //必定为合数
    }
    return true;                                             //高概率为素数
}
```

11.3.4 性能分析

很显然这一算法的运行时间是确定的，其中函数 Witness 的时间为 O(log$n$)，函数 MillerRabin 的 for 循环执行αlog$n$ 次，所以总时间为 O(log^2n)。

下面讨论这一算法的误判率。如果 n 是素数，则 Miller-Rabin 算法必定给出正确结果。如果 n 是合数，情况将如何呢？为了说明这一点，先考察对于随机选择的 a，其中究竟有多少可以成为 n 是合数的目击者。Miller-Rabin 证明了定理 11-4。由定理 11-4 可以导出定理 11-5 的结论：对于任意给定的奇合数 n，Miller-Rabin 算法将其误判为素数的概率不超过 $n^{-\alpha}$。

定理 11-4 假定 n 是一个奇合数，在 $0<a<n$ 的整数中，至少有$(n-1)/2$ 个整数 a 能够正确鉴别 n 的合数性。证明见文献[2]。

定理 11-5 Miller-Rabin 算法给出错误结果的概率不超过 $n^{-\alpha}$。

证明：根据定理 11-4，假定 n 是奇合数，对于随机选择的 a，算法能够检测出 n 的合数性的概率为 $p\geqslant\dfrac{n-1}{2n}\approx 1/2$。这就是说，该 a 不能检测出一个奇合数是合数的概率小于等于 1/2。由于 for 循环为$\alpha\log n$ 次，所以，在$\alpha\log n$ 次循环中将一个奇合数误判为素数的概率小于等于 $(1/2)^{\alpha\log n}=n^{-\alpha}$。换句话说，对任意给定的$\alpha$，此算法误判的概率小于等于 $n^{-\alpha}$。所以，如果α足够大，就意味着运行时间加长，而误判率可以很低。

11.4 舍伍德算法

若一个确定算法有很好的平均时间性能，但对某些实例该算法的效率较低，则可考虑在算法中引入随机性，将其改造成一个舍伍德型算法，使得该算法对任何实例均有效。舍伍德算法旨在消除或减少问题的实例之间在运行时间上的差异。

事实上，第 5 章介绍的求第 k 小元素问题的程序 5-13，就是一个舍伍德算法。我们也可以通过在快速排序算法中增加随机性，使之成为一个舍伍德算法。

11.4.1 随机快速排序算法

快速排序的最坏情况时间复杂度为 $O(n^2)$，其平均情况时间复杂度为 $O(n\log n)$。分析可知当待排序的序列已经递增或递减有序时，快速排序产生最坏情况时间。改进的方法是增加在分划元素选择上的随机性。快速排序的舍伍德算法只是在前面讨论的确定算法中，增加随机选择分划元素的做法。舍伍德算法不改变原有算法的平均时间。

【程序 11-5】 快速排序舍伍德算法

```
template <class T>
void   SortableList<T>::QuickSort(int left,int right)
{
        if(left<right-10){
                int j=rand()% (right-left+1)+left;
                Swap(left,j);
                j=Partition(left,right);
                QuickSort(left,j-1);
                QuickSort(j+1,right);
        }
        else InsertSort(left,right);
}
```

11.4.2 舍伍德算法的其他应用

舍伍德算法的设计思想还可用于设计高效的数据结构，前面讨论的跳表就是一例。为跳表结点分配级别是随机的，使用几何分布进行分配：结点有 1 个指针的概率是 1/2，有 2 个指针的概率是 1/4，其余类推。

跳表有很好的搜索、插入和删除的平均时间复杂度，均为 $O(\log n)$，n 为表长，且有很好的空间复杂度，构造跳表所需的指针数平均为 $2n$。

本章小结

拉斯维加斯算法能以高概率在合理的时间求得问题的解；而蒙特卡罗算法能以高概率求得问题的正确解；舍伍德算法则尽可能避免某些数据结构和算法的最坏情况的发生，从而提高它们的性能。

随机算法可用于求解大量的现实世界中的问题。与下一章将要讨论的近似算法一样，它们可以在合理的时间内求解 NP 难度问题。对于其中许多问题，它们被证明是十分有效的。与近似算法相比，它们求得的是精确解。

习题 11

11-1　计算下列随机算法的时间，用 $\tilde{O}$ 记号表示。

```
void Curious(int n)
{
    while(1){
        int i=rand()% n;                //函数 rand 为随机数发生器
        int j=rand()% n;
        if(i<=j) return;
    }
}
```

11-2　设计一个 n 个皇后问题的拉斯维加斯算法，分析算法的运行时间。

11-3　设 $n>1$ 是一个合数，求 n 的一个不为 1 和自身的因子的问题称为整数 n 的因子分割问题。试设计一个拉斯维加斯算法求解整数 n 的因子分割问题。

11-4　设计一个随机拉斯维加斯算法，在给定的 n 个元素的数组 a 中搜索给定元素 x。算法假定 x 在数组 a 中。分析你所设计的算法的 $\tilde{O}$ 时间复杂度。如果设计一个确定算法求解这一问题，给出求解这一问题的算法在最坏情况下的时间复杂度下界。

11-5　设 n 个元素的集合中包含 $\sqrt{n}$ 个相同元素，其余元素各不相同。设使用程序求解这一实例，则运行时间是否仍然是 $\tilde{O}(\log n)$？为什么？如果不是，则运行时间是多少？

11-6　给定两个集合 A 和 B，试设计一个蒙特卡罗算法判定这两个集合是否相等。

11-7　有人设计一个判定 3 可满足性问题的随机算法如下：丢一个硬币，如果正面向上，则返回 true，否则返回 false。问这是否是一个好的随机算法，为什么？

11-8　设计一个求无向连通图的最小割集的确定算法，分析这一算法的时间复杂度。

11-9　设计一个蒙特卡罗算法求无向连通图的最小割集，并分析该算法的错误率。

11-10　给定两个 $n\times n$ 的矩阵 $\boldsymbol{A}, \boldsymbol{B}$，试设计一个判定 $\boldsymbol{A}$ 和 $\boldsymbol{B}$ 是否互逆的蒙特卡罗算法。

11-11　设有 n 个元素的集合中有 $n/4$ 个元素是未知元素 x，其他元素最多有 $n/8$ 个元素。设计一个蒙特卡罗算法识别 x。问题的解应当是高概率正确的。你能设计一个 $\tilde{O}(\log n)$时间的拉斯维加斯算法求解同一问题吗？

11-12　简述下列程序的功能，指出这一算法是拉斯维加斯算法还是蒙特卡罗算法。分析这一算法的时间复杂度。

```
int dice()
{
    do{
        int x=rand()% 6+1;
    while(x= =6);
    return x;
}
```

11-13　设有一个蒙特卡罗算法 A 在 t_1 时间内求解问题 P，其输出正确结果的概率大于等于 1/2。另假定存在一个算法 B 能在 t_2 时间内检查算法 A 输出的结果是否正确。设计一个拉斯维加斯算法 C，它调用 A 和 B，以时间 $\tilde{O}((t_1+t_2)\log n)$求解问题 P。

第 12 章　近似算法

虽然许多 NP 难度的组合最优化问题有着重要的实际价值，但发现它们难以使用前面讨论的回溯法、分枝限界法或随机算法有效地求解。另一种途径是放弃试图求最优解的努力，设法设计一个近似算法，获取具有合理精确度的近似解。多数近似算法会有很好的时间性能。毫无疑问，近似解的精确程度是近似算法所必须关注的重要性能。

12.1　近似算法的性能

12.1.1　基本概念

对于一个 NP 难度问题，几乎可以肯定不存在最坏情况下的多项式时间求解算法。许多很有实际价值的最优化问题，迄今为止已知的算法的最坏情况时间复杂度都是指数阶的。尽管如此，在这一领域仍存在研究空间，不少人致力于寻找**子指数**（subexponential）时间算法，例如，$2^{n/c}$ ($c>1$), $2^{\sqrt{n}}$ 或 $n^{\log n}$。已经有人设计了 $O(2^{n/2})$的 0/1 背包算法。子指数时间算法能够提升可求解的困难问题的规模。但如果问题规模较大，即使是 $O(n^4)$的算法就已耗时过多，一个实用算法的时间一般应为 $O(n)$或 $O(n^2)$。启发式算法也许对某些规模较大的问题实例有效，却并不能同样有效地处理所有实例。因为这些算法在最坏情况下的时间复杂度仍然是指数时间的。

求解这一类最优化问题，一种可行的做法是不奢望求最优解，而设法求与最优解值很接近的可行解，称为**近似解**（approximate solution）。能够产生问题近似解的算法称为**近似算法**（approximate algorithm）。由于问题实例的输入数据自身往往是近似的，因此只要近似解与精确解足够接近，这样的近似解与精确解有同等价值。

设 P 是一个最优化问题，I 是 P 的一个实例，D_P 是问题 P 的所有实例的集合。对于每个实例 $I \in D_P$，$S_P(I)$是该实例的所有可行解的集合。设$\sigma \in S_P(I)$是实例 I 的一个可行解，目标函数 $f_P(\sigma)$的值称为σ的**解值**（solution value）。

定义 12-1（近似算法）求解最优化问题 P 的一个**近似算法**，以 P 的某个实例 $I \in D_P$ 为输入，得到问题的一个可行解$\sigma \in S_P(I)$。一般要求一个近似算法的执行时间是多项式的。

如果以目标函数值最大为最优，则 P 称为**最大化问题**（maximization problem），否则称为**最小化问题**（minimization problem）。

如果 P 是最小化问题，σ^*为某个实例 $I \in D_P$ 的最优解，则对任一$\sigma \in S_P(I)$，有 $f_P(\sigma^*) \leqslant f_P(\sigma)$。同样地，我们可以得到关于最大化问题的相关概念。为简单起见，在下面的讨论中，将以 OPT(I)表示 $f_P(\sigma^*)$，以 $F(I)$表示任一 $f_P(\sigma)$。

12.1.2　绝对性能保证

对于给定问题 P，也许希望能够设计一个近似算法，使其近似解值与最优解值的差不超过某个常数，这就是**绝对性能保证**（absolute performance guarantee）。

定义 12-2　绝对近似算法（absolute approximation algorithm）是求解问题 P 的一个多项式时间算法，使得存在常数 $k>0$，对 P 的所有实例 I，都有**绝对误差**（absolute error）$|\mathrm{OPT}(I) - F(I)| \leqslant k$。

但遗憾的是，只有极少数 NP 难度最优化问题存在绝对近似算法。其中之一是平面图着色问题。

例 12-1 设图 G=(*V*, *E*)是一个平面图，确定对图 G 着色的最少颜色数。

程序 12-1 是一个平面图着色近似算法，其中 VSet 是图中顶点集的类型，ESet 是边集的类型。程序返回图 G 的近似着色数。

【程序 12-1】 平面图着色近似算法

```
int AColoring（VSet V，ESet E）
{
    if（V==∅）return 0;
    else if(E==∅)return 1;
        else if(G 是二部图) return 2；
            else return 4；
}
```

一个**二部图**（bipartite）G=(*V*, *E*)是无向图。图中结点分成两个互不相交的子集 V_1 和 V_2，且 $V_1=V-V_2$，没有任何两个结点在 V_1 中是相邻的，也没有任何两个结点在 V_2 中是相邻的。一个图是 2-可着色的，当且仅当该图是二部图。判定一个图是否二部图的算法是 P 类的。判定一个平面图是否 3-可着色的是 NP 完全问题。但由于四色定理已经表明每个平面图是 4-可着色的，因此除了空图、不包含边的图和二部图外，其余平面图的最少着色数只能是 3 或 4。因此，程序 12-1 的近似算法求得的近似解与最优解值之差的绝对值不会超过 1。这是一个 k=1 的绝对近似算法。

12.1.3 相对性能保证

许多有实际价值的问题难以得到绝对近似算法。较宽松的方式是使用**相对误差**（relative error）来度量近似解和最优解之间的差异，实现**相对性能保证**（relative performance guarantee）。

设问题 P 是一个最优化问题，假定对 P 的所有实例 $I \in D_P$，$F(I)>0$，I 的规模为 n，近似算法 A 求解问题 P。下面给出关于相对误差的若干定义。

定义 12-3 算法 A 的**比值界**（ratio bound）定义为

$$\max\{F(I)/OPT(I),\ OPT(I)/F(I)\} \leqslant \rho(n) \tag{12-1}$$

比值 $F(I)/OPT(I)$（最小化问题）或 $OPT(I)/F(I)$（最大化问题）称为**性能比**（performance ratio）。总有比值界$\rho(n)\geqslant 1$。对于最小化问题，$0<OPT(I)\leqslant F(I)$，性能比给出了近似解值大于最优解值的倍数。对于最大化问题，$0<F(I)\leqslant OPT(I)$，性能比给出了最优解值大于近似解值的倍数。$\rho(n)$越大，表明近似解与最优解值相差越大。有时使用下面定义的相对误差较之比值界更方便。

定义 12-4 算法 A 是一个**$\varepsilon(n)$-近似算法**，当且仅当对问题 P 的每个实例 I，都有相对误差

$$|OPT(I)-F(I)|/OPT(I) \leqslant \varepsilon(n) \tag{12-2}$$

式中，$\varepsilon(n)$称为**相对误差界**（relative error bound）。相对误差总是非负的。

从式（12-1）和式（12-2）可以导出，对于最小化问题，有$\varepsilon(n)=\rho(n)-1$，而对于最大化问题，则有$\varepsilon(n)=(\rho(n)-1)/\rho(n)$，$\rho(n)\geqslant 1$。因此，相对误差界与比值界之间存在如下关系：

$$\varepsilon(n) \leqslant \rho(n)-1 \tag{12-3}$$

对于不少问题，能够设计出具有独立于 n 的固定比值界的多项式时间近似算法。这些算法的比值界和相对误差界是与 n 无关的常数，可记为ρ或ε。但对于另一些问题，计算机科学家至今未能设计出任何具有固定比值界的多项式时间近似算法。例如，集合覆盖问题，已有的近似算法的

比值界与 n 有关。定义 12-5 定义了有固定相对误差界的近似算法。

定义 12-5 若对某个常数ε，$|\mathrm{OPT(I)}-F(\mathrm{I})|/\mathrm{OPT(I)}\leqslant\varepsilon$，则算法 A 被称为**$\varepsilon$–近似算法**。

请注意，对于最大化问题，对实例 I 的所有可行解都有$|\mathrm{OPT(I)}-F(\mathrm{I})|/\mathrm{OPT(I)}\leqslant 1$。对最大化问题，总要求$\varepsilon<1$。

12.1.4 近似方案

如果有一种求解最优化问题的方案，它的输入除包括问题实例 I 外，还包含一个参数值ε，使得对任意给定的$\varepsilon>0$，那么该方案是一个具有相对误差界ε的近似算法，称为近似方案。

定义 12-6 一个**近似方案**（approximation scheme）$A(\varepsilon)$是一种近似算法，对于任意固定的$\varepsilon>0$和问题实例 I，$A(\varepsilon)$产生一个可行解，使得$|\mathrm{OPT(I)}-F(\mathrm{I})|/\mathrm{OPT(I)}\leqslant\varepsilon$，假定 $\mathrm{OPT(I)}>0$。

定义 12-7 若对任一固定的$\varepsilon>0$，一个近似方案的运行时间是问题实例规模 n 的多项式，则称其为**多项式时间近似方案**（polynomial time approximation scheme）。

一个多项式时间近似方案的运行时间与ε有关，一般随ε减小而增加，但不应随ε的减小而增加过快。在理想的情况下，如果ε按一个常数因子减小，为获得较好的近似程度所增加的运行时间不应超过一个常数因子。通常希望运行时间是 $1/\varepsilon$ 和 n 两者的多项式。

定义 12-8 如果对任一固定的$\varepsilon>0$和问题实例规模 n，一个近似方案的运行时间是 $1/\varepsilon$和 n 两者的多项式，则称其为**完全多项式时间近似方案**（fully polynomial time approximation scheme）。

一种近似方案是一个多项式时间近似算法，使得能够通过增加运行时间来保证一定的相对误差界，即允许在近似程度和运行时间之间进行权衡。

12.2 绝对近似算法

程序 12-1 给出了求平面图最少着色数的绝对近似算法。绝对近似算法的例子不多，另一个例子是最多程序存储问题。

12.2.1 最多程序存储问题

例 12-2 设有 n 个程序及两个磁盘 D_1 和 D_2。假定每个程序的长度为 $a_i(1\leqslant i\leqslant n)$，每个磁盘的容量都是 L。现将程序保存在这两个磁盘上，要求使两个磁盘存储的程序数目最多的保存方式（程序不能分割）。最多程序存储问题是 NP 难度问题。

定理 12-1 分划问题$\propto$最多程序存储问题。

证明：设有 n 个整数的多重集合 $S=\{e_1, e_2,\cdots, e_n\}$是分划问题的一个实例，不妨假定 $\sum_{e_j\in S} e_j=2T$。可先由这一分划问题实例来构造一个最多程序存储问题的实例。构造方法为：

$$L=T,\ a_i=e_i,\ 1\leqslant i\leqslant n$$

很显然这一构造方法可使得：S 有一个分划，当且仅当可将全部 n 个程序分别存储在两个磁盘上。已经证明分划问题是 NP 完全的，所以最多程序存储问题是 NP 难度的。定理得证。

不难设计求解最多程序存储问题的绝对近似算法。算法描述如下。

设程序按长度的非减次序排列：$a_1\leqslant a_2\leqslant\cdots\leqslant a_n$。使用如下贪心法分配程序：先将尽可能多的程序存放在磁盘 D_1 上，然后将剩余的程序尽可能地存放到磁盘 D_2 上。

这一近似算法的时间由两部分组成：将程序按长度的非减次序排序的时间及将程序分配到两个磁盘的时间，两者分别为 $O(n\log n)$和 $O(n)$。

下面证明上述最多程序存储近似算法是一个绝对近似算法。

定理 12-2 令 I 是最多程序存储问题的任一实例，L 是每个磁盘的容量，则

$$|\text{OPT(I)} - F(\text{I})| \leqslant 1$$

证明：假定只有一个长度为 $2L$ 的磁盘，则按长度的非减次序存放程序的贪心方案已经证明能够得到最优解。设最多能够在一个 $2L$ 磁盘上存储 p 个程序。那么必有

$$p \geqslant \text{OPT(I)} \text{且} \sum_{i=1}^{p} a_i \leqslant 2L$$

令 j 是最大下标使得 $\sum_{i=1}^{j} a_i \leqslant L$，$j \leqslant p$。如果 $\sum_{i=1}^{j} a_i < L$，且 $\sum_{i=1}^{j+1} a_i > L$，则有 $\sum_{i=j+1}^{p-1} a_i \leqslant \sum_{i=j+2}^{p} a_i \leqslant L$，因此，可将前 j 个程序存放在磁盘 D_1 上，而将程序$\{a_{j+1}, a_{j+2}, \cdots, a_{p-1}\}$存放在磁盘 D_2 上。此时有 $F(\text{I})=p-1$。因此$|\text{OPT(I)} - F(\text{I})| \leqslant 1$。证毕。

例 12-3 设 $L=10$，$n=4$，$(a_1, a_2, a_3, a_4)=(2,4,5,6)$。

使用上述近似算法可求得 $F(\text{I})=3$，即在 D_1 上存放前两个程序，在 D_2 上存放第 3 个程序。但事实上，这一实例的最优解为：在 D_1 和 D_2 上分别存放(a_2, a_4)和(a_1, a_3)，或者分别存放(a_2, a_3)和(a_1, a_4)。两种方案都有 OPT(I)=4。

12.2.2 NP 难度绝对近似算法

并非所有的 NP 难度最优化问题都存在多项式时间的绝对近似算法。遗憾的是事情恰恰相反，这样的问题并不多见。很多常见的 NP 难度问题，它们的绝对近似算法问题也是 NP 难度的。下面关于 0/1 背包的讨论表明，对一些问题，设计一个求解此问题的多项式时间绝对近似算法，与得到其多项式时间精确算法一样困难。

例 12-4 （整数 0/1 背包问题）给定 n 个物品的重量为（$w_1, w_2, \cdots, w_n$），整数收益$(p_1, p_2, \cdots, p_n)$和背包载重 W，并给出一个收益值 t。问题要求判定是否存在一个子集 $C \in \{1,2,\cdots, n\}$，使得 $\sum_{i \in C} w_i \leqslant W$ 和 $\sum_{i \in C} p_i \geqslant t$。

定理 12-3 子集和数问题$\propto$整数 0/1 背包问题。

设有子集和数问题实例 $S=\{a_1, a_2, \cdots, a_n\}$，$a_i\,(1 \leqslant i \leqslant n)$为整数和目标值 M。可定义一个 0/1 背包的一个实例：$w_i = p_i = a_i\,(1 \leqslant i \leqslant n)$，都是整数，并令 $t=W=M$。若存在 S 的一个子集使得子集和为 M，则必定导致对应的 0/1 背包实例的答案为真。反之，若对应的 0/1 背包实例为真，则必定存在一个子集 $C \in \{1,2,\cdots,n\}$，使得 $\sum_{i \in C} w_i \leqslant W$ 且 $\sum_{i \in C} p_i \geqslant t$，故 $\sum_{i \in C} a_i = M$。证毕。

容易证明整数 0/1 背包问题$\propto$0/1 背包问题。

定理 12-4 整数 0/1 背包问题$\propto$整数 0/1 背包绝对近似算法。

证明：设 0/1 背包的一个实例 $\text{I}=(p_i, w_i)\ (1 \leqslant i \leqslant n)$和 W，其中 p_i 是整数收益。现从 I 构造一个新的实例 I′。令 $\text{I}'=((k+1)p_i, w_i)$和 W，k 是常数。由于 I 和 I′有相同的 w_i 和 W，所以事实上 I 和 I′应有相同的可行解和最优解，只是 I′的解值是 I 的$(k+1)$倍。设 $X=(x_1, x_2, \cdots, x_n)$是它们的一个解，则

$$\sum_{i=1}^{n}(k+1)p_i x_i=(k+1)\sum_{i=1}^{n}p_i x_i \tag{12-4}$$

因而有 $F(\mathrm{I}')=(k+1)F(\mathrm{I})$和 $\mathrm{OPT}(\mathrm{I}')=(k+1)\mathrm{OPT}(\mathrm{I})$。

如果存在 k-绝对近似算法 A 可在多项式时间求解 0/1 背包问题，使得$|\mathrm{OPT}(\mathrm{I}')-F(\mathrm{I}')|\leqslant k$。既然所有 p_i 是整数，那么，对于 I′的可行解 $F(\mathrm{I}')$，$\mathrm{OPT}(\mathrm{I}')-F(\mathrm{I}')$或者为 0，或者至少为 k+1。因此对于一个 k-近似算法 A，唯有 $\mathrm{OPT}(\mathrm{I}')=F(\mathrm{I}')$。这就是说，我们可以使用 k-绝对近似算法 A 来计算整数 0/1 背包的最优解。由于整数 0/1 背包问题是 NP 难度的，所以，几乎不可能存在多项式时间的 0/1 背包绝对近似算法，除非 P=NP。

在定理 12-4 的证明中，使用了一种用于证明某个问题不大可能存在多项式时间近似算法的典型方法。具体做法是通过将原始问题的实例 I 约化到用近似算法求解的问题实例 I′时，放大了最优解和最接近的近似解之间的间隙。这种方法称为**间隙放大**（gap amplification）。这一证明的另一个重要特性是将一个问题约化到它自身，被称为**自约化**（self reduction）。如果将 k-绝对近似的 0/1 背包问题记为 Knapsack(k)，则对所有 $k\in$IN，Knapsack(0)$\propto$Knapsack(k)。简单说来，求 0/1 背包的最优解并不比 k-绝对近似的解更困难。

例 12-5 0/1 背包实例 I 为 n=3，$(p_1, p_2, p_3) = (1, 2, 3)$,$(w_1, w_2, w_3) = (50, 60, 30)$, M=100。

这一实例的可行解有：(1,0,0), (0,1,0), (0,0,1), (1,0,1)和(0,1,1)，相应的解值为：1,2,3,4,5。如果令 k=4 构造实例 I′，则$(k+1)(p_1, p_2, p_3)$=(5,10,15)。I′可行解与 I 相同，但相应的解值放大为：5,10,15,20,25。如果存在一个 k=4 的绝对近似算法，它必须求得（0,1,1）的最优解。

12.3 ε-近似算法

12.3.1 顶点覆盖近似算法

无向图 G=(V, E)的一个顶点覆盖是 V 的一个子集 $C\subseteq V$，使得若（u, v）$\in E$，则 $u\in C$ 或 $v\in C$（或两者）。覆盖的规模$|C|$是 C 中顶点的数目。顶点覆盖问题是指求图 G 的最小规模的顶点覆盖。定理 10-4 表明顶点覆盖判定问题是 NP 完全的，容易看到其相应的最优化问题是 NP 难度的。

虽然在一个图 G 中寻找一个最小顶点覆盖是很困难的，但要找出一个近似解并不太困难。程序 12-2 是顶点覆盖的近似算法。这一算法返回一个规模不超过最小顶点覆盖两倍的顶点覆盖。

【程序 12-2】 最小顶点覆盖近似算法

```
void ApproxVertexCover（VSet &C, ESet E）
{
    C=∅;
    While ( E!=∅ ){
        设 e=(u, v)是 E 中的任意一条边;
        C=C∪{u, v};
        将与 u 和 v 关联的所有边从 E 中删除;
    }
}
```

图 12-1 的（a）~（e）说明了程序 12-2 的近似算法的运行过程及结果。图 12-1（e）表示算法产生的近似最优顶点覆盖集 C，包括顶点 b, c, d, e, f, g。图 12-1（f）是图 G 的一个最小顶点覆盖，

它只含有三个顶点：b, d 和 e。图中灰色顶点代表已加入覆盖集中的顶点。

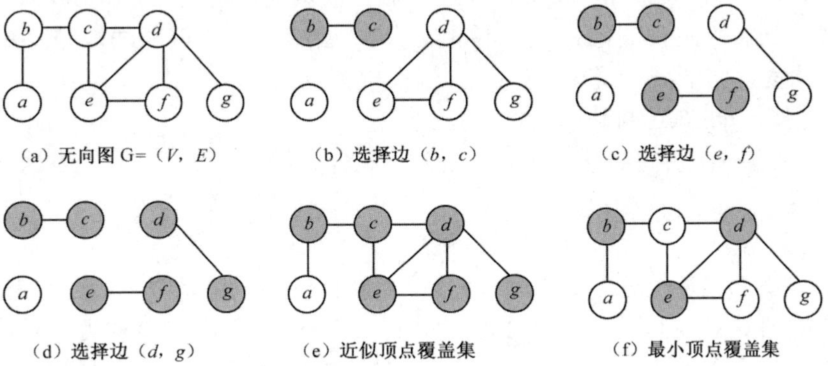

图 12-1　最小顶点覆盖集近似算法

定理 12-5　程序 12-2 的最小顶点覆盖近似算法是多项式时间的，相对误差界ε=1 的近似算法。

证明：设 B 是算法选中的边的集合。集合 C 是 B 中边所关联的顶点覆盖集。C 的初值为空集。在 while 的每一次循环，都选择一条边(u, v)加到 B，将此边的两个顶点 u 和 v 加入 C。由于每当一条新边被选中，算法都将其两个端点加入集合 C 后，并删除全部与这两个端点相关联的边，因此，显然被删除的边必定已被 C 中的顶点所覆盖。此外，由于删除了全部关联边，下一条边的两个端点不可能在 C 中。因此，while 的每一次循环都将两个不属于 C 的顶点添加到 C 中，即有 $|C|=2|B|$。当每条边都被适当处理：或者加入 B，或者被删除后，算法终止。C 中顶点必定覆盖图 G 中所有边。设 C^*是图 G 的最小覆盖集。由于$|B|$中没有任意两条边关联公共顶点，C^*必须包含 B 中每条边的至少一个顶点，$|B| \leqslant |C^*|$。所以，$|C|=2|B| \leqslant 2|C^*|$。此近似算法的比值界是 2，这是一个相对误差界$\varepsilon$=1 的近似算法。

12.3.2　旅行商问题

旅行商问题是一个著名的 NP 难度问题，旅行商判定问题是 NP 完全的。本节讨论边的代价为非负整数的**无向完全图**（complete undirected graph）的旅行商问题。

例 12-6（旅行商最优化问题）给定无向完全图 G=(V, E)，其每条边（u, v）$\in E$ 有一个非负整数代价 $c(u, v)$。求图 G 的最小代价周游路径。

例 12-7（旅行商问题）给定具有非负整数权值的无向完全图 G=(V, E)和一个整数 B，问图 G 中是否存在代价至多为 B 的周游路径。这一旅行商问题是一个判定问题。

定理 12-6　哈密顿环问题$\propto$旅行商问题。

证明：设图 G=(V, E)是一个哈密顿环的实例。现根据此图构造一个旅行商问题实例 G′=(V, E')，其中，$E'=\{(u, v) \mid u, v \in V$ 且 $u \neq v\}$，G′是完全图。为图 G′的边(i, j)定义代价 $c(i, j)$如下：

$$c(i, j) = \begin{cases} 0 & (i, j) \in E \\ 1 & (i, j) \notin E \end{cases}$$

那么，与哈密顿环实例相对应的旅行商实例是：对于图 G′和 c，判定是否存在一个代价为 0 的周游路径。

下面证明 G 有一个哈密顿环，当且仅当图 G′存在代价为 0 的周游路径。一方面，若 G 有一个哈密顿环 H，显然 H 也是 G′的一个旅行商回路，由于 H 的每一条边均属于 G，故 H 的代价为 0。反之，若 G′存在一个代价为 0 的旅行商回路，由于 G′的所有边上的代价为非负值，故在 H 回路上不包含代价为 1 的边。H 回路上的所有边均属于 E。因而 H 是图 G 的一个哈密顿环。证毕。

容易证明旅行商问题∝旅行商最优化问题，旅行商最优化问题是 NP 难度问题。

下面介绍一个求解旅行商问题的简单的近似算法，称为**最近邻居算法**（nearest neighbor algorithm）。算法描述如下：

（1）任意选择一个结点为起始结点，访问之；

（2）选择与最近一次访问的结点距离最近的未访问过的结点访问之，重复这一步直到图中所有结点都已访问；

（3）返回开始结点。

直观地说，在上面描述的近似算法中，下一个被访问的结点总是距离最近的未访问过的结点。对图 12-2（a）的图 G 执行最近邻居算法得到图 12-2（b）的代价为 10 的近似解，而此图的最小周游路径的代价为 8，如图 12-2（c）所示。对于此实例，近似解与最优解的比值界为 10/8=1.25。但遗憾的是，如果设边(a, d)的代价 $c(a, d)=w$，则比值界为

$$\rho = F(G)/\mathrm{OPT}(G)=(4+w)/8 \tag{12-5}$$

只要选择足够大的 w，而ρ可以任意大。造成这一结果并不是因为最近邻居近似算法过分简单，而是因为旅行商问题的近似求解本身十分困难。

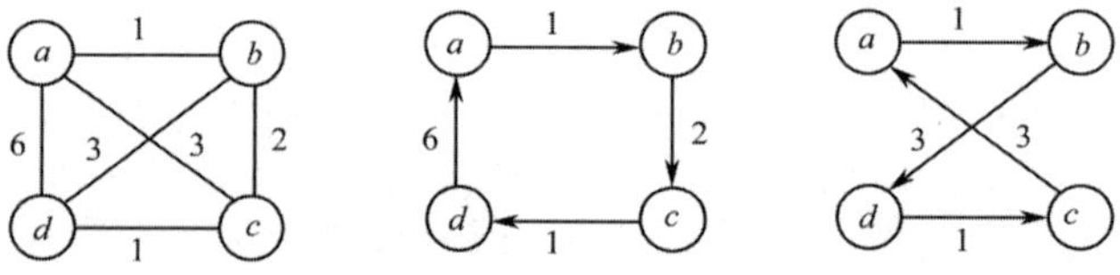

图 12-2　最近邻居算法求解旅行商问题

12.3.3　NP 难度ε-近似旅行商问题

定理 12-7 表明如果 P≠NP，则一般旅行商问题不会存在ε-近似算法。

定理 12-7　哈密顿环问题∝ε-近似旅行商问题。

证明：设图 G=(V, E)是一个哈密顿环的实例。现据此图构造一个完全加权图实例 G′=(V, E')，其中，$E'=\{(u, v) \mid u, v\in V$ 且 $u\neq v\}$，并定义边(i, j)的代价 $c(i, j)$为

$$c(i,j)=\begin{cases}1 & 若\ (i,j)\in E\\ k & 若\ (i,j)\notin E\end{cases}$$

令 $n=|V|$，那么，对 $k>1$，图 G 有一个哈密顿环，当且仅当图 G′的最短周游路径长度为 n，并且，所有其他周游路径的长度显然都大于等于 $k+(n-1)$。

若令 $k=(1+\varepsilon)n+1$，则图 G′的最优解值为 n，除此之外的其余近似解都有：

$$F(\mathrm{G}')\geqslant k+(n-1) = (1+\varepsilon)n+n \tag{12-6}$$

如果存在求解旅行商问题的ε-近似算法 A，则对于任意实例图 G′的任一近似解，其比值界有

$$F(\mathrm{G}')/\mathrm{OPT}(\mathrm{G}') = F(\mathrm{G}')/n\leqslant(1+\varepsilon)$$

即

$$F(\mathrm{G}')\leqslant(1+\varepsilon)n \tag{12-7}$$

这就是说，如果存在ε-近似算法 A，则要求近似解值小于等于$(1+\varepsilon)n$，该解值只能是 n。因此，

哈密顿环问题∝ε-近似的旅行商问题。证毕。

12.3.4 具有三角不等式性质的旅行商问题

本小节仍然讨论具有非负整数代价的无向完全图的旅行商问题。如果对此问题添加一些限制条件，使之满足三角不等式性质。一个无向完全图如果满足三角不等式性质，就可以得到ε-近似算法。所谓三角不等式性质，是指图中任意三个顶点 $u, v, w\in V$，有 $c(u, w)\leqslant c(u, v)+c(v, w)$。

下面首先证明具有三角不等式性质的旅行商问题仍然是 NP 难度的。然后介绍求解具有这一性质的旅行商问题的绕树两周近似算法，并证明这是一个ε-近似算法。

定理 12-8 旅行商最优化问题∝具有三角不等式性质的旅行商问题。

证明：令 $G=(V, E)$是有 n 个顶点的无向完全图，$c(u, v)$是边$(u, v)\in E$ 的代价。构造图 $G'= (V, E)$，只是令该图中边上的权值 $c'(u, v)=c(u, v)+L$，$L=\sum\limits_{(u,v)\in E} c(u,v)$。那么对任意三个顶点 $u, v, w\in V$，必有 $c'(u, w)\leqslant 2L$（因为 $c(u, w)\leqslant L$），$c'(u, v)+c'(v, w)\geqslant 2L$，故 $c'(u, w)\leqslant c'(u, v)+c'(v, w)$。于是图 G′满足三角不等式性质。

显而易见，图 G 的每条周游路径同样也是图 G′的周游路径，只是代价增加了 nL。图 G 的最短周游路径就是图 G′的最短周游路径。因此，旅行商最优化问题∝具有三角不等式性质的旅行商问题。证毕。

绕树两周算法（twice around the tree algorithm）是一个求解具有三角不等式性质旅行商问题的ε-近似算法。这一算法同样十分简单，它利用了图的哈密顿环和生成树间的关系。算法的执行时间是多项式的。算法描述如下：

（1）构造图 G 的一棵最小代价生成树；

（2）从图中任意顶点开始，绕这棵最小代价生成树一圈，并记下经过的顶点；

（3）扫描（2）得到的顶点序列，从中删除所有重复出现的顶点，但保留起始顶点；

（4）输出序列中剩余顶点，即形成一个哈密顿环。

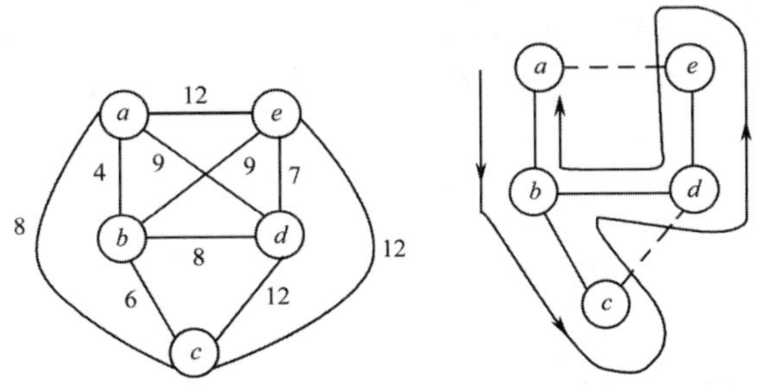

（a）图 G　　（b）最小代价生成树

图 12-3　绕树两周近似算法

图 12-3（a）所示图 G 是一个具有三角不等式性质的图。图 12-3（b）表明绕树一周得到的顶点序列为：$a, b, c, b, d, e, d, b, a$。删除重复出现的顶点后得到一个哈密顿环：$a, b, c, d, e, a$。这相当于走了图 12-3（b）中包括虚线在内的捷径。此周游路径的代价为 4+6+12+7+12=41。

定理 12-9 对于具有三角不等式性质的旅行商问题的图 G，绕树两周算法的比值界为 2。

证明：设 cost(G)为该图的最小代价生成树的代价，2cost(G)等于第（2）步得到的路径代价。设 OPT(G)为最小周游路径的代价，有

$$\mathrm{OPT}(G)>\mathrm{cost}(G)$$

这意味着

$$2OPT(G) > 2cost(G) \tag{12-8}$$

设 $F(G)$是绕树两周算法得到的近似解代价，即第（3）步得到的周游路径的代价。因为具有三角不等式性质，所以 $F(G)$不大于 2cost(G)，即

$$2cost(G) \geqslant F(G)$$

于是

$$2OPT(G) > F(G) \tag{12-9}$$

所以 $F(G)/OPT(G) < 2$。证毕。

12.3.5 任务调度近似算法

例 12-8 设 $P_i(1 \leqslant i \leqslant m, m \geqslant 2)$是 m 个相同处理机，有 n 个相互独立的作业$\{1,2,\cdots,n\}$，$t_i(1 \leqslant i \leqslant n)$是每个作业要求的处理时间。作业可以安排在任意一台处理机上运行。求一种非抢先调度方案，使得所有作业全部结束的时间最短。

可以看到，对 m 个处理机和 n 个作业，使用穷举法搜索最优解所需时间是 $O(m^n)$。

定理 12-10 表明独立作业非抢先调度最小完成时间问题是 NP 难度的。

定理 12-10 分划问题∝独立作业非抢先调度最小完成时间问题。

这里仅证明当 m=2 时的情况，将其扩展到 $m>2$ 是很容易的。令集合 $S=\{a_1, a_2, \cdots, a_n\}$是分划问题的一个实例。定义 n 个作业，其处理时间为 $t_i=a_i\ (1 \leqslant i \leqslant n)$。当且仅当 S 存在一个分划时，这些作业在两台处理机上有一个完成时间不超过$\left(\sum_{i=1}^{n} t_i\right)/2$的非抢先调度方案。证毕。

如果 m=3，可令 $t_i=a_i(1 \leqslant i \leqslant n)$，$t_{n+1}=\left(\sum_{i=1}^{n} t_i\right)/2$来构造非抢先调度最小完成时间问题实例。

定义 12-9 **最长处理时间**（longest processing time, LPT）调度方案是指任何时候，一个处理机一旦空闲，立即将其分配给尚未处理的具有最长处理时间的作业。

容易写出采用此方案的近似算法：

（1）对 n 个作业按处理时间的非增次序排序；

（2）将作业依次安排到当前完成时间最小的处理机上。

其中第（2）步是指将作业总是分配到最先完成当前已经分配的作业的处理机上，保证处理机不空闲。上述近似算法的时间复杂度为 $O(n(\log n+\log m))$，其中，$O(n\log n)$是排序时间，$O(n\log m)$是 n 次选择当前完成时间最小的处理机的时间。

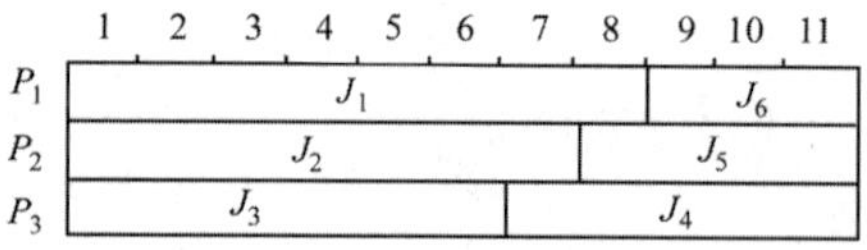

图 12-4 例 12-8 的 LPT 调度

例 12-9 设 m=3，n=6，$(t_1, t_2, \cdots, t_6)$= (8,7,6,5,4,3)。

例 12-9 的实例的 LPT 调度方案的解恰好是最优解，其最小完成时间为 11。如图 12-4 所示。但并非所有的实例都能使用 LPT 调度方案求得最优解。例 12-10 是另一个实例。

例 12-10 设 m=3，n=7，$(t_1, t_2, \cdots, t_7) = (5, 5, 4, 4, 3, 3, 3)$。

图 12-5（a）为 LPT 调度方案，图 12-5（b）为最优调度方案。可见，LPT 方案的完成时间为 11，而最小完成时间为 9。此例的相对误差$\left|(F(I)-OPT(I))/OPT(I)\right| = (11-9)/9=2/9$。

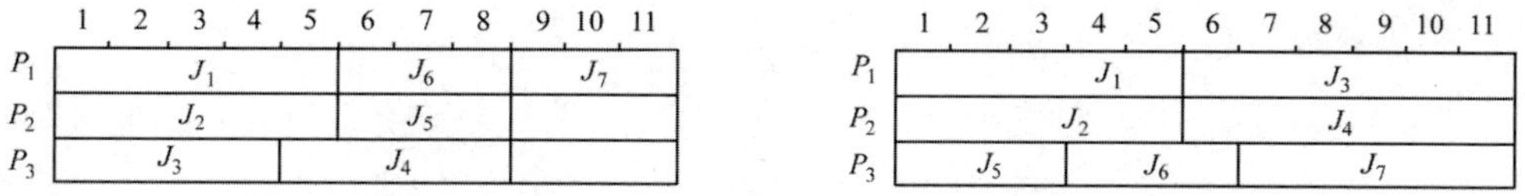

（a）LPT 调度方案　　（b）最优调度方案

图 12-5　例 12-10 的 LPT 和最优调度方案

上述例子已经表明，LPT 调度对于某些例子可以得到最优解，对另一些却不然。那么，究竟其相对误差界如何？

定理 12-11　设有 $m(m\geqslant 2)$台处理机，n 个作业$\{1, 2,\cdots, n\}$，$t_i(1\leqslant i\leqslant n)$是每个作业要求的处理时间。令 $F(\mathrm{I})$是 LPT 调度处理实例 I 的完成时间，$\mathrm{OPT(I)}$是最小完成时间，则

$$\left|\frac{F(\mathrm{I})-\mathrm{OPT(I)}}{\mathrm{OPT(I)}}\right|\leqslant\frac{1}{3}-\frac{1}{3m} \tag{12-10}$$

证明：假定定理不成立，设 I 是使定理不成立的作业数目最少的实例，其作业数为 n，不妨假定这 n 个作业已按处理时间的非增次序 $t_1\geqslant t_2\geqslant\cdots\geqslant t_n$ 排列。现经下列两步完成对这一定理的证明：首先证明 LPT 调度算法求得的完成时间 $F(\mathrm{I})$必定是作业 n 的完成时间，然后证明 $\mathrm{OPT(I)}<3t_n$。

（1）假定在 LPT 调度下，$F(\mathrm{I})$是第 k 个作业的完成时间，且 $k<n$。设前 k 个作业组成的实例为 I_k，那么，LPT 调度此 k 个作业的完成时间 $F(\mathrm{I}_k)=F(\mathrm{I})$。设调度这 k 个作业的最小完成时间为 $\mathrm{OPT}(\mathrm{I}_k)$，则 $\mathrm{OPT}(I_k)\leqslant\mathrm{OPT(I)}$。因此，

$$\frac{F(\mathrm{I})}{\mathrm{OPT}(\mathrm{I}_k)}\geqslant\frac{F(\mathrm{I})}{\mathrm{OPT(I)}} \tag{12-11}$$

假定 $F(\mathrm{I})=F(\mathrm{I}_k)$，$k<n$，则有

$$\frac{F(\mathrm{I}_k)-\mathrm{OPT}(\mathrm{I}_k)}{\mathrm{OPT}(\mathrm{I}_k)}\geqslant\frac{F(\mathrm{I})-\mathrm{OPT(I)}}{\mathrm{OPT(I)}} \tag{12-12}$$

因为假设定理不成立，故有

$$\frac{F(\mathrm{I})-\mathrm{OPT(I)}}{\mathrm{OPT(I)}}>\frac{1}{3}-\frac{1}{3m} \tag{12-13}$$

因而有

$$\frac{F(\mathrm{I}_k)-\mathrm{OPT}(\mathrm{I}_k)}{\mathrm{OPT}(\mathrm{I}_k)}>\frac{1}{3}-\frac{1}{3m} \tag{12-14}$$

根据假设，n 是使定理不成立的最少作业数，式（12-14）表明当 $k<n$ 时，定理不成立，从而与假设矛盾，故必有 $k=n$。这就证明了“LPT 调度算法求得的完成时间 $F(\mathrm{I})$必定是作业 n 的完成时间”。

（2）既然作业 n 的完成时间为 $F(\mathrm{I})$，则该作业的开始时间必定是 $F(\mathrm{I})-t_n$，并有式（12-15）。此式表明作业 n 的开始时间早于前 $n-1$ 个作业在各自的处理机上的完成时间，即作业 n 被分配到 m 个处理机中最先完成当前作业的处理机上。

$$F(\mathrm{I})-t_n\leqslant\sum_{i\in P_k,i\neq n}t_i\qquad k=1,2,\cdots,m \tag{12-15}$$

因此

$$m[F(\mathrm{I})-t_n] \leqslant \sum_{k=1}^{m} \sum_{i \in P_k, i \neq n} t_i = \sum_{i=1}^{n-1} t_i$$
$$\Rightarrow F(\mathrm{I}) \leqslant \frac{1}{m} \sum_{i=1}^{n-1} t_i + t_n = \frac{1}{m} \sum_{i=1}^{n} t_i + \frac{m-1}{m} t_n \tag{12-16}$$

又因为

$$\mathrm{OPT}(\mathrm{I}) \geqslant \frac{1}{m}\sum_{i=1}^{n} t_i \tag{12-17}$$

故

$$F(\mathrm{I})-\mathrm{OPT}(\mathrm{I}) \leqslant \frac{m-1}{m} t_n$$
$$\Rightarrow \frac{F(\mathrm{I})-\mathrm{OPT}(\mathrm{I})}{\mathrm{OPT}(\mathrm{I})} \leqslant \frac{(m-1)t_n}{m\,\mathrm{OPT}(\mathrm{I})} \tag{12-18}$$

从式（12-13）和式（12-18）得到

$$\frac{1}{3}-\frac{1}{3m} < \frac{(m-1)t_n}{m\,\mathrm{OPT}(\mathrm{I})}$$
$$\Rightarrow m-1 < \frac{3(m-1)t_n}{\mathrm{OPT}(\mathrm{I})} \tag{12-19}$$
$$\Rightarrow \mathrm{OPT}(\mathrm{I}) < 3t_n$$

式（12-19）表明若定理不成立，则一个最优调度方案处理实例 I 将不允许将两个以上任务分配给任何一个处理机，否则就不可能是最优的。然而在一台处理机最多只分配两个任务的情况下，容易证明 LPT 调度将求得最优解，即相对误差为 0。而根据前面假设，存在规模为 n 的实例 I，LPT 调度可导致相对误差大于 $1/3-1/(3m)$。两者矛盾，这表明不存在任何实例使得定理不成立。证毕。

定理 12-11 显示 LPT 算法是一个相对误差界为 $1/3-1/(3m)$ 的近似算法。下面的例子表明在最坏情况下，LPT 调度可以达到该相对误差界。所以这是一个非常精确的误差界。

例 12-11　设有 $n=2m+1$ 个作业 $\{1, 2, \cdots, 2m+1\}$，$t_i=2m-\lfloor (i+1)/2 \rfloor$，$i=1, 2, \cdots, 2m$，$t_{2m+1}=m$。图 12-6（a）所示为 LPT 调度方案，其完成时间是 $4m-1$，图 12-6（b）所示为最优调度方案，其完成时间是 $3m$。所以，恰有 $|F(\mathrm{I})-\mathrm{OPT}(\mathrm{I})|/\mathrm{OPT}(\mathrm{I})=1/3-1/(3m)$。图中数字是作业编号。

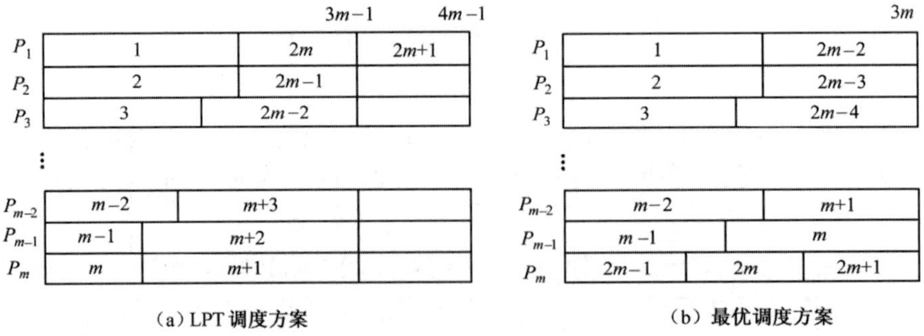

图 12-6　例 12-10 的 LPT 和最优调度方案

LPT 调度是一种简单的 ε-近似调度算法，还可以设计出更有效的调度问题的 ε-近似调度算法。

12.4 ε(n)-近似算法

12.4.1 集合覆盖问题

集合覆盖问题是一个最优化问题，它应用于多资源选择问题。例如，假定 X 是完成一项工作所需技能的集合。现有一组人员，其中每个人掌握若干种技能。问题要求一个由尽可能少的人员组成的工程组，其中的人员具备该项工程所需的全部技能。

例 12-12 集合覆盖问题的一个实例（X, F）有一个有限集 X，F 是 X 的子集族，且 X 的每个元素至少属于 F 中的至少一个子集：

$$X = \bigcup_{S \in F} S \tag{12-20}$$

集合覆盖问题是求 F 的一个最小规模子集 $C \subseteq F$，使得 C 中元素包含 X 的所有元素，

$$X = \bigcup_{S \in C} S \tag{12-21}$$

称为 C 覆盖了 X。这里的最小规模是指使 $|C|$ 最小。所以集合覆盖问题是找出 F 中覆盖 X 的最小子集 C。集合覆盖判定问题可描述为；是否存在规模至多为 k 的子集 C 覆盖 X。

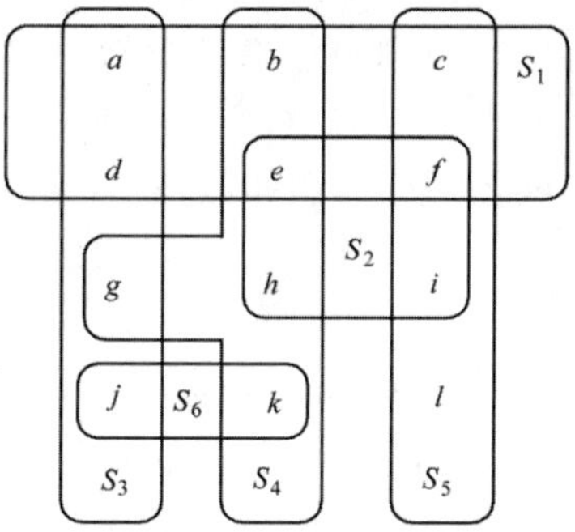

图 12-7 例 12-12 的集合覆盖实例

例 12-13 设 $X=\{a, b, c, d,\cdots k, l\}$ 是 12 个字母组成的集合，$F=\{S_1, S_2,\cdots, S_6\}$，其中每个 S_i 所包含的 X 中的元素如图 12-7 所示。容易看出 $C=\{S_3, S_4, S_5\}$。

为了证明集合覆盖判定问题是 NP 完全的，首先需要表明它是 NP 类的。读者可以设计一个不确定算法求解这一问题，其不确定时间复杂度是 $O(kn^2)$。下面证明顶点覆盖问题可以约化到集合覆盖问题。

定理 12-12 顶点覆盖问题∝集合覆盖问题。

证明： 给定顶点覆盖问题实例（$G=(V, E), k$），可以创建一个集合覆盖问题的实例（X, F, k）。其中，X 中元素是图 G 的边，X 是图 G 中边的集合，$|X|=|E|$ 为图 G 的边数。F 的每个元素是一个子集 S_v，S_v 是所有与顶点 v 相关联的边的集合。这样的子集有 $|V|$ 个，所以 $|F|=|V|$。可以看到，（X, F）的任意集合覆盖均应包含图 G 的全部边。这一转换过程至多是 $O(n^2)$，因为图 G 中至多有 n^2 条边。

若 G 有一个大小至多为 k 的顶点覆盖 S，即对于图 G 所有边 $e=(u, v)$，至少有一个顶点在 S 中。那么，如果令 $C=\{S_v, v\in S\}$，$|S|=k$，$|C|=k$，则必有 $X = \bigcup_{S_v \in C} S_v = E$。

反之，(X, F)有一个大小至多为 k 的集合覆盖 C，即 C 覆盖图 G 的全部边。令 $S=\{v\,|\,S_v\in C$ 且 $v\in V\}$，$|S|=k$。显然 S 中的顶点关联了图中所有的边，S 是图 G 的顶点覆盖。若不然，则必存在边$(u, v)\in E$，它的两个顶点 u 和 v 都不在 S 中。这也意味着说 S_u 和 S_v 都不属于 C，那么边(u, v)必定未被 C 覆盖，C 不是(X, F)的集合覆盖。

12.4.2 集合覆盖近似算法

程序 12-3 是集合覆盖的一个简单的近似算法，其中 Set 是元素集类型，SetofSubset 是 X 的子集的集合类型。此算法具有对数比值界。

【程序 12-3】 集合覆盖近似算法

```
void SetCover(Set X, SetofSubset F, SetofSubset& C)
```

```
{
    Set U=X;
    C=∅;
    While (U!=∅){
        从 F 中选取使|S∩U|最大的子集 S，并从 F 中将其删除；
        U=U-S;
        C=C∪{S}
    }
}
```

在上述算法中，U 是尚未被覆盖的 X 中元素的集合，C 是已经选中的子集。算法每一步都从 F 中选择一个子集 S，它能够覆盖 U 中尽可能多的元素。可以看到，算法中 while 语句的循环体至多执行 $\min(|X|,|F|)$次。循环体的每次执行时间是 $O(|X||F|)$。因而这一算法有多项式时间 $O(|X||F|\min(|X|,|F|))$。对例 12-13 的实例，程序 12-3 的近似算法将得到 $C=\{S_1, S_4, S_5, S_3\}$，即 $|C|=4$。

12.4.3 ln(n)-近似算法

在讨论集合覆盖近似算法的性能界之前，先引入调和级数与调和数的概念。调和数常用在算法分析中。

定义 12-10 数列 1,1/2,1/3,…称为**调和级数**。调和级数的前 n 项之和称为**调和数**，记为 $H(n)$。

$$H(n)=\sum_{i=1}^{n}\frac{1}{i}\leqslant \ln n+1 \tag{12-22}$$

定理 12-13 程序 12-3 的近似算法的比值界为 $H(\max_{S\in F}\{|S|\})$，这是一个 ln(n)-近似算法。

证明：首先对每个由程序 12-3 选择的子集 S 赋予一个代价，将此代价平均分配给初次被覆盖的元素上。设 S_i 是近似算法求得的第 i 个子集，将 S_i 加入 C 中时有代价 1，此代价被平摊在 S_i 中首次被覆盖的元素上。设 $c(x)$表示分摊给元素 x 的代价，$x\in X$。对每个元素仅分配一次代价。只有当某个 S_i 被选入 C，且元素 x 第一次加入 C 中时，为其分配一个平摊的代价。设集合族 $C=\{S_1, S_2,\cdots, S_{i-1}\}$，在 C 中增加集合 S_i，集合 $S_i-S_1\cup S_2\cup\cdots\cup S_{i-1}$ 中的元素首次被 C 覆盖，将代价 1 平均分摊在这些元素上。

$$c(x)=\frac{1}{|S_i-(S_1\cup S_2\cup\cdots\cup S_{i-1})|} \tag{12-23}$$

式中，$x\in S_i-S_1\cup S_2\cup\cdots\cup S_{i-1}$。因为算法求得子集族 C。向 C 中每加入一个子集 S，增加代价为 1，故其总代价为$|C|$。这一代价被分摊在 X 的每个元素上。最优覆盖 C^*是 X 的一个覆盖，故

$$|C|=\sum_{x\in X}c(x)\leqslant\sum_{S\in C^*}\sum_{x\in S}c(x) \tag{12-24}$$

稍后将证明对任意 $S\in F$，下式成立。

$$\sum_{x\in S}c(x)\leqslant H(|S|) \tag{12-25}$$

由此可得

$$|C|\leqslant\sum_{S\in C^*}H(|S|)\leqslant|C^*|H(\max_{S\in F}\{|S|\}) \tag{12-26}$$

即

$$\frac{|C|}{|C^*|} \leqslant H(\max_{S \in F}\{|S|\}) \leqslant \ln|X|+1 \tag{12-27}$$

下面来证明式（12-25）成立。

设 S 是 F 中的任意集合，设 $u_i = \left|S - \bigcup_{j=1}^{i} S_j\right|$ 是当算法选择了 $S_1, S_2,\cdots, S_i$ 后，集合 S 中尚未被 C 覆盖的元素个数。对集合 S 而言，$u_0=|S|$，$u_{i-1} \geqslant u_i$，$i=1, 2,\cdots,|C|$。进一步设 k 是使得 $u_k=0$ 的最小的 k，此时 S 中的所有元素均被覆盖。设 S 中有 $u_{i-1}-u_i$ 个元素首次被 S_i 覆盖。于是有

$$\sum_{x \in S} c(x) = \sum_{i=1}^{k} \frac{u_{i-1}-u_i}{|S_i - (S_1 \cup S_2 \cup \cdots \cup S_{i-1})|} \tag{12-28}$$

由算法的做法可知，集合 S 中因为子集 S_i 入选 C 而被覆盖的元素个数不会超过 S_i。否则当时算法会选择 S，而不是 S_i。因此，$|S_i - (S_1 \cup S_2 \cup \cdots \cup S_{i-1})| \geqslant |S - (S_1 \cup S_2 \cup \cdots \cup S_{i-1})| = u_{i-1}$，可得

$$\sum_{x \in S} c(x) \leqslant \sum_{i=1}^{k} \frac{u_{i-1}-u_i}{u_{i-1}} \tag{12-29}$$

对于任意正整数 a 和 b，且 $a<b$，容易证明

$$H(b) - H(a) = \sum_{i=a+1}^{b} \frac{1}{i} \geqslant \frac{b-a}{b} \tag{12-30}$$

运用式（12-30），可得到

$$\begin{aligned}\sum_{x \in S} c(x) &\leqslant \sum_{i=1}^{k} \frac{u_{i-1}-u_i}{u_{i-1}} \leqslant \sum_{i=1}^{k} [H(u_{i-1}) - H(u_i)] \\ &= H(u_0) - H(u_k) = H(u_0) - H(0) \\ &= H(u_0) = H(|S|)\end{aligned} \tag{12-31}$$

这就证明了式（12-25）的不等式成立。因此此近似算法的比值界为

$$H\{\max_{S \in F}(\{|S|\}) \leqslant \ln|X|\} + 1 \tag{12-32}$$

可见这是一个 $\ln(n)$-近似算法，$n=|X|$。在许多实际应用问题中，$\max_{S \in F}(\{|S|\})$ 只是一个小常数，此时近似算法得到的解仅比最优解大一个很小的常数倍。

12.5 多项式时间近似方案

12.5.1 任务调度近似方案

前面已经设计了任务调度 LPT 近似算法，该算法是一个[1/3−1/(3m)]-近似算法，m 是处理机数。我们还可以得到求解这一问题的多项式时间近似方案。此方案遵循下列调度规则：

（1）令 k 是某个给定的整数；

（2）对前 k 个处理时间最长的任务进行最优调度；

（3）使用 LPT 规则调度剩余的 $n-k$ 个任务。

例 12-14 设 m=2，n=6，(t_1, t_2,⋯, t_6)= (8,6,5,4,4,1)，k=4。前 4 个任务处理时间最长。这 4 个任务的最优调度的完成时间是 12，如图 12-8（a）所示。对于剩余的两个作业采用 LPT 调度，将得到图 12-8（b）的结果，其完成时间为 15。图 12-8（c）是此实例的最优调度方案，其最优解值是 14。

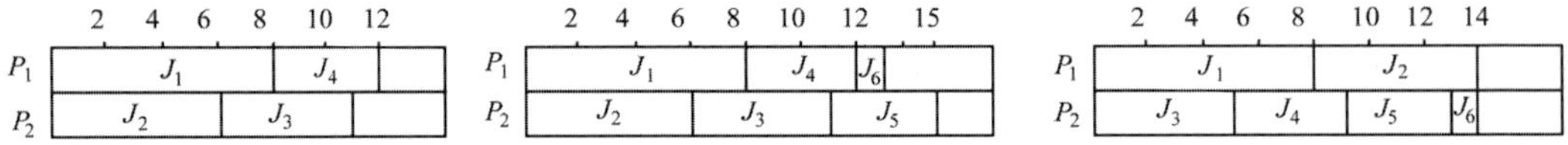

（a）4 个任务的最优解　（b）近似调度方案　（c）最优调度方案

图 12-8　k=4 的近似调度方案

定理 12-14　设 I 是有 m 个处理机的调度问题实例。OPT(I)是 I 的最优调度的完成时间，F(I)是由上述调度规则所产生的调度方案的完成时间，则

$$\frac{|\mathrm{OPT(I)}-F(\mathrm{I})|}{\mathrm{OPT(I)}} \leqslant \frac{1-1/m}{1+\lfloor k/m \rfloor} \tag{12-33}$$

证明：设 r 是关于 k 个最长时间任务的最优调度的完成时间。若 F(I)=r，则 OPT(I)=F(I)，定理成立。现假定 F(I)>r，令 $t_i(1 \leqslant i \leqslant n)$是实例 I 的 n 个任务的处理时间。不失一般性，我们假定 $t_i \geqslant t_{i+1}(1 \leqslant i \leqslant n)$且 $n>k$，并假定 $n>m$。令作业 $j(k<j \leqslant n)$的完成时间为 F(I)，当作业 j 按照 LPT 调度被安排到处理机 P_q 上时，该处理机当前正在处理的作业将比其他处理机的作业先结束。在第 j 个作业被安排时，除 q 以外的其余 $m-1$ 台处理机上正在处理的作业的结束时间都不小于 $F(\mathrm{I})-t_j$，即

$$\sum_{i \in P_j, j \neq q} t_i \geqslant F(\mathrm{I})-t_j \tag{12-34}$$

因为 $t_{k+1} \geqslant t_j(k<j \leqslant n)$，故

$$F(\mathrm{I})-t_j \geqslant F(\mathrm{I})-t_{k+1} \qquad k<j \leqslant n \tag{12-35}$$

所以，m 台处理机的 n 个作业的处理时间之和为

$$\sum_{i=1}^{n} t_i \geqslant m[F(\mathrm{I})-t_{k+1}]+t_{k+1} \tag{12-36}$$

又因为

$$\mathrm{OPT(I)} \geqslant \frac{1}{m}\sum_{i=1}^{n} t_i \geqslant F(\mathrm{I})-\frac{m-1}{m}t_{k+1} \tag{12-37}$$

即

$$|\mathrm{OPT(I)}-F(\mathrm{I})| \leqslant \frac{m-1}{m}t_{k+1} \tag{12-38}$$

既然 $t_i \geqslant t_{k+1}(1 \leqslant i<k+1)$，那么，至少有一个处理机执行了这 $k+1$ 个任务中的至少 $1+\lfloor k/m \rfloor$个任务。因为如果没有一个处理机执行这 $k+1$ 个任务中的 $1+\lfloor k/m \rfloor$个任务，设 n_i 是第 i 台处理机上处理的任务数目，且 $n_i \leqslant \lfloor k/m \rfloor(1 \leqslant i \leqslant n)$，则

$$n=\sum_{i=1}^{m} n_i \leqslant m\lfloor k/m \rfloor \leqslant k<j \leqslant n \tag{12-39}$$

显然 $n<n$ 是荒谬的。因此有下列不等式

$$\mathrm{OPT(I)} \geqslant (1+\lfloor k/m \rfloor)t_{k+1} \tag{12-40}$$

由式（12-38）和式（12-40），得到

$$\frac{|\mathrm{OPT(I)}-F(\mathrm{I})|}{\mathrm{OPT(I)}} \leqslant \frac{m-1}{m(1+\lfloor k/m \rfloor)}=\frac{1-1/m}{1+\lfloor k/m \rfloor} \tag{12-41}$$

定理得证。

12.5.2 多项式时间近似方案

根据定理 12-14，可以构造上一小节描述的多项式时间的ε-近似的调度方案。这一方案以ε作为输入参数，使得对任意输入ε，它能够计算得到一个整数 k，使得$\lfloor k/m \rfloor > (m-1)/(m\varepsilon)-1$。

12.5.1 节中调度方案第（1）步的时间是 O(1)，第（2）步可以采用分枝限界法实现，其时间为 $O(m^k)$，另考虑对 n 个任务按处理时间的非增次序排序所需的时间 $O(n\log n)$，总时间为 $O(n\log n+m^k)$。第（3）步的时间是按 LPT 对 $n-k$ 个任务进行调度所需的时间，为 $O((n-k)\log(n-k)+(n-k)\log m) =O(n(\log n+\log m))$。所以该调度方案是多项式时间的（$n>>m$）。

如果 k 的选择使得$\lfloor k/m \rfloor > (m-1)/(m\varepsilon)-1$，则必有 $\dfrac{|\mathrm{OPT(I)} - F(\mathrm{I})|}{\mathrm{OPT(I)}} \leqslant \varepsilon$，所以，此近似调度方案是多项式时间近似方案，但不是完全多项式时间近似方案。这是因为对于固定的 m，它的运行时间不是 $1/\varepsilon$ 的多项式，而仅是 n 的多项式。

12.6 子集和数的完全多项式时间近似方案

12.6.1 子集和数的指数时间算法

例 12-15 设有 n 个正整数 $S=\{a_1, a_2,\cdots, a_n\}$和正整数 M，求 S 的一个子集使得子集中的数之和尽可能大，但不超过 M。这也是一种子集和数问题。

这一问题的一个实际应用是假定一辆汽车的载重为 M，现有 n 件不能分割的物品，其中每个物品的重量为 w_i。现希望尽量多装物品，使得所装物品的重量尽量接近汽车载重，求这样的装法（假定没有体积的限制）。

下面先给出解决这一问题的指数时间精确算法，然后改进该算法，使之成为一个完全多项式时间近似方案。由定义可知，一个完全多项式时间近似方案的运行时间是 $1/\varepsilon$和 n 的多项式。

设 L 是一个有序表，符号 $L+x$ 被用于表示对 L 的每个元素增加 x 后得到的有序表。例如，若 L=(1, 2, 4, 6)，则 L+3=（4, 5, 7, 9）。设有序表具有 List 类型，函数 List Merge(List $L1$, List $L2$)合并有序表 $L1$ 和 $L2$，并返回合并以后的有序表。Merge 函数的代码可见数据结构教材的两路合并排序算法。程序 12-4 为子集和数的指数时间精确算法的伪代码描述，算法通过计算集合 S 的所有可能的子集中的元素之和，求得其中最接近 M，但不超过 M 的子集和。我们将一个子集中的元素之和称为**子集和**。

【程序 12-4】 子集和数算法

```
int ExactSumofSubset(Set S,int M)
{//设每个 L[i] (1≤i≤n)为有序表，共 n 个表
    int n=|S|;
    L[0]={0};
    for (int i=1;i<=n;i++){
        L[i]=Merge(L[i-1],L[i-1]+S[i]);
        删除 L[i]中超过 M 的元素;
    }
    return max(L[n]);
}
```

令 P_i 表示集合 $\{x_1, x_2,\cdots, x_i\}$ 所有可能的“子集和”组成的集合，即 P_i 的一个元素是集合 $\{x_1, x_2,\cdots, x_i\}$ 的一个子集和。现约定空子集的子集和为 0，$P_0=\{0\}$。使用数学归纳法不难证明：

$$P_i = P_{i-1} \cup (P_{i-1}+x_i) \qquad i =1, 2,\cdots, n \tag{12-42}$$

例如，若 $S=\{1,4,5\}$，则

$P_0=\{0\}$，

$P_1=\{0,1\}$，

$P_2=\{0,1,4,5\}$，

$P_3=\{0,1,4,5,6,9,10\}$。

由于子集和数问题要求子集之和不超过 M，所以在生成所有这些子集和的同时应当删除其中超过 M 的子集和。程序 12-4 中的列表 L[i]用以表示“子集和”集合 P_i，但它仅保留 P_i 中值不超过 M 的子集和。

又由于 P_i 中包含子集 $\{x_1, x_2,\cdots, x_i\}$ 的所有可能的子集和，故 $|P_i|=2^i$。在最坏情况下，L[i]的大小等于 $|P_i|$，为 2^i。由此可知上述算法是一个指数时间算法。

12.6.2 完全多项式时间近似方案

为了设计子集和数的多项式时间近似方案，最根本的方法是使算法的执行时间是多项式的。基于算法 ExactSumofSubset 的近似方案，通过从表 L[i]中删除尽可能多的元素来降低时间。具体做法是对所创建的每个表 L，使用一个给定的参数 $\delta(0<\delta<1)$ 来修正 L。修正规则如下。

如果 L 中包括两个元素 y 和 $z(z\leqslant y)$，并使得 $(y-z)/y\leqslant\delta$，即等价地

$$(1-\delta)y\leqslant z\leqslant y \tag{12-43}$$

那么在新表 L' 中删除 y，只保留 z。并认为在新表中由 z 代表 y，两者的相对误差至多为 δ。例如，若 $\delta=0.1$，且 $L=(10, 11, 12, 15, 20, 21, 22, 23, 24, 29)$，则对 L 按上述规则进行修正后得到的新表为 $L'=(10, 12, 15, 20, 23, 29)$，其中，由 10 代表 11，20 代表 21 和 22，23 代表 24，代表者与被代表者之间的相对误差至多为 δ。使 L 中包含尽可能少的元素可以大大节省算法执行时间。当然，对于某个被删除的元素 y 而言，由于在新表 L' 中由其一个近似值 z 代表，故算法最终求得的子集和数只能是近似值。

程序 12-5 是修正一个给定的有序表 L1 得到新表 L2 的函数。函数以递增次序扫描表 L1，L1 的第一个元素应作为新表 L2 中的元素。继续扫描表 L1，如果被扫描的当前元素 y 不能被新表 L2 中最近加入的元素 z 所代表，则将 y 加入 L2 的尾部，否则 y 不加入 L2。表 L1 是尚未去除多余元素前的表，表 L2 是去除了多余元素后的表。L1 和 L2 中每个元素是一个子集和。

很显然，算法 Trim 的时间是 $\Theta(|L1|)$。

【程序 12-5】 修正表 L 为新表

```
List Trim(List L1, float δ)
{//L1 和 L2 均为有序表
    int m=|L1|;
    List L2=(L1[1]);                          //L1 的起始元素加入新表 L2
    int z=L1[1];                              //z 是新表中最新加入的元素
    for (int i=2;i<=m;i++)
      if(z<(1-δ)*L1[i]){                      //若 z 不能代表 L1[i]
        将 L1[i]加到表 L2 的末尾;              //将 L1[i]加入新表 L2
```

```
        z=L1[i];                              //z 为最新加入 L2 的元素
    }
    return L2;
}
```

利用函数 Trim 可以构造程序 12-6 的子集和数的近似方案。此函数的输入为一个由 n 个整数组成的集合 $S=\{x_1, x_2,\cdots, x_n\}$和一个目标整数 M，以及一个“近似参数” $\varepsilon\,(0<\varepsilon<1)$。

【程序 12-6】 子集和数近似方案

```
int ApproxSumofSubset(Set S,int M,float ε)
{//设 L[i] (1≤i≤n)为表，共 n 个表
    int n=|S|;
    L[0]={0};
    for (int i=1;i<=n;i++){
        L[i]=Merge(L[i-1],L[i-1]+S[i]);        //步骤（1）
        L[i]=Trim(L[i],ε/n);                   //步骤（2），修正参数δ= ε/n
        删除 L[i]中超过 M 的元素;               //步骤（3）
    }
    return max(L[n]);
}
```

例 12-16 设 L=(104,102,201,101)，M=308，ε=0.20（$\delta=\varepsilon/4$=0.05）。函数 ApproxSumofSubset 的计算过程见表 12-1，函数返回 302 作为近似解值，它与最优解 307 之间的相对误差不超过ε=0.2。事实上，这一实例的相对误差为(307−302)/307=0.016。

表 12-1 例 12-15 的计算步骤

循环变量 l	步骤（1）	步骤（2）	步骤（3）
1	（0,104）	（0,104）	（0,104）
2	（0,102,104,206）	（0,102,206）	（0,102,206）
3	（0,102,201,206,303,407）	（0,102,201,303,407）	（0,102,201,303）
4	（0,101,102,201,203,302,303,404）	（0,101,201,302,404）	（0,101,201,302）

定理 12-15 算法 ApproxSumofSubset 是关于子集和数问题的一个完全多项式时间近似方案。

证明：为了证明这一定理需要证明三点。首先，需证明算法求得的是子集和数问题的一个近似解。这一点容易理解，因为算法最终返回的的确是某个子集的元素之和，且该值不超过 M。这就是说，算法求得了问题的一个近似解。其次，需要证明算法的相对误差界为ε。由于本问题是最大化问题，所以需要证明[OPT(I)−F(I)]/OPT(I)≤ε，等价于(1−ε)OPT(I)≤F(I)，即近似解值不小于最优解值的(1−ε)倍。最后还需证明这一算法的执行时间是 1/ε和 n 的多项式。

先证明(1−ε)OPT(I)≤F(I)。注意，在表 L_i 被修正时，保留下来的元素 z 与被删除的元素 y 之间的相对误差不超过ε/n。使用归纳法，可以证明对 P_i 中的每个值不超过 M 的元素 y，在算法的 L_i 中必定包含元素 z，使得 $(1-\varepsilon/n)^i y \leqslant z \leqslant y$。

如果 $y^*\in P_n$ 是子集和数问题的最优解值，则必存在 $z\in L_n$，使得 $(1-\varepsilon/n)^n y^* \leqslant z \leqslant y^*$。算法将返回满足这一条件的最大的 z。这是因为，$(1-\varepsilon/n)^n$ 是 n 的递增函数，因此当 $n>1$ 时，有

$(1-\varepsilon)\leqslant(1-\varepsilon/n)^n$。于是$(1-\varepsilon)y^*\leqslant z$。这就证明了近似解值不小于最优解值的$(1-\varepsilon)$倍的结论。

最后分析算法的执行时间。在算法中，生成表 L[i]的合并、修正和删除（Merger、Trim 和删除大于 M 的元素）时间是$\Theta(|L[i]|)$。因此整个算法的时间不会超过$O(n|L[n]|)$。仔细考察算法可知，根据算法对 L[i]的修正规则，修正后的表中两个相继元素 a 和 b 之间满足 $a/b>1/(1-\varepsilon/n)$。也就是说，表 L[i]的相继元素之间至少相差一个比例因子 $1/(1-\varepsilon/n)$。又因为表 L[i]的最大元素不超过 M，所以，在经过合并、修正和删除操作后得到的表 L[i]中元素个数不超过

$$\frac{\ln M}{\ln[1/(1-\varepsilon/n)]}=\frac{\ln M}{-\ln(1-\varepsilon/n)}\leqslant\frac{M}{\varepsilon/n}=\frac{nM}{\varepsilon} \tag{12-44}$$

特别地，$|L[n]|\leqslant nM/\varepsilon$。于是算法 ApproxSumofSubset 的计算时间为 $O(n^2/\varepsilon)$，是 n 和 $1/\varepsilon$的多项式，这表明它是一个完全多项式时间近似方案。证毕。

本章小结

近似算法是求解 NP 难度最优化问题的实用算法。许多近似算法能够在多项式时间内求得精度令人满意的近似解。对一个近似算法的性能有两种衡量标准：绝对性能保证和相对性能保证。但并非所有应用问题存在绝对近似算法。已经证明，对于很多常见的 NP 难度问题，它们的绝对近似算法也是 NP 难度的。对许多问题可以设计ε-近似或$\varepsilon(n)$-近似的相对误差界算法。但是旅行商问题不存在多项式时间ε-近似算法。近似方案以实例和ε为参数，实现近似程度和运行时间之间的折中。

习题 12

12-1　证明一个图是 2-可着色的，当且仅当该图是二部图。

12-2　设计一个算法判定一个图是否是二部图，分析算法的时间复杂度。

12-3　证明判定任意给定的平面图是否 3-可着色的问题是 NP 完全问题。

12-4　证明最大集团绝对近似问题是 NP 难度的（提示：最大集团$\propto$最大集团绝对近似问题）。

12-5　设旅行商问题的代价矩阵存储如下：

$$\begin{bmatrix} 0 & 14 & 4 & 10 & 56 \\ 14 & 0 & 5 & 8 & 7 \\ 4 & 5 & 0 & 9 & 16 \\ 10 & 8 & 9 & 0 & 32 \\ 56 & 7 & 16 & 32 & 0 \end{bmatrix}$$

分别采用最近邻居算法和绕树两周算法求解，计算所求得的近似解与最优解的比值和相对误差。假定从第一个顶点开始周游。

12-6　写出最近邻居算法的代码，并分析其时间复杂度。

12-7　将体积为 $v_1, v_2,\cdots, v_n$ 的 n 个物品，装到容量都是 L 的箱子里。不同的装箱方案所需的箱子可能数目不同。装箱问题要求使装完这 n 个物品所需的箱子数目最少的装法。证明装箱问题是 NP 难度的。

12-8　求解装箱问题的一种装法称为首次适合法（first fit）：设箱子的编号为 1, 2,⋯，将 n 个物品依次装箱，将物品 i 装入第一个能够装下的箱子中，即将物品 i 装入编号最小，且其剩余

容量能够容纳物品 i 的箱子。

（1）编写代码实现这一算法；

（2）给出一个实例使得 $F(\mathrm{I})/\mathrm{OPT}(\mathrm{I})\geqslant 3/2$。

12-9　一种简单的求解装箱问题的近似算法称为 NextFit，其做法是：将物品依次装入一个箱内，装满一箱再装下一箱。

（1）试写出该近似算法；

（2）计算这一近似算法的最接近的相对误差界。

12-10　证明对于装箱问题不存在比值界小于 3/2 的近似算法，除非 P=NP。

12-11　设图 G=(V, E)是有 $n\geqslant 2$ 个顶点的无向连通图，从任意初始顶点 v_0 开始对图 G 做深度优先遍历将得到一棵深度优先搜索生成树 T。设 $C\subset V$ 是树 T 中的非叶结点。

（1）证明 C 是图 G 的一个顶点覆盖；

（2）证明 C 的大小最多为图 G 的最小顶点覆盖大小的 2 倍。（提示：表明存在一个匹配 T 由至少 $|C|/2$ 条边组成。所谓图 G 的匹配，是指图 G 的一个边的子集 $M\subseteq E$，使得 M 中任意两条边都没有公共顶点。对 $|C|$ 进行归纳，证明这样一个匹配存在。）

12-12　这是一个求图 G 的最大集团的近似算法：

（1）从图 G 中删除一个孤立顶点，它不与图中所有其他顶点相邻接；

（2）说明这一算法并不总能得到图 G 的一个最大集团。

12-13　说明上题的最大集团近似算法的比值界是无限的。

12-14　如果任务调度不是按最长处理时间的作业优先调度的方式进行的，而是对任意作业序列按其在序列中次序进行调度，将作业分配给下一个最早完成当前运行作业的处理机。

（1）证明采用这一近似算法求最小完成时间的比值界为 $2-1/m$；

（2）举例说明这一比值界是该近似算法的最接近的比值界。

第 13 章 遗传算法

遗传算法是由美国 J. Holland 教授提出的，其中使用的思想和概念直接来自生物的遗传和进化。遗传算法在本质上是一种不依赖具体问题的直接搜索方法，适用于解决传统方法难以解决的复杂的、非线性的问题，可在模式识别、神经网络、图像处理、机器学习、工业优化控制、自适应控制、生物科学、社会科学等方面得到应用。本章讨论遗传算法。

13.1 进化计算

计算机科学家通过不同的生物学类比来开发人工智能系统，例如进化计算、神经网络系统。生物在自然界中生存繁衍，具有对自然环境的良好适应能力。**进化计算**（evolutionary computation，EC）是将达尔文（Darwen）的进化论和孟德尔（Mendel）的遗传变异理论应用于计算机问题求解的技术。进化计算主要包括**遗传算法**（genetic algorithm，GA）、**遗传规划**（genetic programming，GP）、**进化策略**（evolutionary strategy，ES）和**进化规划**（evolutionary programming，EP）。

20 世纪 60 年代，I. Rechenberg 在其《演化战略》一书中首次引入了进化算法的思想。他的这一思想逐渐被其他研究者发展。遗传算法是 J. Holland 提出的，后来他和他的学生、同事又不断发展了它。终于，在 1975 年 J. Holland 出版了专著《自然系统和人工系统中的自适应》（Adaption In Natural and Artificial Systems）。

遗传算法是进化算法的重要分支，它体现了生物界“优胜劣汰，适者生存”的原则，它以个体的适应度为指导，逐步保留对环境适应能力强的个体，最终得到最优解。几乎同时，美国的 L. J. Fogel 等人提出了进化规划，德国的 I. Rechenberg 和 H. P. Schwefel 建立了进化策略。这几种算法是彼此独立发展起来的。到了 20 世纪 90 年代初，遗传规划这一分支也被提出，进化计算作为一个学科开始正式出现。这 4 个分支取长补短，互相融合，进而得到很多新的进化算法，促进了进化计算的发展。

进化算法本质上是一种基于自然选择和遗传变异等生物进化机制的全局性概率搜索算法。进化计算是一种具有鲁棒性的方法，能适应不同的环境、不同的问题，在很多情况下能得到比较满意的解。它对问题的整个参数空间给出一种编码方案，而不是直接对问题的具体参数进行处理，不是从某个单一的初始点开始搜索，而是从一组初始点搜索。搜索中用到的是目标函数值的信息，可以不必使用目标函数的导数信息或与具体问题有关的特殊知识，因而进化算法具有广泛的应用性、高度的非线性、易修改性和可并行性。

当求解一个问题时遇到下列情况，便可以考虑采用进化算法：

（1）问题太复杂，几乎找不到方法求解这样的问题；

（2）问题足够困难，难以直接写代码来求解；

（3）问题自身是不断变化的；

（4）问题的候选解空间非常大，搜索每个候选解是不可行的；

（5）不一定必须求得最优解，可以接受“足够好”的解。

13.2 遗传算法的生物学基础

遗传算法所借鉴的生物学基础是生物的遗传和进化。

地球上分分秒秒都在诞生新的生命，所有生物都能繁衍与自身相似的同类后代，这就是**遗传**（heredity）。遗传是指生物亲代与子代相似的现象，即生物在世代传递过程中可以保持物种和生物个体各种特性不变，所谓“种瓜得瓜，种豆得豆”。遗传是生命世界的一种自然现象，是生物的一种属性。但是，我们也看到亲代与子代之间，子代和子代之间通常只可能相似而不会完全相同，这种亲子之间以及子代个体之间的差异现象称为变异。可遗传的变异有三种来源：基因突变、基因重组和染色体变异。遗传使生物体的特征得以延续，保持物种的相对稳定性。变异则可产生多种多样的生物，是生物进化的基础。

任何生物体都由**细胞**（cell）组成，每个细胞包含若干染色体组，单倍体只包含一个染色体组，双倍体包含两组**染色体**（chromosome），人类每个细胞包含两组染色体。人类的一个染色体组有 23 条染色体，每组染色体中的一条染色体与另一组中的一条染色体配对，称为**同系对**。每一对中的两条染色体称为**同源染色体**（homologous chromosomes）。生物的所有遗传信息都包含在染色体中。现在已经知道，控制和决定生物性状的染色体中包含一种被称为**脱氧核糖核酸**（deoxyribonucleic acid，简称 DNA）的物质。DNA 是一种生物大分子，其基本结构单位是核苷酸分子。每个核苷酸分子由一个含氮碱基、一个脱氧核糖（戊糖）和一个磷酸基团组成。碱基分成两类：嘌呤碱基和嘧啶碱基，一般有腺嘌呤、鸟嘌呤、胞嘧啶和胸腺嘧啶 4 种碱基。根据碱基不同，形成 4 种脱氧核苷酸，它们分别是腺嘌呤脱氧核糖核苷酸（A）、鸟嘌呤脱氧核糖核苷酸（G）、胞嘧啶脱氧核糖核苷酸（C）和胸腺嘧啶脱氧核糖核苷酸（T）。

许多核苷酸分子通过磷酸二酯键相连，形成一个长长的链状结构。一个 DNA 分子由两条链组成，两条链上的碱基通过氢键（两个氢键或三个氢键）连接起来形成氢键对，这种碱基配对遵循碱基互补配对原则，即腺嘌呤脱氧核糖核苷酸（A）一定与胸腺嘧啶脱氧核糖核苷酸（T）配对，鸟嘌呤脱氧核糖核苷酸（G）一定与胞嘧啶脱氧核糖核苷酸（C）配对，如图 13-1 所示。这样，DNA 分子的两条链便盘旋成双螺旋结构。

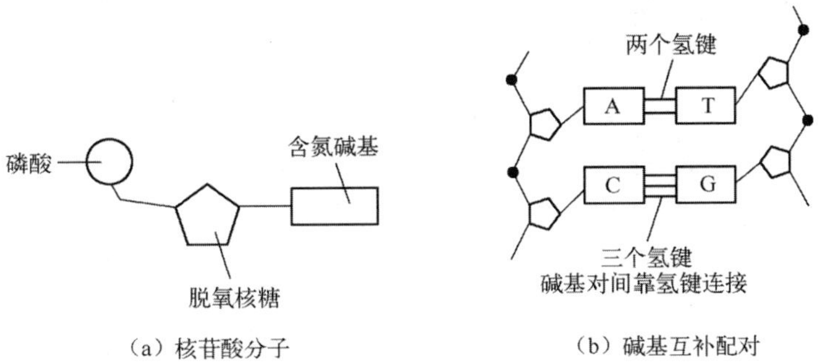

（a）核苷酸分子　　（b）碱基互补配对

图 13-1　DNA 分子的双链结构

一个确定的 DNA 分子的碱基对的排列顺序是确定的，不同种类的 DNA 分子内的碱基对的排列顺序不同。每条染色体上只有一个 DNA 分子，染色体是 DNA 分子的主要载体。

基因是具有遗传效应的 DNA 片段，并不是所有的 DNA 片段都是基因。不同基因的脱氧核糖核苷酸的排列顺序（碱基序列）不同，因此不同的基因就含有不同的遗传信息。生物的各种特性由其相应的基因控制，基因是控制生物性状的基本遗传单位。一个有机体的**基因型**（genotype）是它的遗传构成，其**表现型**（phenotype）是它的外部表现。有机体的表现型是它的基因型与环境相互作用的结果。**基因座**（locus）是基因在染色体中占据的位置，同一基因座可能的全部基因称为**等位基因**（allele）。例如，ABO 血型的基因座由 A、B 和 O 三个等位基因控制遗传，其中 A 和 B 基因是显性基因，O 基因是隐性基因。人类的每对染色体分别由两条单染色体组成，其中一条来自父亲，另一条来自母亲。也就是说，如果一个人在该基因座的两个等位基因是 AO 或 AA，则他是 A 型血。

有性生物在繁殖下一代时，子代的每对染色体一条来自父亲，一条来自母亲。但因为两个同源染色体可能会通过交叉而重组。另外，在细胞进行复制时，偶然会产生某些复制差错，使 DNA 的基因发生某些突变，这种变异会导致后代表现某些新的性状。

生物在生存繁衍过程中，不断地产生各种变异，有利的、可遗传的变异对生物的进化具有重要意义。生物如果不能产生变异，就不能适应不断变化的环境。经过自然选择，适应性好的个体被保留下来，反之则被淘汰。通过一代代的生存环境的选择作用，适者生存，生物不断进化。

13.3 遗传算法的基本思想

关于生物遗传和进化，以下几个特点可被计算机算法借鉴。

（1）生物的所有遗传信息都包含在其染色体中，生物的性状由染色体决定。

（2）染色体由有规律排列的基因序列构成，遗传和进化过程发生在染色体上。

（3）生物在繁殖过程中进行染色体复制。

（4）环境适应性好的生物能够生存，并有更多的机会繁衍后代，使它的基因或染色体有更多的机会遗传到下一代。

（5）同源染色体之间的交叉或基因的变异可以使子代的染色体与它们的父代不同，使子代呈现新的性状。

遗传算法仿照生物的遗传和进化，模拟了生物学的进化过程，遗传算法在很多方面与生物学遗传和进化机理类似。

下面介绍与遗传算法相关的基本概念和术语，可以看到它们源自生物学。

（1）候选解（ candidate solution）：给定问题的一个可能的解。

（2）种群（population）：一个候选解的集合。

（3）染色体（chromosome）：一个基因序列，染色体定义了一个特定的候选解。

（4）基因（gene）：组成染色体的不可分割的基本单位。

（5）适应度（fitness）：衡量候选解适合问题的程度。

（6）选择（select）：选择一个候选解用以生成下一代解。

（7）交叉（crossover）：染色体被组合以建立新的候选解，也称重组。

（8）变异（mutate）：染色体中的基因被随机改变，以创建新的性状。

遗传算法从代表问题候选解的一个种群开始。一个种群由一定数目的个体组成，个体是带有染色体特征的实体。首先，我们需要对染色体的基因进行编码，每个个体表示为染色体的基因编码。初始种群通常可以根据种群大小随机产生。初始种群生成后，按照适者生存、优胜劣汰的进化原理，根据所计算的种群中各个体的适应度，挑选优秀个体作为父代生成子代。父代通过基因重组（交叉）产生子代，所有的子代按一定概率变异，从而产生代表新的候选解集合的新种群。这一过程循环执行，直至满足算法终止条件。终止条件一般是发现一个满足条件的解，或者在不收敛的情况下超过最大迭代次数，也可以是当适应度值变化小于某个值时。

遗传算法正是一个通过上述选择、交叉、突变过程，实现从初始解向最优解逼近的自适应过程，这个过程类似于生物的逐代遗传。选择体现了生物界的优胜劣汰，交叉类似于繁殖中染色体的重组，突变相当于生物界的变异。由于遗传算法独立于问题的领域知识，实现步骤简单规范，且具有良好的全局收敛能力、自适应能力和并行能力，已被成功应用于多个领域。

13.4 基本遗传算法

13.4.1 基本遗传算法构成要素

遗传算法的效果与编码方法、种群规模、适应度函数、遗传运算以及相应的运行参数等密切相关。在遗传算法的研究中，算法参数和遗传运算的研究是两个重要方面。

1. 搜索空间

如前所述，遗传算法本质上可以看成是搜索算法，它们通过搜索一组可能的解，来寻找最好（或最适合）的解。由于一个生物的基因组中所有可能的基因组合都可以看成候选解，可以通过搜索所有这些基因序列来寻找足以适合环境的解。候选解的集合构成问题的解空间。对于较大的解空间，也许难以在可接受的时间内找到最优解。但事实上对于很多问题，我们也许只需要足够好的解就可以了。

2. 染色体编码

在遗传算法中，如何描述问题的候选解，即把一个问题的候选解从其解空间转换到遗传算法所能处理的搜索空间的方法称为编码。一种好的编码方案可以使遗传运算容易实现和执行。编码是一个遗传算法首先要解决的问题，它直接影响算法的性能和效率。任何一种编码方案必须保证遗传算法的染色体和问题的候选解一一对应。

目前常用的编码技术有二进制编码、实数（浮点数）编码、排列编码和变长编码等。

（1）二进制编码

二进制编码是一种简单的编码方式，它使用固定长度的二进制符号串来表示种群中的个体。例如，X=100111001000101101，它表示一个个体，该个体的染色体长度是 18。二进制编码符号串的长度与问题所要求的求解精度有关。例如，若 $0\leqslant y\leqslant 1023$，精度为 1，则可以用长度为 10 的二进制数对其编码。二进制编码简单易行，符合最小字符集原则，也便于使用模式定理对算法进行分析，但存在连续函数离散化时的映射误差。

（2）实数编码

实数编码是指个体的每个基因值用某一范围内的一个浮点数来表示。这种编码方法使用的是决策变量的真实值，因此也称之为**真实值编码**方法。实数编码是遗传算法中在解决连续参数优化问题时普遍使用的一种编码方式，具有较高的精度，在表示连续渐变问题方面具有优势。

（3）排列编码

排列编码（permutation encoding），也称为**序列编码**，是针对一些特殊问题的特定编码方式，该编码方式将有限集合内的元素进行排列。若集合内包含 n 个元素，则存在 n!种排列方法。当 n 不大时，n!也不会太大，穷举法便可解决问题。当 n 较大时，难以使用常用的搜索算法求解问题。遗传算法在解决这类问题上具有优势。例如，当使用遗传算法求解旅行商问题时，用排列编码自然、合理。

3. 适应度评价

在遗传算法中，适应度是衡量个体优劣的主要指标，根据适应度的大小，对个体进行优胜劣汰。遗传算法的一个特点是它仅使用适应度函数来评估个体或解的优劣，作为以后遗传操作的依据。适应度函数设计会影响遗传算法的性能。

遗传算法一般不直接使用目标函数值，而通过个体的适应度函数来体现。在具体应用中，常需使用与个体适应度成正比的概率，来决定当前种群中每个个体遗传到下一代种群中的机会多少，这就要求所有个体的适应度必须是正数或零。所以，需要预先确定从目标函数到个体适应度的转换规则，尤其需要考虑当目标函数可能为负数时的处理方法。

4. 遗传过程

遗传繁殖是遗传算法的核心，在这一过程中，遗传算法产生和发现更适应的个体，使问题的解一代又一代地优化，最终逼近最优解。

遗传过程由以下几步组成：选择双亲；交叉双亲产生新的个体（后代或孩子）；新个体可能发生变异；以新的个体替代种群中老的个体。为了能在大范围内寻优以避免陷入局部最优解（即早熟现象），遗传算法中引入了多种随机性：

（1）随机选择初始群体内的各个个体；

（2）使用随机方法选择个体进行复制；

（3）使用随机方法选择交叉个体及其交叉点；

（4）使用随机方法选择突变个体及其突变点。

5. 遗传操作

遗传操作包括三个基本**遗传运算**（genetic operator）：选择、交叉和变异。

（1）选择运算

从种群中选择优秀个体，淘汰劣质个体的操作称为选择（也称复制）。选择运算是建立在种群中个体适应度评估的基础上的，适应度高的个体被选中产生后代的机会较大。选择运算是用来确定父代种群中哪些个体被选中允许繁殖后代。选择运算可影响遗传算法的收敛性和计算效果。选择运算需防止基因缺省，种群基因缺省可导致早熟收敛，陷入局部最优值。

常用的选择运算有轮盘赌选择法和锦标赛选择法等。轮盘赌选择法模拟轮盘赌过程，使适应度较大的个体入选机会较多。锦标赛选择使用类似于锦标赛的方式，通过随机选取候选者并从中择优。这两种选择都体现了适者生存、优胜劣汰的自然法则。

（2）精英保留

从选择运算得到的种群，经过交叉和变异运算，往往可能失去种群中最优个体，也就是说，当利用交叉和变异产生新的一代时，虽然随着种群的进化产生越来越多的优良个体，但也可能失去适应度最好的个体，这不是算法所希望的。精英保留策略（最优保存策略）是将每一代种群中最好的一个或多个个体保留，不参与交叉和变异，直接进入下一代。精英保留常与选择运算结合在一起。

（3）交叉运算

交叉运算是遗传算法有别于其他进化算法的重要特征。它在遗传算法中起关键作用，是产生新个体的主要方法。交叉运算以某个交叉概率相互交换两个个体之间的部分染色体，产生新个体，增加种群的多样性。通过交叉运算，扩大寻优范围，以期达到或接近全局最优解。基于二进制和十进制编码的传统交叉运算有单点交叉、两点交叉、均匀交叉以及多点交叉等。这些交叉方法一般也可用于浮点数编码中。此外，浮点数编码还可以使用算术交叉、离散交叉等。对于某些组合最优化问题，传统的单点交叉和两点交叉可能得到无效的解，因此还需设计某些特殊的交叉运算方法。

（4）变异运算

变异运算是指对种群中的个体以变异概率将一个或某些基因座的基因值改变成其他等位基因，因此产生新个体。变异运算对个体染色体做了局部改变，这就使得遗传搜索算法从搜索空间的一个位置跳到另一个位置，从而可能进入搜索空间的较优区域，以便发现更适合的解。传统的变异运算方法有基本位变异和均匀变异等。

从遗传运算过程中产生新个体的能力来说，交叉运算是产生新个体的主要方法，它影响遗传算法的全局搜索能力。变异运算是产生新个体的辅助方法，但也是必不可少的运算步骤，它影响遗传算法的局部搜索能力。交叉运算和变异运算相互配合，共同完成对搜索空间的全局和局部搜索，使得遗传算法具有良好的搜索性能以完成寻优过程。需要注意的是交叉和变异运算应当始终保证得到的是有效解。

6. 运行参数

遗传算法的下列运行参数对于算法的求解结果和求解效率都有较大影响，但目前尚无合理选择它们的理论依据。在遗传算法的实际应用中，往往需要通过多次实验来确定这些参数的合理取值。

（1）种群规模

种群规模是指遗传算法中任意一代种群的个体数。较大的种群规模可使算法在搜索空间中取样更多，有助于导向更精确的解或全局最优解的方向。小的种群规模可能会导致局部最优解。但是，大种群通常需要较多计算资源，运行效率降低。种群规模一般可以在20~100之间取值。

（2）交叉率

交叉率用于判断两个双亲个体是否需要交叉。交叉率会影响遗传算法的表现。当交叉率较高时，交叉运算生成新个体的能力较强，即探索新的解空间的能力较强，但个体的优良模式被破坏的可能性也较大。高的交叉率可使得遗传算法在交叉阶段产生较多新的潜在优良解，较低的交叉率有助于较适应的个体的基因信息在下一代中保持。交叉率一般可取0.4~0.99。

（3）变异率

变异率是在染色体中基因发生变异的概率。较高的变异率使得种群具有更多的遗传多样性，有助于避免局部最优，但也容易因此失去种群中较优秀的解。变异率过高实际上使得遗传算法的性能近似于随机搜索算法。变异率过低会影响找到解的能力。变异率的设置需要兼顾既允许足够的多样性，又较少失去种群中有价值的遗传信息。一般建议取值0.001~0.1。

7. 初始种群选取

遗传算法中，初始种群的选取直接关系遗传算法的全局收敛性与搜索效率。初始种群的个体可以随机产生，或可进一步采取如下策略：

（1）先随机生成一定数目的个体，然后从中挑出最好的个体加到初始种群中。这种过程不断迭代，直到初始种群的个体数达到了预先确定的规模。

（2）根据问题固有知识，设法把握最优解所占空间在整个问题空间中的分布范围，然后在此分布范围内设定初始种群。

8. 终止条件

遗传算法结束搜索的条件就是算法终止条件。判定算法是否终止的典型条件如下：

（1）得到一个满足条件的解；

（2）达到指定的最大进化代数（终止代数建议值为 100~1000）；

（3）运行时间超过指定时间；

（4）算法进入稳定阶段，也就是进化缓慢。比如，连续几代个体的平均适应度的差异小于指定的阈值或者种群中所有个体的适应度的方差小于指定的阈值。

13.4.2 基本遗传算法流程图

基本遗传算法流程如图 13-2 所示，算法流程包括以下步骤：

（1）随机产生初始种群；

（2）计算种群中各个体的适应度，保留精英；

（3）判断是否满足算法终止条件，若满足，则输出结果、算法结束，否则执行下一步；

（4）依据适应度选择可能产生下一代的双亲个体；

（5）依据给定的交叉率执行交叉运算；

（6）依据给定的变异率执行变异运算；

（7）计算新种群中各个体的适应度，更新精英；

（8）转第（3）步。

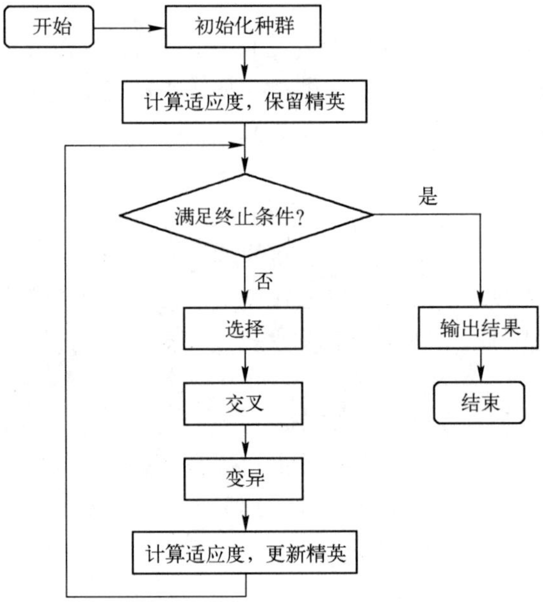

图 13-2 基本遗传算法流程图

13.5 遗传算法的特点和应用

13.5.1 遗传算法的特点

遗传算法实际上是一种搜索算法。与其他传统的搜索算法相比，遗传算法有以下特点：

（1）遗传算法不是直接使用决策变量的实际值来进行优化计算的，而是以决策变量的某种编码作为运算对象。正是因为这种编码处理，使得有可能借鉴生物学的染色体和基因等概念，可以模仿生物的遗传和进化等机理求解问题。

（2）传统的搜索算法除了需要目标函数信息外，往往还需要利用函数的导数和其他相关信息才能确定搜索方向。最优化问题一般可分为函数最优化和组合最优化。函数最优化问题的决策变量是连续变量，而组合最优化问题的决策变量是离散值。由于遗传算法仅需要使用由目标函数变换得到的适应度函数来指导搜索，所以它能用于处理无法或很难求导的函数最优化问题，也适合求解组合最优化问题。组合最优化问题可以有很多局部极值点。应用遗传算法求解这类问题只需用到目标函数信息，所以是很好的选择。

（3）传统算法通常是从一个起始点开始搜索最优解。遗传算法从多个个体组成的初始种群开始最优解的搜索过程，从而有较大的概率能找到全局最优解。这一过程隐含并行性。

（4）很多传统的最优化算法使用确定性的搜索方法，从一个搜索点到另一个搜索点的转移有确定的转移关系和方法。遗传算法采用的是概率转移规则，而不是确定性的转移规则。遗传算法属于自适应概率搜索方法，它的选择、交叉和变异等运算都以概率方式进行。理论和实践已经证明了在一定条件下，遗传算法以概率 1 收敛于问题的最优解。

13.5.2 遗传算法的应用

遗传算法最早用于研究和设计人工自适应系统和求解函数最优化问题。随着对遗传算法研究的逐步深入，遗传算法的性能得到不断改进和完善，表现出很好的解决问题的能力，算法的应用领域也逐渐广泛。目前，遗传算法的应用范围已包括组合最优化、图像处理、模式识别、智能控制、神经网络、自动程序设计、机器学习、数据挖掘、人工生命和网络通信等许多领域。

13.6 基本遗传算法实现方法

下面介绍基本遗传算法的具体实现方法。

13.6.1 数据结构

程序 13-1 中给出的 Individual 类代表一个候选解，主要存储一条染色体。为简单起见，我们只定义了三个必要的数据成员 chromosome、objValue 和 fitness，一个输出该个体信息的输出函数 Output 以及重载赋值运算符。此处还定义了应用于算法全局的一个个体对象 bestIndiv 来保存算法运行迄今为止的最优个体，以及两个规模为 POPUSIZE 的种群 population 和 newPopulation。

【程序 13-1】 个体结构

```
struct Individual                                   //个体类型
{
    int chromosome[CSLENGTH];                       //个体的染色体，长度为 CSLENGTH
    double objValue;                                //目标函数值
    double fitness;                                 //适应度
    Output();                                       //输出个体
    Individual operator =(const Individual &indiv)
    {// 重载赋值运算符
        fitness=indiv.fitness;
        objValue=indiv.objValue;
         for(int i=0;i< CSLENGTH;i++) chromosome[i]=indiv.chromosome[i];
```

```
            return *this;
        }
    };
    Individual bestIndiv;                              //迄今为止最优个体
    Individual population[POPUSIZE],                   //原种群，种群规模为 POPUSIZE
               newPopulation[POPUSIZE];                //新种群
```

13.6.2 主程序

图 13-2 所示的基本遗传算法流程图可以用程序 13-2 的 C++代码描述。程序中使用了简单的终止条件，即当进化代数超过事先规定的代数 MAXGENS 时算法终止。设个体变量 bestIndiv 在算法进程中始终保存迄今为止的最优解，函数 Output 输出该最优解。ELITISMNUMBER 为每一代选择时保留的精英数目。

【程序 13-2】 主程序

```
void main()
{
    int generation=0;                    //进化代数初值为 0
    Initialize();                        //生成初始种群
    Evaluate();                          //计算各个体的适应度
    Elitism();                           //对种群排序，设保留的精英数目为 ELITISMNUMBER
    while (generation<MAXGENS){          //进化代数达到最大代数时算法终止。
        Select( );                       //选择双亲
        Crossover();                     //交叉运算
        Mutate();                        //变异运算
        Evaluate();                      //计算适应度
        Elitism();                       //对种群排序，更新并保留精英
        generation++;                    //进化代数加 1
    }
    bestIndiv.Output();                  //输出算法得到的最优解
}
```

13.6.3 选择运算

如前所述，选择过程体现了生物进化过程中的适者生存，优胜劣汰。传统的选择策略有轮盘赌选择法和锦标赛选择法。

1. 轮盘赌选择法

轮盘赌选择法（roulette wheel selection）（也称比例选择法）是一种回放式随机采样方式，这是最早提出的选择方法。轮盘赌选择法操作步骤如下：

（1）计算每个个体的适应度在整个种群的个体适应度的总和中所占的比例，作为**选择概率**。设种群大小为 n，其中个体 i 的适应度为 f_i，则个体 i 的选择概率 p_i 为

$$p_i = f_i \Big/ \sum_{j=0}^{n-1} f_j \tag{13-1}$$

（2）计算每个个体的累计概率来构造一个轮盘。个体 i 的累计概率 q_i 为

$$q_i = \sum_{j=0}^{i} p_j \tag{13-2}$$

（3）轮盘选择：产生一个[0, 1]区间内的随机数 r，若 $r \leqslant q[0]$，则选择个体 0，否则若 $q[k-1] < r \leqslant q[k]$，则选择个体 k。

（4）重复步骤（3）n 次，得到被选中繁殖后代的 n 个双亲。

个体被选中后，可随机组成交配对以供后面的交叉操作。个体的适应度越大，其被选中的概率就越高。

看一个简单实例。种群中有 10 个个体，每个个体的适应度、选择概率和累计概率如表 13-1 所示。可以视为将轮盘分成 10 个扇区，需要产生 10 个[0, 1]之间的随机数，表示进行 10 次选择。模拟轮盘转动 10 次，每次指针停止时指示的扇区，表示该扇区的个体被选中。

设在区间[0, 1]中依次产生的随机数为：0.070, 0.545, 0.784, 0.446, 0.508, 0.291, 0.716, 0.273, 0.371, 0.855，则被选中的个体序号依次是 0, 7, 8, 5, 6, 4, 7, 4, 5, 9。

表 13-1　个体的适应度、选择概率和累计概率举例

个体序号	0	1	2	3	4	5	6	7	8	9
适 应 度	8	5	2	10	7	12	5	19	10	14
选择概率	0.087	0.054	0.022	0.109	0.076	0.130	0.054	0.207	0.109	0.152
累计概率	0.087	0.141	0.163	0.272	0.348	0.478	0.533	0.739	0.848	1.000

经典的遗传算法中，种群规模是固定不变的，如果种群规模为 n，则轮盘赌选择一共进行 n 次，每次都会选出一个个体，因为产生的随机数是在[0, 1]之间，而累计概率也在[0, 1]之间，所以，总会选出 n 个个体，只是一些优秀个体有多次机会被重复选中参加繁殖后代的交叉和变异运算。因此后期种群中的优秀个体会占较大比例。

程序 13-3 执行轮盘赌选择操作。设函数 void CalProbabilityOfSelCum(double cs[POPUSIZE])根据式（13-1）和式（13-2）来计算种群中每个个体的累计概率，并将计算所得的各个个体的累计概率保存在数组 cs 中。假定遗传算法经执行函数 Elitism()后，对种群 population 排序，并将最优秀的前 ELITISMNUMBER 个个体保存在新种群 newPopulation[]的最前面。轮盘赌选择不对最优秀的前 ELITISMNUMBER 个个体做选择，因它们不参加下面的交叉和变异运算，已经直接进入新种群。

【程序 13-3】　轮盘赌选择

```
void  SelectRouletteWheel ( )
{//轮盘赌选择法，即比例选择法
    double cs[POPUSIZE];                                  //数组 cs 用于保存种群中每个个体的累计概率
    CalProbabilityOfSelCum(cs);                           //计算种群中每个个体的累计概率
    for (int i = ELITISMNUMBER; i<POPUSIZE; i++){ //设精英数目为 ELITISMNUMBER 个
        double   r = RandFloat();                         //生成[0, 1]区间的随机数 r
        if (r <= cs[ELITISMNUMBER])                       //根据累计概率选择双亲
            newPopulation[i] = population[ELITISMNUMBER];
        else   for (int j = ELITISMNUMBER; j < POPUSIZE;j++)
                  if (r >cs[j]   && r<=cs[j+1]) newPopulation[i] = population[j+1];
    }
}
```

2. 锦标赛选择法

锦标赛选择法（tournament selection）从种群中随机取出一定数量个体，该数量称为锦标赛规模，然后从中选择最优的一个作为繁殖后代的双亲，加入新种群。重复该操作，直到新种群规模达到原种群规模为止。

具体的操作步骤如下：

（1）确定锦标赛规模（锦标赛规模可以用种群规模的百分比表示，例如 $n/10$）。

（2）从种群中以相同概率随机选择个体参加锦标赛，根据每个个体的适应度值，选择其中适应度值最高的个体进入新种群。

（3）重复步骤（2）n 次，得到的个体组成新种群。

需要注意的是，锦标赛选择策略每次是从一组个体中选择最好的个体进入新种群，因此可以通用于最大化问题和最小化问题。运用轮盘赌选择法求解最小化问题时，需要对适应度函数进行适当转换，使之变成最大化问题。

3. 精英保留策略

选择方法常与精英保留策略（最优保存策略）结合使用。在遗传算法运行中，通过对个体的交叉、变异等遗传运算会不断产生新个体，但由于选择、交叉和变异运算的随机性，这也可能破坏当前种群中适应度最高的个体，显然我们并不希望这样。我们希望适应度最好的个体尽可能不要丢失，而保留到下一代种群中。这就是遗传算法中采用精英保留的用意。最优保存策略的一种具体做法是：

（1）找出当前种群中适应度最高的个体和适应度最低的个体。

（2）若当前种群中的最优个体的适应度优于迄今为止的最优个体的适应度，则以当前群体的最优个体作为新的迄今为止的最优个体。

（3）用迄今为止的最优个体替换当前群体的最差个体。

最优保存策略可以推广为保留多个精英，即每一代保留多个最优秀的个体，它们不参加交叉和变异运算，直接复制到下一代种群中。精英保留策略可视为选择运算的一部分，这样做可以保证算法运行迄今为止所得到的最优个体不会被交叉和变异运算所破坏。通常，精英数目只占种群规模的很小部分。如果保留太多精英会影响遗传多样性，这也可能导致某个局部最优个体不易被淘汰，降低算法的全局搜索效率。

13.6.4 交叉运算

交叉运算是遗传算法有别于其他进化算法的重要特征。它在遗传算法中起关键作用，是产生新个体的主要方法。在交叉运算之前必须先对种群中的个体进行随机配对，交叉运算是在这些随机配对的两个个体之间进行的。交叉运算的设计和实现与所研究的问题密切相关。交叉运算根据交叉率将种群中的两个个体随机地交换某些基因，产生新的基因组合。可以期待通过交叉能将有益基因组合在一起。但这种交叉有时会破坏现有的优良模式。适用于二进制编码或十进制编码的交叉运算主要有单点交叉、两点交叉、均匀交叉以及多点交叉等。

1. 单点交叉

单点交叉（one-point crossover），又称为简单交叉，是指在配对的两个个体的编码串中随机设置一个交叉点，根据事先设定的交叉率判定是否交换这两个个体在交叉点后的编码。两个双亲个体 A 和 B 的染色体编码及它们的单点交叉举例如下：

```
A: x x x x x|x x x x x              A′: x x x x x|y y y y y
                      ——单点交叉——>
B: y y y y y|y y y y y              B′: y y y y y|x x x x x
            ↑
          交叉点
```

2．两点交叉与多点交叉

两点交叉（two-point crossover）指在相互配对的两个个体的编码串中随机设置两个交叉点，然后根据交叉率判断是否需要交换这两个交叉点之间的那部分编码。两点交叉的例子如下：

```
A: x x|x x x x|x x x x              A′: x x|y y y y|x x x x
                      ——双点交叉——>
B: y y|y y y y|y y y y              B′: y y|x x x x|y y y y
       ↑       ↑
   交叉点1  交叉点2
```

将单点交叉与两点交叉加以推广，即可得到多点交叉（multi-point crossover），是指在个体编码串中随机设置多个交叉点然后进行基因互换。多点交叉容易破坏好的结构，较少使用。

3．均匀交叉

均匀交叉（uniform crossover），也称为**一致交叉**，指两个相互配对的个体的每一位基因都以相同的概率进行交换，从而形成两个新个体。均匀交叉的操作过程为：根据交叉率，随机产生一个与个体编码串等长的屏蔽字 $w=w_1w_2\cdots w_i\cdots w_m$，其中 m 是编码长度。若 $w_i=0$，则子代 A′的第 i 位上继承 A 的对应位值，B′的第 i 位上继承 B 的对应位值，否则若 $w_i=1$，则子代 A′的第 i 位上继承 B 的对应位值，B′的第 i 位上继承 A 的对应位值。

```
A: x x x x x x x x x x     w=0101001101     A′: x y x y x x y y x y
                          ——均匀交叉——>
B: y y y y y y y y y y                      B′: y x y x y y x x y x
```

4．其他交叉

浮点数编码还可以使用算术交叉、离散交叉等。对于旅行商问题，在染色体用路径表示时，有人提出了多种有效的交叉方法，如部分匹配交叉、顺序交叉、循环交叉和边集合交叉等。我们将在以后讨论旅行商问题实例时对此做进一步介绍。

13.6.5 变异运算

遗传算法中的变异运算是必不可少的产生新个体的辅助方法。变异运算对个体的基因做局部改变，维持种群多样性，这样做有利于防止早熟现象。传统的变异运算有基本位变异和均匀变异等。

1．基本位变异

基本位变异（simple mutation）是指对个体的每一个基因座，依据变异率确定其是否为变异点。对变异点的基因值进行反转或用其他等位基因值来代替。设某个体的二进制编码为 1010，变异率为 0.02。对每个基因座生成一个[0, 1]区间的随机数，若生成的随机数小于变异率，则该基因座发生基因变异。设对每个基因座产生的随机数为(0.760, 0.473, 0.014, 0.001)，则最后两个基因座的基因值发生改变，该个体执行变异运算的结果是 1001。

2．均匀变异

均匀变异（uniform mutation）方法一般是针对实数编码方式的。均匀变异运算是对个体的每个基因座，以较小的变异率判定该基因座是否发生变异。设该基因座的取值范围为$[x, y]$，若需变异，则取随机数 $r\in[0, 1]$，用基因值 $z = x + r(y - x)$来替代该基因座原有的基因值。

13.7 旅行商问题

已经知道**旅行商问题**（traveling salesman problem，TSP）是一个典型的 NP 难度问题。求解旅行商问题的方法可以这样分类，一类是精确算法，如 9.5 节介绍的分枝限界法。另一类是近似算法，遗传算法属于这一类。作为组合最优化的代表，旅行商问题已经成为测试新算法的标准测试用例。旅行商问题的实例可以用一个带权图的邻接矩阵（代价矩阵）表述。图 13-3 是一个包含 10 个城市的旅行商问题实例，图中给出了该实例的邻接矩阵。

0	74	70	83	99	48	11	50	65	74
74	0	34	94	46	56	73	9	32	20
70	34	0	80	31	83	82	54	100	53
83	98	80	0	58	82	26	35	10	20
99	46	31	58	0	52	82	86	90	75
48	56	83	82	52	0	14	29	41	34
11	73	82	26	82	14	0	60	28	51
50	9	54	35	86	29	60	0	44	66
65	32	100	10	90	41	28	44	0	85
74	20	53	20	75	34	51	66	85	0

图 13-3　旅行商问题的例子（图的邻接矩阵）

当问题的规模扩大时，求解这一问题的精确算法所需的时间变得难以承受。本节讨论求解旅行商问题的遗传算法。

设计一个组合最优化问题的遗传算法，可从以下几方面着手解决：目标函数、从目标函数到适应度函数的转换、候选解的编码方法、选择策略、交叉运算和变异运算的方法、算法终止条件。此外，还需设置运行参数。简而言之，就是具体实现程序 13-2 中所列各函数。

13.7.1 排列编码

旅行商问题的解是一条周游路径。描述旅行商问题的旅行路线的方法有多种，其中路径表示可能是最自然的一种表示方法。一条周游路径可以用该路线上经过的各个城市的排列来表示，有人称其为**排列编码**（permutation encoding）。设有 n 个城市，每个城市分配 0~n-1 间的一个序号。例如，图 13-3 所示的旅行商问题的一条最优周游路径可以表示为排列（6, 8, 3, 9, 5, 4, 2, 1, 7, 0），这一排列被视为首尾相接的环形路线。使用分枝限界法可以求得该最优周游路径的长度为 279。

这种编码方式很自然，容易理解，但相应的交叉和变异运算的实现相对困难。常规的交叉运算和变异运算方法可以导致无效解，不能直接用于求解旅行商问题。因此产生了多种其他编码方式，如近邻表示法、次序表示法等。本章采用路径表示编码方法来设计遗传算法。

13.7.2 目标函数和适应度函数

旅行商问题的目标函数显然是周游路径的长度，是具有最短长度的周游路径的长度。前面提到，如果采取轮盘赌选择，则要求适应度函数值最大为最优。我们可以首先寻找种群中各个体所代表的周游路径中最长的那条回路，设其长度为 maxObj，如果某个个体所代表的周游路径长度为 L，则该个体的适应度为：maxObj–L。这种从目标函数到个体适应度的转换规则可保证每个个体的适应度是非负的。根据这一转换规则，可实现求解旅行商问题的遗传算法中计算适应度的函数 Evaluate()。此外，我们也可以简单地将适应度函数定义为 $1/L$，L 是该个体的周游路径长度。

13.7.3 锦标赛选择

程序 13-4 所示的函数 SelectTournament()采用锦标赛方法选择参与复制交叉运算的双亲。此函数在种群数组 population 的下标范围[ELITISMNUMBER, POPULATION-1]内，随机选择 TOURNAMENTSIZE 个参加锦标赛的个体，并从中选出适应度最大的一个个体作为双亲。函数返回该个体在种群 population 中的位置。此后还将依据交叉率和变异率确定一个被选个体是否参加交叉和变异运算。

【程序 13-4】 锦标赛选择

```
int SelectTournament()
{
    int pos;                                      //保存锦标赛优胜者个体在种群 population 中的位置
    int bestfit= -1;                              //保存锦标赛优胜者个体的适应度，赋初值-1
    for( int j=0;j<TOURNAMENTSIZE ;j++){          //随机选择 TOURNAMENTSIZE 数目的个体
        int r=RandInt(ELITISMNUMBER, POPUSIZE-1);   //选择一个随机整数 r
        if(population[r].fitness>bestfit){       //从锦标赛个体中选择最优的个体
            pos=r;
            bestfit=population[r].fitness;
        }
    }
    return   pos;                                 //函数返回锦标赛优胜者个体在种群中的位置
}
```

13.7.4 顺序交叉

交叉运算的设计与编码方式相关，采用路径表示法的交叉运算方法相对复杂些。这是因为当使用路径表示法表示旅行商问题的个体时，必须保持问题的候选解是有效的路径，即路径上每个城市的序号必须出现且仅出现一次。采用前面介绍的单点交叉、两点交叉和多点交叉方法执行交叉后会导致无效解，因此需要采用不同于上述方法的交叉运算，以保证一个个体的染色体所代表的始终是有效路径。路径表示法的交叉运算方法主要有**部分映射交叉**（partially mapped crossover，PMX）、**顺序交叉**(order crossover，OX)和**循环交叉**(cycle crossover，CX)等。

下面介绍顺序交叉，即 OX 交叉。顺序交叉运算从一个双亲中选取一个染色体片段作为孩子染色体相同位置的值，该孩子的其他部分的基因则由另一个双亲的基因值填充，同时保持它们在另一个双亲中的相对次序。具体过程如下：

设有两个参加交叉的双亲 p_1=(3,6,8,5,7,4,1,9,2,0)和 p_2=(4,8,5,1,7,0,6,2,9,3)，这是两个有效的解，也就是两条有效的周游路径。合理的交叉运算必须保证交叉所得到的两个孩子个体也代表合法的周游路径，即每个城市在该路径上必须出现一次且仅出现一次。OX 交叉运算的具体做法是：

（1）在个体的染色体上随机选取两点，这两点间的片段称为选取部分。表 13-2 的例子中，假定选取部分的起止点是下标位置 3 和下标位置 6。

（2）每个双亲个体中的选取部分分别保留在两个孩子个体的染色体的相同位置，即每个孩子在相同位置上保留一个双亲的选取部分基因。表 13-2 的例子中，两个孩子分别保留两个双亲的选取部分，为 baby1=(__, __, __, 5, 7, 4, 1, __, __, __)和 baby2=（__, __, __, 1, 7, 0, 6, __, __, __)。

（3）孩子个体的非选取部分的基因由另一个双亲个体中的基因填充。填充次序是这些基因在该双亲个体中的出现顺序。填充基因序列的起始点采用选取部分的起始点。表 13-2 中来自 p_2 的填充部分这样得到：从 p_2 的下标位置 3 开始，列出所有不属于 p_1 的选取部分的基因。这一过程是循环进行的。当选择从位置 3 开始，选取 0, 6, 2, 9 之后，再从 p_2 的下标 0 开始继续选取用于填充的基因 3，8，最终生成填充部分序列 0, 6, 2, 9, 3, 8。这一填充序列被用于从头开始，依次填入第 1 个孩子的空位置 $baby_1$=(0, 6, 2, **5, 7, 4, 1,** 9, 3, 8)。baby2 填充方式与此相同。OX 交叉有多种变种，可以参考其他类似方法。

表 13-2　顺序交叉举例（选取部分的起止点是下标 3 和下标 6）

双　亲	选取部分	填充部分	孩　子
p_1=（3, 6, 8, 5, 7, 4, 1, 9, 2, 0）	5, 7, 4, 1	来自 p_2：0, 6, 2, 9, 3, 8	$baby_1$=(0, 6, 2, 5, 7, 4, 1, 9, 3, 8)
p_2=（4, 8, 5, 1, 7, 0, 6, 2, 9, 3）	1, 7, 0, 6	来自 p_1：5, 4, 9, 2, 3, 8	$baby_2$=(5, 4, 9, 1, 7, 0, 6, 2, 3, 8)

程序 13-5 给出了实现上述 OX 交叉的 C++代码。

【程序 13-5】 OX 交叉

```
void OXover(Individual p1,Individual p2,Individual &baby1,Individual &baby2)
{//由 p1 和 p2 中输入两个待交叉的双亲个体，baby1 和 baby2 返回交叉所得的两个孩子个体
    baby1=p1;baby2=p2;                              //已经定义重载赋值运算符
    int begin = RandInt(0, CSLENGTH-1);             //随机选择两个交叉点
    int end = RandInt(0, CSLENGTH-1) ;
    while(begin==end) end = RandInt(0, CSLENGTH-1);
    if(begin>end) Swap(begin,end);
    int gs1[CSLENGTH],gs2[CSLENGTH];                //暂存两个双亲的染色体
    for (int i=0;i<CSLENGTH;i++){                   //复制双亲个体
        gs1[i]=p1.chromosome[i];
        gs2[i]=p2.chromosome[i];
    };
    for (int pos=begin;pos<=end;pos++)      //考察 p1（p2）选取部分基因是否出现在 p2（p1）中
      for (int j=0;j<CSLENGTH;j++){
        if (p1.chromosome[pos]== gs2[j]) gs2[j]=-1; //gs2[j]为-1 表示位置 j 的基因不属于 p2 的填充序列
        if (p2.chromosome[pos]== gs1[j]) gs1[j]=-1; //gs1[j]为-1 表示位置 j 的基因不属于 p1 的填充序列
    };
```

```
int k1=0;int k2=0;
for (int j=0;j<CSLENGTH;j++)                                  //从 baby1 和 baby2 的位置 0 开始进行填充
if( j<begin ||j>end){                                          //跳过 baby1 和 baby2 的选取部分
      while(gs2[(k2+begin)%CSLENGTH]==-1) k2++;                //从 begin 起发现 p2 的填充序列
      baby1.chromosome[j]=gs2[(k2+begin)%CSLENGTH];k2++;       //填充 baby1
     while(gs1[(k1+begin)%CSLENGTH]==-1) k1++;                 //从 begin 起发现 p1 的填充序列
     baby2.chromosome[j]=gs1[(k1+begin)%CSLENGTH];k1++;        //填充 baby2
     }
}
```

13.7.5 交换变异

变异运算对遗传算法十分重要。如同交叉运算，当采用路径方式表示个体时，必须保证染色体是有效的。采用前面介绍的传统变异方法，随机改变一个基因座的值可能使该基因在染色体中重复出现，从而导致染色体无效。一个简单的解决方案被称为**交换变异**（swap mutation）。该算法通过交换两个基因座的基因来实现变异。程序 13-6 是这种交换变异的 C++代码。精英个体不执行交叉和变异运算。种群 newPopulation 中保存经交叉运算后得到的新种群，其中前 ELITISMNUMBER 个为精英个体。对每个其他个体的每个基因座，生成一个[0, 1]之间的随机数 x，若 x< MUTATION_RATE 算法实现设定的变异率参数，则该基因座发生交换变异。假定该基因座位置为 j，即算法涉及的当前染色体 baby 的第 j 基因座发生变异。为了保证变异后的染色体仍然是有效的，交换变异是随机选取一个基因座 r，令其与位置为 j 的基因交换。例如，对表 13-2 中的孩子染色体 $baby_1$=(0, 6, 2, 5, 7, 4, 1, 9, 3, 8)执行变异运算。设预先设定的变异率 MUTATION_RATE 为 0.1，对每个基因座生成的随机数 x 依次为：0.623, 0.182, 0.335, 0.051, 0.878, 0.061。则当 j=5 时该位基因发生变异。设随机生成的随机整数为 7，则算法将第 5 位和第 7 位上的两个基因进行交换，得到变异后的基因。很明显，这样变异后得到的是有效染色体(0, 6, 2, 5, 7, 9, 1, 4, 3, 8)。

【程序 13-6】 交换变异

```
void Mutate()
{
      int i, j;    double x;    Individual baby;
      for (i = ELITISMNUMBER; i < POPUSIZE; i++){          //精英个体不参与变异
           baby=newPopulation[i];                          //对于新种群中的第 i 个个体
           for (j = 0; j < CSLENGTH; j++){                 //对个体染色体的每个基因座
                x =RandFloat() ;                           //产生[0, 1]随机浮点数 x
                if (x<MUTATION_RATE ) {                    //若 x 小于变异率
                     int r=RandInt(0,CSLENGTH-1);          //选择一个随机整数 r
                     Swap(baby.chromosome[j],baby.chromosome[r]); //交换两个基因座的基因
                }
           };
           newPopulation[i]=baby;                          //将经过变异的个体加入新种群
      }
      for (i = 0;i < POPUSIZE; i++)                        //完成变异运算后，算法将进入下一代
```

```
            population[i]=newPopulation[i];
    }
```

13.7.6 参数选择

程序 13-7 是我们为求解旅行商问题设置的参数表，供参考。参数值的设置应考虑问题规模。

【程序 13-7】 参数表

```
#define   POPUSIZE 200                  //种群规模
#define   ELITISMNUMBER    8            //精英数目
#define   TOURNAMENTSIZE 10             //锦标赛规模
#define   CROSSOVER_RATE 0.8            //交叉率
#define   MUTATION_RATE 0.01            //变异率
#define   MAXGENS 100                   //最大代数，迭代次数
```

13.7.7 实例运行结果

对图 13-3 中的旅行商问题实例，采用第 13.7 节所讨论的遗传算法程序求解，其运行结果可得到问题的一个最优解。例如某次运行得到了下列最短周游路径：(2, 4, 5, 9, 3, 8, 6, 0, 7, 1)，该路径长度为 279，路径上涉及的各条边的长度为:(31, 52, 34, 20, 10, 28, 11, 50, 9, 34)，算法终止时，该路径的适应度值 fitness= 223，其目标函数（该周游路径长度）objValue= 279。

本章小结

计算机科学家受达尔文自然选择学说（遗传、变异和适者生存）的启发，提出了遗传算法。遗传算法采用若干通用的编码技术，简单有效的遗传操作，使其能得以成功地应用于越来越多的领域。遗传算法常用于函数最优化和组合最优化。遗传算法的设计要素是编码、生成初始种群、遗传操作（选择、交叉和变异）以及运行参数设置等方面。遗传算法具有固有的和隐含的并行性，因而适合并行计算。

习题 13

13-1 遗传算法借鉴了生物遗传和进化的哪些机理？

13-2 写出遗传算法执行过程的基本步骤。

13-3 遗传算法有哪些特点？什么情况下可以考虑采用遗传算法求解问题？

13-4 遗传算法可能收敛于局部最优解，遗传算法通过什么策略尽量避免这种情况发生？

13-5 遗传算法中引入了多种随机性，这样做的目的是什么？试述遗传算法在哪些步骤上引入了随机性？

13-6 遗传算法涉及哪些参数？一般如何设定这些参数的值？

13-7 在求解连续最优化问题时，是否也能采用二进制编码？何时采用实数编码？

13-8 设某个参数的取值范围为$[x, y]$，当采用长度为 m 的二进制编码表示该参数时，该二进制编码的编码精度是多少？

13-9 若使用遗传算法求解 0/1 背包问题，可以采用何种编码方式？

13-10 为什么说若采用轮盘赌选择，适应度函数应当是正数或 0？

13-11　什么是最优保存策略？阐述最优保存策略的用意。

13-12　为什么求解旅行商问题的交叉运算和变异运算不能直接采用传统的两点交叉和基本位变异方法？

13-13　设旅行商问题采用路径表示法，现有两条路径的编码分别为(3, 6, 8, 5, 7, 4, 1, 9, 2, 0)和(4, 8, 5, 1, 7, 0, 6, 2, 9, 3)，现采用 OX 交叉，两个交叉点位置分别为 2 和 5，写出执行 OX 交叉运算后的结果。

13-14　设计和实现一个遗传算法求解 N 个皇后问题，请选择适当的编码、选择、交叉和变异策略，设计算法终止条件。

13-15　设计和实现一个遗传算法求解 0/1 背包问题。适当调整相关的运行参数，观察和比较这些调整对算法收敛性、算法效率和求解结果的影响。

13-16　补充完整第 13.7 节求解旅行商问题的遗传算法，并在多个实例上运行。适当调整相关的运行参数，观察和比较这些调整对算法收敛性、算法效率和求解结果的影响。

第 14 章 密 码 算 法

密码研究已经有 2500 年历史，但是其形成一门学科是近 30 年的事。随着信息化和数字化社会的发展，信息安全越来越重要，应运而生的现代密码学迅速发展成为一门有生命力的应用科学。算法复杂性理论是密码算法的理论基础之一，密码学是算法复杂性理论研究的重要分支。

14.1 信息安全和密码学

14.1.1 信息安全

信息安全（information security）的目标是保护信息的机密性、完整性，并具有抗否认性和可用性。**机密性**（confidentiality）是指非授权用户不能知晓信息内容。一方面，可以进行**访问控制**（access control），阻止非授权用户获得机密信息；另一方面，通过加密变换使非授权用户即使得到机密信息（密文形式），也无法知晓信息内容（明文）。**完整性**（integrity）是指维护信息的一致性，即信息在生成、传输、存储和使用过程中不发生非授权的篡改。一方面，可以通过访问控制来阻止篡改行为；另一方面，可通过**消息认证**（message authentication）来检验信息是否已经被篡改。**抗否认性**（non-repudiation）是指确保通信双方无法事后否认曾经对信息进行的生成、签发和接收等行为。**数字签名**（digital signature）是一种有效的抗否认机制。**可用性**（availability）保证授权用户能方便地访问所需信息。

14.1.2 什么是密码

密码学发展大致经历三个阶段：古代加密（手工阶段）、古典密码（机械阶段）和现代密码（计算机阶段）。现代密码学与计算机和电子通信技术密切相关。

密码技术是实现信息安全的核心技术，是信息安全的基础。信息安全的机密性、完整性和抗否认性都依赖于密码算法。通过加密可以保护信息的机密性，通过消息摘要可以检测信息的完整性，使用数字签名达到抗否认性目的。本章简要介绍加密算法、消息摘要和数字签名等密码学知识，它们的重要理论基础之一是算法复杂性理论。密码学是算法复杂性理论研究的一个重要分支。

现代密码学（modern cryptology）主要有两个分支：**密码编码学**（cryptography）和**密码分析学**（cryptanalysis）。前者致力于建立难以攻破的安全密码体制，而后者力图破译对方的密码体制，即所谓的“知己知彼”。设计密码体制是密码编码学的主要内容，密码体制的破译是密码分析学的主要内容。但密码学不仅只包括编码和破译，还包括信息加密、信息认证、数字签名和密钥管理等多方面技术。密码编码和密码分析是两种相互依存、相互支持，彼此密不可分的技术。

当甲乙双方进行通信时，一方为**发送方**（sender），另一方为**接收方**（receiver）。传统的保密通信体制如图 14-1 所示。发送方要发送的信息 m 称为**明文**（plaintext）。**加密**（Encryption）是指对明文 m 进行含参数 k 的变换 $C=E_k(m)$ 得到**密文**（ciphertext）C 的过程。参数 k 被称为**密钥**（key）。E_k 称为**加密算法**（encryption algorithm）。加密算法 E_k 确定之后，不同的密钥 k 产生不同的密文。接收方接收密文后，需进行逆变换 $m=D_k(C)$，从而恢复明文 m，这一过程称为**解密**（Decryption），D_k 称为**解密算法**（decryption algorithm）。用于加密和解密的数学函数称为**密码算法**（cryptographic algorithm 或 cipher）。在传统密码体制中，加密和解密所用的密钥是相同的，所以称为**对称密码**（symmetric encryption）。正因为通信双方使用相同的密钥，密钥必须通过秘密信道传递。在这种密码体制下，密钥的分发成为薄弱环节。

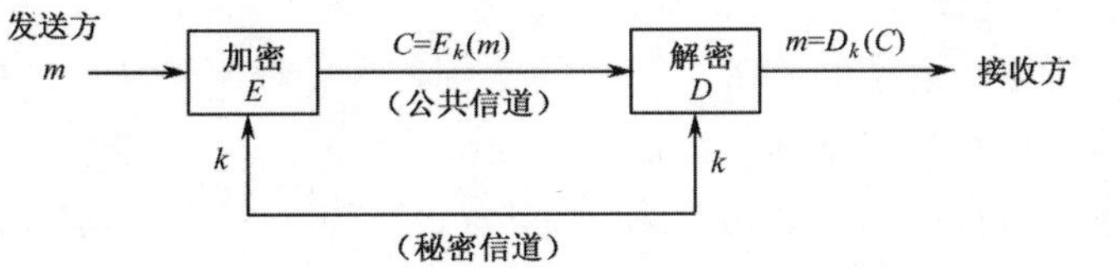

图 14-1　传统保密通信体制

一种简单的经典密码算法称为**置换密码**（permutation cipher），也称为**换位密码**（transposition cipher）。置换密码的明文和密文采用相同的字符，置换就是重新排列字符表。例如，由 26 个英文字母组成的消息，其密文的字母表是一个原字母表的重新排列。表 14-1 的置换表以非常简单的方式建立：置换表第二行的前端是密钥，后面部分是 26 个英文字母除密钥外的字母按原顺序排列。例如，设密钥为“beijing china”，可规定密钥中每个字母只允许出现一次，则密钥实际成为“beijngcha”。置换密码使用表 14-1 中的字母置换表对明文进行加密。

表 14-1　字母置换表

a	b	c	d	e	f	g	h	i	j	k	l	m	n	o	p	q	r	s	t	u	v	w	x	y	z
b	e	i	j	n	g	c	h	a	d	f	k	l	m	o	p	q	r	s	t	u	v	w	x	y	z

例 14-1　设有明文 m 为“happy birthday”，依照新的字母次序，加密后的密文 C 为“hbppy earthjby”。这样的加密方法称为置换。

我们知道 26 个字母有 26！ ≈ 4×10^{26} 种可能的排列。即使在每秒运算 10^7 次的高速计算机上进行穷举搜索，大约需要 1.28×10^{12} 年的时间。从这一标准来看，似乎此加密方法是安全的。但事实并非如此，若采用统计方法分析这一密码系统，因为英文字母在消息中出现的频率是有规律的，例如，字母 e 出现的频率很高，为 0.1308，而 t, a, o,…等出现的频率也较高，分别为 0.1045, 0.0856, 0.0797, …，字母 z 的出现频率最低，低于 0.001，所以，可以猜测密文中出现频率最高的很可能是 e。英文字母的这种统计特性为破译提供了有力的依据。另外，还可以分析英文单词中的前缀和后缀的频率，例如，he 较多，eh 较少，th 较多，ht 较少等。这些都是破译的有用信息。可见，置换密码很不安全。目前，公认较安全的对称密码体制是 20 世纪 70 年代以后推出的。

14.1.3　密码体制

一个密码系统（体制）包括可能的明文、密文、密钥、加密算法和解密算法。密码系统的安全性是基于密钥的，而不是加密和解密算法自身的，因此算法往往可以作为标准公布。

密码体制可以从原理上分成两类：对称密码体制和非对称密码体制。

对称密码体制（symmetric encryption）是从经典密码方法发展而来的，加密和解密使用相同的密钥，因此又称**单密钥密码**或**秘密密钥密码**。图 14-1 所示为对称密码体制。从加密模式上可分为**序列密码**和**分组密码**两类。1970 年，IBM 开发了称为 Luicifer 的**分组密码**（block cipher），在此基础上，1977 年美国颁布 DES 密码作为美国**数据密码标准**（data encryption standard, DES）。分组密码的工作方式是将明文分成固定长度的组，例如，64 位一组，用同一密钥和算法对每一块加密，输出也是固定长度的密文。序列密码算法将明文逐位转换成密文。

对称密码体制存在的最主要问题在于加、解密双方使用相同的密钥，因此在发送、接收数据之前，必须完成密钥的分发。设在公共网络上有 n 个用户相互通信，任意一对用户间都必须有各自的密钥，共需 $C(n, 2)$个密钥，若 n=1000，则 $C(n, 2)$=499 500，约 50 万个密钥。这些密钥的商定（分发）需要经秘密信道进行。此外，为安全起见，一般不应将密钥记在笔记本或其他载体上。每个用户必须用心记住与其通信的 n–1 个用户的密钥，这显然比较麻烦。然而，由于对称密码系统具有加、解密速度快和安全强度高的优点，目前被广泛应用于军事、外交及商业等领域。

为解决密钥的分发与管理问题，Diffie 和 Hellman 于 1976 年在一篇文章中提出了公开密钥的思想。很快产生了公开密钥密码体制。由 R. Rivest、A. Shamir 和 L. Adleman 于 1977 年提出的 RSA 系统是其中最著名、使用最广泛的一种。

非对称密码体制（asymmetric encryption）使用两个密钥，一个是公开的密钥，用 k_1 表示，谁都可以使用；另一个是私人密钥，用 k_2 表示，只有解密人可以使用。任何人都可用公开密钥 k_1 加密消息，并发送给持有相应的私人密钥 k_2 的人，只有持有 k_2 的人才能解密；用私人密钥 k_2 加密的消息，任何人都可用公开密钥解密，并由此证明消息来自持有 k_2 的人。前者可以实现公共网络的保密通信，后者可以实现对消息的数字签名。在不知道陷门信息的情况下，加密密钥和解密密钥是不能相互算出的。非对称密码体制也称**公开密钥密码体制**（public key cryptography）或**双密钥密码体制**。

公钥密码算法的基础是 NP 难度问题，如**背包问题**和**大整数分解**（integer factorization）**问题**。

14.2 数论初步

在第 11 章中，我们已经不加证明地给出了若干数论定理，如费马小定理和二次探测定理。在公开密钥密码体制中广泛使用素数、同余和按模计算等数论概念。本节简单介绍与密码相关的同余和按模计算等数论基础知识。

定义 14-1 （同余）设 n 是一个自然数，若 $a-b$ 是 n 的倍数，则称 a 与 b 关于模 n 同余，记为 $a \equiv b(\text{mod } n)$，称 b 是 a 对模 n 的余数。反之，a 也是 b 对模 n 的余数。

$a \equiv b(\text{mod } n)$等价于 $a(\text{mod } n)=b(\text{mod } n)$。$a \text{ mod } n=b$ 意味着 $a=kn+b$，k 是整数。

性质 14-1 若把 $a \equiv b(\text{mod } n)$视为 a 与 b 的二元关系，则它是一个等价关系，即它满足：

（1）自反性，即 $a \equiv a(\text{mod } n)$；

（2）对称性，即若 $a \equiv b(\text{mod } n)$，则 $b \equiv a(\text{mod } n)$；

（3）传递性，即若 $a \equiv b(\text{mod } n)$，$b \equiv c(\text{mod } n)$，则 $a \equiv c(\text{mod } n)$。

定理 14-1 （按模计算原理）设 a 和 b 是整数，θ 代表二元算术运算+、–或×，则

$$(a\ \theta\ b) \text{ mod } n = [(a \text{ mod } n)\ \theta\ (b \text{ mod } n)] \text{mod } n \tag{14-1}$$

证明： 令 $a=k_1 n+r_1$，$b=k_2 n+r_2$，$r_1, r_2 \in [0, n-1]$，对加法和乘法，有

$$\begin{aligned}(a+b) \text{ mod } n &= [(k_1 n+r_1)+(k_2 n+r_2)] \text{ mod } n \\ &= (r_1+r_2) \text{ mod } n \\ &= [(a \text{ mod } n)+(b \text{ mod } n)] \text{ mod } n \\ (a\times b) \text{ mod } n &= [(k_1 n+r_1)\times(k_2 n+r_2)] \text{ mod } n \\ &= [(k_1k_2 n+r_1k_2+r_2k_1)n+r_1r_2] \text{ mod } n \\ &= (r_1\times r_2) \text{ mod } n \\ &= [(a \text{ mod } n) \times (b \text{ mod } n)] \text{ mod } n\end{aligned}$$

推论 14-1　由定理 14-1 得到如下推论：

$$e^t \bmod n = (\prod_{i=1}^{t}(e \bmod n)) \bmod n \tag{14-2}$$

按模计算的好处是限制了中间结果的范围，使得可以对大数执行 $a^t \bmod n$，而不会产生很大的中间结果。公开密钥密码算法大量使用幂的取模运算。

定义 14-2（欧拉 Euler 函数）设 n 是自然数，数列 1, 2, …, n–1 中与 n 互素的数的个数称为 n 的 Euler 函数，记为 $\Phi(n)$。

性质 14-2　若 p 是素数，则 $\Phi(p)=p-1$。

定理 14-2　设 p 和 q 是素数，对 $n=pq$，有

$$\Phi(n)=\Phi(p)\,\Phi(q)=(p-1)(q-1) \tag{14-3}$$

证明：设 S 是小于 $p\times q$，并与其互素的非负数的集合。

$$\begin{aligned} S &= \{r \mid 1\leqslant r< p\times q \text{ 且 } r \text{ 与 } p\times q \text{ 互素}\} \\ &= \{r \mid 1\leqslant r< p\times q\}-\{r \mid 1\leqslant r< p\times q \text{ 且 } r \text{ 是 } p \text{ 的倍数}\}- \\ &\quad \{r \mid 1\leqslant r< p\times q \text{ 且 } r \text{ 是 } q \text{ 的倍数}\}+\{r \mid 1\leqslant r< p\times q \text{ 且 } r \text{ 是 } p\times q \text{ 的倍数}\} \\ &= (p\times q-1)-(p-1)-(q-1)+0 \\ &= (p-1)\times(q-1) \end{aligned}$$

定理 14-3（欧拉 Euler 定理）对任意整数 a 和 n 互素，则

$$a^{\Phi(n)} \equiv 1 \pmod n \tag{14-4}$$

定理证明见有关数论教材。当 $n=p$ 时，有 $a^{p-1}\equiv 1 \bmod p$，这就是费马小定理。

推论 14-2　若 $0\leqslant m< n$，$\gcd(m, n)=1$，有

$$m^{k\Phi(n)} \equiv 1 \pmod n \tag{14-5}$$

$$m^{k\Phi(n)+1} \equiv m \pmod n \tag{14-6}$$

证明：由于 $(m^{\Phi(n)})^k \equiv 1^k \pmod n$，所以有式（14-5）。式（14-5）两边同乘以 m，得到式（14-6）。

定义 14-3　设 a 是整数，若存在 x 使得 $ax\equiv 1(\bmod\ n)$，则称 a 与 x 互逆，x 是 a 关于模 n 的乘法逆元（inverse），记为 $x=a^{-1}$。

定理 14-4（求逆）若 $\gcd(a, n)=1$，则一元同余方程 $ax\equiv 1(\bmod\ n)$有唯一解为

$$x = a^{\Phi(n)-1} \pmod n \tag{14-7}$$

若 n 是素数，则可进一步化简为

$$x = a^{n-2} \pmod n \tag{14-8}$$

证明：从欧拉定理有 $ax \equiv a^{\Phi(n)} \pmod n \Rightarrow x = a^{\Phi(n)-1} \pmod n$。如果 n 是素数，则 $\Phi(n)=n-1$，故有 $x = a^{(n-1)-1} \pmod n = a^{n-2} \pmod n$。

14.3　背包密码算法

14.3.1　背包算法

公开密钥的第一个算法是由 Ralph Merkle 和 Martin Hellman 开发的背包算法。背包算法的安全性建立在背包问题是 NP 完全的基础上。

例 14-2 （背包问题）给定代表 n 个物品重量的正整数序列$(a_1, a_2,\cdots, a_n)$和背包载重 C，求解 $X=(x_1, x_2,\cdots, x_n)$，$x_i = 0$ 或 1，使得满足 $\sum_{i=1}^{n} a_i x_i = C$ 。

Merkle 和 Hellman 的背包算法的思想：对消息进行分组，每个明文分组的长度等于物品个数 n。设 $X=(x_1, x_2,\cdots, x_n)$，$x_i=0$ 或 1，是一个明文分组，计算 $C = \sum_{i=1}^{n} a_i x_i$ ，a_i 为物品重量，则 X 对应的密文为 C。这里$(a_1, a_2,\cdots, a_n)$称为背包算法的公钥。

例 14-3 给定背包物品重量序列为$(a_1, a_2,\cdots, a_6)$=(62,93,81,88,102,37)，设消息为二进制数：011000110101101110，分成三个明文分组：011000 110101 101110。以背包物品重量序列为公钥，计算各分组的密文如下：

第一组的密文　62×0+93×1+81×1+88×0+102×0+37×1=174

第二组的密文　62×1+93×1+81×0+88×1+102×0+37×1=280

第三组的密文　62×1+93×0+81×1+88×1+102×1+37×0=333

最终得到密文为：174, 280, 333。

显然，已知密文 C 和公钥$(a_1, a_2,\cdots, a_n)$，很难恢复对应的明文分组 X。因为对于普通背包而言，这是一个 NP 难度问题。但事实上并非所有的背包问题都是难解的。有一类特殊背包问题可以在线性时间内求解。超递增背包就是这样的特殊背包。

例 14-4 设背包物品重量为$(a_1, a_2,\cdots, a_6)$=(2, 3, 6, 13, 27, 52)，密文 C=70。

例 14-4 是一个超递增背包的实例，它可在线性时间内方便地求得解（$x_1, x_2,\cdots, x_6$）=(1, 1, 0, 1, 0, 1)。

Merkle-Hellman 算法利用两种不同背包在求解难度上的巨大差异，设计出背包密码算法：以难解的一般背包问题实例为公开密钥来加密明文，使用易解的背包问题为私人密钥来解密密文，难解的背包实例是由易解的背包实例变换得到的。

14.3.2 超递增背包

设有正整数序列$(a_1, a_2,\cdots, a_n)$，超递增序列满足

$$\sum_{j=1}^{i-1} a_j < a_i, \quad i = 2,3,\cdots,n \tag{14-9}$$

例如，(2, 3, 6, 13, 27, 52)是一个超递增序列，而(1, 3, 4, 9, 15, 25)则不是。**超递增序列**（super-increasing sequence）背包问题可以在线性时间内求解。已知超递增背包实例 C 和$(a_1, a_2,\cdots, a_n)$，程序 14-1 计算 X。这一程序的时间复杂度为 $O(n)$。

【程序 14-1】 超递增背包

```
void  SuperIncKnapsack(int* x,int* a,int c)
{ //前置条件：(a1, a2,…, an)是超递增序列
     int u=c;
     for (i=0;i<n;i++) x[i]=0;
     for (i=n-1;i>=0;i--)
            if (a[i]<=u) {
                 x[i]=1;u=u-a[i];
            }
     if( u!=0)   cout<<"no solution exist.";
}
```

求解例 14-4 的超增量背包实例的过程是：算法从最后一个数 $a[n-1]$开始考察，因为 $a_6=52<70$，令 $x_6=1$，$u=70-52=18$；再看 a_5，因为 $a_5=27>18$，则 $x_5=0$；因为 $a_4=13<18$，故 $x_4=1$，$u=18-13=5$……这一实例的解为$(x_1, x_2,\cdots, x_6) = (1, 1, 0, 1, 0, 1)$。

14.3.3 由私人密钥产生公开密钥

如何由一个超递增序列背包实例生成一个普通背包实例？对于给定的超递增序列$(a_1, a_2,\cdots, a_n)$，生成普通背包实例的步骤是：（1）选取 m，使得 m 的值大于序列中所有项之和，例如，可取 $m>2a_n$；（2）选取 k，使得 $\gcd(k, m)=1$；（3）进行下列变换：

$$b_i=ka_i \mod m \qquad i=1,2,\cdots,n \tag{14-10}$$

从而得到序列$(b_1, b_2,\cdots,b_n)$。

对例 14-4 的超递增序列，可以选择 $m=105$，$k=31$，有 $\gcd(k, m)=1$。然后按式（14-10）计算如下：

$$2\times31 \bmod 105 = 62$$
$$3\times31 \bmod 105 = 93$$
$$6\times31 \bmod 105 = 81$$
$$13\times31 \bmod 105 = 88$$
$$27\times31 \bmod 105 = 102$$
$$52\times31 \bmod 105 = 37$$

于是得到了例 14-3 给出的一个普通背包问题实例$(b_1, b_2,\cdots, b_6)=(62,93,81,88,102,37)$。

由于 $\gcd(k, m)=1$，故存在 k^{-1}，使得满足 $kk^{-1}\equiv1 \bmod m$。计算 k^{-1}。因为 $b_i=ka_i \bmod m$，则 $k^{-1}b_i\equiv a_i \bmod m, i=1,2,\cdots,n$。由 k^{-1} 和 m 很容易把将一般背包实例还原为超递增背包实例。设 C 是密文。因为

$$k^{-1}C = k^{-1}(b_1x_1+b_2x_2+\cdots+b_nx_n) \bmod m \tag{14-11}$$

所以

$$(a_1x_1+a_2x_2+\cdots+a_nx_n) \equiv k^{-1}C \bmod m \tag{14-12}$$

这就还原了原始的超递增背包问题。

在背包密码算法中，超递增背包序列(2,3,6,13,27,52)、k 和 m 都将作为私人密钥，而普通背包序列(62,93,81,88,102,37)被当作公开密钥。

14.3.4 加密方法

消息发送方以普通背包序列$(b_1, b_2,\cdots, b_n)$作为公开密钥加密消息。设要加密的消息是二进制位串，首先将二进制明文分成长度为 n 的分组，n 为序列长度。设 $X=(x_1, x_2,\cdots, x_6)$，$x_i=0$ 或 1，是一个明文分组，则加密算法为

$$C=\sum_{i=1}^{n} b_i x_i \tag{14-13}$$

C 是明文分组 X 对应的密文。见例 14-3 的计算过程。

为了破译密文，需要从截获的密文 C 和公钥恢复明文 X。这需要求解一般背包问题。这是困难问题。

14.3.5 解密方法

消息的合法接收方持有私人密钥：$(a_1, a_2,\cdots, a_n)$、k 和 m，对每个明文分组对应的密文 C 的解密过程如下：

（1）计算 k^{-1}，使得 $kk^{-1} \equiv 1 \bmod m$；

（2）计算 $u=k^{-1}C \bmod m$；

（3）求解超递增背包实例$(a_1, a_2,\cdots,a_n)$和 u，得到解$(x_1, x_2,\cdots, x_6)$，即密文 C 所对应的明文分组。

例 14-5 例 14-3 的消息分解成三个明文分组，得到的密文为：$(c_1, c_2, c_3)= (174,280, 333)$。私人密钥为(2, 3, 6, 13, 27, 52)，k=31，m=105。计算得到 k^{-1}=61，计算 $u_i=k^{-1}c_i \bmod m$ 如下：

$$u_1=174\times 61 \bmod 105 =9$$

$$u_2=280\times 61 \bmod 105 =70$$

$$u_3=333\times 61 \bmod 105 =48$$

每一组对应一个超递增背包实例，它们具有相同的超递增序列，但有不同的背包载重 u_i。分别求解这三个实例，得到三个明文分组为：011000，110101，101110。它们就是所要求的明文消息。

14.3.6 背包安全性

由于加密所用的背包问题是一般背包，解密所用的背包是超递增背包，已知公钥和密文，破译者必须求解一般背包问题才能得到明文；而已知私钥和密文，解密者只需求解超增量背包就可得到明文。对接收方而言，由于他持有私人密钥，可以用原始的超递增背包来求解，而对非授权的第三方来讲破译就困难了。

看起来背包算法是安全的，其实不然。两位密码学家 Shamir 和 Zipper 发现了变换中的缺陷，找到了从普通背包重构超递增背包的途径，从而攻破了这一背包密码算法。之后又有许多其他背包系统被提出，如多次迭代背包、Graham-Shamir 等。但其中大多数都被同样的密码分析方法攻破，少数则被更高级的分析方法所破译。还有个别的背包变体，至今仍被认为是安全的。这就是说，一个以 NP 完全问题为基础的密码算法，并不一定是绝对安全的，只有证明了一种密码体制能够经受任何形式的破译，才能说它是安全的。即便如此，背包密码算法是将 NP 难度问题应用于公开密钥密码学的一个开端。

14.4 RSA 算法

背包算法出现不久，便出现了 RSA 算法，它被认为是第一个较完善的公开密钥算法。它既能用于加密，也能用于数字签名。在现有的公开密钥算法中，RSA 是最容易理解和实现的，同时也是使用最广泛的。这一算法自发明至今已经受了多年深入的密码分析，虽然密码分析者既不能证明，也不能否定其安全性，但这恰好说明该算法有一定的可信度。

14.4.1 RSA 算法概述

RSA 的安全基于大整数分解的难度。其公开密钥和私人密钥是一对大素数（如 200 位十进制数）的函数。从公开密钥和密文中恢复出明文的难度等价于分解两个大素数的乘积。

1．产生一对密钥

产生密钥的过程如下：

（1）选择两个大素数 p 和 q，$p \neq q$；

（2）计算乘积 $n=pq$，得到$\Phi(n)=(p-1)(q-1)$；

（3）选择随机整数 e，$0<e<\Phi(n)$，使得 $\gcd(e, \Phi(n))=1$；

（4）计算 $d=e^{-1} \bmod \Phi(n)$；

（5）公开密钥为$\{e, n\}$，私人密钥为$\{d, n\}$。

请注意，p 和 q 在以后的加密和解密过程中不再需要，但必须保密，不可泄露。

2．加密、解密方法

首先将消息分成小于 n 的明文分组（设采用二进制数），可选取小于 n 的 2 的最大次幂，也就是说，如果 p 和 q 分别为 100 位素数，那么 n 有 200 位，每个明文分组应小于 200 位长。

设 $M<n$ 是一个明文分组，C 是 M 对应的密文。

（1）加密公式为

$$C = M^e \bmod n \tag{14-14}$$

（2）解密公式为

$$M' = C^d \bmod n \tag{14-15}$$

下面证明 $M' = C^d \bmod n = M$ 在条件 $ed\equiv 1 \bmod \Phi(n)$下成立。

证明：

$$\begin{aligned} M' &= C^d \bmod n \\ &= (M^e \bmod n)^d = M^{ed} \bmod n \\ &= M^{1+k\cdot\Phi(n)} \bmod n \\ &\equiv M \bmod n \end{aligned}$$

这表明从解密密文分组 C 能够恢复明文分组 M。

例 14-6 下面给出一个使用 RSA 机制进行保密通信的例子：（1）王先生产生密钥、分发公开密钥；（2）李先生使用王先生公布的公开密钥加密消息，并发送给王先生；（3）王先生接收李先生发送的密文，使用自己的私人密钥进行解密，恢复明文。

具体过程如下。

（1）王先生选择 p=101，q=113；计算 $n=pq$=11413，$\Phi(n)=(p-1)(q-1)$=100×112=11200；选择加密密钥 e，使得 gcd(e, 11200)=1，因为 $11200=2^6\times5^2\times7$，故 e 不应包含因子 2，5 和 7，可选择 e=3533；计算解密密钥 $d=e^{-1}\equiv 6597 \bmod 11200$, d=6597；王先生在网络上公布公开密钥 e=3533 和 n=11413。

（2）李先生使用王先生的公开密钥 e 和 n 对消息 M=9726 加密，得到 $C\equiv 9726^{3533}(\bmod\ 11413)=5761$，并在公开信道发送密文 C=5761。

（3）王先生使用自己的私人密钥 d=6597 对李先生发来的密文 C 进行解密，恢复明文 $M\equiv 5761^{6597}\ (\bmod\ 11413)=9726$。

14.4.2 RSA 的安全性

RSA 的安全性依赖于分解大整数。RSA 公开 n 和 e，但对$(p-1)$和$(q-1)$进行保密。要从$\Phi(n)$和 e 得到 d，只能分解 n，但通过分解大整数 n 得到 p 和 q 是一个困难问题。目前已知的最好的因素算法的时间复杂度为：$O(e^{\sqrt{\ln n\cdot\ln(\ln n)}})$。若使用每秒运算 10^6 次的高速计算机分解一个 100 位十进制数大约需要 74 年的时间，若要分解 200 位的十进制数需要 3.8×10^9 年。最新结果是，129 位十进制数已经被多国科学家合作在网络上通过分布式计算解开了，所以 n 应大于 129。

14.5 散列函数和消息认证

14.5.1 散列函数

本节讨论散列算法。**散列函数**（又称杂凑函数）$h=H(m)$，其中 m 是变长消息，h 是定长散列值。这是一种对不定长输入产生定长输出的特殊函数。在这种方式下，算法是公开的，且没有密钥。密码学要求散列函数具有如下性质：

（1）m 可以是任意大小的消息，h 的值有固定长度；

（2）对任意给定的 m，$H(m)$应易于计算；

（3）对任意给定 h，寻找 m 使得 $H(m)=h$ 在计算上应不可行（单向性）；

（4）对任意给定的 m，寻找另一个消息 m'，使得 $H(m)=H(m')$在计算上应不可行（抗弱冲突）；

（5）寻找两个随机消息 m 和 m'，使得 $H(m)=H(m')$在计算上应不可行（抗强冲突）。

冲突（碰撞）是指对于两个不同的消息 m 和 m'，产生相同的散列值。从理论上讲，冲突难以避免。因为可能的消息是无限的，但可能的散列值是有限的。例如，对于下面介绍的 SHA-1 散列方法，可能的散列值总数是 2^{160}。不同的消息有可能产生相同的散列值。但安全散列函数要求这种冲突是不可预知的。攻击者不能指望对明文做了改变但得到相同的散列值。

安全散列函数使得任意两个消息如果略有差别，它们的散列值也会有很大不同，即散列函数有很强的码间关联性。如果改变明文的一个比特，将使输出的散列值中的大约一半的比特发生变化。这就是抗冲突性。

14.5.2 散列函数结构

安全散列函数的一般结构如图 14-2（b）所示。散列函数接收一个不定长的输入消息 m，先将其分成固定长度的若干分组，设为 t 组。如果最后一个分组不足分组的长度要求，需要进行填充。填充的方法是：保证填充后分组的最后 64 位是整个消息的总长度，在原始消息之后，消息长度之前进行填充。一种可能的填充方法是填充一个 1，其余全填 0，如图 14-3 所示。

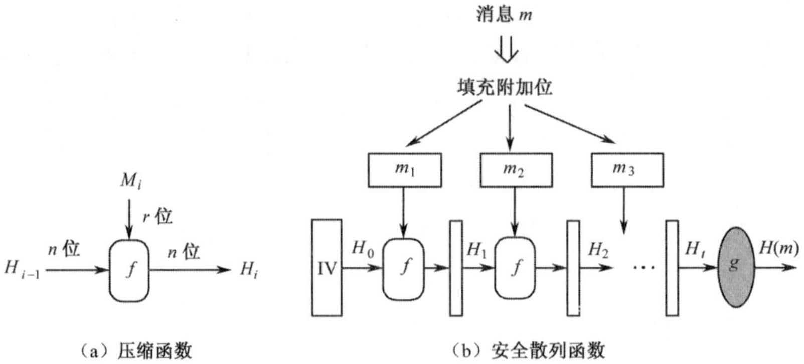

图 14-2　安全散列函数的一般结构

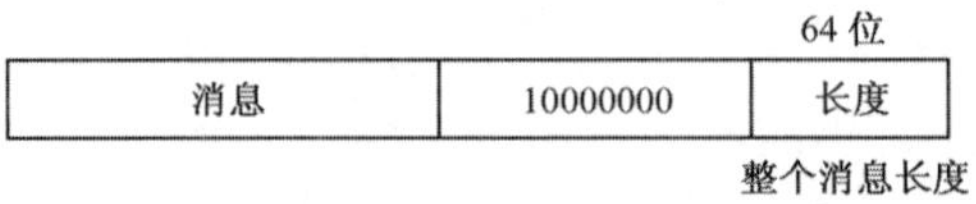

图 14-3　填充

散列函数重复使用一个压缩函数 f，如图 14-2（a）所示。f 有两个输入：一个是前一阶段 f

的 n 位输出，另一个是来自消息的一个 r 位分组，通常 $r>n$；f 产生一个 n 位的输出。算法开始时，使用一个初始变量 IV，最终输出值通过一个输出变换函数 g 得到消息的散列值：

$$H_0=\mathrm{IV},\ H_i=f(H_{i-1},M_i),\ H(m)=g(H_t) \tag{14-16}$$

由美国国家标准和技术协会 NIST 提出的**安全散列算法**（SHA-1）就是这样一种单向散列函数，它是基于由 Ron Rivest 设计的 MD4 **单向散列函数**算法的。SHA-1 算法允许输入最大长度不超过 $2^{64}-1$ 位的消息，输出 160 位散列值，通常称为**消息摘要**。每个处理单位是 512 位的数据块。也就是说，m_i 的长度 r=512 位，H_i 的长度为 n=160。所以最终产生长度为 160 位的消息摘要。对 SHA 算法至今还没有已知的密码攻击，由于它产生 160 位散列值，因此它比其他 128 位散列值的函数更能有效地抵抗穷举攻击方法。

SHA 是一种定制的散列函数，除此之外，还可以利用分组密码算法或公开密钥算法来设计散列函数。关于这些方案可参考密码学教材。

14.5.3 消息认证

认证可分为实体认证和消息认证两类。实体认证是证实某个人就是他所声称的那个人。消息认证的目的主要有两个：一是验证消息来源的真实性，此为信息源认证；二是验证信息的完整性，即验证信息在存储或传递过程中未被篡改。

消息认证可以按认证函数分成三类。

（1）基于消息加密的认证

消息加密本身可以作为一种认证手段。为了确定消息来源的合法性，要求传递的内容具有某种可识别的结构，可以在加密前对每个消息附加一个帧校验序列（FCS），接收方可以按发送方的方法生成 FCS，并与收到的 FCS 进行比较，从而确定消息的真实性。

（2）基于消息认证码的认证

消息认证码（message authentication code, MAC）是一个短小的定长数据分组。它是 MAC 函数使用密钥 k 计算消息 M 得到的函数值，被附在消息中一起发送。MAC 函数要求收发双方共享密钥 k。接收方对解密的明文 M，使用 k 重新计算 MAC，将其与接收的 MAC 进行比较，辨认消息是否来自发送者或者是否已篡改。MAC 函数类似于加密函数，但它不需要解密。消息认证码变换方法是不可逆的。

（3）基于散列函数的认证

与 MAC 类似，可以使用**单向散列函数**（one way hash function）将一个任意长度的消息映射为一个定长的散列值，也称为**消息摘要**（message digest）作为认证码。对消息的任何改变，就会导致不同的散列值，因此可用于消息认证。散列函数不需要密钥。

14.6 数字签名

数字签名是针对电子文档的一种签名确认方法，用以确保数字对象的合法性和真实性。有两类数字签名体制：**直接数字签名**（direct digital signature）和**需仲裁的数字签名**（arbitrated digital signature）。直接数字签名只涉及通信双方，需仲裁的数字签名需要可信赖的第三方作为仲裁者。

14.6.1 RSA 数字签名体制

直接数字签名一般使用公开密钥密码体制。在用 RSA 实现数字签名的方法中，要签名的报文作为一个散列函数的输入，产生一个定长的**安全散列码**。消息签名者使用自己的私钥对该散列码进行加密形成签名，然后将签名附在报文后。接收者根据报文同样计算一个散列码，同时使用签名者的公钥对签名进行解密。如果计算得到的散列码与解密后的散列码相一致，则签名是有效的。设 $k1$ 和 $k2$ 分别是发送方的私钥和公钥，具体签名和验证方法如下。

（1）发送方对消息 m 的签名方法是 $E_{k1}(H(m))$。

（2）接收方验证签名的方法是，将 $D_{k2}(E_{k1}(H(m)))$的散列值与自己对 m 计算 $H(m)$得到的散列值进行比较，考察两者是否相等。如果相等，则签名有效。

这一方法存在的问题是被签名的消息不具有保密性，因为消息是明文形式传送的。

14.6.2 需仲裁的数字签名

需仲裁的数字签名可以采用对称密码方法。设 A 为发送方，B 为接收方，他们有共同信任的仲裁者，则数字签名过程如下：

（1）发送方 A 用密钥 ka 加密消息，发给仲裁者；

（2）仲裁者用 ka 解密，并将解密的消息与仲裁意见用密钥 kb 再次加密后发给接收方 B；

（3）接收方 B 用 kb 解密，得到消息及仲裁者关于这一消息的确来自该发送方的证书。

上述方法的关键是仲裁者能够同时与所有的通信者通信，并且它与不同的通信者必须共享不同的秘密密钥。例如，ka 是 A 与仲裁者共享的密钥，kb 是 B 与仲裁者共享的密钥，两者是不同的密钥。

本章小结

信息安全和密码学是一门焕发生命力的重要学科，内容丰富、涉及面广。我们将其引入本书是为了强调算法复杂性在密码算法中的作用。

习题 14

14-1　简述信息安全的目标。对称密码体制和非对称密码体制的最本质的区别是什么？算法复杂性理论与密码学的关系如何？

14-2　试以“How are you”为密钥，使用置换密码对消息“The board of directors will hold off making a decision until next Wednesday”加密，并写出得到的密文。

14-3　设 n=6, C=43, $(a_1, a_2,\cdots, a_6)$= (1,2,4,8,16,32)，试求解此背包问题。

14-4　令 n=5, $(a_1, a_2,\cdots, a_5)$=(171,196,457,1191,2410)，取 m=8443, k=2550，试求对应的公开密钥。设已经求得 k^{-1}=3950，现收到密文 C=1515，试恢复其明文。

14-5　已知 p=5，q=7，选择 e=11，试计算 d，构造一个 RSA 公开密钥系统。使用此密码系统对 M=2 加密，求密文 C。再对 C 解密，并检验所恢复的明文与 M 是否相等。

14-6　数字签名的作用是什么？试问如何使用 RSA 系统进行数字签名？

14-7　分析采用对称密码体制的需仲裁的数字签名的缺点。

14-8　试编程实现背包密码系统和 RSA 系统。

附录A　专有名词中英文对照表

第1部分　算法和算法分析

第1章　算法问题求解基础

计算学科教学计划（Computing Curricula）
算法与复杂性（algorithm and complexity）
程序设计基础（programming fundamental）
输入（input）
输出（output）
确定性（definiteness）
能行性（effectiveness）
有穷性（finiteness）
计算过程（computational procedure）
程序（program）
算法（algorithm）
问题（problem）
问题求解（problem solving）
问题求解过程（problem solving process）
软件生命周期（software life cycle）
问题求解策略（problem solving strategy）
理解问题（understand the problem）
设计方案（devise a plan）
实现方案（carry out the plan）
回顾复查（look back）
软件工程（software engineering）
分析（analysis）
设计（design）
编码（coding 或 programming）
测试（testing）
维护（maintenance）
需求规范（requirement specification）
精确算法（exact algorithm）
启发式算法（heuristic algorithm）
可行解（feasible solution）
近似算法（approximation algorithm）
随机算法（randomized algorithm）
算法设计策略（algorithm design strategy）
算法确认（algorithm validation）
算法证明（algorithm proof）
程序测试（program testing）
测试用例（test case）
调试（debugging）
算法的分析（algorithm analysis）
性能测量（performance measurement）
递归（recursive）
递归函数（recursive function）
调用函数（calling function）
被调函数（called function）
递归树（recursive tree）
递归数据结构（recursive data structure）
排列（permutation）
非形式证明（informal proof）
结构归纳法（structural induction）
基础情况（base case）
归纳步骤（induction step）

第2章　算法分析基础

正确性（correctness）
简明性（simplicity）
效率（efficiency）
最优性（optimality）
健壮性（robustness）
可靠性（reliability）
折中和结论（tradeoffs and consequences）
实例（instance）
特征（characteristics）
规模（size）
时间复杂度（time complexity）
最好情况（best case）

最坏情况（worst case）
平均情况（average case）
事前分析（priori analysis）
事后测试（posterori testing）
程序步（program step）
空间复杂度（space complexity）
固定空间需求（fixed space requirement）
可变空间需求（variable space requirement）
大 O 记号（big Oh notation）
渐近时间复杂度（asymptotic complexity）
关键操作（key operation）
多项式时间算法（polynomial time algorithm）
指数时间算法（exponential time algorithm）
递推方程（recurrence equation）
迭代方法（iterating）
替换方法（substitution）
主方法（master method）
递归树（recursion tree）
分摊分析（amortized analysis）
平均代价（average cost）
分摊代价（amortized cost）
聚集方法（aggregate analysis）
会计方法（accounting method）
势能方法（potential method）
实际代价（actual cost）
费值（charge）
存款（credit）

第 3 章　伸展树与跳表

字典（dictionary）
关键字（key）
动态集（dynamic set）
线性表（linear list）
散列表（hash table）
搜索树（search tree）
二叉搜索树（binary search tree）
伸展树（splay tree）
自调整搜索树（self-adjusting search tree）
伸展结点（splay node）
旋转（rotation）
单一旋转（single rotation）
双重旋转（double rotation）
自底向上（bottom-up）
自顶向下（top-down）
分摊（amortizement）
秩（rank）
势能（potential）
跳表（skip list）
随机跳表（randomized skip list）
几何分布（geometric distribution）

第 2 部分　算法设计策略

第 4 章　基本搜索和遍历方法

搜索（search）
遍历（traversal）
状态空间（state space）
初始状态（start state）
目标状态（goal state）
答案状态（answer state）
无知搜索（uninformed search）
盲目搜索（blind search）
穷举搜索（Brute Force）
有知搜索（informed search）
经验法则（rules of thumb）
启发式搜索（heuristic search）
深度优先搜索（depth first search）
广度优先搜索（breadth first search）
D-搜索（depth search）
直接后继结点（direct successor）
未访问（unvisited）
未检测（unexplored）
已检测（explored）
扩展（being expanded）
活结点（life node）
死结点（dead node）
活结点表（life node list）
标志位（mark bit）

祖先（ancestor）
后裔（descendent）
时间戳（time stamp）
树边（tree edge）
回边（back edge）
正向边（forward edge）
交叉边（cross edge）
关节点（articulation）
桥（bridge）
连通分量（connected components）
双连通图（biconnected graph）
双连通分量（biconnected component）
深度优先数（depth first number）
最小深度优先数（lowest depth first number）
问题归约（problem reduction）
与或图（And/Or graph）

第 5 章　分治法

分治法（divide and conquer）
控制抽象（control abstraction）
可排序表（sortable list）
有序表（sorted list）
二叉判定树（binary decision tree）
内结点（internal node）
外结点（external node）
排序（sort）
合并排序（merge sort）
快速排序（quick sort）
主元（pivot）
分划（partition）
选择问题（select problem）
第 *k* 小元素问题（kth-smallest）
中位数（median）
二次取中法（median of medians rule）

第 6 章　贪心法

最优化问题（optimization problems）
约束条件（constraint）
可行解（feasible solution）
目标函数（objective function）
最优解（optimal solution）
穷举法（brute force approach）
分步决策（stepwise decision）
最优量度标准（optimization criterion）
贪心准则（greedy criterion）
贪心选择性质（greedy choice property）
部分解向量（partial vector）
最佳合并模式（optimal merge pattern）
扩充二叉树（extended binary tree）
带权外路径长度（weighted external path length）
代价（cost）
最小代价生成树（minimum-cost spanning tree）
最优子结构（optimal substructure）
平均检索时间（mean retrieval time）

第 7 章　动态规划法

动态规划法（dynamic programming）
自底向上（bottom-up）
最优性原理（principle of optimality）
阶段（stage）
状态（state）
决策（decision）
决策序列（sequence of decision）
策略（policy）
最优决策序列（optimal sequence of decision）
重叠子问题（overlapping subproblem）
源点（source）
汇点（sink）
多段图问题（multistage graph problem）
资源分配问题（resource allocation）
AOE（activity on edge）
事件（event）
活动（activity）
持续时间（duration）
最短时间（minimun time）
最长路径（longest path）
关键活动（critical activity）
完全加括号（fully parenthesized）
子序列（subsequence）
最长公共子序列（longest common subsequence）
流水线作业调度（flow shop schedule）
非抢先调度（nonpreemptive schedule）

抢先调度（preemptive schedule）

第 8 章　回溯法

显式约束（explicit constraint）
解空间（solution space）
判别函数（criterion function）
隐式约束（implicit constraint）
状态空间树（state space）
问题状态（problem state）
解状态（solution state）
答案状态（answer state）
约束函数（constraint function）
限界函数（bound function）
剪枝函数（pruning function）
回溯法（backtracking）
分枝限界法（branch-and-bound）
着色数（chromatic number）
可平面图（planar graph）
批处理作业调度（batch job schedule）

第 9 章　分枝限界法

最小成本检索（least cost search）
归约矩阵（reduced matrix）

第 3 部分　求解困难问题

第 10 章　NP 完全问题

易处理问题（tractable problem）
难处理问题（intractable problem）
不可判定（undecidable）
不确定机（non deterministic machine）
不确定算法（non deterministic algorithm）
判定问题（decision problem）
集团（clique）
合取范式（conjunctive normal form CNF）
析取范式（disjunctive normal form DNF）
可满足性问题（satisfiability）
约化（reduced to）
NP-难度（NP-hard）
NP 完全（NP-complete）
顶点覆盖（vertex cover）
恰切覆盖（exact cover）

第 11 章　随机算法

随机算法（randomized algorithm）
线性同余法（linear congruential method）
数值随机算法（numerical randomized algorithm）
概率算法（probabilistic algorithm）
素数测试（prime testing）
伪素数（pseudo-prime）

第 12 章　近似算法

子指数（subexponential）
近似解（approximate solution）
近似算法（approximate algorithm）
概率好（probabilistically good）
解值（solution value）
最大化问题（maximization problem）
最小化问题（minimization problem）
绝对性能保证（absolute performance guarantee）
绝对近似算法（absolute approximation algorithm）
绝对误差（absolute error）
二部图（bipartite）
相对误差（relative error）
相对性能保证（relative performance guarantee）
比值界（ratio bound）
性能比（performance ratio）
相对误差界（relative error bound）
近似方案（approximation scheme）
多项式时间近似方案（polynomial time approximation scheme）
完全多项式时间近似方案（fully polynomial time approximation scheme）
最近邻居算法（nearest neighbor algorithm）
绕树两周算法（twice around the tree algorithm）
最长处理时间（longest processing time, LPT）

第 13 章　遗传算法

进化计算（evolutionary computation，EC）
遗传算法（genetic algorithm，GA）
遗传规划（genetic programming，GP）
进化策略（evolutionary strategy，ES）
进化规划（evolutionary programming，EP）。
细胞（cell）
染色体（chromosome）
同源染色体（homologous chromosomes）
脱氧核糖核酸（deoxyribonucleic acid 简称 DNA）
基因（gene）
基因型（genotype）
表现型（phenotype）
基因座（locus）
等位基因（allele）
候选解（ candidate solution）
种群（population）
染色体（chromosome）
基因（gene）
适应度（fitness）
选择（select）
交叉（crossover）
变异（mutate）
排列编码（permutation encoding
遗传运算（genetic operator）
轮盘赌选择法（roulette wheel selection）
锦标赛选择法（tournament selection）
单点交叉（one-point crossover）
两点交叉（two-point crossover）
多点交叉（multi-point crossover）
均匀交叉（uniform crossover）
基本位变异（simple mutation）
均匀变异（uniform mutation ）
部分映射交叉（partially mapped crossover，PMX）
顺序交叉（order crossover，OX）
循环交叉（cycle crossover，CX）

第 14 章　密码算法

信息安全（information security）
机密性（confidentiality）
访问控制（access control）
完整性（integrity）
消息认证（message authentication）
抗否认性（non- repudiation）
数字签名（digital signature）
可用性（availability）
现代密码学（modern cryptology）
密码编码学（cryptography）
密码分析学（cryptanalysis）
发送方（sender）
接收方（receiver）
明文（plaintext）
加密（Encryption）
密文（ciphertext）
密钥（key）
加密算法（encryption algorithm）
解密（Decryption）
解密算法（decryption algorithm）
密码算法（cryptographic algorithm 或 cipher）
对称密码（symmetric encryption）
置换密码（permutation cipher）
换位密码（transposition cipher）
对称密码体制（symmetric encryption）
分组密码（block cipher）
数据密码标准（data encryption standard，DES）
非对称密码体制（asymmetric encryption）
公开密钥密码体制（public key cryptography）
大整数分解（integer factorization）
超递增序列（super- increasing sequence）
消息认证码（message authentication code，MAC）
单向散列函数（one way hash function）
消息摘要（message digest）
直接数字签名（direct digital signature）
需仲裁的数字签名（arbitrated digital signature）

附录 B　C++程序设计概要

在本附录中，我们对 C++语言做简要回顾。但这并不是对 C++语言的入门介绍，而是强调那些在“C/C++语言程序设计”学习时，未讲授或较难理解，以及易被忽视的 C/C++概念。本附录的内容虽不属于本教材，但回顾这些 C++概念，对学习本书是十分有益的。

B.1　函数与参数传递

1．传值参数和引用参数

C 语言中函数的参数都是按值传递的。C++函数的参数传递有两种方式：**传值参数**（value parameter）和**引用参数**（reference parameter）。在程序 B-1 的函数 Swap 中，a 和 b 是两个整型**形式参数**（formal parameter），它们都是引用参数，引用参数名前需加符号&。此函数的调用语法为：Swap(x, y)，其中 x 和 y 是**实在参数**（actual parameter），见主函数 main 中的函数调用语句。

在 C++中，当一个实在参数与一个引用参数结合时，被传递的是实在参数的地址，从而使两者共享相同的存储空间，如例子 Swap 中的 a 与 x，b 与 y 代表相同的空间，因此，改变形式参数会同时引起实在参数的改变。如果形式参数是传值参数，在函数调用时，实在参数的值将被赋给相应的形式参数，形式参数得到了实在参数的一个副本，实在参数的值不会受函数调用的影响。注意，只有传值参数所对应的实在参数可以是表达式形式的。

【程序 B-1】　交换两个整数

```
#include<iostream.h>
void Swap(int& a,int& b)
{
    cout<<"Exchange two integers!"<<endl;
    int temp=a;
    a=b;
    b=temp;
}
void main()
{
    int x=5,y=6;
    cout<<"x="<<x<<" y="<<y<<endl;
    Swap(x,y);
    cout<<"x="<<x<<" y="<<y<<endl;
}
```

由于引用参数不形成实在参数的副本，所以当形式参数是大的结构变量时，使用引用参数可以节省空间，提高效率，同时调用函数还可从实在参数返回必要的结果。这是一种从被调函数返回信息的重要途径，另一种从被调函数返回信息的方式是使用非 void 函数的返回值。对被调函数而言，传值参数是一种输入型（in）参数，而引用参数是输入/输出型（in-out）参数，函数返回值仅作为函数的输出。程序 B-2 是交换两个结构的例子。

C 语言和 C++语言的结构类型的主要区别是：一个结构标记声明后，C 语言中必须在结构标记前加上 struct 才能作为结构类型名，如 struct Student；而 C++语言中，结构标记可以直接作为结构类型名使用。此外，C++语言将结构和**联合**（union）扩展为类的一种特例。结构中，数据成员和成员函数默认的访问控制都是公有的，而类的成员的默认访问是私有的。

【程序 B-2】 交换两个结构

```
struct Student
{
    char name[20];
    char sex;
    int age;
};
void Swap(Student &a,Student &b)
{
    cout<<"Exchange two structures!"<<endl;
    Student temp=a;
    a=b;
    b=temp;
}
```

虽然引用参数有较高的效率，并具有 in-out 型参数特点，但有时不希望相应的实在参数的值因函数调用而改变，这时使用**常量引用参数**（const reference）可避免这一点。常量引用参数是 C++提供的另一种参数传递方式，它指示函数不得修改该引用参数，否则将导致编译出错。下列函数 Copy 将结构 a 的值复制给结构 b，但由于 a 是常量引用参数，因此，它不能在函数体中被修改。

```
void Copy(Student &b, const Student &a)
{
    b=a;
}
```

2. 函数的返回值

上面给出的几个函数都无返回值，其返回类型均为 void。函数可以有返回值，函数返回值可分三种：值返回、引用返回和常量引用返回。常量引用返回与引用返回的差别仅在于它指明了所返回的是一个不允许改变的对象。

【程序 B-3】 函数返回值

```
Student Copy1(const Student& a)
{//值返回
    return a;
}
Student& Copy2(Student &a)
{//引用返回
```

```
        return a;
}
const Student& Copy3(const Student& a)
{//常量引用返回
        return a;
}
```

引用返回不允许返回一个局部变量或临时变量的值，编译程序会对下列函数给出警告信息。

```
Student& Copy4(Student a)
{
        return a;
}
```

3．函数原型

C++要求将所有函数原型化。**函数原型**（function prototype）包括一个函数的函数名、返回类型和参数表。函数原型与函数定义的区别是函数原型不包括函数体。

可以在头文件（文件名后缀为“.h”）中声明函数原型，而将函数的定义放在源程序文件（文件名后缀为“.cpp”）中。程序中必须通过包含指令#include 将所用到的头文件包含到程序中。

【程序 B-4】 头文件 swap.h

```
#include<iostream.h>
struct Student
{
    char name[20];
    char sex;
    int age;
};
void Swap(Student& a,Student& b);
```

【程序 B-5】 函数源程序文件 swap.cpp

```
#include"swap.h"
void Swap(Student& a,Student& b)
{
    cout<<"Exchange two structures!"<<endl;
    Student temp=a;
    a=b;
    b=temp;
}
```

【程序 B-6】 主程序文件 main.cpp

```
#include"swap.h"
void main()
{
    Student x={"chen",'F',18},y={"wang",'M',19};
    cout<<"x="<<x.name<<" y="<<y.name<<endl;
```

```
        Swap(x,y);
        cout<<"x="<<x.name<<" y="<<y.name<<endl;
    }
```

头文件 swap.h 中存放结构类型 Student 的定义和 swap 函数的原型（见程序 B-4）。swap.cpp 为存放 swap 函数定义的源文件（见程序 B-5）。主程序（main 函数）存放在 main.cpp 文件中（见程序 B-6），它通过预处理指令#include"swap.h" 定向到包括 swap 函数原型的头文件，从而对该函数进行访问。

B.2 动态存储分配

动态存储分配是指在运行时，根据程序要求为动态创建的变量和对象分配存储空间的方法。系统预留的专门用于动态存储分配的存储空间称为自由存储空间，也称**堆**（heap）。

C++保留了 C 语言的动态存储分配函数 malloc()和 free()，并提供了两个新函数 new 和 delete 实现动态存储分配。

运算符 new 用于为动态创建的变量或对象，从堆上分配一块指定类型大小的存储块，并返回所分配的存储块的地址。如果没有足够的存储空间，执行 new 语句将返回空指针。

程序 B-7 是动态存储分配的例子，图 B-1 是执行该程序的示意图。语句“int* y;”声明了一个指向整型量的指针 y；执行语句“y＝new int;”后，系统会分配一个能容纳一个整型量的存储块，并将该存储块的地址（假定为 126）作为执行运算“new int”的返回值，返回的地址赋给了指针变量 y；“*y”代表指针 y 所指向的动态变量，*y 的类型是 int。语句“*y=10;”完成对动态整型变量*y 赋值 10。请注意区分指针变量 y 和 y 所指向的动态变量*y。从图 B-1 可以看出二者的区别。

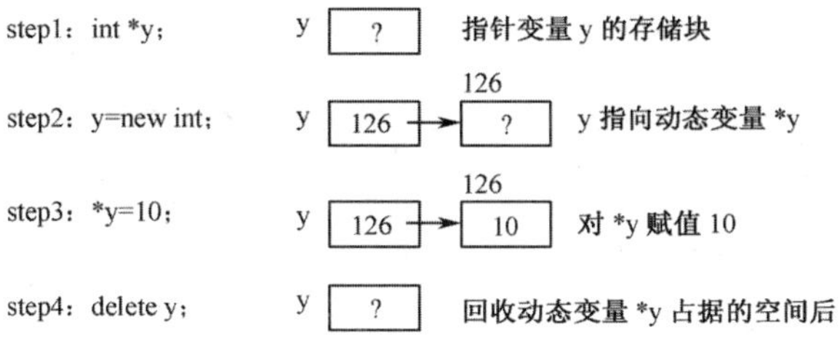

图 B-1 动态存储分配示意图

语句“int *y; y=new int; *y=10;”可以合并成一条语句“int *y=new int (10);”，二者的作用相同。

使用 new 语句动态分配的存储空间必须使用 delete 语句才能释放。语句“delete y;”释放动态变量*y 所占据的空间。但请注意，指针变量 y 自身占据的存储空间是静态分配的，不能由 delete 语句回收，但执行 delete 以后 y 的值是无定义的，不能再引用，见图 B-1 中的 step4。在“delete y;”之后添加语句“cout<<*y;”是不正确的。

【程序 B-7】 动态存储分配

```
#include<iostream.h>
void main()
{
    int *y;                          //定义指向一个整数对象的指针变量 y
    y=new int;                       //动态生成一个整型对象，指针 y 指向该对象
```

```
    *y=10;                          //对 y 指示的对象赋整数值 10
    cout<<*y<<endl;                 //输出*y 的值
    delete y;                       //释放*y 占据的空间
}
```

B.3 类与对象

1. C++类

C++可以将数据和运算组合到一个类定义中。例如，我们可以定义一个教职工类 Employee，它包含 3 个数据成员：empNo（职工号），empName（姓名）和 empAge（年龄），并定义了包括构造函数在内的一组运算。

【程序 B-8】 类的声明

```
class Employee
{
public:                                    //关键字 public 之后的成员为公有成员
    Employee();                            //构造函数 1
    Employee(int No,char* name,int age);   //构造函数 2
    void Change(int No,char* name,int age);
    void Retire();
    ⋮
protected:                                 //关键字 protected 之后的成员为保护成员
    int empNo;
    char* empName;
    int empAge;
};
```

C++的类体现了抽象数据类型的思想，支持面向对象程序设计，实现封装和信息隐蔽的原则。C++使用关键字 public、private 和 protected 指示三种访问控制权限。

public：后面的数据成员和成员函数称为类的公有成员，可以被程序的其他部分访问。

protected：后面的数据成员和成员函数称为类的保护成员，除了具有 private 访问权限外，还允许该类的子类访问它们。

private：后面的数据成员和成员函数称为类的私有成员，只能由该类的成员函数及被声明为友元的函数或类的对象访问。private 是默认的访问权限，即在没有指明的情况下，访问权限自动是 private 的。

public 域中声明的成员是该类的外部界面，protected 和 private 域可以在不同范围内保护对象的内部数据，实现信息隐蔽，防止误操作和非法操作。

2. 创建对象

生成某个类的一个对象，也称实例化，即创建该类的一个实例，其方法类似于定义某个数据类型的一个变量，有以下两种方法，它们分别生成静态（也称自动）对象和动态对象。

第一种方法是直接定义类的实例对象：

```
Employee    emp1(3041, "chen",19);
```

第二种方法使用 new 运算：

```
Employee* emp2=new Employee ;                        //调用第一个构造函数
Employee* emp3=new Employee(3042, "chen",19);        //调用第二个构造函数
```

释放动态对象*emp2 和*emp3 所占据的存储块，需要使用 delete 语句：

```
delete emp2,emp3;
```

对象 emp1 是自动对象，它所用空间不能使用 delete 语句回收。

B.4 函数和运算符重载

1. 函数重载

C 语言要求不同的函数有不同的函数名，但 C++语言允许多个同名函数存在，这称为函数**重载**（overload）。但 C++要求各重载的函数的形式参数表必须各不相同。编译时，编译程序将根据实在参数的类型，在多个重名函数中去寻找与之匹配的被调函数。

例如，程序 B-1 和程序 B-2 的两个 Swap 函数有相同的函数名和不同的参数表。如果我们执行程序 B-9 的主函数，main 中分别使用整型参数和结构 Student 类型参数，两次调用 Swap 函数，C++能够根据实在参数类型决定实际上调用哪个 Swap 函数。

函数重载的另一个典型的例子是大家熟悉的构造函数的重载。一个类上往往可以定义多个构造函数，实现不同的初始化功能。上面讨论的 Employee 类上定义了两个构造函数：new Employee 和 new Employee(03040215,"chen",19)，分别调用这两个构造函数，在生成新对象时进行不同的初始化工作。

【程序 B-9】 Swap 函数的重载和调用

```
void main()
{
    int u=-4,v=2;
    Student x={"chen",'F',18},y={"wang",'M',19};
    cout<<"u="<<u<<" v="<<v<<endl;
    Swap(u,v);                                  //将实际调用程序 B-1 的 Swap 函数
    cout<<"u="<<u<<" v="<<v<<endl;
    cout<<"x="<<x.name<<" y="<<y.name<<endl;
    Swap(x,y);                                  //将实际调用程序 B-2 的 Swap 函数
    cout<<"x="<<x.name<<" y="<<y.name<<endl;
}
```

2. 运算符重载

C++语言还支持运算符重载。如果希望使用<<运算符来输出一个类型为 Student 的变量值，我们可以重载输出运算符<<，见程序 B-10 的重载<<函数。在被重载的运算符前必须加上关键字 operator。ostream 是包含在头文件 iostream.h 中的输出流类。

【程序 B-10】 重载输出运算符

```
ostream& operator<<(ostream& s,const Student & c)
```

```
{
        s<<'('<<c.name<<" , "<<c.sex<<" , "<<c.age<<')';
        return s;
}
void main()
{
        Student x={"chen",'F',18},y={"wang",'M',19};
        cout<<"x="<<x<<"y="<<y <<endl;
        Swap(x,y);
        cout<<"x="<<x<<"y="<<y <<endl;
}
```

通过重载输出运算符，我们便可使用与输出整数和字符串相同的语法，输出一个 Student 类型的结构，而不必书写语句，逐个输出结构的成员（见程序 B-9）。在程序 B-10 的 main 函数中，x 和 y 是 Student 类型的结构，运行第一条 cout 语句将在屏幕（标准输出设备 cout）上显示：

```
x=(chen,F,18) y=(wang,M,19)
```

B.5 继承性和派生类

在 C++中，继承性通过定义父类和子类间的关系体现。在程序 B-11 的例子中，教师类 Faculty 由教职工类 Employee 派生（derive）而来。

【程序 B-11】 派生类

```
class Faculty: public Employee
{
public:
        void ChangeLevel(int n);
        Faculty (int No,char * name,int age,int level);
       ~Faculty();
private:
      int level;
};
```

类 Faculty 是类 Employee 的派生类，它继承了类 Employee 所定义的公有的和保护的数据和方法。类 Employee 是类 Faculty 的基类。类之间的继承关系是传递的。

C++有两种派生子类的方式：私有（private）派生和公有（public）派生。

public 派生：基类的所有公有成员成为派生类的公有成员，基类的所有保护成员仍然是派生类的保护成员。

private 派生：基类的公有的和保护的成员将全部成为派生类的私有成员。private 派生是默认的派生方式。

程序 B-11 使用 public 派生：class Faculty: **public** Employee，由关键字 public 指示为公有派生方式，因此，Faculty 类按原访问权限继承 Employee 类的所有公有的和保护的成员。

B.6 多态性、虚函数和动态联编

1. 多态性

多态性（polymorphism）简单地说是指允许同一个函数（或运算符）有多个版本，对不同的对象执行不同的版本。C++支持以下多态性：

（1）编译时的多态性，表现为函数和运算符重载；

（2）运行时的多态性，通过派生类和虚函数来实现。

1.4.8 节讨论的模板或类属也是一种多态机制。

2. 虚函数和动态联编

虚函数（virtual function）是指一个成员函数在基类中的声明前加上关键字 virtual，并在一个或多个派生类中被**重定义**（override）的函数。

虚函数的重定义可以看成是函数重载的一个特例。但被重定义的虚函数必须与基类中的同名函数有相同的原型。对于虚函数的多个版本（它们分别在基类和多个派生类中定义），函数调用时究竟实际调用哪个版本，是由调用该函数的对象自身属于哪个类来决定的。在 C++程序中，一个派生类的对象可以用一个基类指针指示。在运行时，C++会自动根据该基类指针所指向的对象所属的类，自动调用在该类上重定义的虚函数版本。这种在运行时才将对象连接到它的成员函数的做法称为**动态联编**（dynamic binding）。动态联编是通过使用派生类和虚函数来完成的。在编译时已明确所调用对象的成员函数，称为对函数的**静态联编**（static binding）。普通的函数调用、重载函数的调用及使用重载运算符都是静态联编。请看程序 B-12 及程序中的注释，了解虚函数的使用。

【程序 B-12】 虚函数

```
#include<iostream.h>
class Base
{//基类
public:
   virtual void who()
   {
      cout<<"Base\n";
   }
};
class Derived1:public Base
{//派生类 1
public:
    void who()
    {
         cout<<"First derivation\n";
    }
};
class Derived2:public Base
```

```
{//派生类 2
public:
      void who()
      {
         cout<<"Second derivation\n";
      }
};
void main( )
{
   Base baseobj;                    //创建基类 Base 的一个对象 baseobj
   Base *p;                         //定义一个基类指针 p
   Derived1 firstobj;               //创建 Derived1 类的一个对象 firstobj
   Derived2 secondobj;              //创建 Derived2 类的一个对象 secondobj
   p=&baseobj;                      //将基类对象 baseobj 的地址赋给基类指针 p
   p->who();                        //自动调用 Base 类中定义的 who 函数
   p=&firstobj;                     //指针 p 指向 Derived1 类的对象 firstobj
   p->who();                        //自动调用 Derived1 类中重定义的 who 函数
   p=&secondobj;                    //指针 p 指向 Derived2 类的对象 secondobj
   p->who();                        //自动调用 Derived2 类中重定义的 who 函数
}
```

此程序产生下列输出：

```
Base
First derivation
Second derivation
```

B.7 纯虚函数和抽象类

在一些情况下，基类中对虚函数的定义只是形式，而无实际内容，在派生类中该函数才具有意义。这时，在基类中只给出虚函数的声明而不给出具体实现，该虚函数称为**纯虚函数**(pure virtual function)。如果一个函数声明为纯虚函数，则该基类的任何派生类都必须定义自己的实现。如果一个类至少有一个纯虚函数，那么就称该类是**抽象类**（abstract class）。抽象类自己不能生成实例，即不能由类生成对象。因为抽象类中至少有一个函数无定义。一个抽象类只能作为基类被其他类继承，并在派生类中实现纯虚函数。当然，由抽象类派生的子类仍可以是抽象类，还需要由以后的派生类具体实现。

上例中，如果 Base 类从不需要实例化，因而也无须生成对象来调用基类的函数 who()，这时，函数 who()可以声明为纯虚函数，虚函数被初始化为 0。阅读程序 B-13 及程序中的注释，了解纯虚函数和抽象类的使用。虚函数只有通过基类指针或引用调用时才进行动态联编。

【程序 B-13】 纯虚函数和抽象类

```
class Base
{
public:
```

```
    virtual void who()=0;               //定义纯虚函数，函数原型后加“=0”修饰
};
…                                      //类 Derived1 和 Derived2 的定义部分
void main()
{
    Base *p;                            //定义一个基类指针 p
    Derived1 firstobj;                  //创建 Derived1 类的一个对象 firstobj
    Derived2 secondobj;                 //创建 Derived2 类的一个对象 secondobj
    p=&firstobj;                        //指针 p 指向 Derived1 类的对象 firstobj
    p->who();                           //自动调用 Derived1 类中重定义的虚函数 who
    p=&secondobj;                       //指针 p 指向 Derived2 类的对象 secondobj
    p->who();                           //自动调用 Derived2 类中重定义的虚函数 who
}
```

B.8　模板函数和模板类

1．模板函数

一个模板函数的定义要求以下面语句为先导：

$$\text{template <class } T_1\text{, class } T_2\text{, } \cdots\text{, class } T_n\text{>}$$

它以关键字 template 开始，<class T_1, class T_2, …, class T_n>给出 n 个参数化的数据类型，可以把这些数据类型视为通用的数据类型。

假定希望编写一个既能交换两个整数，又能交换两个 Student 类型结构的函数，只需定义程序 B-14 所示的一个模板函数，而不需要定义两个重载的同名 Swap 函数。

事实上，程序 B-14 的模板函数 Swap 不仅可以用于交换两个整型量或 Student 类型的结构，只要通用类型 T 所对应的实际的参数类型是 C++赋值语句所允许的类型，都能调用模板函数 Swap 来实现该类型的两个参数值的互换。程序 B-14 的 main 函数调用模板函数 Swap 交换两个双精度数。

【程序 B-14】　模板函数

```
#include<iostream.h>
template <class T>
void Swap(T &a, T &b)
{
    T temp=a;
    a=b;
    b=temp;
}
void main()
{
    double u=-4.134,v=2.245;              //定义两个双精度变量
    cout<<"u="<<u<<" v="<<v<<endl;
    Swap(u,v);                            //交换两个双精度变量
```

```
        cout<<"u="<<u<<" v="<<v<<endl<<endl;
}
```

2．模板类

模板类也称通用类。与模板函数类似，也需用 template 语句声明。如果说一个类是对象的模板，是一组对象的抽象，那么一个模板类也可以看成是类的模板，它是一组类的抽象，被称为**类属类**（generic class）。下面以栈数据结构为例，介绍模板类。

程序 B-15 中，栈类 Stack 是一个抽象模板类，所有成员函数都是纯虚函数。SeqStack 类是类 Stack 的派生类，SeqStack 类也是模板类，但不是抽象类，它给出了栈的一种实现方案。在这两个模板类的定义中使用通用数据类型 T 作为参数。

类 SeqStack 包含一个一维数组：T s[maxSize]，用以存放栈中的数据元素，整型量 top 记录最后入栈的元素在数组 s 中的下标。初始时堆栈空，top 为−1；top 等于 maxSize−1 时，数组 s 装满元素。栈中数据元素的类型未明确指定，被定义为通用类型 T，所以它是一个模板类。

请注意，在模板类的类声明外定义的成员函数，必须定义为模板函数。在程序 B-15 中，函数 Push、Pop 和 Top 在类声明外定义，在它们的定义前不能遗漏 template 语句。同时，在使用类 SeqStack 时，应写成 SeqStack<T>。

使用模板类生成对象时必须指明实际参数类型，如语句“SeqStack<int>istk;”生成一个数据元素为整数的栈对象 istk。

阅读程序 B-15 及程序中的注释，了解模板类的使用，并再次学习抽象类、模板类和派生子类的做法。函数 main 调用 SeqStack 类的成员函数，分别向两个栈中加入元素和删除元素。有关栈数据结构的详细讨论参见本书第 2 部分。

【程序 B-15】 模板类

```
template<class T>
class Stack
{
 public:
        virtual void Push(const T &x)=0;
        virtual void Pop()=0;
        virtual T Top()const=0;
        virtual bool IsEmpty() const=0;                    //VC++支持布尔类型，类型名为 bool
        virtual bool IsFull() const=0;
};
template<class T>
class SeqStack:public Stack<T>
{
public:
        SeqStack(int mSize);                               //构造一个空栈
        ~SeqStack(){delete []s;}                           //释放栈空间
        bool IsEmpty() const {return (top==-1);}           //若 top==-1，则栈空
        bool IsFull() const {return (top==maxSize-1);}     //若 top==maxSize-1，则栈满
        void Push(const T &x);
```

```
        void Pop();
        T Top()const;
private:
        T *s;
        int maxSize;
        int top;
};
template<class T>
SeqStack<T>::SeqStack(int mSize)
{
    maxSize=mSize;                           //设置栈的容量值
    s=new T[maxSize];                        //生成存储栈的数组
    top=-1;                                  //top==-1 表示空栈
}
      …
void main()
{       /*  数据元素为整数的栈运算  */
        SeqStack<int> istk;                  //生成数据元素为整数的栈对象 istk
        istk.Push(5);                        //向栈中加入整数 5
        istk.Push(9);                        //向栈中加入整数 9
        cout<<istk.Top()<<endl;              //显示最后进栈的元素，即 9
        istk.Pop();                          //删除最后进栈的元素，即 9
        cout<<istk.Top()<<endl;              //显示删除 9 以后的最后进栈的元素，即 5
        /*  数据元素为双精度数的栈运算  */
        SeqStack<double> dstk;               //生成数据元素为双精度数的栈对象 dstk
        dstk.Push(3.777777777);              //向栈中加入双精度数 3.777777777
        dstk.Pop();                          //删除最后进栈的元素
}
```

也许读者已注意到，程序中在类 Stack 的成员函数 Top、IsEmpty 和 IsFull 三个函数的原型后，加上了关键字 const，例如，“T Top()const;”。在 C++中，关键字 const 被用于修饰常量和常量引用参数，当它加在函数原型的最后时，则表示不允许在该函数体内修改该类对象的任意数据成员的值。

3. 重载关系运算符和类型转换运算符

将两个结构间的比较转换成它们的关键字间的比较，一种做法是重载关系运算符。重载关系运算符后，两个结构变量之间的比较自动转换成它们的关键字之间的比较。

【程序 B-16】 重载关系运算符

```
#include <iostream.h>
template <class K,class D>
struct E
{
```

```
        bool operator<(const E& x)
        {//重载"<"运算符
            return key<x.key;
        }
    K key;
    D data;
};
```

重载类型转换符可以达到与重载关系运算符类似的目的。重载类型转换符后，将结构间、关键字之间，以及结构与关键字之间的比较都视为关键字间的比较。参见程序 B-17。

【程序 B-17】 重载类型转换运算符

```
template <class K,class D>
struct E
{ // 重载类型转换符后，可以实现结构间、关键字间以及结构和关键字间的比较
    operator K( )const { return key;}                //重载类型转换运算符
    K key;
    D data;
};
```

B.9 友元函数和友元类

正如前面所指出的那样，一个类的 Private 成员仅对该类的成员函数是可见的。但在有些应用中，有时需要把对这些私有成员的访问权授予其他的类和函数，这时候可将这些函数或类定义成该类的**友元**（friend）。一个类的友元函数和它的友元类的所有成员函数都有权像它自身的成员函数那样访问它的私有成员。

将类 X 的一个非成员函数 f 定义为类 X 的友元函数的做法是：在函数 f 的函数原型前添加关键字 friend 后，加到类 X 的声明中，f 就成为类 X 的友元函数。如果在一个类 Y 前加上关键字 friend 后加入类 X 中，则 Y 就是类 X 的友元类，类 Y 的所有成员函数都成为类 X 的友元函数。

下面，我们以前面讨论的堆栈类为例说明友元函数的使用方法。

如果我们希望添加一个运算来显示栈中全部元素，有两种可能的做法：

（1）添加一个新的成员函数到 SeqStack 类中，如果必要，也可同时将新函数添加到抽象类 Stack 中，成为虚函数；

（2）编写一个非成员函数，并将其声明为 SeqStack 类的友元函数，新函数可以直接操作 SeqStack 类的私有数据成员，如 s 和 top。

在程序 B-16 中，我们设计了一个重载输出运算符的函数 operator<<，作为 SeqStack 类的友元函数。为了适应栈中元素是通用类型的需要，新函数也被定义为模板函数。

在类 SeqStack 上重载了运算符<<后，只需书写语句“cout<<sstk;”就可输出栈 sstk 中的全部元素。但是这样做是有条件的，它要求对于栈对象 sstk 的实际类型，运算符<<是可以使用的。在程序 B-16 中，sstk 的类型是 Student，则要求对 Student 类型已重载了运算符<<（见程序 B-10）。

阅读程序 B-18 及程序中的注释，了解友元函数的使用，并再次学习常量引用参数、模板类和运算符重载的做法。友元类的定义方式见程序 B-19。

【程序 B-18】 友元函数

```
class SeqStack:public Stack<T>                    //模板类 Stack<T>派生子类 SeqStack
{
public:
     …
private:
     T *s;                                        //s 指向动态生成的一维数组，存放栈中元素
     int maxSize;                                 //栈的最大允许容量
     int top;                                     //top 记录最后入栈的元素在 s 的下标
     friend ostream& operator<<(ostream& s,const SeqStack<T> & x);          //友元函数
};
template<class T>
ostream& operator<<(ostream& out,const SeqStack<T>& s)
{//重载输出运算符，依次输出栈中元素。
    int i=s.top;
    out<<endl<<"Stack contains: ";
     while (i!=-1) out<<s.s[i--]<<"    ";
     out<<endl;
     return out;
}
void main()
{
     SeqStack<double> dstk(10);
     dstk.Push(3.7);dstk.Push(8.8);
     cout<<dstk;                                  //使用<<符，输出栈中元素
}
```

【程序 B-19】 友元类

```
class Y;                                          //必须先预先声明类 Y
class X
{
      friend Y;                                   //声明类 Y 是类 X 的友元类
      …
}
class Y
{
    …
}
```

参考文献

[1] Horowitz E, et al. Computer Algorithms/C++. New York: Freeman Press, 1997.
[2] Cormen T H, et al. Introduction to Algorithms. 北京：高等教育出版社，2001.
[3] Michalewicz Z, et al. 如何求解问题——现代启发式方法. 曹宏庆等译. 北京：中国水利出版社，2003.
[4] Pugh W. Skip Lists:A Probabilistic Alternative to Balanced Trees. Communications of the ACM, 1990:668-676.
[5] Sleator D D, Tarjan R E. Self-Adjusting Binary Search Trees. Journal of the ACM, 1985:652-686.
[6] Levitin A. Introduction to The Design & Analysis of Algorithms. 北京：清华大学出版社，2003.
[7] Baase S, et al. Computer Algorithms: Introduction to Design and Analysis. 北京：高等教育出版社，2001.
[8] Aho, Hopcropt, Ullman. The Design and Analysis of Computer Algorithms. 北京：中国电力出版社，2003.
[9] Alsuwaiyel M H. Algorithms Design Techniques and Analysis. 北京：电子工业出版社，2003.
[10] 潘金贵等. 现代计算机常用数据结构和算法. 南京：南京大学出版社，1994.
[11] McConnell J J. Analysis of Algorithm. 北京：高等教育出版社，2003.
[12] Sedgewick R. Algorithms in C++, Parts 1-4. 北京：高等教育出版社，2002.
[13] Sedgewick R. Algorithms in C++, Part 5. 北京：高等教育出版社，2003.
[14] Sahni S. Data Structures, Algorithms, and Applications in C++. New York:McGraw-hill, 1998.
[15] Sartaj sahni. 数据结构、算法与应用——C++语言描述. 汪诗林等，译. 北京：机械工业出版社，1999.
[16] Kruse R L, et al. Data Structures and Program Design in C++. 北京：高等教育出版社，1999.
[17] 陈慧南. 数据结构与算法——C++语言描述. 北京：高等教育出版社，2004.
[18] 陈慧南. 数据结构——C++语言描述. 北京：人民邮电出版社，2004.
[19] 陈慧南. 数据结构——C 语言描述. 西安：西安电子科技大学出版社，2003.
[20] 谢楚屏，陈慧南. 数据结构. 北京：人民邮电出版社，1994.
[21] 周明，孙树栋. 遗传算法原理及应用. 北京：国防工业出版社，1999.
[22] 王小平，曹立明. 遗传算法——理论、应用与软件实现. 西安：西安交通大学出版社，2002.
[23] Richard E. Neapolitan. 算法基础（第 5 版）. 洪峰，译. 北京：人民邮电出版社，2016.
[24] Lee Jacobson, Burak.Kanber. Genetic Algotithms in Java Basics. Apress, 2015.